# 广东林业有害生物

## Harmful organisms in Guangdong forestry

刘春燕　黄焕华　赵丹阳  主编

中国林业出版社
China Forestry Publishing House

**图书在版编目（CIP）数据**

广东林业有害生物 / 刘春燕等主编 . –– 北京 : 中
国林业出版社 , 2023.11

ISBN 978-7-5219-2483-1

Ⅰ . ①广… Ⅱ . ①刘… Ⅲ . ①森林害虫 – 广东 – 图集
Ⅳ . ① S763.3–64

中国国家版本馆 CIP 数据核字（2023）第 254215 号

责任编辑：许 玮
封面设计：刘临川

出版发行：中国林业出版社
（100009，北京市西城区刘海胡同 7 号，电话 83143576）
电子邮箱：cfphzbs@163.com
网 址：www.forestry.gov.cn/lycb.html
印 刷：河北京平诚乾印刷有限公司
版 次：2023 年 11 月第 1 版
印 次：2023 年 11 月第 1 次印刷
开 本：889mm×1194mm 1/16
印 张：23
字 数：650 千字
定 价：300.00 元

# 编委会

# 前　言

广东省是"七山一水二分田"的林业大省。截至 2022 年年底，全省森林面积达 953.33 万 hm²，森林蓄积量达 5.78 亿 m³，森林覆盖率达 53.03%。森林植被类型以天然次生林、人工林为主，马尾松 *Pinus massoniana* Lamb.、桉树（*Eucalyptus*、*Angophora*、*Corymbia*）、杉木 *Cunninghamia lanceolata* Lamb. Hook、湿地松 *Pinus elliottii* Engelm.、竹子等树种面积占全省总造林面积的一半以上。

改革开放以来，广东省林业有害生物灾害已由本土种类为害致灾为主转变为外来种类为害致灾为主。2014—2016 年全省林业有害生物普查结果表明，全省共发现林业有害生物 1486 种，包括病害 350 种、虫害 1103 种、有害植物 27 种、有害动物 6 种。其中，重要外来林业有害生物 24 种、检疫性林业有害生物 6 种；比较重要的为害致灾林业有害生物有 50 多种，主要为害致灾林业有害生物有十几种，包括松材线虫 *Bursaphelenchus xylophilus* Nickle、茄拉尔氏菌 *Ralstonia pseudosolanacear*（Smith）Yabuuchi、油桐尺蛾 *Buzura suppressaria* Guenee、马尾松毛虫 *Dendrolimus punctatus* Walker、黄脊竹蝗 *Rammeacris kiangsu*（Tsai）、松突圆蚧 *Hemiberlesia pitysophila*（Takagi）、湿地松粉蚧 *Oracella acuta*（Lobdell）、松褐天牛 *Monochamus alternatus* Hope、红火蚁 *Solenopsis invicta* Buren 和薇甘菊 *Mikania micrantha* Kunth 等。

2022 年，全省林业有害生物发生面积 44.73 万 hm²，发生率为 4.76%，其中，主要外来林业有害生物松材线虫、松突圆蚧、湿地松粉蚧、红火蚁、薇甘菊等发生面积合计 36.21 万 hm²，占当年发生面积的 80.95%。

林业有害生物灾害是不冒烟的森林火灾，是广东省林业发展、生态建设的三大灾害之一，不仅具有水灾、火灾那样严重的危害性和毁灭性，还具有生物灾害的特殊性和防控上的长期性、艰巨性，严重威胁着森林资源和生态安全。为贯彻落实《中华人民共和国森林法》、国务院办公厅《关于进一步加强林业有害生物防治工作的意见》精神，践行"绿水青山就是金山银山"的理念，必须坚持"预防为主，科学防控，依法监管，强化责任"的林业有害生物防治方针，实施林业有害生物信息化和智能化管理，建立健全"政府主导、社会参与，属地履责、区域协作，联防联控、群防群治"的协调联动防控机制，以合理的树种配置和林分结构为基础，完善林业生产全过程全监测，准确预报，主动预警，采取精准防控与应急防控、生物防治和生态防控相结合的绿色防控技术，提高森林抵御林业有害生物侵害的能力，提升防控常发性、突发性林业有害生物灾害的能力和水平，全面推进林业有害生物防治的科学化、标准化、社会化，实现合理的树种配置和林分结构避灾、检疫御灾、监测预警、防控减灾的目标。

本书根据广东省多次林业有害生物普查发现的 1600 多种林业有害生物及其天敌，结合近 10 年广东省主要林业有害生物发生实际情况，按照如下原则筛选重要种类：①在普查中已发现，或有相关文献和资料记载，并已经或曾经造成轻度以上危害的种类；②1980 年以来，从国（境）外或其他省级行政区外传入广东省的新记录种类中，已经造成危害或潜在危害的种类；③在广东省潜在较大危害风险的本土林业有害生物种类；④在各种类群林业有害生物中具有代表性的种类；⑤在广东省已广泛应用，或潜力较大的林业有害生物天敌种类。入编的林业有害生物及天敌共计330种（类），其中林业有害生物300种，包括林木病害32种（类）、林木害虫253种、林业有害植物12种、林木兽害3种；天敌资源30种（类）。对其分类地位、分布、寄主、形态特征、生物学特性、发生危害规律等进行描述，并提供了900余幅高清图片。本书可作为森林保护工作者的工具书，为林业有害生物的识别、防控提供参考，也可为农林院校有害生物的识别及防治提供参考。

本书在编写的过程中得到了广东省林业局、各级林业主管部门、业内有关专家以及参加林业有害生物普查和防控工作人员的大力支持和帮助，在此一并感谢。本书由盛茂领、田呈明两位教授审稿，衷心感谢两位教授提出的宝贵意见和建议。

由于编者水平有限，书中错误或不足之处在所难免，恳请读者批评指正，为进一步提高林业有害生物防控工作而继续努力。

作　者
2023 年 10 月

# 目 录

# 第一篇
## 广东省林业有害生物发生与防控概况

改革开放以来，广东省林业有害生物种类日益增加，外来林业有害生物不断入侵，林业有害生物灾害时有发生，人工林受灾较为严重，松材线虫病、马尾松毛虫和松突圆蚧等有害生物给林业造成巨大灾害。根据广东省林业有害生物的发生特点和趋势，广东省不断总结林业有害生物防控的经验和教训，努力探索、完善防控机制和技术，完善立体监测、检疫御灾和应急防控体系，客观评价灾害损失和防控效果，形成了以生物防治、无公害防治与生态调控相结合的绿色防控技术体系，对林业生产全过程进行全面监测、准确预报、主动预警，采取政府主导、压实责任、适地适策的防治策略，防控工作由过去的被动应急救灾逐步转变为御灾、防灾、减灾一体化进程，为林业生产和绿美广东生态建设提供了强有力的支撑。

## 1 林业有害生物发生概况

### 1.1 地形、地貌和气候

广东省地处我国大陆南部，位于东经 109°45′~117°20′、北纬 20°09′~25°31′。陆域东邻福建，北接江西、湖南，西连广西，南临南海，西南端隔琼州海峡与海南省相望。地势北高南低，北依五岭，南濒南海，东西向腹部倾斜。境内山地、平原、丘陵纵横交错。北回归线横穿广东省大陆中部，属南亚热带和热带季风气候类型，各地年平均气温在 18~24℃，年平均降水量在 1350~2600mm，是全国光、热和水资源最丰富的地区之一。

### 1.2 森林资源

广东省动植物资源比较丰富，共有维管束植物 280 科 1645 属 7055 种，其中木本植物 4000 多种，占全国的 80%；陆生野生动物 771 种，其中哺乳类 110 种，鸟类 504 种。北部南岭地区的典型植被为亚热带山地常绿阔叶林，中部为亚热带常绿季雨林，南部为热带常绿季雨林。

据统计，广东省主要造林树种及其面积如表 1 所示。

表 1　广东省主要造林树种及其面积

| 树种 | 面积（万 hm² ） | 占全省森林面积比（%） |
|---|---|---|
| 马尾松 | 197.12 | 18.28 |
| 桉树 | 166.22 | 15.42 |
| 杉木 | 112.37 | 10.42 |
| 湿地松 | 41.56 | 3.85 |
| 竹子 | 32.93 | 3.05 |

由表 1 可见，造林面积位列前三位的树种是马尾松、桉树、杉木，分别占 18.28%、15.42%、10.42%，桉树林面积已跃居第二位。

## 1.3　林业有害生物的发生概况

广东省地处热带和亚热带，雨水充沛，气候适宜，森林资源丰富，有利于林业有害生物的发生和危害，人工林尤其是纯林面积相对较大，更有利于病害流行和害虫的大面积发生，部分种类对林木造成的危害极为严重。

1980—1983 年，原广东省林业厅组织开展第一次全省森林病虫普查，查清广东省林木病虫害 1188 种（类），其中，害虫 914 种（类）、病害 274 种（类）；此外，发现天敌昆虫有 205 种。

2003—2005 年，原广东省林业厅组织开展了全省主要林业有害生物普查，查清了 20 世纪 80 年代后外来林业有害生物入侵物种 16 种及本土重要林木病虫 48 种。

2014—2016 年，广东省林业局组织开展第三次全省林业有害生物普查，普查到林业有害生物共计 1486 种，其中，病害 350 种，害虫 1103 种，有害植物 27 种，有害动物 6 种。

在全省已知的 1486 种林业有害生物中，根据发生现状及潜在风险等划分，主要林业有害生物有：松材线虫、油桐尺蛾、马尾松毛虫、黄脊竹蝗、松突圆蚧、湿地松粉蚧、松褐天牛、红火蚁和薇甘菊等。

近十年，广东省林业有害生物年均发生面积约 33 万 hm²。其中，2022 年广东省林业有害生物发生面积 44.73 万 hm²，主要外来林业有害生物松材线虫、松突圆蚧、湿地松粉蚧、红火蚁、薇甘菊等发生面积合计 36.21 万 hm²，占当年发生面积的 80.95%。

# 2　林业有害生物发生特点

## 2.1　外来林业有害生物频繁入侵，防控工作任重而道远

广东地处中国改革开放的前沿，内外贸易往来频繁，有利于有害生物入侵。据统计，20 世纪初以来，

入侵中国大陆并能造成严重危害的主要外来林业有害生物有 38 种，其中在广东首次发现的有 10 种，已有发生的 24 种。自改革开放以来，外来林业有害生物入侵形势更为严峻，先后有松材线虫、松突圆蚧、湿地松粉蚧、椰心叶甲、褐纹甘蔗象、刺桐姬小蜂、桉树枝瘿姬小蜂、红火蚁、薇甘菊等从国（境）外入侵广东省。2022 年，主要外来林业有害生物发生面积合计 36.21 万 hm$^2$，占当年全省林业有害生物发生面积的 80.95%。松材线虫、松突圆蚧、红火蚁、薇甘菊等林业有害生物已造成巨大的经济损失。

## 2.2　林业有害生物发生期长，灾害严重

由于水热条件优越，林业有害生物发生期长。在北回归线以南区域，松褐天牛每年可发生 2~3 代，以每年 2 代为主，林间常年可诱捕到松褐天牛成虫；马尾松毛虫在粤西地区每年发生 4 代；油桐尺蛾在雷州半岛每年可发生 4~5 代。

部分林业有害生物灾害极其严重。如松材线虫侵染松树之后，从开始出现枝梢枯黄到整株枯死，只需 40 天左右，若未能采取有效措施，5 年左右便可导致松林被毁。松林遭受马尾松毛虫的严重危害，可出现枯梢并导致松褐天牛等次期性害虫暴发成灾，加速松林枯死进程；桉树已跃升为全省造林面积第二位的树种，油桐尺蛾等本土的杂食性食叶害虫从其他寄主树种不断转移并逐步适应桉树林，已演化为桉树林的主要害虫，时常暴发成灾，在局部地区给桉树林临造成严重危害。广东内伶仃岛国家自然保护区的生态环境受薇甘菊严重危害，全岛 62% 以上的面积被薇甘菊覆盖，致使部分森林植物群落向草灌丛演替。

## 2.3　钻蛀性害虫在特定林分或局部区域发生比较严重

由于松材线虫病、松枯梢病 *Diplodia pinea* Rowan、马尾松毛虫、松突圆蚧和萧氏松茎象 *Hylobitelus xiaoi* Zhang 等病虫害都危害松树，导致松褐天牛在局部猖獗，增加了松材线虫扩散蔓延的机会。淡竹笋夜蛾 *Apamea kumaso*（Sugi）等笋期钻蛀性害虫在肇庆市怀集县及周围的茶秆竹 *Pseudosasa amabilis*（McClure）Keng f. 林时常成灾。很多树种的幼龄林、中龄林、近熟林都有特定的钻蛀性害虫。

## 2.4　部分林木病害在特定范围内危害较严重

除松材线虫病外，桉树梢枯病类、桉树溃疡病类和桉树焦枯病类 *Calonectria* spp. 时常流行，在桉树栽种区时常危害，局部较严重；木麻黄青枯病 *Ralstonia solanacearum*（Smith）Yabuuchi 主要危害沿海木麻黄防护林，台风之后时常流行；肉桂枝枯病 *Lasiodiplodia theobromae*（Pat.）Grif.& Maub 在西江流域肉桂栽种区流行，危害比较严重。

## 2.5　园林景观树种的"六小"害虫成为常发性害虫

在园林景观树种中，六类小个体害虫（介壳虫、蚜虫、粉虱、蓟马、叶蝉和螨虫）种类多、世代多而重叠、繁殖能力强，都以口针插入植物组织内吸食汁液，成为常见、易成灾且难以控制的常发性害虫。近十几年来，吹绵蚧 *Icerya purchasi* Maskell 普遍危害多种阔叶树；榕管蓟马 *Gynaikothrips uzeli*（Zimmerman）主要危害垂叶榕 *Ficus benjamina* Linn.；灰同缘小叶蝉 *Coloana cinerea* Dworakowska 主要危害秋枫 *Bischofia javanica*。

## 3  广东省林业有害生物发生趋势

根据多年来的发生特点和发生情况判断，检疫性林业有害生物蔓延扩散势头较快，过去常发性重大林业有害生物发生面积和危害程度减轻，松突圆蚧、湿地松粉蚧、马尾松毛虫的危害继续维持较低走势，林业有害生物种类逐渐增多，整体危害减轻。广东省林业有害生物主要呈现以下发生趋势。

### 3.1  主要检疫性林业有害生物仍在蔓延扩散

松材线虫在全省蔓延扩散范围不断扩大，枯死松树日益增多，个别疫区、疫点的疫情严重，部分小班松林连片枯死，防控形势严峻。薇甘菊发生面积仍在扩大，危害程度加重，新发疫点较多。红火蚁发生点多面广，蔓延扩散态势明显。

### 3.2  部分松林有害生物危害程度逐年减轻

随着广东省松林逐步被桉树等阔叶林分隔开，连片纯松林面积逐步减少，马尾松毛虫、松茸毒蛾、松突圆蚧、湿地松粉蚧、萧氏松茎象等过去常发性且历史上曾对广东省造成重大灾害的林业有害生物危害逐年减轻。马尾松毛虫发生面积变化逐年下降，以轻度危害为主，持续多年未出现暴发成灾现象。松突圆蚧、湿地松粉蚧在全省分布、发生范围虽广，但虫口密度逐渐降低，危害逐年减轻。萧氏松茎象发生率逐年下降，危害逐年减轻。

### 3.3  部分林业有害生物突发性风险增大

广东省的常发性林业有害生物中，三分之一以上林业有害生物发生面积虽小，但潜在突发性的风险。一是随着乡土树种造林面积增大，寄主植物日趋多样，一些林业有害生物可能由次要种类上升为主要种类。二是受气候多变和人为因素的影响，黄脊竹蝗、刚竹毒蛾 *Pantana phyllostachysae* Chao、英德跳螳 *Micadina redtenbacher* Chen & He、云南杂毛虫 *Cyclophragma latipennis* Walker、赭红葡萄天蛾 *Ampelophaga rubigi* Hremer、叶瘤丛螟 *Orthaga achatina* Butler、樟中索叶蜂 *Mesoleuca rufonota* Rohwer、广州小斑螟 *Oligochroa cantonella* Caradja、黄野螟 *Heortia vitessoides* Moore 等突发性食叶害虫种类和发生频次增多，时常危害竹子、黧蒴锥 *Castanopsis fissa*（Champ.ex Benth.）Rehd.& Wils.、红锥 *Castanopsis hystrix* Miq.、樟 *Cinnamomum camphora*（L.）Presl.、土沉香 *Aquilaria sinensis*（Lour.）Spreng. 等人工林。

## 4  广东省林业有害生物防控概况

30多年来，广东省针对林业有害生物的发生特点和发生趋势，以林业有害生物生态控制和绿色防控为导向，深入研究成灾机理和科学防控的技术与措施，逐步进行树种结构调控和林分改造，营造有利于林木生长、不利于林业有害生物发生的环境，加强检疫，推进立体化监测，保护天敌资源，采取生物防治、仿生物制剂防治为主的防控技术和措施，尽可能减少使用化学农药，有效地控制了林业有害生物的发生和危害。

## 4.1　建立健全林业有害生物管理机构

### 4.1.1　建立重大林业有害生物防治指挥机构

1987 年 10 月，广东省委、省政府成立了"广东省防治松突圆蚧指挥部"，由省委分管林业的副书记任指挥长，当时的省计划委员会、科学技术委员会、财政厅、农业委员会、林业厅等部门领导任指挥部成员。同年 12 月，广东省委、省政府决定由分管副省长兼任广东省防治松突圆蚧指挥部指挥长。指挥部的成立实现了由政府主导，以政府投入为主，各相关部门参与的防治管理模式，加强重大林业有害生物防治工作的组织、管理、协调力度。2010 年，广东省政府成立了由分管副省长任总指挥，林业、交通、建设、广电、电力、电信、工商、旅游、财政等有关部门和驻粤部队为成员单位的"广东省松材线虫病防治指挥部"，进一步加强对重大林业有害生物灾害防控的组织领导。2006 年，广东省林业局出台了《广东省重大林业有害生物灾害应急预案》，进一步规范全省林业有害生物灾害突发事件的管理，明确突发性灾害事件的级别、范围、应急响应程序，以及组织指挥体系和工作职责，2021 年重新修订印发。各级林业主管部门贯彻落实灾害应急预案，完善全省林业有害生物防灾减灾应急体系，组织开展应急演练，提升主要生物灾害疫情监测、除害处理、检疫封锁、应急除治等方面的应急能力。

### 4.1.2　建立健全林业有害生物防控组织管理机构

2000 年，广东省林业厅森林病虫害防治站、广东省森林植物检疫站、广东省森林植物检疫苗圃合并组建广东省森林病虫害防治与检疫总站，承担国家《森林病虫害防治条例》和《植物检疫条例》等赋予的职能。2012 年，广东省森林病虫害防治与检疫总站更名为广东省林业有害生物防治检疫管理办公室，在事业单位分类改革中被定为行政类事业单位。2018 年，广东省林业局机关内设防治检疫处，统筹管理全省林业有害生物防治检疫工作。至 2018 年 12 月，广东省建立省级森防检疫机构 1 个，市级森防检疫机构 21 个，县级森防检疫机构 92 个；建成国家级标准站 50 个，国家级中心测报点 43 个。

### 4.1.3　建立林业有害生物防治目标管理机制

1992 年 7 月，国家林业部决定实施以森林病虫害发生率、防治率、监测覆盖率、种苗产地检疫率指标为主要内容的防治目标管理。同年 9 月，广东省林业厅印发《广东省森林病虫害防治目标管理暂行办法》，贯彻执行"一降（病虫害发生率）、三提高（病虫害防治率、监测覆盖率、检疫率）"的目标。1994 年，广东省政府把森林病虫害防治目标管理纳入森林资源保护和发展目标责任制，上下级政府间、林业主管部门间层层签订责任书，纳入任期内政绩考核内容。从 2008 年起，国家林业局为加强松材线虫病等重大林业有害生物的防控工作，与各省政府签订了《2008—2010 年松材线虫病防治责任书》《2011—2013 年松材线虫病等重大林业有害生物防控目标责任书》《2015—2017 年重大林业有害生物防控目标责任书》，广东省省与地级市、地级市与县（市、区）、县（市、区）与镇层层签订政府间的防治责任书，并精心组织、加大资金投入、加强防治力度，以优异成绩通过了国家林业局的考核。为深入贯彻党中央、国务院关于国家生物安全工作的决策部署，全面落实国家林业和草原局《全国松材线虫病疫情防控五年攻坚行动计划（2021—2025 年）》的要求，坚决遏制松材线虫病疫情快速蔓延扩散、严重危害的势头，不断提升林业有害生物防治能力和水平，结合广东省实际制定《广东省松材线虫病疫情防控五年攻坚行动实施方案（2021—2025 年）》。

## 4.2　建立健全林业植物检疫执法机制

1985 年 11 月，广东省政府印发了《广东省植物检疫实施办法》（分别于 2000 年、2017 年、2020 年进行了修订）。1991 年 6 月，广东省林业厅、交通厅、邮电局、民航广州管理局、广州铁路局联合发出《关于重申广东省内托运邮寄森林植物和林产品实施检疫规定的联合通知》，对省内托运、邮寄森林植物和林产品实施检疫作出规定。1986 年 9 月，广东省组织第一期森林植物检疫员培训班，经培训考核，确定了广东省第一批森林植物检疫员。以后基本上每 2 年培训一期，至 2020 年共培训了 17 批森林植物检疫员。1996 年，林业部修订发布《森林植物检疫对象和应施检疫的森林植物及其林产品名单》，确定 35 种森林植物检疫对象和七大类应施检疫的森林植物及其产品，其中在广东省分布的检疫对象有 13 种。2013 年 1 月，国家林业局公布 14 种林业检疫性有害生物，其中在广东省分布的林业检疫性有害生物有松材线虫、双钩异翅长蠹、锈色棕榈象、扶桑绵粉蚧、红火蚁、薇甘菊 6 种。1986 年，林业部批准建设广东省森林植物检疫苗圃。1988 年，苗圃完成征地和"三通一平"，占地面积 3.83hm$^2$。1992 年，广东省森林植物检疫苗圃建成并投入使用。

## 4.3　建立了主要林业有害生物的立体监测预警网络体系

### 4.3.1　建立健全测报网络机构

1991 年，原广东省林业厅成立了测报中心，在各市、县及国有林场设立网点，初步形成上下贯通的省、市、县、镇四级分级负责的虫情测报网络。2000 年，广东省森林病虫害防治与检疫总站成立测报科，市、县森防站有专人负责测报工作，巩固了省、市、县、镇（乡）四级监测预报网络。2000 年起，国家林业局分三批在广东省建设了 43 个国家级林业有害生物中心测报点。广东省制定了《国家森林病虫害中心测报点管理实施细则》等一系列管理规章和制度，颁布了松材线虫病、马尾松毛虫、松突圆蚧、湿地松粉蚧、黄脊竹蝗、星天牛、萧氏松茎象、薇甘菊等主要监测对象的测报办法，全面推进测报点工作。

### 4.3.2　开展了立体化监测预警

针对林业有害生物的分布、病害流行动态和昆虫种群动态，以时效性为先导，进行定点、定期监测；对于特定主要林业有害生物进行地面、无人机、卫星监测相结合的立体化、全方位监测。

在地面监测方面，一是广东省建立了基于林业有害生物监测调查系统（V3.0）的数据采集与管理系统，可现场采集地面线路踏查、标准地调查的林业小班林业有害生物信息（珠三角的广州市等地已对园林景观树种实行网格化管理），并按省、市、县、镇、村五级分别管理。与全国同步，定期进行林业有害生物普查，针对松材线虫病进行每年春季、秋季普查，已把松材线虫病疫情落实到林业小班。二是根据生态区域和主要危害种类，建立了 43 个国家级中心测报点，以及省、市、县、乡（镇）四级林业有害生物系统测报网络，定期发布短、中、长期预测预报；对特定林地或高大的林木，选择不同类型的望远设备（普通望远镜、观鸟望远镜、瞭望台、林间数字监测平台、高位高清监测仪）随机或定点监测；对特定昆虫，选择适宜的光源（22 种波长供选用）引诱监测；对主要害虫选择不同类型的聚集信息素或性信息素诱捕监测。

在遥感监测松材线虫病、薇甘菊等特定种类灾害的发生范围和程度方面，若面积较小时，主要选用固定翼无人机、多旋翼无人机遥感监测或侦查监测小面积松材线虫病和薇甘菊发生情况；若面积较大时，应用高分辨率卫星遥感监测大面积松材线虫病和薇甘菊发生情况。

## 4.4　建立以生态控制、绿色防控为导向的林业有害生物防控技术体系

20 世纪 80 年代以来，外来林业有害生物不断入侵及部分本土病虫害大面积发生并造成严重危害：大面积的纯松林遭受松材线虫病、马尾松毛虫、松突圆蚧、湿地松粉蚧等多种病虫害的共同危害，松树由此被誉为多灾多难的树种；桉树纯林已连片遭受食叶害虫、梢枯病的严重危害；不适合栽种杉木的广东省中、南部的杉木林普遍遭受粗鞘双条杉天牛 *Semanotus sinoauster* Gressitt 危害，肉桂被当作阳性树种营造的纯林普遍遭受肉桂双瓣卷蛾 *Polylopha cassiicola*（Liu & Kawabe）和枝枯病共同危害。在充分吸取经验、构建立体化监测的基础上，建立以生态控制和绿色防控为导向的林业有害生物防控体系，标本兼治。一是致力于完善适地适树、树种结构配置合理的造林规划，结合重大林业和生态工程项目建设，以及松材线虫病防控工程，选用乡土阔叶树、珍贵树种，采取镶嵌式、块状、带状混交等形式，营造或把纯林改造成多树种合理配置、有一定抗性的混交林，有效地减轻林业有害生物的发生和危害。二是建立了部门联防联治机制，严格检疫执法和有效遏制松材线虫、薇甘菊、红火蚁等外来林业有害生物疫源的扩散。三是选择高效低毒的环境友好型药剂，尽力保护天敌，使用天敌昆虫、生物制剂，以及灭幼脲、苯氧威等仿生制剂和引诱剂等无公害制剂，持续控制林业有害生物。

在松材线虫病防控方面，着眼于以时间换空间、标本兼治，在实现早期诊断、全面监测掌握疫情的基础上，采取持续控制传播媒介松褐天牛，及时全面清理枯死树，严禁疫木流失，低效松林改造相结合的技术措施，始终把疫情控制在一定区域。

在松突圆蚧防控方面，分布面积初始以每年 8 万 $hm^2$ 的速度蔓延扩散，2004 年达到最大时为 142.48 万 $hm^2$，发生面积从 1983 年的 7.47 万 $hm^2$ 上升到 1991 年最大时的 62.71 万 $hm^2$。通过系统研究松突圆蚧的生物学、生态学特性和发生规律，引进、保护、利用和助迁天敌昆虫，把松突圆蚧持续控制在有虫不成灾的状态。早期曾到原产地日本输引天敌昆虫——花角蚜小蜂 *Coccobius azumai* Tachikawa 遏制其扩散，由于花角蚜小蜂的夏季耐热性显著低于松突圆蚧（两者的 $LT_{100}$ 分别为 41℃和 45℃）而难以为继，后来转而利用本土寄生蜂友恩蚜小蜂 *Encarsia amicala* Viggiani & Ren、惠东黄蚜小蜂 *Aphytis huidongensis* Huang。

在食叶害虫防控方面，对于曾经在广东省大面积发生危害的马尾松毛虫，在 1981—1990 年平均每年发生面积达 29.43 万 $hm^2$，最严重的 1991 年为 66.58 万 $hm^2$。通过充分保护、发挥天敌的作用，长期坚持采用白僵菌、松毛虫质型多角体病毒等生物制剂，灭幼脲、苯氧威等仿生物制剂，以及松林改造相结合等措施，近 5 年发生面积已控制在每年 2 万 $hm^2$ 左右，仅为 1981—1990 年平均的 7%。对于黄脊竹蝗，采用"多因子相关回归分析"方法进行分析，建立的预测式 $Y=113.03-6.41X_1-0.039X_2$，实现定量预测预报；合理选择灭幼脲等昆虫生长调节剂，将其控制在产卵地周围，实现防早、防小、省药、省工的目的。对于桉树食叶害虫，针对树冠层较高、叶面光滑的特点，研究出以利用无公害的烟雾剂为主的食叶害虫

控制技术。

近十年来,全省林业有害生物年平均发生面积约33万hm²。全省各级林业主管部门全面监测、积极防治,年实施防治作业面积约30万hm²,把林业有害生物灾害控制在较低水平,全省林业有害生物成灾率一直控制在4‰以下。

## 4.5　林业有害生物生物防治已成为优势和广东特色

20世纪70年代以来,广东省林业有害生物灾害事件频发,马尾松毛虫等本土林业有害生物时常在特定区域成灾,松材线虫等外来林业有害生物不断入侵,集约经营的松树、杉木、桉树等人工林受灾尤为严重。鉴于广东省天敌资源、优良树种(品种)较丰富,为控制大面积发生的马尾松毛虫、松突圆蚧、粗鞘双条杉天牛、松褐天牛及其传播的松材线虫等林业有害生物,较系统探索利用有益生物控制有害生物技术,在利用白僵菌和马尾松毛虫质型多角体病毒防治食叶害虫马尾松毛虫;利用绿僵菌防治食叶害虫椰心叶甲、黄脊竹蝗,以及防治地下害虫桉树白蚁;利用寄生蜂防治吸汁害虫松突圆蚧,钻蛀性害虫粗鞘双条杉天牛、松褐天牛;利用优良桉树无性系(品种)防控吸汁害虫桉树枝瘿姬小蜂,以及细菌引起的木麻黄青枯病等方面取得了重大的成就。

与此同时,鉴于林业有害生物的发生和发展趋势,广东省在长期探索生物防治技术中形成了深厚的基础,广东省人民政府、国家林业部对森林病虫害生物防治寄予厚望,先后批准依托广东省林业科学研究院建设"森林病虫害生物防治实验室"。

"森林病虫害生物防治实验室"是广东省"八五"期间首批立项建设的重点实验室(粤计文〔1991〕572号),1994年1月30日投入使用(粤计科〔1994〕072号);根据《林业部重点开放性实验室评审办法》,"森林病虫害生物防治实验室"于1995年3月9日被评为第一批林业部重点开放性实验室(林科通字〔1995〕28号)。

广东省重点实验室"森林病虫害生物防治实验室"不断优化拓展为以森林培育主导、多学科有机融合的研究方向与创新平台,2016年10月,经广东省科学技术厅批准(粤科函基字〔2016〕1743号),更名为"广东省森林培育与保护利用重点实验室"。实验室旨在以森林生态系统为对象,致力于深入研究南方林区林业有害生物的成灾机理,智能化、"天空地一体化"监测技术,开发利用林业有害生物天敌资源、优良抗性林木种质资源,以及以合理配置树种和结构为主的生态调控等关键技术研究,采用生态调控、生物防治、应急扑救相结合的技术,持续控制森林灾害,提高防御避灾、预警防灾、救灾减灾水平,充分发挥森林的生态、经济和社会效益。

# 5　林业有害生物防控面临的形势和挑战

## 5.1　面临的形势

### 5.1.1　全球生态危机面临巨大挑战

人与自然是命运共同体,树立全球生态观,关乎全人类的生存和可持续发展。当前,全球突发性、极端性、灾害性天气频发，破坏了森林生态系统的稳定和生物相互均衡的局面，加剧了森林生态系统的脆弱性和森林有害生物的发生。森林作为陆地上最主要的生态系统之一，在应对气候变化、维护全球生态安全和生物安全方面发挥着不可替代的作用，尤其以森林碳汇减缓气候变暖已经成为各国重要的战略举措。中国政府勇担大国重任，展现大国担当，积极参与推动并签署《巴黎协定》，提出新"碳达峰"目标与"碳中和"愿景，力争为应对全球生态危机，推动全球环境治理，贡献更多中国力量。

### 5.1.2 我国生物安全形势日益严峻

习近平总书记指出，生物安全问题已经成为全世界全人类面临的重大生存和发展威胁之一。外来有害生物入侵是威胁国家生物安全的重要因素。随着国际贸易全球化，存在有关外来生物的灾害风险评估信息不全、快速通关、检疫监管漏洞等问题，导致外来有害生物入侵风险倍增，世界各国尤其是发展中国家面临的生物安全形势日益严峻。截至 2019 年底，我国已发现 660 多种外来入侵物种，其中包括 45 种外来林业有害生物，松材线虫病、薇甘菊、红火蚁等对自然生态系统已造成破坏，严重威胁生态生物安全，并被列入《中国外来入侵物种名单》。维护国家生物安全刻不容缓，必须站在保护人民健康、保障国家安全、维护国家长治久安的高度，把生物安全纳入国家安全体系。

### 5.1.3 生态文明建设进入新的时期

"生态兴则文明兴，生态衰则文明衰"，生态文明建设是关系中华民族永续发展的千年大计。林业是自然资源、生态景观、生物多样性的重要载体，是美丽中国的核心元素，在生态文明建设中具有举足轻重的地位。当前，我国生态文明建设进入人与自然和谐共生的新时期，强调像对待生命一样对待生态环境，统筹推进山水林田湖草沙综合治理，这为林业有害生物防控指明了方向：必须坚持系统思维、底线思维，扬弃单纯保障林木健康的旧思维，树立保障生态安全、保护生物多样性、维护自然生态平衡的综合治理新理念，坚持人与自然生命共同体，不断增强生命共同体的协同力和活力，推动我国生态文明建设迈上新台阶。

### 5.1.4 绿美广东大行动提出新的要求

广东省是林业有害生物灾害严重的省份之一，危害种类多，第三次全国林业有害生物普查发现种类达 1486 种，其中外来林业有害生物 24 种，常发性有害生物 50 多种，在局部区域成灾，特别是松材线虫病、薇甘菊、红火蚁仍处高发蔓延态势，防治难度大，防治后易复发，在入侵区严重影响农林业生产，破坏森林资源，成为制约全省乡村振兴和林业高质量发展的重要因素。广东省委十二届全会提出强化生物安全，加强生物灾害防控。省政府将重大动植物疫情防控纳入全省国民经济发展"十四五"规划，林业有害生物防控纳入各级林长督查巡查内容和各级财政资金绩效考核，加强林业有害生物防治已成为全省共识。

## 5.2 面临的挑战

### 5.2.1 疫情防控压力不断加剧

目前，广东省松材线虫病和薇甘菊疫情防控压力不断加剧。截至 2020 年底，松材线虫病在 75 个县级行政区发生面积 29.56 万 $hm^2$，居全国第三，较 2015 年年底新增 50 个县级疫区，发生面积增大 30 多倍，严重威胁广东省 245.87 万 $hm^2$ 松林的健康，威胁中国特有树种广东松的保护；薇甘菊在 20 个市 93 个县（市、区）发生面积 5.47 万 hm$^2$，较 2015 年的 2.80 万 hm$^2$ 增长近一倍，尤其是粤东西两翼近 5 年快速扩散蔓延，在汕尾、江门、阳江、湛江、茂名、潮州等地交通沿线绿化带、新造林、桉树林出现不同程度的灾害；红火蚁近几年在全省快速蔓延为重灾区，引起社会各界的广泛关注，虽在林地发生范围小、危害程度轻，但防控阻截任务艰巨。

### 5.2.2  外来有害生物入侵风险高

自 1980 年以来，先后有松材线虫、薇甘菊、松突圆蚧等 10 多种外来有害生物入侵成功，快速蔓延期严重威胁广东省森林资源安全。广东毗邻港澳，随着经济社会发展，特别是基础设施建设和物流快速发展，缺乏阻隔境外有害生物进入的屏障条件，口岸众多，快速通关与引种疫情信息难以全面掌握，自然扩散和漏检风险在所难免，检疫封锁阻截困难，外来有害生物入侵呈加剧趋势。

### 5.2.3  灾害防控难度不断加大

广东地处亚热带地区，气候温暖、雨量充沛，自然环境非常适宜森林植被生长和有害生物繁殖扩散。交通便利，生态隔离被打破，检疫封锁难度大。多数发生区处于偏远山区，山高林密，交通不便，且林业有害生物具有较强的隐蔽性、潜伏性、突发性和复杂性，监测防治作业难度大，存在盲区，极易成灾。全球极端天气事件及其衍生灾害增加，有害生物适生范围扩大、发生期提前、世代数增加、发生周期缩短，国内外经济贸易往来日益频繁，危险性病虫害入侵威胁加剧，进一步增加了灾害防控的难度。

### 5.2.4  基层防控管理体系不健全

防治检疫工作专业性、法规性要求高。近年来的事业单位机构改革，县级林业局由原来 87 个锐减至 50 个，与法律赋予的防治检疫职能不相适应，专业人员转岗的现象比较普遍，且人员流动性大、专业技术能力低，科学防治能力弱化，依法监督管理难。

## 6  林业有害生物防控前景展望

### 6.1  进一步明确林业有害生物防控的任务和目标

随着广东省一系列林业和生态建设项目不断推进，乡土树种和珍贵树种等阔叶树种植面积也在逐年增加，松林、桉树林等纯林面积逐步减少，树种结构将得到较大的改善，生物多样性增大，生态公益林的林业有害生物发生面积将有可能减少，但集约经营的松树、桉树等人工林不可避免地会发生林业有害生物严重危害，桉树食叶害虫、部分阔叶林次生性害虫发生面积将有所上升，相信能得到及时、高效的控制。松材线虫、薇甘菊、红火蚁和桉树病虫害依然是广东省的重大林业有害生物。

广东省根据林业有害生物的发生特点和发生趋势，以御灾为主，防灾、抗灾、救灾相结合，注重灾前预防转变，加强灾害风险防范、隐患排查和治理；完善林业生产全程监测、准确预报、主动预警、科学防控的机制，提高防控能力和水平，把林业有害生物的发生和危害控制在萌芽状态，为林业生产和生态建设提供技术支撑。

## 6.2　科学制定防控策略确保森林健康

通过顶层设计统筹林业有害生物防御、应急控制和持续控制技术，从林业生产的全局和林业生态系统的总体出发，根据林业有害生物的发生规律，结合当时当地的具体情况，科学地协调营林防治、物理防治、生物防治等不同方法的单一或组合措施，特别是绿色防控措施，并贯穿于森林培育的全过程，使其安全、健康、高效、低耗、稳定、持续，从而达到事半功倍的效果。

## 6.3　推动开展基因调控、生态控制基础研究

在基因调控研究方面，以重要林业有害生物为对象，开展分子检测与调控技术研究，获得一批基于靶标发现和分子识别的林业有害生物高通量分子检测技术，以及基于树木抗性相关基因利用和有害生物致害相关基因干扰的基因调控技术，产出一批林业有害生物分子检测和调控技术产品，提高林业有害生物分子检测和调控的整体研发水平。

在生态控制研究方面，从林业有害生物灾害防控、森林生态系统功能和森林经营目标的需求出发，分析林业有害生物生态控制的理论基础和技术特点，基于森林生物多样性和景观尺度的异质性相结合，确立生态控制的安全策略，以自然控制和自组织理论为基础，规范林业有害生物生态控制遵循的原则，包括生态系统、协调性、生态平衡、生态位、环境保护、协同进化、林副产品安全、生态系统稳定性、生态系统的高功能（生产力、经济效益、生态效益、社会效益）、森林生态系统生物灾害的持续控制等原则，创造条件实施生态控制和效果评价。

在林业有害生物的成灾机理和调控机制研究方面，针对主要林业有害生物灾害，研究"寄主－林业有害生物－共生体－天敌"种间级联对灾害形成的作用机制，有害生物间的协同与竞争机制，解析灾害扩散流行的分子基础与生态适应性，基于抗性资源为主的对生态系统结构和功能的调控机制，以及景观安全格局阻遏有害生物蔓延扩散的基础理论。

## 6.4　交叉学科融合，打造林业有害生物智能监测和高效防控体系

随着科学技术的进步和全球经济一体化进程的推进，应用大数据融合分析技术、测报因子时空动态数值化表达技术预测；地理信息系统作为在景观生态学中一个非常重要的研究技术手段，借助遥感技术（RS）、地理信息系统（GIS）和全球定位系统（GPS），不仅可以研究森林景观特征及多样性，还可以对某区域景观安全性做出评价及规划；航空航天多尺度立体监测调查技术所使用的无人机、高分卫星遥感监测和物联网传输为大面积的监测提供了装备；精准的分子检测技术及芯片广泛应用，将使多基因连锁的抗性品种转导成为现实；智能化的监测和防控技术将为林业生产、生态建设提供精准防控技术。

## 6.5　推进林业有害生物社会化防治

2003 年 8 月，广东省森林病虫害防治与检疫总站制定了地方标准《森林病虫害治理工程公司（工程队）资质》（DB44/T 155—2003），确定了森林病虫害治理公司（工程队）的资质等级、条件。2010 年 7 月，广东省林学会林业有害生物防治专业委员会成立，并于 2011 年 10 月印发了《广东省林业有害生物防治

单位资质认定办法（暂行）》，明确了防治单位资质和认定程序等。至 2020 年 12 月，全省先后认证了 400 多家防治专业化公司。从 2006 年起，广东在广州市萝岗区开展了松材线虫病承包防治机制和方法试点，该试点项目 2010 年 6 月通过了国家林业局组织的项目验收。2010 年以来，广东省不断完善由专业公司、专业施工队承包防治工程的机制，建立政府、林业部门、承包公司三方责、权、利明晰的承包治理模式，工程质量实行项目法人负责、施工单位承包、监理单位监理、政府部门监督相结合的管理体系，全省各市、县广泛采用该管理体系防控林业有害生物。

# 第二篇
# 广东省林业有害生物防控技术

## 1 广东省林业有害生物的防控策略和原则

### 1.1 防控策略

以适地适树、良种良法，选用多树种营造镶嵌式块状混交林等，优化树种配置和林分结构，提高林分抗性为基础，建立健全以严格检疫、立体化监测和精准防控为主要技术措施的防控技术体系，持续防控与应急防控相结合。

从应对单一林业有害生物灾害向多种林业有害生物的综合减灾转变，从减少灾害损失向减轻灾害风险转变，御灾、防灾、减灾相结合，正确处理御灾、防灾、减灾与经济社会发展的关系。

以推进林长制责任落实为抓手，落实政府责任、整合资源、统筹力量，科学防控，切实提高御灾、防灾、减灾、救灾工作的法治化、规范化、现代化水平，为实现绿美广东生态建设提供技术支撑。

桉树与其他阔叶树镶嵌式混交

## 1.2 防控原则

### 1.2.1 坚持政府主导，统筹协调

重大林业有害生物防控实行地方人民政府负责制。在林长制平台上，各级政府及时组织防治暴发性、危险性等重大林业有害生物灾害，把防控经费纳入当地年度财政预算，发挥组织领导、统筹协调、提供保障等重要作用。

### 1.2.2 坚持属地管理，部门协作

各部门负责组织实施属地范围内林业有害生物防治，层层落实责任，及时开展薇甘菊等重大林业有害生物的防治工作。加强林业与各相关部门协作，控制林业有害生物灾害造成的灾害损失和社会影响。

### 1.2.3 坚持预防为主，关口前移

创造适合林木生长而不适合各种林业有害生物发生和危害的环境；建立地面、空中相结合，定期、定点为重点的监测体系，及时预警；全面落实检疫执法，抓好产地检疫、调运检疫和检疫监管，力争在源头遏制林业有害生物的扩散蔓延。

### 1.2.4 坚持科学防控，突出重点

根据林业有害生物发生规律、自然环境和区域以及为害情况等，采取不同的防控技术措施，因害设防，综合治理。突出重点，集中力量优先防控重灾区、重点生态保护区、交通主干道两侧、河流两岸等重点地区灾情。

### 1.2.5 坚持精准防控，确保效果

根据林业有害生物发生规律，发生现状和发展趋势，经济、生态和社会效益等，连续不断地把林木主要病虫害控制在经济可行、生态合理、社会接受的水平。具体评估的因素包括：

（1）必要性。对林业有害生物的发生现状、潜在风险和防治效果进行全面的评估，确定防治的必要性。

（2）时效性。是否在实施防治的最佳时段进行防治。

（3）安全性。基于绿色防治理念，对环境、人畜、森林植物和昆虫天敌安全。

（4）有效性。通过防治，能达到预期的效果。

（5）可行性。根据现有的条件，使用一定的人力、物力，能达到预期的效果。

（6）合理性。对整个防治过程进行全成本核算，根据林业有害生物可能造成的直接经济损失和森林生态服务价值，评估成本的合理性。

### 1.2.6 坚持依法治理，履职尽责

严格按照相关法律法规开展防控工作。对因不依法履职，导致林业有害生物灾害防控不力而造成森林资源损失和生态环境损害的相关政府、部门和个人，依照《广东省党政领导干部生态环境损害责任追究实施细则》《松材线虫病生态灾害督办追责办法》等规定予以督办问责。

# 2　广东省主要林业有害生物防控技术

## 2.1　林木病害防控技术

### 2.1.1　线虫及其病害防控技术

#### 2.1.1.1　松材线虫病防控技术

目前，国内外主要通过控制疫源、主要传播媒介松褐天牛，以及调控松林树种和林分结构提高林分抗性等，达到持续控制松材线虫病发生与蔓延的目的。其中，最有效的措施是对松林进行全方位的监测，及时发现并处置新的病死树。主要包括以下几个方面：

（1）精准监测疫情。通过日常监测、专项普查、取样、分离鉴定、疫情确认和疫情上报等环节，全面监测松材线虫病疫情发生状况，包括分布情况和疫区边界、发生程度等。

（2）疫木除治。及时清理病死（枯死、濒死）松树，严格疫木源头管理，实施采伐疫木就地灭疫技术措施，消除疫情传染源。在广东省，最有效、最经济的技术措施，是总结出控制松材线虫病的最重要措施，即"及时、就地、彻底"除治枯死松树（含病死、其他原因枯死、濒死松树），实施枯死松树套袋消杀技术。

（3）媒介昆虫防治。林间使用飞机喷洒杀虫药剂防治、诱捕器诱杀、打孔注药等辅助措施对松褐天牛进行综合防治，切断松材线虫的传播途径。

（4）优化松林树种和林分结构，提高林分抗性。根据所在区域松林分布及松材线虫病的发生情况，因地制宜，适地适树，采用镶嵌式块状混交等方式，优化林间树种结构和林分结构。

（5）检疫执法。政府执法部门要做到严格执法和及时处置，加强检疫检查，严防疫木流失、防疫情扩散，确保防治成效。

#### 2.1.1.2　根结线虫防控技术

林木根结线虫防治技术措施虽然有植物检疫、林业防治、物理防治、化学防治和生物防治，但目前仍以化学防治为主，具体方法如下：

（1）植物检疫。因根结线虫主要通过种苗和土壤等传播，因此需对调运的种苗进行检疫，防止根结线虫扩散。

（2）消毒处理。根结线虫寄主植物及周围土壤聚集了大量根结线虫，因此在发病植株根际使用过的工具器械等需及时清理消毒，减少根结线虫的人为传播；选用无病土壤，对育苗圃进行灭菌消毒，确保种苗不带病。

（3）土壤处理。深翻土壤并进行暴晒，大水漫灌和熏蒸等物理方法也可以彻底消灭虫源。

（4）化学防治。可选用 0.5% 阿维菌素颗粒剂 45~60kg/hm$^2$ 或 10% 噻唑膦颗粒剂 22.5kg/hm$^2$ 沟施或穴施，或者 1.8% 阿维菌素乳油配成 1000 倍液浇灌于植物根部。

（5）生物防治。可采用 5 亿活孢子 /g 淡紫拟青霉颗粒剂，用量为 15kg/hm$^2$，或施用 109CFU/mL 蜡质芽孢杆菌悬浮剂，用量为 90L/hm$^2$。

### 2.1.2　真菌病害防控技术

（1）林业措施

适地适树，选择造林树种，尽可能选用抗病树种；合理设计树种结构和密度，选用多树种营造镶嵌式块状混交林等方式，加强林分肥料和水肥管理，提高林分抗病性，抑制病害的发生；及时清除病枝病叶，集中深埋，减少侵染源；加强种苗检疫，对疫区实行封锁、禁运，防止从发病地区引进种子、苗木及接穗。

（2）通用化学防治

对于大部分真菌性病害，可使用具有保护和治疗作用，广谱、内吸、低毒、经济的杀菌剂。

发病初期，喷洒 70% 甲基托布津、或 50% 多菌灵、或 75% 百菌清可湿性粉剂、或 70% 代森锰锌可湿性粉剂 1000 倍液喷雾防治。连续喷洒 2~3 次，每次间隔 10~15 天。如对高大树木，可使用比喷雾所用有效成分增加 50% 的剂量，兑滑石粉（15 kg/hm$^2$）稀释，使用喷粉机喷洒。

发病始盛期，使用 45% 施保克水乳剂或 25% 施保克乳油 1200 倍叶面喷雾，使桉树充分着药又不滴液为宜，间隔 10~15 天，连喷 3 次。

尽可能交替使用其他药剂，10% 苯醚甲环唑水分散颗粒剂 2000~2500 倍液或 25% 敌力脱乳油 1000~1500 倍液，每隔 10~15 天喷雾 2~3 次。

（3）专用化学药剂防治

对于特定种类的病害，需使用专用的药剂进行防治。

白粉病类、锈病类、竹瘤座菌型丛枝病：使用 20% 三唑酮（粉锈宁）乳油 800~1000 倍液喷雾防治 1~2 次。

草坪草褐斑病：选用粉锈宁、五氯硝基苯等药剂与种子按 0.2%~0.4% 比例拌种或进行土壤处理。成坪草坪喷药控制初期病情是关键。对严重发病地块或发病中心，用高浓度、大剂量上述药剂灌根或泼浇控制。

藻斑病：4 月下旬或 5 月发病初期喷洒 0.6%~0.7% 波尔多液药保护，在发病严重时喷洒 0.5% 波尔多液 1~2 次。

褐根病：发病初期采用掘沟阻断法，在健康树与病树间掘沟深约 1m，并以强力塑胶布阻隔后回填土壤，以阻止病根与健康根的接触传染，如加入尿素，还可以产生氨进行土壤熏蒸。发病初期及发病周围的林木建议采用硫酸铜、亚磷酸、快得宁、铜快得宁等药剂进行预防治疗。根部施用 20% 三唑酮（粉锈宁）乳油 200 倍稀释液有一定的效果。

肉桂枝枯病：重点防治媒介昆虫的危害。选用广谱、内吸、低毒、经济的杀虫剂防治媒介昆虫泡盾盲蝽。

煤污病类：做好对长斑蚜、绒蚧等吸汁害虫的防治，可选用广谱、内吸、低毒、经济的杀虫剂。

### 2.1.3　细菌及植原体病害防控技术

（1）林业措施预防

避免在感病苗圃地育苗、在感病地块造林、选用染病的苗木。

（2）采取应急防治与持续防治相结合的防治措施

对于青枯病发病林地，应开沟排水隔离病株，减少地表径流传播病菌。砍伐病株，清除病根、枯枝，集中销毁处理。病穴用石灰或硫酸铜消毒。对于发病的林地，应与其他非寄主树种轮作。

对于柑橘黄龙病，重点是在新梢萌发时，使用内吸杀虫剂，防治传播媒介柑橘木虱。

对于丛枝病，必要时使用内吸杀虫剂，防治传播媒介叶蝉等。

### 2.1.4　螨虫病害防控技术

荔枝毛毡病是瘿螨危害造成的，可采用73%克螨特乳油、5%高效氯氰菊酯乳油等1000倍~1200倍液防治。防治时应注意喷施芽梢的正面和反面。第1次在越冬螨开始活动或荔枝抽新梢（开花前春梢）的3月下旬至4月上旬用药；第2次掌握在8月份采果后抽秋梢时用药。

### 2.1.5　生理性病害防控技术

桉树红叶枯梢病最根本的防治措施是及时补充硼等微量元素，防治中应注意以下几个方面：

（1）为桉树红叶枯梢病易发区育苗时，应在育苗钵中加入总量为0.1%的硼砂；

（2）造林前进行土壤分析，若缺少矿物质，可把矿物质与肥一齐施下或施桉树专用肥再造林；

（3）对已出现缺素症状的林分，应视树木的大小，结合追肥每株施硼砂和硫酸锌各20~50g，也可用含0.05%~0.1%硼酸或者0.1%~0.2%硼砂溶液做叶面喷施；

（4）加强水肥管理，做好林木管护工作，有条件的地方可适当加大N、P、K肥料的追肥量，促进树木生长势，使根系向更远、更深处生长，减少红叶枯梢病的发生率。

## 2.2　林木害虫防控技术

### 2.2.1　食叶害虫防治技术

食叶害虫多数只在幼虫期取食叶片造成危害，甲虫类成虫期也会取食叶片，造成危害。在防治过程中，可以通过对不同虫态采取措施开展防治：

在低龄幼虫龄期多群集取食，采取人工摘除集中销毁，或者采用生物制剂进行防治，低龄幼虫可选用1.2%的除虫脲7000~8000倍液，或用25%的灭幼脲Ⅲ号1000~2000倍液，或5%的抑太保乳剂1000~2000倍液对幼虫进行喷洒，或1.2%烟参碱800~1000倍液等对幼虫进行喷洒，及早喷施，达到防治效果。

在高龄（3龄以上）幼虫期，可选用如下方法：1%阿维菌素油剂，用药量为300~450mL/hm$^2$，与柴油按1：15的比例混合均匀；或1.2%烟碱·苦参碱乳油稀释600~800倍；或5%啶虫咪乳剂稀释600~800倍。

### 2.2.2　吸汁害虫防控技术

（1）林业防治措施

苗木调运时加强检查，禁止带虫材料外运；剪除带卵枝条；加强庭园绿地的管理，勤除草，结合修剪，剪除被害枝叶以减少虫源。

（2）化学防治

采用喷洒内吸性杀虫剂方法防治。

蚜虫类：发病初期用 3% 啶虫脒 1000 倍液，或 10% 氟啶虫酰胺（隆施）3000 倍液，或 25% 吡蚜酮 1500 倍液喷施；交替用药，每 7~10 天 1 次。

粉虱类：要成虫和若虫同时防治，选择作用机理不同的杀虫剂，交替使用。可选用吡虫啉、啶虫脒、烯啶虫胺等烟碱类杀虫剂和吡啶酰胺类的福啶虫酰胺，或者吡啶类的吡蚜酮，也可用乙基多杀菌素 + 啶虫脒、螺虫乙酯 + 吡虫啉、联苯菊酯 + 噻虫嗪等配方交替用药防治，效果还不错。

蚧类：蚧类防治前期不用拟除虫菊酯、高毒有机磷类农药、含柴油机油类杀螨剂，以保证天敌如瓢虫类有繁殖的时间。不铲除园内杂草，让天敌有繁殖的场所。注意观察，掌握蚧类在林间发生的时间规律，并集中在若虫期喷药防治。可选用的药剂有 52.25% 农地乐乳油 800 倍液、或 10% 吡虫啉可湿性粉剂 1000 倍液、或 3% 啶虫脒乳油 1000~1500 倍液；25% 速灭抗乳油 1000 倍液 +5% 高效大功臣可湿性粉剂 1000 倍液。每隔 5~7 天喷洒一次，共喷 2~3 次。

蝽类：防治抓住两个关键时期喷药：一是越冬成虫春季恢复活动（3 月中、下旬），越冬成虫耐药性差，尚未大量产卵时进行第一次喷药。二是若虫 3 龄前（在 4 月中、下旬），越冬成虫耐药性降到最低点，新孵化的若虫均在 3 龄以下耐药性差时进行第二次喷药。药剂可选用触杀性、内吸性、熏蒸性强的混合药剂，如 20% 吡虫啉 4000 倍液、或 2.5% 高效氯氰菊酯 2500 倍液等喷施，喷药时间要选择 10:00 以前、4:00 以后，傍晚效果更佳，但温度不要太低，否则影响药效。

叶蝉类：选用 3% 啶虫脒乳油 1000~1500 倍液，或 0.3% 印楝素乳油 600 倍液，或 7.5% 鱼藤酮乳油 500 倍液、或 20% 吡虫啉 4000 倍液，或 25% 联苯菊酯 1500~2000 倍液等，上述农药可任选一种在叶蝉发生高峰期前若虫占 80% 时使用，可收到较好的效果。

叶螨类：使用 1.8% 阿维菌素乳油 2000~3000 倍液，或 75% 炔螨特乳油 1000 倍液，或 3.3% 阿维·联苯菊酯乳油 1000~1500 倍液，或 20% 复方霉素乳油 1000 倍液，或 10% 浏阳霉素 1000~1500 倍液，或 20% 双甲脒乳油 1000~1500 倍液等，以上药剂注意交替使用。

### 2.2.3　钻蛀性害虫防控技术

（1）加强检疫工作。加强宣传，提高认识，科学检疫，严格执法。强化调运检疫的审批管理和复检，杜绝外来钻蛀性害虫引入。引进苗木栽培前认真检查，及时清除带虫植株。

（2）人工防治。在蛀干害虫的成虫发生期，利用成虫趋光性，采取杀虫灯诱杀；或者利用糖醋液进行诱杀；发生量少时，可以利用成虫的假死性，进行人工捕杀。

（3）根施法。使用 70% 吡虫啉水分散粒剂根施，在树木吸收根生长旺盛的地方开沟浇施，胸径 10cm 以下的树木选择 15~20g 药量；胸径 10cm 以上的树木，每增加 1cm 对应增加 1.5~2g 药量，药剂稀释 200 倍浇灌。

（4）土壤注射。使用 70% 吡虫啉水分散粒剂根施，相对于开沟根施的方法，土壤注射对药剂的利用率更高。胸径 10cm 以下的树木，每株树注射 10~15g 药量；胸径 10cm 以上的树木，每增加 1cm 对应增加 1~1.5g 药量，药剂稀释 2000 倍，15~25cm 胸径的树木，每株树注射 20L 左右的药液。

（5）伐除病林。对虫蛀严重，已经丧失防护和经济价值的树木，按规定办理采伐手续，及时伐除销毁。对危害严重的树采取人工修枝或高干截头，剪除虫瘿集中烧掉。对已经砍伐的木材要经过熏蒸处理，从而达到杀虫的效果。

（6）粗鞘双条杉天牛生物防治。①当天牛幼虫在皮层危害时，在林间释放斑头陡盾茧蜂，放蜂量与林间天牛虫口数等量。②幼虫期或蛹期释放管氏肿腿蜂，放蜂量为林间天牛虫口数量的 3~5 倍。

### 2.2.4　地下害虫防控技术

地下害虫主要以幼虫危害，取食萌发的种子或咬断幼苗的根茎等，使其不能发芽，生长受到抑制甚至死亡，断口整齐平截；或者在地下咬食植物的根和嫩茎，把茎秆咬断或扒成乱麻状，由于它们来往窜行，造成纵横隧道，一窜一大片，造成地上部分萎蔫或枯死。地下害虫一生或一生中某个阶段生活在土壤中危害植物地下部分、种子、幼苗或近土表主茎的杂食性昆虫。

物理防治：蝼蛄、多种金龟甲、沟叩头甲雄虫等具有较强的趋光性，利用黑光灯进行诱杀效果显著，试验表明黑绿单管双光灯诱杀效果更理想。

化学防治：①撒施颗粒剂；②将药剂与肥料混合施入；③沟施或穴施，应选用一些高效、低残留类杀虫剂。毒饵诱杀是防治蝼蛄和蟋蟀的理想方法之一。喷洒 40% 辛硫磷 2000 倍液等在寄主植物上，对多种食叶金龟甲均有较好防治效果。

## 2.3　林业有害植物防控技术

根据林业有害植物的生物学生态学特性，以及蔓延扩散、危害特点、立地条件、经济社会环境，因地制宜选择有针对性的技术措施进行防控。

（1）人工防治

包括手工拔草和使用简单农具除草。对于新入侵发生地、已经除治的再发生地，如不能实施化学防治，需要进行人工防治。

以人工防治薇甘菊为例。如藤蔓较短，应将其连根拔除，连续清除 2~3 次。人工清除时间在 7~9 月。由于薇甘菊的根、茎断后遇土水可以重新复生，必须连续清除 3 次，切忌偶尔清除 1 次，又任其再生。人工清除关键要连根清除，且清除后应将薇甘菊的茎、根集中处理，不得随意堆放，以防其扩散。

（2）机械除草

使用机械化的除草机具除草，如割灌机等。

（3）化学防治

为高效控制有害植物，具备使用药剂的区域，按照"安全、有效、经济、可行"的原则，选用环境友好型药剂进行防治。如有可能，应使用内吸性、选择性的除草剂防治。

以薇甘菊化学防治为例。使用选择性除草剂 24% 二氯吡啶酸·2,4- 滴酸水剂 50~180mL，稀释 1000~2000 倍，喷雾量为 100~180L/667m²。使用时，可根据薇甘菊不同生境及长势调整稀释倍数及喷药液量。药水要喷到植物绿色的茎叶上，喷至薇甘菊茎叶湿透即可。薇甘菊厚度大或连片面积大的，可适当增加用药量，但不得增加药剂浓度。必要时，30 天后补喷 1 次，以杀灭残余薇甘菊等杂草。

## 2.4　林木鼠害防控技术

根据"安全第一、经济有效、综合治理"的要求，以生态控制为主，综合运用物理、化学灭鼠等技术措施，综合控制鼠害。全年灭鼠着重抓好 2 个时期：一是冬春之交，二是秋季。其中，冬春之交是灭鼠的最有利时机，因为此时天气干燥，害鼠比较集中。鼠粮短缺，鼠路明显，易于投放毒谷，毒谷在田间不易变质。

（1）生态防控措施

利用清除杂草、荒地、堵、挖鼠洞，树干绑刺等生态技术措施破坏害鼠栖息、取食环境。

（2）物理防控措施

林间安放鼠夹、鼠笼、粘鼠胶（抓老鼠胶纸）；苗圃地必要时在四周使用高0.8~1m的塑料薄膜围蔽。

（3）生物防治

林间保护老鼠的天敌，包括猫、狐狸、黄鼠狼、白鼬、鼬、大蜥蜴、蛇、鹰、隼、猫头鹰等，增加小家鼠天敌数量，如鹰架招鹰、放养沙狐等。

（4）化学防治

播种或飞播造林时，使用"R-8鼠鸟忌食剂"拌种；局部林分、林地必要时使用简便、效果好、安全的灭鼠药及PVC管毒饵站灭鼠技术。

# 3 广东省主要林业有害生物防控实践

改革开放以来，广东省的森林面积不断增大，森林覆盖率日益提高；主要造林树种由针叶树为主，由松树逐大到桉树异军突起成为面积居第二位，乡土阔叶树日益受重视，树种结构逐步得到优化；主要林业有害生物的种类由本土种类为主演化为外来林业有害生物为主，防控技术也由化学防治为主转变为生物防治、仿生物制剂防治为主，森林保护工作者勇于探索、锐意进取，针对林业有害生物的发生特点和发生趋势，深入研究成灾机理和科学防控的技术和措施，以林业有害生物生态控制和绿色防控为导向，持续控制林业有害生物的危害，积累了宝贵的经验和教训。

本节以广东省不同时期主要林业有害生物的防控实践为例，阐述如何贯彻落实《中华人民共和国森林法》、国务院办公厅《关于进一步加强林业有害生物防治工作的意见》精神，坚持"预防为主，科学防控，依法监管，强化责任"的林业有害生物防治方针，践行"绿水青山就是金山银山"的理念，建立健全"政府主导、社会参与、属地履责、区域协作，联防联控、群防群治"协调联动防控机制，因地因时利导，以合理的树种配置和林分结构为基础，完善林业生产全过程全监测，准确预报，主动预警，采取精准防控与应急防控、生物防治和生态防控相结合的绿色防控技术，提高森林抵御林业害生物侵害的能力，提升防控常发性、突发性林业有害生物灾害的能力和水平，全面推进林业生物防治的科学化、标准化、社会化，实现合理的树种配置和林分结构避灾、检疫御灾、监测预警、防控减灾的目标。

## 3.1 松材线虫病的持续控制技术

30多年来，广东省把松林当作一个生态系统，致力于营造遏制松材线虫等林业有害生物发生和危害的环境。根据松材线虫病的流行规律及国内外防控技术发展趋势，结合广东省所处的区域特点，应急与持续控制相结合，以时间换空间，全方位探索安全、有效、可行、经济的防控途径，在松材线虫病监测、检疫、持续控制、规范化管理等方面的研究和应用取得了较大的成效，为广东省控制松材线虫病提供了技术支撑。

### 3.1.1 广东省松材线虫病的发生动态

广东省松材线虫危害情况。松材线虫原产地为北美洲,属我国检疫性林业有害生物。其侵染松树引起的松材线虫病是世界重大植物疫病,也是我国的重大林业有害生物灾害,其在广东省的主要媒介昆虫是松褐天牛,人为携带疫木是造成远距离传播的主要因素。我国于 1982 年在南京首次发现松材线虫病,疫情随后在全国范围内快速扩散,造成严重危害。截至 2021 年年底,松材线虫病已扩散至 19 个省级、731 个县级行政区,多个国家级重点风景名胜区和生态区面临疫情传入风险,全国松材线虫病防控形势严峻。广东省于 1988 年 7 月在深圳沙头角首次发现松材线虫病,主要分布于沙头角与香港毗邻地段的一个长约 11km、宽约 4km 的发病区。经调查,病原来自香港发病区,由松褐天牛自然传播而蔓延扩散。1997 年松材线虫病已扩散到深圳市大部分地区及惠州市、东莞市的局部地区;2000 年进入广州市;2004 年突破了"小珠三角"的范围,挺进韶关市、肇庆市两大松树主产区。新发现疫点不断增加,松材线虫已形成了具有强大毁灭性趋势的种群基数,疫情进入极易暴发阶段。2018 年之后,广东省疫情日趋严峻,根据全省 2020 年秋季普查统计,松材线虫病发生面积 29.56 万 hm$^2$,病枯死树达 83.41 万株,发生面积占全国发生面积的 16.3%,在全国排名第三。

截至 2021 年年底，松材线虫病已分布于 19 个地级市、77 个县级行政区、619 个镇。在广东省的 21 个地级市、122 个县（市、区）中，深圳市（9 个区）已于 2013 年全面根除松材线虫的寄主树种松树，拔除了全市疫区，迄今仅湛江市（2 县、3 市、4 区）未发现松材线虫病疫情。全省各阶段疫区数量的变化情况详见表 1。其中，2003 年之后的数据来自国家林业和草原局公告（该数据不含已拔除县级疫区）。

表 1　广东省松材线虫病发生情况变化

| 年份 | 疫情地级市数量（个） | 县级疫区数量（个） |
| --- | --- | --- |
| 1988 | 1 | 1 |
| 1998 | 3 | 9 |
| 2003 | 4 | 12 |
| 2008 | 8 | 23 |
| 2018 | 15 | 52 |
| 2021 | 19 | 77 |

当前松材线虫病疫情呈现出点多、面广的发生态势，总体上由南向北、由沿海向内陆、由珠三角向粤东粤北粤西蔓延扩散，危害日益严重，造成的损失不断增加，疫情全面暴发、严重成灾的风险越来越大，对全省松林资源、生态安全、自然景观、乡村振兴、文化旅游、国家公园建设等都将造成巨大的影响。

松材线虫病的发生趋势。30 多年来，广东省根据松材线虫病的流行规律、发生趋势和控制技术新进展，不断完善"地天空"监测系统，采取应急控制与持续控制相结合的防控技术措施，使防控工作由被动应急救灾，逐步迈入了主动避灾、御灾、防灾、减灾的进程，保存了 245 万 $hm^2$ 松林。尽管广东省不断探索、创新，采取了很多切合实际的防控技术措施，曾较好地遏制松材线虫疫情的蔓延扩散，但由于松材线虫的入侵、适应、定居、蔓延、扩散、危害是一个多点、多次、持续、长期、复杂的生态过程，呈现跳跃式、随机性、突发性、持续性等特点。而且广东省松墨天牛每年发生 1~3 代，并且目前仍有松林 245 万 $hm^2$，马尾松一旦感染松材线虫病，整株松树最快 40 天即可枯死，成片松林从最初少数死树到全林林相被毁只需 3~5 年，使广东省成为我国松材线虫病发生发展较快的地区，松材线虫病随人为传播或林间蔓延扩散而全面暴发的风险越来越大。由于目前粤北的清远市、韶关市，粤东的河源市、梅州市、惠州市，粤西的肇庆市、云浮市等 9 个地级市已成为松材线虫病重型疫区；清远市、韶关市、河源市、梅州市、惠州市、揭阳市和潮州市等 7 个地级市所辖的 37 个县（市、区）均已发生疫情，相连成片；全省 122 个县（市、区）现已发生疫情的占 63.1%（若扣除已拔除疫区及无寄主松树的县级单位，比例更大），呈现出点多面广、快速蔓延扩散态势，县级疫区、镇级疫点、发生面积和病死树还将持续、快速增加。松材线虫病持续蔓延扩散和危害，不仅直接影响松林采伐、经营、加工等林业生产和林农收入，投入大量防控经费还给经济基础薄弱的山区地方财政造成了巨大的负担。粤港澳大湾区的联动发展、贸易物流的快速增长对松材线虫病防控提出了更高的要求，粤北生态发展区是广东省最重要的生态屏障，也是拟建国家公园的重要区域，松林面积大，生态安全隐患更大。由此可见，若不能有效防控疫情，将严重威胁全省森林资源安全、生态安全、林业可持续发展和乡村振兴。

### 3.1.2　建立松材线虫病"地空天"监测技术体系

建立松材线虫病快捷诊断、精准监测技术。松材线虫病快捷诊断是准确监测疫情发生动态的关键。根据广东省松材线虫病疫情的发生特点，研究、集成、创新并示范了以林间疑似松材线虫病病死树排查为基础，从典型枯死松树的关键部位规范化取样，以及"松褐天牛引诱剂"辅助相结合的松材线虫病诊断和监测技术体系，实现了林间定性排查，加上室内松材线虫鉴定技术，即可进行快捷诊断、精准监测，全面提高基层监测人员诊断、监测的时效性和准确性。如南岭国家森林公园为保护华南五针松等松林资源，采取此项技术，全面监测、排查，确认华南五针松迄今未发生松材线虫病。

完善"地空天"监测技术体系。松材线虫病日常监测是准确掌握疫情发生动态的关键环节。广东省形成了以地面监测为主，空中、航天为辅的"地空天"监测技术体系。在地面全域松林疫情常规监测时，依托基层监测人员日常巡查和专项普查，辅以"松褐天牛引诱剂"和多旋翼无人机悬停侦查、排查，可准确掌握林间枯死树发生、分布情况。对重要区域松林疫情监测时，选用固定翼无人机搭载可见光和多光谱数码相机，同时采集松材线虫病疫点的松树可见光和近红外的航摄影像，生成航摄影像的归一化植被指数（NDVI），通过植被指数的运算对松树进行分类、自动化识别，可获得枯死松树的分布地图及坐标点，监测的准确率达 80% 以上，坐标点精度达 2~3m。此外，通过分析多种植被指数的特征差异，训练 Fast R-CNN 深度学习框架模型，对无人机遥感中的病死树和枯死松树进行判别和定位，准确率分别达到 90% 和 82%。这些方法具有自动化、可靠、客观、高效、及时和低成本等优点，可为大面积监测松材线虫病的发生和流行动态、评估防控效果和灾害损失等提供技术支撑。对于更大面积的松林疫情监测，通过采集高分卫星遥感影像数据，再根据松材线虫病枯死树遥感影像特征及野外调查资料建立解译标志，可准确判断疫情现状。区域性评估表明，卫星遥感监测结果与实地踏查数据吻合度高，卫星遥感的解译准确率达 98.4%。该技术具有宏观、获取信息快、重复周期短和成本低等优点，可有效弥补人工踏查的不足。

### 3.1.3　夯实松材线虫病检疫防控

为有效控制疫情传入，采取了严格实施产地检疫、调运检疫和检疫复检等检疫执法程序。为严防疫木流失，早期采取设立检查站的方式控制疫木流通，后来在全省统筹布设松材线虫病疫木变性安全利用定点加工企业，并定期巡查、督导灭疫。随着疫情的发展，在全面加强检疫执法的基础上，建立和完善了检疫备案制度，定期对辖区内涉木单位和个人开展检疫检查，严肃查处违法违规采伐、运输、经营、加工、利用，以及使用疫木及其制品行为，对木材交易市场、物流园和电线电缆企业开展检疫风险隐患排查，杜绝发生检疫违法违规事件。与此同时，大力推进粤桂琼、粤赣、珠三角城市群等区域联防联治，与农业农村、住房城乡建设、交通运输、水利、海关、气象局等部门通力协作，形成防控合力，有效地管控了疫源。

### 3.1.4 松材线虫病疫木除治技术

疫木应急隔离和除治。1988 年 7 月在深圳市发现疫情后，同年 9 月，广东省林业厅专门召开松材线虫病防治研讨会，鉴于缺乏有效的防控措施，为遏制疫情的扩散蔓延，与会专家一致建议建立一条隔离带，防止未采取措施的香港罹病区的松褐天牛传播。1991 年 9 月，深圳市在疫区外建立了一条长 86km、宽 4km 的非松树隔离林带，在 1996 年以前发挥了一定的作用。近年来，广东省形成了应急预案处理流程，对于首次确认松材线虫病疫情的疫点、疫区，按照《广东省林业有害生物灾害应急预案》要求，立即启动应急预案。如 2019 年 12 月，在南岭国家森林公园门口的 3.3hm² 马尾松林（树龄 50 年，高约 25m）发现松材线虫病枯死树，对公园内易感染松材线虫病的华南五针松构成较大威胁，相关部门立即采取应急控制技术，及时清除病死松树 4 株、定期监测疫情、诱捕松褐天牛和无人机定期喷洒耐雨水冲刷的复合制剂等，该马尾松林已经连续 27 个月没有出现枯死树。

林间疫木持续除治。通过实施国家级森林病虫害工程治理试点项目《广东省松材线虫病工程治理项目（1998—2000 年）》，总结出控制松材线虫病的最重要措施是"及时、就地、彻底"除治枯死松树（含病死、其他原因枯死、濒死松树），林间就地实施枯死松树套袋消杀技术。在 20 多年的防控实践中，不同地域林间大规模的试验表明，56% 磷化铝片剂的最小投药量为 13g/m³（相当于 4 片），当林间温度为 10~25℃时，确保密闭消杀 48h，当林间温度为 25~35℃时，确保密闭消杀 24h，疫木中松褐天牛死亡率可达 100%。由此确立了广东省林间枯死松树消杀的关键技术是：按照"当日采伐当日除害处理完毕"的要求，把枯死松树主干及直径 1cm 以上的枝丫放入密封塑料袋（膜厚度 ≥ 0.08mm）中，使用 56% 磷化铝片剂的投药量为 20~30g/m³（相当于 6~9 片），林间可根据气温等实际情况酌情增加或者减少。

拔除疫区。对照"疫区或者疫点内没有在自然条件下感染松材线虫病的松科 Pinaceae 植物即达到拔除"的条件，对首次发生疫情的县级行政区内疫情林分，或当年能够实现无疫情的乡镇级行政区内的孤立小班，经林业主管部门审定，确认可采取皆伐清理措施的区域，通过皆伐松树的方式实现拔除疫情。对老疫区，按照广东省森林分类经营现状，区分生态公益林或商品林，根据疫情的发生程度，分类评估拔除的可行性而采取相应的技术措施。深圳市既是广东省松材线虫病的首发疫区，也是松突圆蚧危害的重灾区，生态景观遭受了很大的破坏，尽管探索了各种防控措施，但早期的防控技术不足以根除疫情，故采取全面清除剩余松科植物的方式，于 2013 年拔除了全市疫区。广州市天河区鉴于松材线虫病发生时间长，松林面积小，改造剩余松林对环境影响小，也采取清除剩余松科植物的方式，于 2017 年拔除疫区。

### 3.1.5 松褐天牛持续控制技术

引诱剂监测和防治松褐天牛成虫技术。通过系统调查和科学研究，明确了广东省松材线虫病的主要媒介昆虫是松褐天牛，该虫 1 年发生 1~3 代，南部 1 年发生 2~3 代；广州地区 1 年发生 2 代，林间几乎常年有松褐天牛成虫活动；粤北 1 年发生 1 代。各地成虫羽化期差异大，成虫产卵前期和产卵期长。针对松褐天牛成虫隐蔽性好、发生期降水频繁等特点，研制了具有独特使用效果的系列引诱剂，包括"A-3

型松褐天牛引诱剂""YM-1 型松褐天牛诱木引诱剂"等，主持制定林业行业标准《松褐天牛引诱剂使用技术规程》（LY/T 1867—2009），规定了引诱剂的使用技术。在广州市花都区芙蓉嶂风景区设立"广东省松褐天牛防治标准化示范区"，进行了规模化示范、测评，为该技术在全省乃至全国的推广应用、全天候地监测和控制松褐天牛及其传播的松材线虫病提供技术支撑。

花绒寄甲等控制松褐天牛幼虫技术。花绒寄甲 *Dastarcus helophoroides* 是广东省广泛分布的松褐天牛的主要天敌昆虫，在林间枯死松树较多且没有进行清理的松林中，自然寄生率最高达 79.1%，通常可达 30.8%。通过系统的研究，明确了花绒寄甲的生物学和生态学习性，掌握花绒寄甲规模化繁殖利用技术，为林间持续控制松褐天牛提供了持续效果较好的防治方法。在森林公园或地势较平缓等便于作业的松林，采用"地面罩网灭疫并繁育花绒寄甲"方法，花绒寄甲寄生率可达 9.2%~60.0%；在立地条件较特殊、难以清除枯死树的松林，采用人工地面或无人机空中释放花绒寄甲成虫，当林间枯死松树的数量为 30~75 株、>75 株 /hm² 时，花绒寄甲成虫的释放量分别为 80~120 头 /hm²、120~200 头 /hm²，可取得较好的防治效果，但采取清除林间枯死树的松林不适合使用花绒寄甲防治松褐天牛。

航空施药防控技术。广东省水热条件优越，松林内杂灌木丛生，极大地增大了林间地面防控作业的难度，降低了效率。随着航空技术的发展，使用直升机施药防治成片松林不仅高效，而且降低了防治成本；对于重点保护的小面积松林，采用无人机可精准施药防治。确定防治区域后，分别在松褐天牛羽化初期和第 1 次喷施药剂的有效期末，选用高效、低毒、药效长、环境友好的缓释型药剂连续施药 2 次，可有效降低松林中松褐天牛的种群密度。鉴于越冬代松褐天牛成虫羽化初期及高峰期在 3~5 月，恰好是广东省每年的清明节阴雨天气及端午节前后的龙舟水时节，施药时务必规避降水天气，适量添加耐雨水冲刷的黏着剂。

### 3.1.6　调控松林树种结构控制松材线虫病技术

对于松材线虫病的发生、蔓延扩散，从内因与外因关系分析：内因是马尾松的高度感病性及连片的纯林，为松材线虫等松林有害生物的发生和危害创造了有利的环境条件；外因是松材线虫的致病性强、媒介昆虫传播能力强，以及疫情的自然蔓延和人为扩散较快。从森林演替规律以及松材线虫等林业有害生物与寄主松树相互关系分析，马尾松林迟早会演替成为地带性的顶级群落——亚热带常绿阔叶林，但自然演替的历程少则几十年，多则几百年，而松材线虫等林业有害生物造成的生态灾害是促进松林演化为阔叶混交林过程的主要因子，可明显加快松林演替的进程。因此，广东省着眼于营造森林生态群落健康的稳定格局，根据松林的属性（按广东省森林分类经营划分为生态公益林或商品林）、树种相生相克原理，通过调控松林树种结构，把纯的松林改造为多树种镶嵌块状混交为主的林分，使纯松林碎片化，形成多树种、多类型、多层次的混交林，发挥天然隔离带、物理隔离、化学驱避等作用，提高森林生态系统抵御松材线虫等主要林业有害生物的能力，实现林业生产高质量及可持续发展的目标。对于非疫区，坚持以预防为主，把"精准监测，及时扑灭疫情"贯穿于松林管护的全过程；适地适树，科学配置非松属树种，尽快改造松林树种结构，防御松材线虫等林业有害生物危害。如广东省的湛江市长期结合桉树商品林集约经营，把松林碎片化，避免了可能由于松材线虫病的危害及由此带来的巨大经济损失；特别是国营雷州林业局，在其经营的 2.51 万 hm² 桉树人工林中，科学营造不同无性系、不同树龄镶嵌式混交的桉树林，有效避免了桉树病虫害的发生和危害。对于老疫区，如果疫点或疫区的面积较大，枯死树较多，林间枯死率达到特定临界点之后，林相将难以维持，应尽可能采用适度隔离疫区、封闭林分进行治理方式，避免疫源快速蔓延扩散，同时结合低效纯林和疏残林改造、国家储备林建设和生态修复工程，选用乡土阔叶树逐步替代马尾松，加快松林改造进程，形成镶嵌式块状混交针阔混交林。如广州市黄埔区龙头山森林公园对发生松材线虫病的松林，根据相关树种次生物质的成分和含量，分析其林间适生性和利用价值，2003 年以来结合生态风景林的建设，选择樟、闽楠、火力楠等乡土阔叶树树种与松树混交，取得了良好效果。鉴于湿地松与松材线虫原产地都是美国，在长期的进化过程中，已对松材线虫有较好的抗性，林间感病率相对较低，林相保持较好，对于全省的 41.56 万 hm$^2$ 湿地松，目前不必为防控松材线虫病调控树种结构。

### 3.1.7  松材线虫病持续控制技术规范化标准化

松材线虫病的发生与防控涉及松材线虫病"复合体"（病原、传播媒介、寄主树和环境组成）的内部复杂关系以及各地经济条件和社会管理等方面，既是高难度的专业技术问题，也是一个系统工程，具有长期性、艰巨性、复杂性和挑战性。广东省在 30 多年的防控实践中，贯彻落实相关法律法规，不断探索、规范防控技术和相关组织管理，先后成立了"广东省松材线虫病防治指挥部"，出台了《广东省重大林业有害生物灾害应急预案》，印发了《广东省林业局办公室关于印发广东省松材线虫病除治技术等工作指引的通知》《广东省松材线虫病防治质量与防控成效核验方案》；主持制定了《松材线虫病疫木清理技术规范》（LY/T 1865—2009）、《松褐天牛防治技术规范》（LY/T 1866—2009）、《松褐天牛引诱剂使用技术规程》（LY/T 1867—2009）、《松褐天牛携带松材线虫的 PCR 检测技术规范》（LY/T 2350—2014）、《飞机施药防治松材线虫病技术》（DB44/T 2250—2020）、《林业有害生物防治组织资质》（DB44/T 1919—2016）、《林业有害生物防治工程监理单位资质》（DB44/T 904—2011）、《松材线虫病治理工程监理规范》（DB44/T 1060—2012），广东省林学会团体标准《松材线虫病防治项目计价指引》（T/GDFS 11—2022）等多项林业行业、地方和团体标准；制定了《广东省林业有害生物防治单位资质认定办法（暂行）》，先后认证了 400 多家防治专业化公司，全省 90% 以上的防治作业实行由政府向社会购买服务。

## 3.2  青枯病控制技术

劳尔氏菌侵染木麻黄后，引起的一种系统性维管束病害——木麻黄青枯病，主要破坏寄主树的输导组织，可导致全株枯死。该病于 1951 年首次在毛里求斯发现，我国于 1964 年首次在广东省阳江市海陵岛发现，目前主要在广东和福建沿海地区发生。

木麻黄感病后，先后出现小枝黄化、稀疏、凋落，多枯枝、枯梢，根系发黑腐烂；木质部局部或全部变为褐色至黑褐色，主茎和侧枝横切面伤口有乳白色或淡黄色细菌脓液溢出。重病株树干可出现黑褐色条斑，树皮常纵裂成溃疡状；有些病株显著矮化，茎基长出大量不定根。坏死根茎有水浸臭味。感病植株一般不易存活，林地上偶尔也有不枯死甚至恢复健康的现象。根据树龄及感病程度的不同，发病症状可以分为青枯、半枯、黄萎、枝枯等类型；植株发病期从发病到枯死的时间从十数天到几年不等，一般苗木比成年大树发病快。

鉴于木麻黄生长环境的特殊性以及木麻黄青枯病发生的普遍性和严重性，防治木麻黄青枯病应实行区域化联防联治和专业化统防统治，苗圃带菌是青枯病大范围扩散蔓延的主要原因，进行无菌育苗，用无菌苗造林是降低病害流行速度和减少发病范围的关键。病害发生时要迅速清除病株，挖去树桩、树根。

抗病育种被认为是目前防治木麻黄青枯病的有效途径。近几十年来，广东、福建对木麻黄无性系进行筛选，培育了一批生长优良的抗病无性系并正在生产中推广。20 世纪 80 年代，华南农业大学为解决沿海木麻黄防护林因青枯病死亡、影响防风固沙效果的问题，分离出木麻黄青枯病病原菌华南生理小种并进行人工接种筛选，从细枝木麻黄天然杂交种的超级苗中，选出 701 等 3 个速生抗病的木麻黄无性系。用小枝水培催根法大量繁殖幼苗，移入营养袋培育大苗供造林使用。该成果已在广东、海南、福建、广西等地推广，为沿海木麻黄防护林营建、改造、恢复提供了良种和技术支撑。华南农业大学主持完成的"木麻黄速生抗病无性系筛选及小枝水培繁殖技术研究与应用"成果于 1991 年获得国家科学技术进步奖二等奖。广东省林业科学研究院主持完成的"沿海防护林木麻黄病虫害综合控制技术研究"成果获得 1998 年国家林业局科技进步奖二等奖。

## 3.3　马尾松毛虫防控技术

马尾松毛虫是我国历史性森林害虫，广东省四大森林病虫害之一。马尾松毛虫以幼虫取食松针，在广东省主要危害马尾松、湿地松、火炬松。松林受害后，轻者造成针叶损失，以至材积损失、松脂减产；重者针叶被吃光，状如火烧，树势衰弱，甚至连片枯死。人体接触马尾松毛虫毒毛易引起皮肤痒、皮炎。

马尾松毛虫在广东省每年发生 3~4 代，大致以北回归线为分界线，北回归线以南为 4 代区，北回归线以北为 3 代区。在 3 代区，越冬幼虫于 4 月中、下旬结茧化蛹；5 月上旬羽化产卵；5 月中、下旬第一代幼虫孵化，初龄幼虫群聚为害，松树针叶呈团状卷曲枯黄；4 龄以上食量大增，将叶食尽，7 月上旬结茧化蛹，7 月中旬羽化产卵。7 月下旬第二代幼虫孵化，9 月上旬结茧化蛹，9 月中旬羽化产卵。9 月下旬至 10 月上旬孵化出第三代幼虫，第三代幼虫于 11 月中旬如越冬幼虫般在树冠顶端的松针丛中或树干上树皮裂缝中越冬。

### 3.3.1　马尾松毛虫发生情况

20 世纪 50 年代以来，广东省比较系统记载了马尾松毛虫发生情况：

20 世纪 50 年代，发生面积较小，年平均发生面积 2.53 万 hm$^2$。

20 世纪 60 年代，年平均发生面积 12.14 万 hm$^2$。

20 世纪 70 年代，年平均发生面积 23.29 万 hm$^2$。

20 世纪 80 年代，年平均发生面积 29.43 万 hm$^2$，是危害最严重的 10 年，特别是 1988 年，发生面积 58.5 万 hm$^2$。

20 世纪 90 年代，年平均发生面积 15.46 万 hm$^2$，但 1991 年发生面积创历史新高，达到 66.5 万 hm$^2$；从 1993 年开始危害逐渐减轻，发生面积均低于 15 万 hm$^2$。

21 世纪初，年均发生面积为 3.13 万 hm$^2$。

21 世纪 20 年代，年平均发生面积为 1.82 万 hm$^2$，仅在个别地区出现虫口密度突然增多的现象，基本不造成危害。2021 年统计马尾松毛虫发生面积仅为 1.02 万 hm$^2$。

### 3.3.2　马尾松毛虫防控技术

广东省自 1964 年开始，发生面积不断扩大，危害程度日趋严重，引起了各级政府和林业主管部门的高度重视。广东省林业厅组织中山大学、华南农业大学、省昆虫研究所、省林科院等教学、科研、管理、生产单位联合攻关，形成了完善的防控技术：常年监测虫情，及时预报；采取营造混交林、封山育林、合理抚育等营林技术措施，抑制松毛虫的发生；施用灭幼脲Ⅲ号等仿生物制剂、白僵菌、松毛虫质型多角体病毒等生物制剂，以及苦参碱、阿维菌素乳油不同作用机制的环境友好型药剂，持续控制马尾松毛虫的发生和危害，为马尾松毛虫监测、预测预报和防治提供了技术支撑。

### 3.3.2.1　开发利用白僵菌防治马尾松毛虫

20世纪80年代，广东省林业科学研究院应用激光、酯酶同工酶技术筛选防治松毛虫的白僵菌 *Beauveria* spp. 优良菌种，每年由省森防站组织生产白僵菌粉剂 200~300 t，防治松林面积约 6 万 $hm^2$。1978—1981 年，广东省森林病虫害防治站、广东省林业科学研究院等经试验把白僵菌粉剂改变为油剂，并与超低容量和低容量喷雾技术结合应用，防治效果良好。此外，省林科所等单位还开展"白僵菌纯孢子粉机械分离法和平板机械化生产工艺流程研究"，研制出适合使用飞机大面积防治松毛虫的高含孢量的白僵菌孢子粉，属国内首创。与此同时，制定了产品质量企业标准和生产操作规程，为白僵菌生产标准化、商品化提供了依据。广东省林业厅森林病虫害防治站主持完成的"白僵菌油剂防治马尾松毛虫的研究"成果分别获 1982 年林业部科技进步奖二等奖、1985 年国家科技进步奖三等奖。

### 3.3.2.2　开发利用松毛虫质型多角体病毒防治马尾松毛虫

广东省应用较多的昆虫病毒主要是质型多角体病毒。1972—1984 年，广东省林业科学研究院和中山大学等单位研究应用马尾松毛虫质型多角体病毒防治松毛虫技术。1972 年，广东省林业科学研究院开始研究马尾松毛虫病毒，1973 年经中山大学电子显微镜检验，证实有质型和核型两种类型多角体病毒。此后，广东省林业科学研究院等单位对松毛虫病毒的形态、组织病理、毒力生物测定、林间防治及其特效作用、贮存、安全性试验等做了系统研究。应用病毒林间防治马尾松毛虫试验面积 2660 $hm^2$，平均杀虫率达 70% 以上。20世纪80年代中期，还研究从日本引进的赤松毛虫质型多角体病毒，用于防治马尾松毛虫获得成功；80 年代后期，茂名市林业科学研究批量生产松毛虫质型多角体病毒，供各地防治松毛虫使用，截至 2000 年，广东产的松毛虫质型多角体病毒在广东、湖南、江西、四川和重庆等省（市）累计防治马尾松毛虫面积达 7 万多 $hm^2$，防治效果较好。多年来，茂名市林业科学研究所、广东省森林病虫害防治与检疫总站制定了广东省地方标准《松毛虫质型多角体病毒生产及使用技术》（DB44/T 512—2008）。多项成果获得奖励，广东省林业科学研究院主持完成的"森林害虫多角体病毒的研究和应用"成果于 1978 年获全国科学大会奖；广东省林业科学研究院参加完成的"应用马尾松毛虫质型多角体病毒防治松毛虫的研究"成果获得 1987 年林业部科技进步奖三等奖。

### 3.3.2.3　林业主要杀虫微生物高效利用技术得到广泛的应用

茂名市林业科学研究所等单位对林用微生物杀虫剂新剂型及使用技术进行了长期系统的研究：一是建立了利用沉降塔分离提纯松毛虫质型多角体病毒（以下简称 DCPV）的工艺，产品多角体含量为国内外最高，达到 220 亿 CPB/g；二是研制出 DCPV 油剂，可直接用于超低容量喷雾，喷液量为 3000mL/$hm^2$（3000 亿 CPB/$hm^2$），简化了使用技术，降低了防治成本；三是首次使用多元醇而非芳香族和脂肪烃类化合物为溶剂，配制适合超低容量喷雾的高效白僵菌悬浮剂；四是研制出 DCPV 油烟剂、白僵菌油烟剂、苏云金杆菌（以下简称 B.t）油烟剂和 DCPV-B.t、DCPV-B.t-白僵菌复合微生物杀虫剂等新剂型，满足不同条件下的防治需求；五是研究出上述林用微生物杀虫剂新剂型的配套使用技术。成套技术广泛应用于防治马尾松毛虫 40 多万 $hm^2$。"林业主要杀虫微生物高效利用技术研究"成果获得 2008 年度广东省科学技术奖二等奖。

#### 3.3.2.4 利用灭幼脲Ⅲ号防治马尾松

1992 年，广东省森林病虫害防治站等单位研究利用灭幼脲Ⅲ号防治马尾松技术，使用多种剂型，采取地面和航空低容量、超低容量喷雾方法，防治马尾松毛虫，取得显著效果。广东省林业厅森林病虫害防治站主持完成的"灭幼脲Ⅲ号防治马尾松毛虫新技术研究与应用"成果获 1999 年国家林业局科技进步奖二等奖。

## 3.4 黄脊竹蝗防控技术

### 3.4.1 黄脊竹蝗发生情况

徐天森先生等记载，我国取食竹子昆虫 683 种，隶属 10 个目、74 科、363 属。能造成竹子损失 100 余种，常发生危害有 60 余种。

黄脊竹蝗是我国记载最早的竹子害虫，史料曾有记载"嘉庆二十二至二十四年（1817—1819 年）二里（今桃源县）蝗食竹殆尽"。

当前，黄脊竹蝗依然是我国竹产区暴发风险最大的历史性害虫，时常大面积发生。2013 年 8 月，因高温干旱等多种因素叠加致湖南多地暴发竹蝗灾害，面积达到 2.07 万 $hm^2$。2020 年 6 月 28 日至 9 月 28 日，黄脊竹蝗空前规模从老挝、越南经云南省普洱市边境多次迁飞入境，虫口密度较高的区域达到 200~800 头 /$m^2$，云南省累计发生面积 1.1 万 $hm^2$，累计防治面积 4.07 万 $hm^2$ 次，利用无人机飞防作业 3.19 万架次，投入喷雾器 2.03 万台次，消灭竹蝗 81 亿头，重量达 4476t。

黄脊竹蝗也是广东省常发性食叶害虫，如 2002 年出版的《广东省志·农业志》的部分记载：

1947—1952 年，清远下文洞山的竹林自 1947 年开始受害，至 1952 年 1/3 的竹林被害致死。

1962 年全省发生面积达 0.5 万 $hm^2$。

1972—1986 年，广宁县受害面积年均 0.33 万 $hm^2$；始兴县年均发生 0.33 万 $hm^2$。

1991 年，广宁县发生面积 0.88 万 $hm^2$，被害枯死竹林 40$hm^2$，损失竹材 1 万 t。南雄县发生 0.28 万 $hm^2$。

1993 年，全省发生 0.8 万 $hm^2$。

1994 年，龙门、大埔、广宁、和平等县发生面积 0.92 万 $hm^2$，被害枯死竹林 6.7$hm^2$，竹子 2 万株。

### 3.4.2 黄脊竹蝗防控历史

我国为有效防控黄脊竹蝗，先后探索了不同的方法和技术：

20 世纪 40 年代，邱式邦先生等开展六六六、DDT、氯丹（溶于丙酮后再吸入滑石粉中磨细而成）三种粉剂杀蝗试验，表明 5% 氯丹杀蝗效力最强，DDT 效力最小。

20 世纪 50 年代末，全国开展大面积防治森林病虫害运动中，各县相应地开展无虫县、无蝗县的群众运动，特别是应用六六六烟剂后，以湖南省为主的各地切实控制了黄脊竹蝗的危害。

20 世纪 60~70 年代：因特殊原因，黄脊竹蝗危害又有抬头。

20 世纪 80 年代，由于禁用六六六，一时难以研制较好代替药剂。

20 世纪 90 年代以来，各地先后探索了多种方法和技术防控黄脊竹蝗。四川省森林病虫防治站使用林丹、多效灵粉剂防治。湖南省林业科学研究所选用甲胺磷、氧化乐果竹腔注射。中山大学使用敌百虫粉剂。

景德镇市林业科学研究所和重庆市森林病虫害防治站使用枯草芽胞杆菌等生物技术研制。广东省林业科学研究院开展昆虫生长调节剂防治黄脊竹蝗技术研究。中国林科院亚林所从人尿中提出活性成分引诱未交配的成虫、高龄跳蝻。

### 3.4.3　黄脊竹蝗猖獗的原因

一是由于黄脊竹蝗食谱广、食量大，繁殖、扩散和迁飞能力强，且天敌少，而竹林多为纯林，位于湿度大的河边、山谷，适合黄脊竹蝗生长发育。因此，其发生特点表现为常驻性、持续性、连锁性，尽管可防可控，但具潜伏性、反复性。

二是由于黄脊竹蝗产卵地面积小而不易寻找，孵化期难以确定、不整齐，低龄跳蝻活动期多处于低温阴雨天，需耐雨水淋刷的药剂，且往往要多次喷药。而竹林较高、山林水源缺乏，大面积喷药时间紧、劳动强度大、作业难度大。

三是由于林权结构分散化和经营形式多样化，插花山、边界山比例大，劳动力多外出务工，难以统一开展监测、防治，部分地方缺少实用防治器械、有针对性技术，以及防控经费，"有心管，无力防"。因此，黄脊竹蝗反复成灾，成为农林业的老大难问题！若放弃防控，还可能衍生为社会问题。

此外，由于观念原因，林农习惯于在出现明显危害状之后，才使用触杀剂、林丹烟剂等速效药剂防治，而成虫期防治效果不稳定、除治不够彻底，因此易出现连年防治、年年有灾的现象。

### 3.4.4　黄脊竹蝗防控技术

广东省危害竹林的蝗虫有黄脊竹蝗、青脊竹蝗、异歧蔗蝗、棉蝗、黑翅竹蝗 C.fasciata fasciata、贺氏竹蝗 C.hoffmanni 等，主要种类是黄脊竹蝗。

20世纪90年代以来，针对黄脊竹蝗孵化期预测难，发生具有常驻性、反复性和连锁性，以及雨季防治难度大等特点，国内广泛探索安全、有效、可行、经济的防治方法。广东省林业科学研究院、广东省森林病虫害防治与检疫总站、肇庆市林业局、广宁县林业局等单位开展科研攻坚，形成持续控制黄脊竹蝗技术。

#### 3.4.4.1　建立黄脊竹蝗卵孵化期预测模型

采用"多因子相关回归分析"方法进行分析，建立预测式 $Y=113.03-6.41X_1-0.039X_2$（其中 $X_1$ 是1~3月的月平均气温，为影响孵化期的主导因子，$X_2$ 是1~3月的月平均降水量，有一定影响），实现精准定量预测预报。

#### 3.4.4.2　合理选择无公害的灭幼脲Ⅲ号等昆虫生长调节剂

抓住灭幼脲Ⅲ号防治黄脊竹蝗3龄以前的跳蝻有高效作用。同时低龄跳蝻又有群集习性，跳蝻未上竹或扩散前是最有利的防治时机，将其控制在产卵地周围，实现防早（防治初孵期、1~2龄期跳蝻为主）、防小（产卵地周围），持续控制的目的，将原来以防治成蝗为主转变为以防治低龄跳蝻为主，将过去以使用高毒化学药剂防治为主转变为以仿生药物防治为主，将过去的千家万户分散防治转变为集中连片防治，避免了连年防治、年年有灾的局面。

#### 3.4.4.3　精准施药

仅在占竹林面积5%的产卵地喷药，实际施药面积不超过竹林面积的20%，较之于成虫期全林大剂量施药，不仅实现及时精准防治，而且大幅度减少农药用量。

### 3.4.4.4　大面积推广示范

1996—1999 年，全省共有 8 个市 20 多个县（区、林场）采用灭幼脲Ⅲ号防治竹蝗，推广应用面积共 2.13 万 hm²，占全省竹蝗防治面积的 63.2%，当年防治效果达 90% 以上。通过推广这种防治技术，在防治方法上出现"三大改变"，即改变过去使用高毒化学药剂防治为以仿生物药物防治为主；改变原来主要防治成虫为以防治低龄跳蝻为主；改变过去千家万户分散防治为集中连片防治。与此同时，黄脊竹蝗发生面积连年减少，1999 年发生面积比 1996 年减少 40%，基本控制了黄脊竹蝗为害成灾的现象，产生了较好的经济和社会效益，实现了黄脊竹蝗的持续控制，确保竹业的高产、稳产。

为规范黄脊竹蝗的虫情监测方法、预测预报方法、防治指标和防治技术，广东省林业科学研究院、湖南省森林病虫害防治检疫总站、广东省森林病虫害防治与检疫总站制定了国家林业标准《黄脊竹蝗防治技术规程》（GB/T 27645—2011）。

## 3.5　桉树食叶害虫防控技术

桉树是桃金娘科 Myrtaceae 桉属 *Eucalyptus* 及其亲近的杯果木属、伞房属植物的总称，是世界上公认的速生树种，具有适应性强、生长快、出材率高、轮伐期短、用途广泛和经济效益好等多种优势。桉树最早于 1890 年引进到中国，近几十年发展迅猛，目前，全国种植面积已达 546 万 hm²，占全国人工林面积的 7.88%，木材产出 4000 万 m³，超过全国商品材产量的 40%，同时支撑起我国 1160 万 t 级的制浆造纸行业和年产 8000 万 m³ 胶合板工业的发展，为保障国家木材安全做出巨大贡献。桉树产业已经形成包括种苗、肥料、木材、制浆造纸、人造板、生物质能源和林副产品等在内的完整产业链，年产值超过 4000 亿元。

### 3.5.1　桉树食叶害虫发展概况

桉树于 1890 年被引进到我国，在最初 100 年左右时间里，尽管陆续出现桉树病虫害，但所造成的损失相对较小，未引起足够的重视，桉树被误认为是"没有病虫害的树种"。

随着我国桉树人工纯林面积的跨越式增大，少数速生、丰产的桉树无性系成为主要造林树种，纯林的分布由点、线到片，群落结构不够合理，生物多样性的丰度较低，林分的整体生态功能脆弱，难以抵御本土常发性、突发性的林业有害生物和频繁入侵的外来林业有害生物的危害。随着本土食叶害虫的侵入和适应，次要种类上升为主要种类，形成了桉树林食叶害虫种类多、世代多、危害期长、分布面积大，重大灾害事件突出的格局。危害桉树的油桐尺蛾等十几种常见食叶害虫单一或混合危害日益严重，使桉树成为继马尾松之后的多灾多难"树种"，常年直接经济损失已超过 1 亿元，制约了桉树产业的发展。

据不完全统计，我国迄今记载的桉树害虫种类达 320 多种，其中，桉树叶部害虫种类约 160 种。目前，严重危害桉树的有尺蛾科、夜蛾科、毒蛾科、枯叶蛾科等科的幼虫，包括油桐尺蛾、大钩翅尺蛾、油茶尺蛾、同安钮夜蛾、白裙赭夜蛾、曲纹纷夜蛾、栗黄枯叶蛾、线茸毒蛾、棉古毒蛾、南大蓑蛾等食叶害虫，其在广东、广西和海南等地普遍发生，共同危害同一片桉树林，在短期内取食完桉树的叶片。特别是油桐尺蛾、大钩翅尺蛾等主要食叶害虫已形成像马尾松毛虫一样的优势种，在局部地区已经给桉树人工林造成致命的一击。

尽管桉树食叶害虫都是本土害虫，农林业以往都有一些相关研究和防治成效，但对于大面积发生、虫种复杂、虫龄不整齐、危害高大的桉树林的食叶害虫，监测和预报难度大，统筹防治更难，突发和大面积成灾成为普遍现象，还未有成套的技术和措施，导致时常猖獗成灾，造成重大的损失。

### 3.5.2 桉树食叶害虫防控难点及对策

针对桉树林树冠高、水源缺乏，食叶害虫虫种复杂等特点，着眼于建立长效机制，营造有利于天敌昆虫繁衍、不利于食叶害虫危害的环境，以无公害的苯氧威烟雾剂等与环境协调的制剂为主，控制食叶害虫的发生和危害。

以桉树短周期工业用材林为对象，继续开展桉树主要食叶害虫天敌资源调查；完善利用昆虫生长调节剂、生物制剂和天敌昆虫等无公害控制桉树主要食叶害虫技术，烟雾剂及烟雾载药技术，低容量施药技术。重点建立油桐尺蛾等桉树主要食叶害虫种群实时监测、预警及灾害发生应急系统，建立桉树食叶害虫控制技术体系。

### 3.5.3 桉树食叶害虫防控技术

#### 3.5.3.1 掌握了桉树主要食叶害虫的发生规律

查明了桉树的主要食叶害虫的种类及其天敌昆虫，明确了曲线纷夜蛾为我国桉树食叶害虫新记录，油桐尺蛾、大钩翅尺蛾、曲线纷夜蛾是桉树主要食叶害虫，并掌握了其发生规律。粤西桉树老基地和粤东桉树基地的食叶害虫种类大同小异，主要食叶害虫在全省普遍发生，局部造成灾害，其他食叶害虫偶尔随机出现在各地。因此，控制桉树食叶害虫要兼顾桉树其他病虫害的防控，把桉树林作为一个控制对象，以营造不利于食叶害虫发生的环境为主，做好防控预案，加强监测，必要时采取应急措施。

#### 3.5.3.2 建立了桉树主要食叶害虫实时监测系统

针对高大的桉树的病虫害的监测，形成了以望远镜为主要工具，林间踏查与标准地调查相结合，辅以特定波长光源、无人机监测的主要食叶害虫监测和预警技术。首先根据当地的发生代数和物候情况，在关键发生期定期巡查，使用普通望远镜或观鸟望远镜进行监测害虫的种类及发生情况，必要时设立标准地调查发生程度。与此同时，可使用不同波长光源的诱虫灯诱捕成虫，进一步了解林间虫口密度。如需实时了解局部林木不同高度、不同方位病虫害的发生动态，并照相或录像，可使用"高位高清监测仪"，在高位监测仪基部，或附近、或室内遥控完成操作，在地面实现对 1.2~15m 的高度的动态监测，避免高空作业的隐患。也可采用大疆多旋翼无人机悬停航拍监测。如遇桉树病虫害大面积发生，可采用无人机航拍监测，能清晰地显示航拍监测区域中受食叶害虫危害的区域；经过识别、统计，可定性划分桉树林受食叶害虫危害的程度，设定严格的分类标准之后，可望定量划分。

#### 3.5.3.3 研究出以无公害制剂为主的食叶害虫防控技术

筛选出能无公害防治桉树主要食叶害虫的 3% 苯氧威喷烟剂、25% 灭幼脲粉剂（增效型）和 4000IU/μL 苏·0.1 亿个 PIB/mL NPV 悬浮剂，能应急控制食叶害虫的 AS-1 烟雾剂，能兼顾无公害和应急防治的 3% 苯氧威（增效型）喷烟剂。

确定了在明确桉树主要食叶害虫的种类和发生动态的条件下，在 2~3 龄幼虫期，以苯氧威、4000IU/μL 苏·0.1 亿个 PIB/mL BsNPV 悬浮剂、25% 灭幼脲粉剂（增效型）等无公害制剂为主控制食叶害虫的发生和危害；在 4~5 龄幼虫期，以 AS-1 烟雾剂应急为主，食叶害虫的虫口减退率都达到 90% 以上，添加增效剂的 3% 苯氧威烟雾剂在 2 天内对目标害虫的防治效果达到 90% 以上。

### 3.5.3.4 集成了桉树主要食叶害虫监测、应急控制和持续控制相结合的控制技术

集成了油桐尺蛾、小用克尺蛾等桉树主要食叶害虫监测、应急控制和持续控制相结合的控制技术，采取示范和辐射相结合的方式，可有效推广桉树主要食叶害虫监测与控制技术，应用于桉树林培育过程，对目标害虫的防治效果达到 90% 以上，产生了良好的经济和社会效益。

### 3.5.3.5 创制了"桉树主要食叶害虫监测技术及控制技术"

该技术首先确立了桉树主要食叶害虫控制技术集成与示范的基本原则，建立着眼点在于控制技术（高效、安全、低成本）、管理措施（与时俱进、以人为本）、市场机制（投入产出、成本核算）和保险机制相结合的长效机制；其次是明确了桉树主要食叶害虫的种类和发生规律，然后借助多种监测装备（包括高位高清监测仪、无人机），定期或特定时期监测特定主要害虫种群的种类和发生动态，在 2~3 龄幼虫期，以 3% 苯氧威喷烟剂（增效型）、4000IU/μL 苏·0.1 亿个 PIB/mL BsNPV 悬浮剂、25% 灭幼脲粉剂（增效型）等无公害制剂为主控制食叶害虫的发生和危害；在 4~5 龄幼虫期，以 3% 苯氧威喷烟剂（增效型）应急为主，避免造成大的灾害。此外，林间采取有效措施，保护天敌昆虫，提高林下植物多样性，增强桉树林持续抵御食叶害虫发生和危害的能力。与此同时，建立了桉树主要食叶害虫控制技术集成的保障体系，包括桉树按培育阶段集成的保障体系、按工作年表集成的保障体系、按病虫害种类集成的保障体系、按配套措施集成的保障体系。对目标害虫的防治效果达到 90% 以上。该技术已应用于国营雷州林业局（唐家林场、纪家林场）基地、惠州南油林业经济发展有限公司（紫金县）基地的 2 多万 hm² 桉树林。同时，通过强化监测工作、举办培训班、现场指导等形式，研究集成的技术已辐射到惠州市博罗县的 1.33 万 hm² 桉树林，以及广东省的肇庆市、清远市、河源市、梅州市、潮州市，产生了良好的经济和社会效益。

### 3.5.3.6 制定了《桉树第 8 部分桉树主要病虫害防治技术规程》

规定了桉树主要病虫害种类、监测、防治指标、防治原则、防治方法、防治效果检查等技术要求，为桉树病虫害的规范化、标准化防治提供了技术支撑。

## 3.6 桉树枝瘿姬小蜂防控技术

我国于 2007 年首次在广西壮族自治区东兴县发现桉树枝瘿姬小蜂，随后迅速扩散至全国主要桉树种植区。由于桉树品系（树种、家系、无性系）的差异或周围环境中虫源数量的不同，受桉树枝瘿姬小蜂为害后，桉树的被害程度差异很大，轻者影响生长量，重者导致植株枯死。林间桉树常见被害状最典型的有两种：一是嫩梢呈现丛枝状（或称花序状）；二是在嫩枝、叶柄和叶片主脉上产生虫瘿。受该虫严重危害的桉树无性系在嫩枝、叶柄、叶中脉处产生虫瘿，或出现丛枝状（花序状），最终导致嫩梢生长停滞。受害幼苗不能长成植株，幼林高生长缓慢而难以成林，对我国的 546 万 hm² 桉树速生丰产林构成了严重的威胁。

桉树枝瘿姬小蜂繁殖能力强，可随种苗等桉树材料和气流快速扩散，欧洲和地中海植物保护组织（EPPO）已将其列入有害生物预警名单。桉树枝瘿姬小蜂靠庞大的种群成功寄生和危害，难以彻底扑灭新疫点。由于其寄生于虫瘿内，喷洒常规的杀虫剂难以发挥作用，大面积使用化学农药防治将严重污染环境，迄今仍未有有效的方法和措施，随时可能在非疫区造成严重的灾害。

有鉴于此，广东省林业科学研究院牵头组织各有关单位，在充分了解桉树枝瘿姬小蜂的生物学、生

态学特性和发生规律的基础上，研发了一套以监测为基础，以抗桉树枝瘿姬小蜂品种筛选利用为主、应急防治为辅的桉树枝瘿姬小蜂持续控制关键技术。

### 3.6.1　掌握了桉树枝瘿姬小蜂主要生物学生态学特性

明确了桉树枝瘿姬小蜂的危害状，界定了 4 个危害等级；明确了虫室发育过程中，虫瘿内的薄壁层厚度在 20~40d 期间大于 20μm，25~30d 时最厚，约 40μm；揭示了药效与药剂的使用时间、防治效果的关系；掌握了桉树枝瘿姬小蜂连续生命表，明确了其在广州、湛江地区的世代和种群动态，其中在广州地区 1 年可发生 4~5 代，且世代重叠严重。

### 3.6.2　筛选出抗桉树枝瘿姬小蜂的桉树品系 9 个

建立了桉树对桉树枝瘿姬小蜂抗性等级划分标准，利用桉树不同品系的抗虫性差异，从我国已大面积种植或具有推广潜力的优良桉树品系中，筛选出可作为广东、广西、福建造林优先选用的优良高抗品系 2 个：M1（*Eucalyptus urophylla* × *E.tereticornis*）、雷 9（*E.urophylla* × *E.tereticornis*）；抗虫品系 7 个：DH3229（*E.urophylla* × *E.grandis*）、DH3228（*E.urophylla* × *E.grandis*）、DH3226（*E.urophylla* × *E.grandis*）、LH1（*E.urophylla* × *E.tereticornis*）、金光 21（*E.jinguang* No.21）、广 3（*E.wetarensis* × *E.marginata*）和广林 9（*E.grandis* × *E.urophylla*）。只要选择抗虫品系造林，林间基本可避免桉树枝瘿姬小蜂的危害。在雷州林业局大面积推广抗虫的雷 9 等品系，为生产单位淘汰高度感虫的品系，选择抗虫、速生、丰产的优良品系提供支撑。

### 3.6.3　筛选出应急防治药剂

药效较好、来源广泛、适宜林间使用的 10% 啶虫脒乳剂、5% 吡虫啉乳油和 40% 乐果乳油等 3 种药剂，并规范了使用技术。优选了 10% 啶虫脒乳剂 800 倍用于林间大面积防治，分别于 5 月、7 月、9 月共喷洒 3 次，已控制桉树枝瘿姬小蜂危害造成的花序状嫩芽，使幼林恢复正常生长。

### 3.6.4　分析了巨桉的遗传多样性和基因构成

鉴定了与巨桉抗枝瘿姬小蜂关联的一个微卫星（SSR）标记，显著性为 P = 0.0075，对抗虫等级的决定系数为 0.2166，增效效应为 0.4216，增效比例达 17.5%，为抗虫基因型筛选提供了一个极具潜力的分子标记。

### 3.6.5　在肇庆市大南山林场等地建立了桉树枝瘿姬小蜂持续控制技术示范基地

通过清除林间高感的品种 201-2 等无性系，使用除草剂控制伐桩萌芽，于 5 月、7 月、9 月，喷洒 10% 啶虫脒乳剂 800 倍液共 3 次，控制了 1 年生幼苗（树）上姬小蜂成虫的虫口密度，避免了姬小蜂危害出现的花序状嫩梢，大南山林场等地的桉树林已基本消除桉树枝瘿姬小蜂的危害。

## 3.7　松突圆蚧防控技术

松突圆蚧的原产地是日本的冲绳群岛和先岛群岛，20 世纪 70 年代后期传入我国，1982 年 5 月首次在广东省珠海发现该蚧，之后又在深圳等沿海地带相继发现，严重危害松林。

### 3.7.1　松突圆蚧的传入途径与入侵成因

专家分析认为，松突圆蚧是随每年从日本、我国台湾省等地输出的带松突圆蚧的圣诞树（松树）传入香港和澳门的，其低龄若虫随气流等传播，20 世纪 70 年代后期传入广东省的深圳市和珠海市，随后向广东省的西北部扩散和蔓延。徐世多等（1992）1987—1989 年在松突圆蚧发生边缘区研究结果表明，松突圆蚧自然传播媒介为气流。气流运载初孵若虫和雄成虫作无规律跳跃式传播。水平传播距离为 3~5km；垂直传播距离为 0.1km。3~12 月为传播期，高峰期为 5~6 月，18~20℃ 为最适传播期。松突圆蚧入侵广东 20 年内，呈现半弧形辐射状的形式不断向西部和西北部扩散蔓延，平均每年扩散蔓延 5.27 万 hm²。

据澳门方面反映，1977 年前就有明显的病症出现。1984 年，林业部应香港渔农处邀请对香港松林进行考察，确认香港于 1978 年"松针蚧虫"就大面积发生。1982 年 5 月，我国大陆首次在广东省珠海市发现该蚧，经杨平澜先生鉴定，确认该害虫为松突圆蚧。1984 年，通过香港渔农处与英国皇家博物馆鉴定和收藏的标本对照，以及东清二教授对冲绳和广东两地的玻片标本对照鉴定，确认广东与香港、冲绳所发生的均系同一虫种，即松突圆蚧。

### 3.7.2　松突圆蚧的危害及发生动态

松突圆蚧广泛危害松属树种，在广东主要危害马尾松。松突圆蚧主要以成虫和雌若虫群栖于较老针叶基部叶鞘内吸取汁液，致使松针受害处变褐、发黑、缢缩或腐烂，继而针叶上部枯黄卷曲或脱落，枝梢萎缩，抽梢短而少，影响松树生长，使马尾松等松树树势衰弱。马尾松受害后，年平均生长率比受害前下降了 4.3%，材积生长量的损失为松毛虫的 3.2 倍。有些松林遭受松突圆蚧危害后，相继发生较严重的蛀干害虫及其他病害，出现松树枯死现象。

松突圆蚧在广东南部 1 年发生 5 代，世代重叠，无明显的越冬期。该蚧整个生活史的有效积温为 728 日度。根据松突圆蚧的生物学、生态学特性，特别是发育起点温度与有效积温的计算分析，该虫有可能进一步蔓延到湖南和江西的南部。

据广东省林业局统计：

1990—1993 年，全省松突圆蚧年均发生面积 48.51 万 hm²。

1994—1997 年，年均发生面积 10.24 万 hm²。

1998 年，发生面积 6.86 万 hm²。

1999 年，发生面积 13.06 万 hm²。

2000—2003 年，年均发生面积 26.94 万 hm²。

2004—2007 年，年均发生面积 41.97 万 hm²。

2008—2012 年，广东松突圆蚧灾害得到控制，年均发生面积 21.30 万 hm²。

2012—2020 年，广东省松突圆蚧灾害得到有效控制，发生面积逐年下降，由 2012 年的 16.86 万 hm² 降低到 2020 年的 4.32 万 hm²，基本上实现了有虫不成灾。

### 3.7.3　引进天敌昆虫防治松突圆蚧

松突圆蚧传入珠海市等地之后，原广东省林业厅组织省有关院校、科研院所协同攻关，系统研究松突圆蚧在广东的生物学生态学特性和危害性、向北蔓延扩散的可能分布区，探索了应急防控和持续防控的各种方法。组织专家赴日本松突圆蚧原产地冲绳县进行考察，找到松突圆蚧的重要寄生性天敌花角蚜小蜂。

1986—1989 年，广东先后从日本引进 11 批共 3110 头松突圆蚧天敌花角蚜小蜂，深入研究该寄生蜂的生物学、生态学特性。结果表明，花角蚜小蜂具有寄主专一、搜索能力强、对寄主兼有寄生和捕食的双重作用。1989 年底，花角蚜小蜂已在广东省受松突圆蚧危害的马尾松林内定居。放蜂后半年，50m 内的平均寄生率为 17.7%，各地放蜂的成功率平均为 93.35%；放蜂 2 年后，花角蚜小蜂年平均扩散距离 200~300m，寄生率已接近或稍高于日本冲绳 22.8% 的平均寄生率，雌蚧密度低于日本冲绳 0.85 头 / 针束的水平，充分说明花角蚜小蜂对广东马尾松上的松突圆蚧具有同样高的控制效能。由此提出了 "以营林为基础，以利用天敌为主，引进和应用花角蚜小蜂防治松突圆蚧为重点" 的防治原则，采用林间小片繁育法增殖蜂源，1990—1992 年，花角蚜小蜂成功在林间定居，并在惠东县建立了 106hm² 种蜂基地，采取人工和飞机撒放等方法助迁花角蚜小蜂，到 1993 年累计放蜂面积 73.8 万 hm²，寄生蜂定居率在 97.8%~100%，雌蚧寄生率达 40%~50%，有效抑制了松突圆蚧的发生和危害，成为松突圆蚧防控的重大突破。1994—1998 年，全省年均放蜂面积 8.36 万 hm²，降低了松突圆蚧虫口密度和为害程度，减缓了松突圆蚧向疫区外缘扩展的速度。

### 3.7.4 利用本地天敌昆虫防治松突圆蚧

由于花角蚜小蜂的夏季耐热性显著低于松突圆蚧（两者的 $LT_{100}$ 分别为 41℃和 45℃）而难以为继，1999 年，林间花角蚜小蜂种群迅速下降，松突圆蚧灾害又趋严重。

2002—2003 年，在惠东县、紫金县、新丰江等地发现友恩蚜小蜂、惠东黄蚜小蜂等松突圆蚧天敌的本土寄生蜂。2004 年开始转而保护、利用本土寄生蜂，助迁惠东县、新丰江等林区的本土寄生蜂到高州市、信宜市、电白县、罗定市、阳春市、德庆县、云安县、揭西县、龙岗区、东莞市等松突圆蚧重灾林区，防治区本土寄生蜂寄生率可达 36%，松突圆蚧灾害得到有效控制。2004—2007 年释放本土寄生蜂防治面积累计 8.97 万 hm²，松突圆蚧发生危害面积由 54.44 万 hm² 下降至 26.73 万 hm²。2008—2012 年释放本土寄生蜂防治面积累计 13.24 万 hm²，松突圆蚧发生面积由 27.66 万 hm² 下降至 16.01 万 hm²。2013—2020 年均释放本土寄生蜂防治面积 2.33 万 hm²，松突圆蚧发生面积逐年下降，由 2012 年的 15.86 万 hm² 降低到 2020 年的 4.32 万 hm²。与此同时，制定了《应用寄生蜂防治松突圆蚧技术规程》（LY/T 2026—2012），进一步规范了本地寄生蜂的使用技术。

引进花角蚜小蜂和应用友恩蚜小蜂、惠东黄蚜小蜂等本地寄生蜂防治松突圆蚧取得成功，2 项研究成果获得了多项奖励。其中，广东省林业厅森林病虫害防治站主持完成的 "引进花角蚜小蜂防治松突圆蚧的研究" 成果 1994 年获广东省科技进步奖特等奖，"引进花角蚜小蜂防治松突圆蚧的研究与应用" 成果 1995 年获国家科技进步奖二等奖。广东省森林病虫害防治与检疫总站主持完成的 "应用友恩蚜小蜂和黄蚜小蜂控制松突圆蚧技术研究" 成果获 2012 年广东省科学技术奖二等奖。

## 3.8  粗鞘双条杉天牛防控技术

20 世纪 70 年代初，粗鞘双条杉天牛对广东省杉木的危害率在粤北达 5%~10%，在粤东和粤西达 30%~40%，信宜县的厚元林场 3000 多 hm² 杉木林竟高达 70%。省林科院等单位发现、发明斑头陡盾茧蜂 *Ontsira palliatus* 和管氏肿腿蜂 *Scleroderma guani* 防治粗鞘双条杉天牛技术。1973 年，在信宜大雾岭林场发现粗鞘双条杉天牛的体外寄生蜂——斑头陡盾茧蜂，属首次记载。经过 3 年的研究，该蜂当代对林间粗鞘双条杉天牛的寄生率达 70%~80%，先后在广东、湖南、浙江大面积推广。广东省林业科学研究院主持完成的 "斑头陡盾茧蜂的繁殖和利用研究" 成果 1985 年通过林业部组织的成果鉴定，获林业部 1986

年科技成果奖三等奖。1990 年，广东省林业科学研究院主持完成的"利用斑头陡盾茧蜂防治粗鞘双条杉天牛的新技术"获国家发明奖四等奖。1973 年 8 月，在广东省饶平县韩江林场发现粗鞘双条杉天牛的体外寄生蜂——管氏肿腿蜂，属新种。从 1975 年起，与有关单位合作，对该蜂的形态特征、生物学、生态学和繁殖利用技术等进行了较系统的研究。在化州、曲江等地利用管氏肿腿蜂防治被粗鞘双条杉天牛危害严重的杉林，天牛虫口密度下降 80%~97.7%，防治效果达 72.6%~88%。随后，以此为基础的"管氏肿腿蜂防治天牛等钻蛀性害虫技术"推广到全国 21 个省（直辖市），控制严重被害的森林 5 万多 $hm^2$，治好房屋 3056 间；此外在果树、园林、药材、家具等钻蛀性害虫的防治中，也取得了显著的经济和社会效益。广东省林业科学研究院主持完成的"利用管氏肿腿蜂防治粗鞘双条杉天牛的研究"成果 1984 年获省科研成果奖三等奖，1985 年获林业部科技成果奖三等奖；广东省林业科学研究院主持完成的"管氏肿腿蜂防治天牛等钻蛀害虫"1992 年获国家发明奖四等奖。

## 3.9　薇甘菊防控技术

### 3.9.1　薇甘菊发生情况

广东省是全国薇甘菊危害最严重的省份之一。1997—1998 年，广东内伶仃岛国家自然保护区的生态环境受薇甘菊严重危害，全岛 62% 以上的面积被薇甘菊覆盖，致使部分森林植物群落向草灌丛发展。深圳市同期调查表明，龙岗区横岗镇以及罗湖区深圳水库薇甘菊危害严重，林木的枯死率达到 30%，在风景区林木的攀缘率高达 80% 以上。21 世纪以来，薇甘菊形成了庞大的自然种群，形成点多、线长、面广的分布特点，在珠三角地区快速扩散蔓延。近 5 年来，薇甘菊在汕尾、江门、阳江、湛江、茂名、潮州等地，尤其是粤东西两翼交通沿线绿化带、新造林、桉树林出现不同程度的灾害，严重危害本地生物物种及生态环境安全，对农林业发展造成较大影响。至 2020 年年底，全省 20 个地级以上市 101 个县（市、区）林地发生面积 5.48 万 $hm^2$。

### 3.9.2　薇甘菊防控技术

自 20 世纪 80 年代末薇甘菊传入广东以来，省政府高度重视，建立政府、部门双线责任制，做到五年一规划、年度有方案、实施有督查、年终有考核；建立联防协作机制，协同部门出台政策文件，推动市际间、县际区域联防协防，开展防治督导，统筹推进防治工作。

在防控技术方面，主要采取如下技术措施：

#### 3.9.2.1　精准监测

在薇甘菊开始生长及开花期调查，每年调查 2 次，一般为生长盛期（5~6 月）和花蕾期（10~11 月）。以踏查为主，借助于无人机航拍手段，以及其他遥感监测技术，重点调查海拔 600m 以下的林缘地、林窗、果园、山谷、河流和沟渠两侧、公路和铁路沿线等薇甘菊易于生长的地方。按照《薇甘菊防治技术规程》（LY/T 2422—2015），记录调查地点、生态类型、发生面积、坐标点、盖度、发生程度等信息，并及时上报林业主管部门。

#### 3.9.2.2　人工清除

对薇甘菊零星发生或散生型发生地，即新入侵发生地和已有实施除治的再发生地，立足于"除早、除小、除了"，每年的 4~6 月实施，每隔 20 天左右，将其连根拔除 1 次，连续拔除 3~4 次。

对于不适宜使用化学防治的，在薇甘菊营养生长期，可采用人工铲除根茎的方法进行防治。人工铲除的高度以距地面 20cm 以下为宜，最好连根拔除。铲除的薇甘菊茎和根不可散置于地面，要集中堆放和销毁，防止复发传播。

不适宜采用除草剂除治的地方（如苗圃地、水源地及敏感植株旁等），在薇甘菊营养生长初期，每年 7~9 月，先清除薇甘菊地上部分的藤蔓，使用刀、枝剪等将上树的薇甘菊藤蔓在离地面 0.5m 处割断，再用铲或锄挖出根部，然后集中烧毁。

人工清除的主要技术有两个关键环节：一是由于薇甘菊的根、茎被折断后遇土、遇水可以重新复生为新个体，必须连续清除 3 次，切忌偶尔清除 1 次，又任其再生、扩展；二是人工清除要连根清除，关键是清除茎和根，且人工清除后应将薇甘菊的茎、根集中处理，不得随意堆放，以防其扩散。

### 3.9.2.3    生物防治

在连片薇甘菊除治后的林地上，种植能够抑制薇甘菊生长的乔灌木（幌伞枫、海南蒲桃、血桐、阴香、红荷等），或与薇甘菊竞争能力较强的草本植物，并加强抚育管理，使之尽快郁闭，快速占据原有生态位，可遏制薇甘菊的生长、繁殖，达到防治目的。有条件的区域，利用紫红短须螨防治薇甘菊。

### 3.9.2.4    化学防治

对生长多年、成片发生、危害严重的薇甘菊可以采取化学防治，但需结合人工清除，彻底治理防治区域内的薇甘菊。

薇甘菊化学防治主要是通过使用内吸性强的除草剂来杀灭薇甘菊。应选择内吸传导性和选择性强，对环境、人类和哺乳动物相对安全的环境友好型药剂，如 24% 滴酸·二氯吡水剂。该药剂是一种对菊科植物具有高选择性、对环境具有较强安全性的有效药剂，该除草剂中含有润湿剂、渗透剂、增稠剂、抗淋溶剂，可有效增强对靶标对象的防治效果，降低对非靶标植物的影响，减少对水源的污染。在药剂的使用说明及用法用量的指导下，根据薇甘菊的生长时间和危害程度来确定用药量。平均用药量为 80~150mL/667m$^2$，加水稀释 1：1200~1500 倍，通过滤网后导入喷雾器中。

一般在薇甘菊营养生长盛期施药，以 6~11 月为最佳施药期。第一次施药后，应对第一次施药区域薇甘菊防治效果进行调查，防治效果不合格的，应进行补防，直至合格。其中，5~9 月施药的，可在 2~3 个月后进行补防；10 月以后施药的，可在翌年的 5~6 月进行补防。

施药时，宜选择无风或微风无雨的天气，避免中午时施药。对薇甘菊茎和叶面喷洒，以茎和叶片上药业欲滴为准。对薇甘菊攀上高大乔木或灌木的树冠层，可在地面寻找薇甘菊的地面茎和根，对其根和地面老茎进行喷药，以茎上有药液欲滴为止；也可对其根部的土壤施药，以土壤表面湿润为止。

防治时应科学选药、正确施药、防治及时，灭根彻底；施药区域应距离水源区和居民区 100m 以上，并尽可能降低施药的负面影响；施药时宜选择无风或微风无雨的天气，避免中午施药，若在施药后 4 小时内可能有降水就不要施药，以免雨水冲洗药液而浪费药液、影响药效；施药前应调查防治区域内对使用药剂敏感的植物，在施药时应注意避开；农田、菜地、花卉基地及其附近 2km 范围内，不应使用非定向喷药法喷洒药剂，可选用根施法；药剂使用严格按照《农药合理使用准则》（GB/T 8321）和《农药安全使用规范 总则》（NY/T 1276）。

2000 年，国家林业局与广东省林业局共同设立重点林业攻关专题，在化学防除、生态防除及生物防治等方面研究取得了突破性成果。广东内伶仃福田国家级自然保护区管理局主持完成的"薇甘菊综合防治技术研究"成果获得 2005 年获广东省科学技术奖二等奖。

国家林业局森林病虫害防治总站、广东省林业有害生物防治检疫管理办公室、广东省出入境检验检疫局检验检疫技术中心、广东省林业科学研究院等单位先后制定了林业行业标准《薇甘菊防治技术规程》（LY/T 2422—2015）、《薇甘菊检疫技术规程》（LY/T 2779—2016），为薇甘菊的防治和检疫工作提供了明确的技术支撑。

## 3.10 鼠鸟害防控技术

采用飞机播种造林方式绿化荒山时，由于种子受到鼠、鸟的取食危害，被取食率达到 50%，有的甚至高达 70%~80%，严重影响了造林的成活率。为解决马尾松飞播造林过程中鼠、鸟取食种子的问题，广东省林业科学研究院吴若光等于 1984 年研制出"R-8 鼠鸟忌食剂"，2003 年 1 月 15 日获发明专利（证书号：第 100448 号，专利号：ZL99 1 16226.9）。

"R-8 鼠鸟忌食剂"主要由用作黏合剂的 1 号液体药（白乳胶和硝酸锌）和用作促进剂的 2 号固体药[橡胶硫化促进剂（TMTD）及石墨粉或滑石粉]组成，各成分重量占比分别为：白乳胶 22.9%~37.3%；硝酸锌 0~1.1%；橡胶硫化促进剂（TMTD）49.6%~71.5%；石墨粉或滑石粉 0~7.1%。

"R-8 鼠鸟忌食剂"的具体使用方法为：将 1 号药稀释后播在种子上并拌匀，使全部种子表面湿润，再将 2 号药撒于种子上并拌匀，使药粉均匀黏附在种子上，将种子晒（晾）干后即可用。

"R-8 鼠鸟忌食剂"是一种飞机播种造林用的拌种药剂，用其处理种子，可驱避取食种子的鼠鸟，促进种子发芽，药效稳定、环境污染小、成本低。经室内试验证明，用"R-8 鼠鸟忌食剂"处理的马尾松种子，不但对鼠鸟有忌食作用，而且对种子发芽、生长有促进作用。1987 年广东省应用"R-8 鼠鸟忌食剂"处理种子飞播造林 7 万多 hm$^2$，播种量减少 20%，而有苗数却比对照区提高 1~3 倍。若以有苗数 4500 株 /hm$^2$ 作为飞播造林合格标准，拌药区成功率为 64.5%，对照区仅为 3.67%，效果十分显著。

1988—2000 年，在广东省和北京、广西、四川、云南、贵州、湖南、江西、福建、浙江、陕西、河南等 18 个省（自治区、直辖市），推广"R-8 鼠鸟忌食剂"面积达到 230 多万 hm$^2$，效果显著，不仅为十年绿化广东，同时为全国的荒山绿化做出了较大贡献。

# 第三篇
# 广东省林业有害生物及天敌资源

林业有害生物是指危害森林、林木、荒漠植被、林下植物、园林植物、林木种苗、木（竹）材的有害生物，以及木质包装材料所携带的有害生物，包括林木病害、林木虫害、林业有害植物和林业有害动物等。

林业有害生物的天敌资源主要指寄生性天敌、捕食性天敌和昆虫病原微生物。

## 1 林木病害

林木病害是指林木受生物性病原和非生物性因素等致病因素的影响，造成其正常生理活动受到干扰和破坏，对生长发育产生不利影响，甚至引起植株死亡，造成经济上和生态上的损失的现象。

由生物性病原引起的病害称为侵染性病害，生物性病原包括真菌、细菌、病毒、线虫、螨虫和寄生性种子植物等；由非生物性因素引起的病害称为非侵染性病害，又称为生理性病害，非生物性病原包括一切不利于林木正常生长发育的因素，如营养不良、土壤水分失调、温度过高过低以及空气或土壤中的有毒物质等。

### 1.1 线虫及其病害

线虫是一类两侧对称的原体腔无脊椎动物，寄生植物的线虫称为植物寄生线虫。植物寄生线虫是植物侵染性病原之一，可寄生在植物的根、茎、叶、花、芽和果实等各种器官。植物寄生线虫通过口针刺破植物表皮细胞，为害植物后不仅会造成组织的机械损伤，还可以通过口针分泌由食道腺产生的效应蛋白等小分子物质到植物细胞中，改变细胞的形态结构和功能。同时通过口针获取细胞内的营养物质，最终引起植物组织的病变，破坏植物正常的代谢活动，导致植物出现萎蔫、枯死等病害症状。

松材线虫病 *Bursaphelenchus xylophilus*（Steiner et Buhrer，1934）Nickle，1970
**中文别名：** 松树萎蔫病、松枯萎病、松材线虫萎蔫病。
**分类地位：** 线虫门 Nematoda 侧尾腺纲 Secernentea 滑刃目 Aphelenchida 滑刃亚目 Aphelenchina 滑刃总科 Aphelenchoidoidea 滑刃科 Aphelenchoididae 伞滑刃属 *Bursaphelenchus*。
**分布：** 国外主要分布于美国、加拿大、墨西哥、日本、韩国、葡萄牙、西班牙、尼日利亚等国家；国内分布于辽宁、吉林、江苏、浙江、安徽、福建、江西、山东、河南、湖北、湖南、广西、重庆、四川、贵州、云南、陕西、甘肃等地；省内分布于湛江以外的 20 个地级市。

寄主：主要以松属树种为主，也可为害雪松属、冷杉属、云杉属、落叶松属和黄杉属等针叶树。

症状：感病松树呈现急性萎蔫，停止树脂分泌并逐渐减少，随后针叶变成黄褐色或红褐色，树干可见天牛侵入孔或产卵痕迹，最终整株干枯死亡（见图1-1）。病害初期症状不明显，树冠部分针叶由绿变黄，可见到天牛取食或产卵的痕迹；病害中期症状继续加重，多数针叶变黄，植株开始萎蔫，可见天牛的蛀屑；病害末期整个树冠部分针叶由枯黄色变为褐色或红褐色，树脂分泌甚至停止，整株松树枯死。感病的纯松林通常成片发生，发病的混交林中可见明显红褐色枯死松树（见图1-2）。病害发生当年，针叶一般不脱落。整株松树染虫后，在高温季节急性发病，最快30~40天即可整株枯死。

图1-1　松树感病症状（徐家雄 摄）

图1-2　松林感病状况（黄焕华 摄）

病原：松材线虫头部高、唇区缢缩；口针基部微膨大；食道腺叶细长，长度为体宽的3~4倍，背食道腺开口于中食道球；排泄孔位于食道与肠交界处，偶尔位于神经环处，半月球位于中食道球后约1个体宽处。雌虫热杀死后向腹面弯，阴门位置靠后，阴门前唇向后伸出形成阴门盖，单生殖腺、前伸，卵母细胞通常单行排列，后阴子宫囊长，通常超过阴肛距的3/4。尾近圆筒形，末端宽圆，通常无尾尖突，偶尔有很短的尾尖突，长度为1~2μm（见图2B、图2C、图2D、图2E）。雄虫热杀死后向腹面弯，呈"J"形，单精囊、前伸，交合刺大，呈弓形，基顶钝圆，基喙显著、尖，顶端膨大呈盘状。尾弯呈弓状，尾端尖，有1个小的端生交合伞，有7个尾乳突，1对位于泄殖腔区，1个位于泄殖腔前，2对位于泄殖腔后近交合伞起始处（见图2A、图2F）。

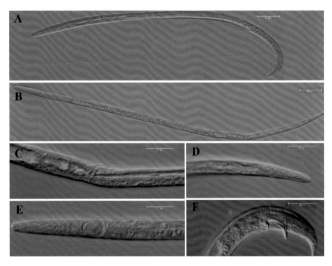

图2　松材线虫形态特征图（扈丽丽 摄）

（A. 雄虫整体；B. 雌虫整体；C. 雌虫阴门盖；D. 雌虫尾部；E. 成虫体前部；F. 雄虫交合刺）

松材线虫与其近缘种拟松材线虫（*B.mucronatus* Mamiya & Enda，1979）的区别：松材线虫和拟松材线虫是松伞滑刃线虫属的两个独立的种，两者雄虫形态特征近似，主要区别在于松材线虫尾部呈圆柱形或亚圆柱形，末端无尾尖突或者有短的尾尖突（<2μm），轴向生长；拟松材线虫尾部呈亚圆柱形或圆锥形，末端尖突较长（>3μm），偏生。

**流行规律**：松材线虫病的短距离传播主要依赖媒介昆虫在病树和健康植株之间自然传播，病根与健康根的根接情形也可以传播；长距离传播主要是人为携带染病的木质包装等进行传播。能够携带松材线虫的昆虫种类很多，但是真正可以传播病害的媒介昆虫主要是墨天牛属 *Monochamus* 的部分昆虫，在东亚地区主要的媒介昆虫是松褐天牛 *M.alternatus* Hope，其成虫体表携带线虫数量大多在数千头以上，最多可达十几万头，具有补充营养特性，传病效率和危险性极高。

春季，天牛从病死的松树中羽化飞出，携带有病死树中的松材线虫，通过飞行在周围寻找健康的松树，尤其是优势松树，然后在幼嫩的松枝上补充营养。取食时在松树上造成伤口，同时将携带的松材线虫转移到健康松树上，通过伤口进入到松树的小枝，成功寄生到松树体内。松材线虫在松树体内迅速生长繁殖，在25℃时，4~5天即可繁殖1代，每头雌虫可产卵80粒左右。从卵内孵化出的是2龄幼虫，在合适的温度下快速生长为3龄幼虫、4龄幼虫和成虫，并不断迁移至维管组织和树脂道的细胞中，最快40天即可导致整株松树死亡。松材线虫以3龄扩散型幼虫在病死树内越冬，第二年春季向天牛蛹室移动，并黏附在天牛体表，随天牛成虫羽化飞出，再寄生到健康松树。

松褐天牛成虫补充营养后，雌雄交配，完成交配的雌成虫到病死树或濒死树上产卵，卵孵化后进入下一个侵染循环。在松褐天牛1年只有1代的发生区域（中国发生区域里的大部分省份），天牛以4龄老熟幼虫，在病死树内越冬，到第二年春季化蛹、羽化。广东省由于冬季很短，适合天牛生长的季节时间很长，松褐天牛2年3代或1年2代，加上同一世代天牛羽化期不整齐，导致松褐天牛一年中不仅世代交错，且一年中大多数时间均有天牛成虫出现（见图3）。

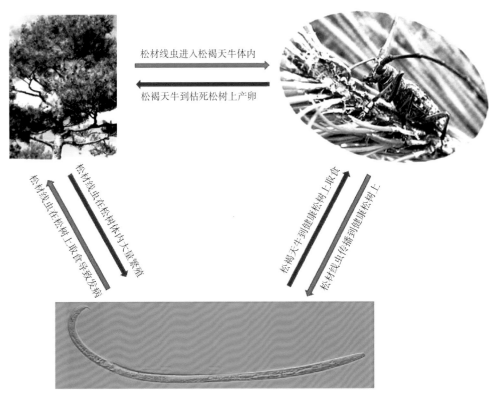

图3　松材线虫、传播媒介松褐天牛和寄主松树之间的相互关系

根结线虫病 *Meloidogyne* spp.

**分类地位：** 垫刃目 Tylenchida 异皮科 Heteroderidae 根结属 *Meloidogyne*。

**分布：** 国外分布于印度、苏里南、澳大利亚、以色列等国家；国内分布于福建、江西、湖北、广西、四川、台湾等地；省内分布于广州、佛山、韶关、惠州、茂名等地。

**寄主：** 寄主范围广，林木寄主主要有马占相思、罗汉松、柑橘、山茶和土沉香等。

**症状：** 主要危害植物根部，导致侧根和须根受害严重。其典型症状是在寄主根上形成大小不等的瘤状根结，根结表面粗糙，呈串珠状排列，剖开根结可见根结线虫幼虫或雌成虫（见图 4-1）。植株地上部症状不明显，通常表现为植株矮小、叶片黄化、果实小而畸形等，严重时导致整株死亡（见图 4-2）。

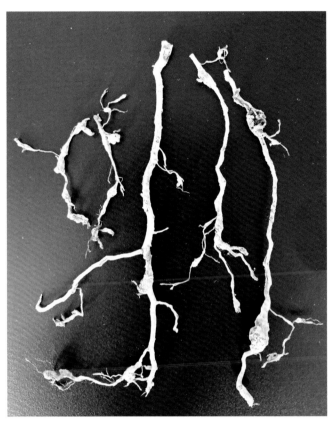

图 4-1　土沉香根部感病症状（王宏洪 摄）　　　　图 4-2　土沉香感病症状（王宏洪 摄）

**病原：** 根结线虫雌雄虫异形，成熟雌虫球状，具有突出的颈，头架弱；口针细，长度小于 25 μm；阴门和肛门位于末端，无尾部或尾部不明显，会阴部有指纹状花纹；卵产在体外胶质卵囊中，刺激寄主形成根结。成熟雄虫蠕虫形，头架和口针强壮，食道峡部粗短；2 龄幼虫蠕虫形，头架和口针细弱，尾的透明部短或不显著。

**流行规律：** 根结线虫主要以卵和 2 龄幼虫在病组织和土壤中越冬，当外界条件适宜时，卵在卵囊内发育成 1 龄幼虫。孵化出的 2 龄侵染幼虫活动于土壤中，以 2 龄幼虫侵染植物根部并定殖，通过口针分泌物诱导根部细胞发生形态结构变化，并最终在根部形成根结。2 龄幼虫在根结内经过 3 次蜕皮，发育成为成虫。雌雄成虫成熟后交尾产卵或孤雌生殖产卵，卵产于根结表面的胶质卵囊中。在 25~30℃ 条件下，根结线虫完成生活史需要 25 天左右，不同种的具体时间有差异。主要通过种苗、土壤、病残体、流水和农具等传播。广东省根结线虫一年可发生多代。根结线虫的发生与土壤条件有关，土壤质地疏松、盐分含量低、湿度适中、寄主植物连作等有利于根结线虫的发生；干燥或过湿土壤，线虫活动受到抑制。

## 1.2  真菌病害

真菌性病害是植物病害中最大的类群，发生极为普遍，是林木病害的主要病原。

**炭疽病类**

**分类地位：**黑盘孢目 Melanconiales 黑盘孢科 Melanconiaceae 炭疽菌属 Colletotrichum。

**分布：**国内广泛分布。

**寄主：**杉木、樟树、阴香、油茶、桂花、降香黄檀、羊蹄甲、鱼尾葵、八角等几乎所有的阔叶树。

**症状：**常为害植物的茎、叶、花、果实和幼苗，可导致植株枯萎、果实腐烂、叶片病斑等症状（见图5-1），染病后期在病部常见黑色小点状分生孢子盘，高湿气候下出现粉红色孢子堆（见图5-2）。

**病原：**Colletotrichum spp. 气生菌丝多为白色，絮状，菌丝平伏、边缘整齐；菌落呈圆形，背面呈橙色，生长后期有浅橘色和黑色的分生孢子液渗出；分生孢子多为圆柱状，边缘直，两端钝圆，附着胞呈深褐色至棕黑色，呈椭圆形或不规则形状，边缘整齐。

**流行规律：**主要以分生孢子盘、子囊壳、菌丝或分生孢子等形式在病叶、病枝、病果、果柄或土壤内越冬。越冬后的菌丝和分生孢子盘中产生的分生孢子成为初侵染源。分生孢子萌发后芽管前端往往形成附着孢，附着孢下面形成侵染钉直接穿透植物表皮侵入。但芽管也可以通过气孔、皮孔或伤口入侵。台风或强对流天气造成的伤口有利于病害流行。在自然条件下有潜伏侵染现象，即秋季侵染，至次年春才发病，一般4月初开始发病，4月下旬至5月上旬为盛期，6月以后停止。

图5-1  杉木炭疽病危害状（徐家雄 摄）

图 5-2 樟树炭疽病危害状（徐家雄 摄）

杉木缩顶病类

**分类地位：** 圆孔壳目 Amphisphaeriale 拟盘多毛孢科 Pestalotiopsidaceae 拟盘多毛孢属 *Pestalotiopsis*；肉座菌目 Hypocreales 丛赤壳科 Nectriaceae 镰刀菌属 *Fusarium*。

**分布：** 国内分布于浙江、福建、江西、贵州等地；省内分布于韶关、肇庆等地。

**寄主：** 杉木、山茶。

**症状：** 为害杉木的主梢和侧梢，所致症状不一。初期，顶芽幼叶基部呈水渍状，后渐变褐色至暗褐色。不久，整个顶芽枯死。主梢的顶芽枯死后，病斑有时可下延，使主梢枯死。后期在枯死部分的下方形成若干丛生枝。但最为常见的是主梢顶芽坏死后，下方形成数个小溃疡斑，产生若干不定芽并相继感病，使主梢顶端萎缩，呈现典型的缩顶症状（见图 6-1）。剖开受害的主梢，可见平层和木质部局部褐变、坏死。此外，还有些植株主梢前端正常，在主梢的不定部位，可见针叶受病菌侵染，后于叶鞘的连接处形

图 6-1 杉木缩顶病危害状（左黄焕华 摄，右黄少彬 摄）

成小溃疡斑。病斑后期下陷，个别纵裂、流脂，在中央部可见散生的小黑点状子实体；病斑在杉木生长季节可不断产生，但次年一般不扩展，并能逐渐愈合。

**茶褐斑拟盘多毛孢：** 分生孢子盘生于针叶的两面，以背面为主，表皮下埋生，分生孢子梗短，无色，不分枝。产孢细胞顶端具环痕。分生孢子呈纺锤形，直或微弯，5 个细胞，分隔处稍缢缩，两端细胞无色，中央有 3 个细胞橄榄褐色，基部细胞呈圆锥形。孢子顶端有 2~4 根附属丝。

**尖孢镰刀菌：** 小型分生孢子着生于单生瓶梗上，常在瓶梗顶端聚成球团，单细胞，卵形；大型分生孢子镰刀形，少许弯曲，多数为 3 隔。厚垣孢子尖生或顶生，球形。

**流行规律：** 病原菌以菌丝体和子实体在病组织上越冬，成为翌年的初侵染源。在粤北地区一般 4 月中旬开始产生孢子侵染嫩梢，在 6 月中旬至 7 月中旬各有 1 次发病高峰。病害发生的严重程度与当年的降水关系极为密切，生长迅速的植株发病重，病害发生与树龄有关，3~8 年生的幼林容易感病；北坡、山脚洼地生长良好的林分发病较重。

### 煤污病类

**分类地位：** 小煤炱目 Meliolales 小煤炱科 Meliolaceae 小煤炱属 *Meliola*。

**分布：** 国外分布于美国、德国、荷兰、土耳其、巴西、韩国等国家；国内分布于江苏、浙江、安徽、福建、江西、河南、湖南、广西、海南、云南等地；省内广泛分布。

**寄主：** 紫薇、山茶、柑橘、桂花、榄、老鼠簕、罗汉松、竹、杉木等。

**症状：** 主要是在植物遭受蚧虫或蚜虫危害以后，以它们排泄的黏液为营养，诱发煤污病菌的大量繁殖。发病后病株叶面布满黑色霉层，不仅影响植物的观赏价值，而且会影响叶片的光合作用，导致植株生长衰弱，提早落叶（见图 7-1）。煤污病主要侵害叶片和枝条，病害先是在叶片正面沿主脉产生，后逐渐覆盖整个叶片，严重时叶片表面、枝条甚至叶柄上都会布满黑色煤粉状物（见图 7-2）；这些黑色煤粉状物会阻塞叶片气孔，妨碍正常的光合作用。

图 7-1　大叶紫薇煤污病危害状（黄少彬 摄）

图 7-2　阴香煤污病危害状

（黄焕华 摄）

病原：*Meliola* spp. 子囊束生于黑色闭囊壳基部；子囊孢子椭圆形，暗褐色，2~4 个隔膜。

流行规律：煤污病的病原菌是以菌丝体或子囊座的形式在病叶、病枝上越冬。因为蚜虫和蚧虫排泄的黏液会为煤污病的病原菌提供营养，所以一般在这两种虫害发生后，煤污病都会大量发生。荫蔽湿度大的场所或梅雨季节易发病。高温高湿、通风不良、荫蔽闷热及虫害严重的地方，煤污病害严重。

白粉病类

分类地位：丛梗孢目 Moniliales 丛梗孢科 Moniliaceae 粉孢霉属 *Oidium*。

分布：国内分布于江苏、浙江、福建、江西、山东、河南、湖北、广西、海南、重庆、四川、贵州、云南等地；省内广泛分布。

寄主：相思、紫薇、九里香等。

症状：主要发生于苗圃和幼林。侵染初期在叶片上产生针头大小的白色小点，随即产生放射状的白色菌丝，条件适合时，菌丝上产生白色粉末状的分生孢子，形成白色粉状病斑（见图 8-1）。病斑近圆形，发病严重时，病斑相互连接成片，导致整个叶片被白粉覆盖。叶片感病后，轻者产生褪绿或黄化、卷曲或皱缩，重者叶片畸形、质地变硬脆、失去光泽（见图 8-2）；嫩梢感病后，梢部扭曲，生长停滞甚至变成丛生状，有些后期会导致叶枯或枯梢（见图 8-3）。

病原：*Oidium* spp. 主要生于嫩叶的两面，有时也生于嫩梢或叶柄处。分生孢子单生，直立、分隔、不分枝，分生孢子在梗端单生，仅少数串生，椭圆形，广椭圆形或近橄榄形，无色、单孢，大小为 24.0~32.0 μm × 12.0~19.0 μm。

流行规律：在广东地区全年均可发病，病菌以菌丝体在染病的枝叶越冬，次年通过气流和风雨传播。病菌主要危害幼龄、生长衰弱的林木，林木年龄越小、生长越弱，其上的幼嫩叶就越多，提供给病菌入侵的机会就越多。干湿交替明显的天气有利于病害的发生、发展，高温、多雨季节病害发生较轻。

图 8-1　九里香白粉病危害状（杨晓 摄）

图 8-2　紫薇白粉病危害状（杨晓 摄）

图 8-3　相思白粉病危害状（凌世高 摄）

藻斑病类

**中文别名：** 红锈藻病。

**分类地位：** 橘色藻目 Trentepohliales 橘色藻科 Trentepohliaceae 头孢藻属 Cephaleuros。

**分布：** 国内分布于浙江、江西、湖南、广西、贵州等地；省内广泛分布。

**寄主：** 山茶、油茶、肉桂、桂花、荔枝、竹柏、板栗和相思等。

**症状：** 藻斑病主要发生在成叶和老叶上。主要发生在叶片表面，偶尔发生在叶背（见图 9-1、图 9-2）。发病初期，在叶面产生淡黄褐色针头大的小圆点，逐渐向四周扩展或辐射状扩展，形成圆形、椭圆形或不规则形、边缘不整齐的毛毡状斑。毛毡状斑微隆起，表面有略呈放射状的细纹。随着病斑的扩展，病斑中央逐渐老化，呈灰绿色或橙黄色，有的表面平滑，色泽较深，边缘保持绿色。藻斑大小不等，大者直径达 10mm（见图 9-3、图 9-4）。

**病原：** 病原藻 Cephaleuros spp. 的营养体为叶状体，由对称排列的细胞组成，内含许多红色素体，呈橙黄色。病斑上的毛毡物是病原藻的孢子囊梗和孢子囊。

图 9-1　豹皮樟藻斑病危害状（黄少彬 摄）

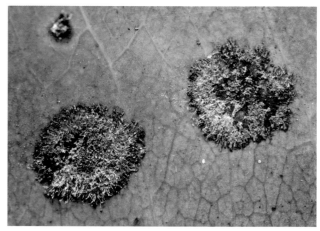

图 9-2　格木藻斑病危害状（黄少彬 摄）

图 9-3　茶花藻斑病危害状（杨晓 摄）

图 9-4　澳洲鸭脚木藻斑病危害状（单体江 摄）

　　**流行规律：**营养体可侵入叶片皮层和树枝（嫩梢）的皮层组织。在叶内，呈链状，相互连接成丝状体，延伸在叶片组织细胞间。以营养体在寄主病组织中越冬。翌年 5~6 月，在高温潮湿的气候条件下产生孢囊梗及孢子囊。成熟的孢子囊易脱落，借雨滴飞溅或气流传播。孢子囊在水中散放出游动孢子，落在叶上萌发芽管，由气孔侵入叶片组织。芽管侵入嫩梢外部皮层后，使病部略膨大，为其他病菌的入侵提供了有利条件。芽管侵入叶片组织气孔后，逐渐发展成为丝状营养体。丝状营养体在叶片角质层和表皮之间繁殖，并大量穿过角质层在叶片面炭中心点做辐射状蔓延，有时穿过表层侵入叶片的下层组织。病部再产生孢子囊和游动孢子传播，反复侵染。温暖高湿的气候条件，适宜于孢子囊的产生和传播。因此，在降雨频繁、雨量充沛的季节，藻斑病的扩展蔓延迅速。生长衰弱的老树及树冠部的老叶常受害严重。树冠和枝叶密集、过度荫蔽、通风透光不良的果园发病普遍。

粉实病类

**分类地位**：外担子菌目 Exobasidiales 外担子菌科 Exobasidiaceae 油盘孢属 *Elaeodema*；外担子菌目 Exobasidiales 隐担子菌科 Cryptobasidiaceae 斜孢菌属 *Clinoconidium*。

**分布**：国内分布于湖南、广西、四川等地；省内分布于广州、深圳、佛山、河源、惠州、湛江、云浮等地。

**寄主**：樟树、阴香、肉桂等。

**症状**：病果肿胀，球形、扁球形、梨形或长椭圆形，直径 1~2.5 cm，初期由寄主组织外壳包围，表面红褐色，鳞状粗糙，成熟后表皮破裂，露出粉状孢子，核心为寄主组织（见图 10-1、图 10-2）。

图 10-1　樟树粉实病危害状（黄华毅 摄）

图 10-2　阴香粉实病危害状
（李琨渊 摄）

**病原**：有多种，常见的有：

樟树粉实病病原菌为泽田斜孢菌 *Clinoconidium sawadae*（G.Yamada）R.Kirschner（异名：泽田外担子菌 *Exobasidium sawadae* G.Yamada），担子棒状，10~18μm×4~6μm，顶端稍圆，基部变细。担孢子 4~8 个，长椭圆形、倒卵形、肾形或不规则形，10~16μm×5~7μm，近无色或淡黄色。细疣，扫描电镜下孢子表面纹饰呈疣状联结，部分光滑。

阴香粉实病病原菌为樟斜孢菌 *Clinoconidium cinnamomi*（Syd.）R.Kirschner（异名：樟油盘孢 *Elaeodema cinnamomi* Syd.），孢子椭圆形、长椭圆形或矩圆形，少近球形，8~15μm×5~7.5（~10）μm，初期白色，成熟后橄榄褐色，表面粗糙，扫描电镜下呈脊状突起或不规则网状。可见少数有隔膜、分枝菌丝，宽 2~2.5μm。

肉桂粉实病病原菌为花生油盘孢 *Elaeodema floricola* Keissl.，孢子矩圆形、卵形或椭圆形、近球形或纺锤形，初期白色，成熟后褐色，7.5~21μm×5~11.5μm，网状。

**流行规律**：病原菌主要来自树上不脱落的病果。在夏秋间，果实开始形成时，由气流传播的担孢子接触果实，随后萌发侵入。由于果皮幼嫩，孢子萌发的芽管可以直接进入寄主组织内发育繁殖，刺激细胞增生，使果实肿大。多数病果受风吹雨打掉到地上，少数悬挂于树上，便成为粉实病的主要初侵染来源。

苗木猝倒病类

中文别名：立枯病。

分类地位：鸡油菌目 Cantharellales 角担菌科 Ceratobasidiaceae 丝核菌属 *Rhizoctonia*；肉座菌目 Hypocreales 丛赤壳科 Nectriaceae 镰孢属 *Fusarium*；霜霉目 Peronosporales 腐霉科 Pythiaceae 腐霉属 *Pythium*。

分布：苗圃地普遍发生。

寄主：各种林木幼苗。

症状：因发病时期不同而分为 4 种症状。种芽腐烂型，幼苗未出土前，病菌侵染种子或幼芽，使种子或幼芽的组织腐烂。地面上则表现为缺苗、断垄。茎叶腐烂型，苗木的幼叶嫩茎腐烂，枯萎并不断向下发展，在枯死的茎叶上有灰白色蛛网状的菌丝体。猝倒型，幼苗出土非木质化前，根颈部产生褐色斑点，斑点不断扩大呈水渍状后腐烂，缢缩，致使苗木倒状（见图 11）。根腐立枯型，苗木茎部已木质化，但苗木初表现为萎蔫状态，继而树叶枯黄，苗死不倒，苗木拔起时可见须根、主根腐烂。

病原：病原菌主要有腐霉属 *Pythium*、丝核菌属 *Rhizotonia* 和镰刀菌属 *Fusarium* 的一些种。腐霉菌的菌丝无隔，无分枝。丝核菌不产生孢子，菌丝分隔，近直角分枝，分枝处明显缢缩。老菌丝淡黄褐色，有疏松的菌核。镰刀菌属繁殖产生 2 种类型的孢子，一种是大型多隔镰刀状的分生孢子，另一种是小型单胞的分生孢子。

图 11　桉树苗受害状（黄小红 摄）

流行规律：腐霉菌、丝核菌和镰孢菌都是土壤习居菌，能在土壤的植物病残体上腐生，具有很强的传染性，在土壤中蔓延和侵染的速度很快，一旦遇到合适寄主和潮湿环境，即侵染危害。当土温为 12~22℃时腐霉菌危害严重，土温为 20~28℃时丝核菌危害严重，土温为 20~30℃时镰孢菌致病力较强。这 3 类病菌在苗圃中出现的顺序是：早期为腐霉菌，中期为丝核菌，后期为镰孢菌。苗木猝倒病主要发生在一年生幼苗上，特别是自出土至 1 个月以内的幼苗受害最重。天气干旱，地表温度过高，根茎灼伤或苗床低凹，遇阴雨积水，病菌侵染根茎，幼苗容易发生猝倒型病害。苗木茎部木质化后，如果苗床积水过多或环境过于潮湿，病菌侵染根部，苗木易发生根腐立枯型猝倒病。病害的流行范围和危害的程度会随着土壤含水量、降雨量、空气相对湿度的增大而增大。

桉树焦枯病类 *Calonectria* spp.

分类地位：肉座菌目 Hypocreales 丛赤壳科 Nectriaceae 丽赤壳属 *Calonectria*。

分布：国外分布于澳大利亚、印度尼西亚、巴布亚新几内亚、菲律宾、印度、哥伦比亚、阿根廷等国家；国内分布于福建、广西、海南、四川、云南等地；省内分布于广州、惠州、东莞、江门、湛江、肇庆等地。

寄主：桉属植物。

症状：主要危害桉树叶片和嫩梢。感病桉树的叶片和枝条上可观察到浅灰色水渍状斑点，并逐渐扩大形成一个灼烧样坏死区域，多个病斑相连常使叶尖或叶子的其他部位黄褐焦枯（见图 12-1）。在高温高湿环境下，坏死区域慢慢扩大，逐渐覆盖整个叶片，导致叶片和枝条出现焦枯的症状，并可致使部分顶梢幼芽枯死（见图 12-2）。在湿度较高的地方常常发现感病桉树的枝干上具有丽赤壳属典型特征的白色分生孢子团。感病后期叶片和枝条呈枯萎状，叶片干枯，不断凋落。通常叶片自树木底部向上不断凋落，发病严重时可导致树木死亡。

图 12-1　桉树焦枯病危害状（黄焕华 摄）

图 12-2　桉树焦枯病危害状（黄焕华 摄）

　　病原：国内常见的病原菌为丽赤壳属 *Calonectria* 真菌，主要的有克儒斯氏丽赤壳 *Ca.crousiana*、福建丽赤壳 *Ca.fujianensis*、常丽赤壳 *Ca.pauciramosa*、类柯氏丽赤壳 *Ca.pseudocolhounii*、瑞丽赤壳 *Ca.pseudoreteaudii*、按树丽赤壳 *Ca.cerciana*、*Ca.reteaudii* 等。

*Ca.crousiana*：有性阶段：子囊壳橙色至红棕色，单生或丛生，子囊 8 孢子，棍棒状，120~175μm×24~25μm；子囊孢子透明，有斑点，拟纺锤形，两端钝圆形，1~3 隔，58~69μm×6.5~7.5μm；无性阶段：囊泡棍棒状，直径 4.5~5μm，大分生孢子具 1~3 隔，61~67μm×4.5~5.5μm。

*Ca.fujianensis*：有性阶段：子囊壳明黄色至橙色，单生或丛生，子囊 4 孢子，棍棒状，132~152μm×16~23μm，子囊孢子透明，有斑点，拟纺锤形，两端钝圆形，直或轻微弯曲，1~3 隔，49~62μm×6~7.5μm；无性阶段：囊泡棍棒状，直径 3.5 4.5μm，大分生孢子具 1~3 隔，50~55μm×3.5~4.5μm。

*Ca.pauciramosa*：有性阶段：子囊壳橙色至红棕色，子囊 8 孢子，棍棒状，70~140μm×12.2~15.7μm，子囊孢子透明，纺锤形，1 隔，33~38μm×6~7μm；无性阶段：囊泡倒梨形至宽椭圆形，直径 5~11μm，大分生孢子具 1 隔，45~55μm×4~5μm。

*Ca.pseudocolhounii*：囊泡棍棒状，直径 4~5μm；子囊壳明黄色至橙色，单生或丛生，子囊 4 孢子，棍棒状，135~162μm×18~24μm；子囊孢子透明，有斑点，拟纺锤形，两端钝圆形，直或轻微弯曲，1~3 隔，50~62μm×6~7μm。

*Ca.pseudoreteaudii*：有性阶段未知，无性阶段：囊泡棍棒状，直径 3~5μm，顶端宽 5~6μm；大分生孢子圆柱形，顶端圆形，底部扁平、直，5~8 隔，96~112μm×7~9μm；小分生孢子圆柱形，直，顶端圆形，底部扁平，1~3 隔，34~54μm×3~5μm。

*Ca.cerciana*：有性阶段未知，无性阶段：囊泡纺锤形或倒梨形，直径 8~13μm；大分生孢子圆柱形，两头圆形，直，1 隔，41~46μm×5~6μm。

*Ca.reteaudii*：有性阶段：子囊壳橙色至红棕色，子囊中含有 8 个子囊孢子，子囊孢子具 1~5 隔，子囊孢子 65~85μm×5~6μm；无性阶段：囊泡棍棒状，直径 3~6μm，大分生孢子具 1~6 隔，75~95μm×6~7μm。

流行规律：4 月底 5 月初雨量，气温均开始增加，此时病原菌开始初侵染，7~8 月病害大规模发生，9 月随着雨量逐渐减少，病害发生逐渐减弱。桉树焦枯病菌潜育期一般为 3~10 天，发病高峰期为 7~9 月。孢子在病叶上堆积，通过雨水冲散到邻近的健康植株上，高温高湿天气更利于焦枯病的蔓延和扩散。

### 桉树紫斑病类

分类地位：格孢腔菌目 Pleosporales 暗球腔菌科 Phaeosphaeriaceae 暗球腔菌属 *Phaeosphaeria*（异名：壳褐针孢属 *Phaeoseptoria*）；球腔菌目 Mycosphaerellales 球腔菌科 Mycosphaerellaceae 壳针孢属 *Septoria*。

分布：国外分布于澳大利亚、菲律宾、印度、阿根廷等国家；国内分布于福建、广西、海南、云南等地；省内分布于广州、惠州、东莞、江门、湛江、茂名等地。

寄主：桉属植物。

症状：病叶两面出现分散或较密聚的多角形或不规则形紫色斑点，病斑直径 0.5~4.0mm，后期病斑可相连成片（见图 13-1、图 13-2）。其病症是紫斑上的小粒状突起（分生孢子器）和粉状物。春季大量产孢时，暗褐色或近黑色卷须状的孢子角在叶面形成黑色煤烟状病征。

病原：已知病原菌有桉暗球腔菌 *Phaeosphaeria eucalypti*、桉壳针孢 *Septoria mortolensis* Penz et Sacc。

桉壳褐针孢：分生孢子器生于叶片两面，褐色近球形、扁球形，孔口明显或不明显，埋生或部分突破寄主表皮组织外露；分生孢子以暗褐色近黑色的卷须状孢子角从孢子器溢出，可呈煤烟状稀薄地覆盖

图 13-1　桉树紫斑病危害状（叶片正面，秦长生 摄）　　　图 13-2　桉树紫斑病危害状（叶片背面，李琨渊 摄）

于叶面；孢子浅褐色、浅红褐色，基部色略深，柱状拟纺锤形，直或稍弯曲。向端部渐细，表面多有较明显的小颗粒状突起而显粗糙，多具 3~5 个横隔，分隔处多不缢缩，孢子大小 39~55μm×3.9~5.2μm，分生孢子梗短，瓶状或短柱状，浅褐色，顶部有 1~3 个环痕，即产孢方式为全壁芽生环痕式。

桉壳针孢：分生孢子为圆柱形、无色、直或稍弯曲。两端较圆，有 1~6 个横隔，隔处不缢缩，大小为 38.8~49.8μm×3~6.5μm。

流行规律：在高温多雨的气候条件下发病严重。在高湿温暖的山坳低洼林地易发病，往往成为发病中心。萌芽林病害较严重，同时抚育管理差、生长势弱的林分，缺硼、缺锌症状明显的林分发病严重，而且不容易恢复生长。紫斑病全年可见。3 月上中旬孢子器发育成熟，孢子角大量溢出，使病叶表面部分甚至大部覆有一层稀薄的煤烟状物。

桉树梢枯病类

分类地位：葡萄座腔菌目 Botryosphaeriales 葡萄座腔菌科 Botryosphaeriaceae 毛色二孢属 *Lasiodiplodia*、新壳梭孢属 *Neofusicoccum*；小丛壳目 Glomerellales 小丛壳科 Glomerellaceae 炭疽菌属 *Colletotrichum*；球壳孢目 Sphacropsidales 壳梭孢属 *Fusicoccum*。

分布：国外分布于南非等地；国内分布于福建、广西、海南、云南等地；省内分布于韶关、河源、惠州、湛江、肇庆等地。

寄主：桉树。

症状：嫩梢变褐、萎缩、弯曲以至枯萎（见图 14-1）；枝条皮孔增粗、肿胀、开裂、溃疡状坏死，发病枝条自上而下干枯。树冠初期暗绿，无绿色光泽，中下部叶斑严重，后期枯红、焦黄，状如火烤。每年可发生多次，自健康部位不断萌生小新枝，使梢部呈扫帚状（见图 14-2、图 14-3）。

病原：广西壮族自治区报道的病原菌有可可毛色二孢 *Lasiodiplodia theobromae*（Pat）Griffon & Maubl、新壳梭孢 *Neofusicoccum parvum*（Pennycook & Samuels）Crous，Slippers & A.J.L Phillips）；广东省报道的病原菌有七叶树壳梭孢 *Fusicoccum aesculi* Sacc.、胶孢炭疽菌 *Colletotrichum gloeosporioides*（Penzig）Penzig & Saccardo 和可可毛色二孢 *Lasiodiplodia theobromae*（Pat.）Griffon & Maubl。

图 14-1　桉树嫩梢受害状（黄焕华 摄）

图 14-2　桉树嫩梢受害状（黄焕华 摄）

图 14-3　桉树林受害状（黄焕华 摄）

可可毛色二孢：气生菌丝发达，菌丝体呈束状直立生长。分生孢子器散生，球形或近球形，初埋生，成熟后孔口可突破表皮外露，孔口周围颜色较深，表面常生有暗褐色的簇状菌丝丛，器壁暗褐色，较厚，直径 179~400μm；产孢细胞圆柱状，无色，全壁芽生，顶生式产孢；分生孢子器中具侧丝，线形无色，间生于产孢细胞；分生孢子椭圆形或长卵形，初期无色，单胞，内含颗粒状物，成熟后中间形成一隔膜，褐色至深褐色，椭圆形或长卵形，壁厚，表面光滑，具有纵条纹，25.5~30.8μm×12.2~15.7μm。

新壳梭孢：气生菌丝生长旺盛，菌落初期灰白色，后转灰黑色至黑色，在 PDA 平板上 28℃培养 30 天可产生分生孢子座，分生孢子器近球形或不规则形。分生孢子梭形，正直无色，单胞内含不规则油球，顶端钝圆，基部平截。分生孢子大小为 16.16~22.29μm×5.63~7.69μm。

拟隐孢壳菌：菌丝白色至乳白色。分生孢子盘暗褐色，椭圆形至长椭圆形，产孢细胞圆柱形，无色，光滑；分生孢子椭圆形，顶端钝圆，基部平截，无色，光滑，有或无油球，分生孢子大小为 16.28~31.79μm×6.22~9.02μm。

胶孢炭疽菌：气生菌丝多为白色，絮状，菌丝平伏、边缘整齐；菌落呈圆形，背面呈橙色，生长后期有浅橘色和黑色的分生孢子液渗出；分生孢子多为圆柱状，边缘直，两端钝圆，附着胞呈深褐色至棕黑色，呈椭圆形或不规则形状，边缘整齐。

流行规律：病菌以菌丝在枝梢病组织内越冬，次年初夏分生孢子经风雨传播侵染，降雨时间长则发病严重，9~10月多雨则被害严重。病菌在第2年晚春，在多湿的条件下，开始产生新的分生孢子，借风雨传播，引起初次侵染。

桉树溃疡病类

分类地位：畸腔菌科 Teratosphaeriaceae 畸腔菌属 *Teratosphaeria*；间座壳目 Diaporthales 隐丛赤壳科 Cryphonectriaceae 黄隐丛赤壳属 *Chrysoporthe*；葡萄座腔菌目 Botryosphaeriales 葡萄座腔菌科 Botryosphaeriaceae 葡萄座腔菌属 *Botryosphaeria*、毛双孢属 *Lasiodiplodia*；间座壳目 Diaporthales 隐丛赤壳科 Cryphonectriaceae 隐腐壳属 *Celoporthe*。

寄主：桉树。

症状：

桉树枝干斑点溃疡病：感病初始在桉树枝干的表皮组织出现小的圆形坏死病斑，其后进一步扩展为椭圆形，表皮组织坏死，导致表皮裂开，在树干表面形成一个个独立的"猫眼"状的溃疡斑；溃疡斑不断向四周蔓延，并连接在一起形成连续的溃疡带，环绕整个茎干，导致韧皮部环周坏死，使树木畸形甚至死亡。每年形成的溃疡不断地向木质部扩散，形成黑色、不规则的坏死组织，清晰地分布在每圈年轮上（见图15-1、图15-2、图15-3）。

桉树枝干溃疡病：初期枝条上出现圆形褐斑，扩大后呈椭圆形或不规则形，中部下陷，边缘略隆起，溃疡病斑处可见流胶，凝结后呈紫黑色。主干树皮产生不同形状的溃疡斑，大小由几cm到数十cm，可导致树皮开裂。病菌侵入皮层并深入到边材使之呈暗棕色，逐渐形成坏死溃疡斑，并在整个病疤周围引起肿瘤。溃疡斑不断扩展蔓延导致茎干枯死。侵染部位经常可以看到各类病原菌的子实体。

| 图15-1　桉树嫩枝受害状 | 图15-2　桉树枝条受害状 | 图15-3　桉树树干受害状 |
|:---:|:---:|:---:|
| （黄焕华 摄） | （黄焕华 摄） | （黄焕华 摄） |

病原：桉树枝干斑点溃疡病病原菌为祖鲁畸腔菌 *Teratosphaeria zuluensis*：有性阶段：性孢子器常与分生孢子器混合生成于病斑上，通过成股的菌丝相连；性孢子透明，棒状，3~4μm×1.5~2μm；无性阶段：分生孢子器独生或聚生，寄主组织表面有坏死斑点产生，病斑暗褐色，最终形成溃疡；分生孢子着生

于寄主表皮表面或者表皮浅层，球形或扁球形，直径 60~120 μm，高 60~80 μm，分生孢子器散生出分生孢子，呈堆状；分生孢子器壁呈 3 层，细胞形成角胞组织。产孢细胞具环痕，淡褐色，平滑，瓮形或肾形，4~8 μm×2.5~3.5 μm，产生于分生孢子器内层。分生孢子中褐色，壁厚，表面光滑至有小疣状突起，宽椭圆形，顶端钝状，基部平截或钝圆，4.5~5 μm×2~2.5 μm。

桉树枝干溃疡病原菌主要有类古巴黄隐丛赤壳菌 *Chrysoporthe deuterocubensis*、法比桉葡萄座腔菌 *Botryosphaeria fabicerciana*（异名：*Fusicoccum fabicercianum*）、可可毛色二孢 *Lasiodiplodia theobromae*、拟可可毛色二孢 *L.pseudotheobromae*、广东隐腐壳菌 *Celoporthe guangdongensis*、桉树隐腐壳菌 *C.eucalypti*。

**类古巴黄隐丛赤壳菌**：有性阶段：子囊座半埋生于树皮，子囊壳部分埋生在树皮组织中，深黑色，子囊壳基部上部分组织浅黄褐色至橙色，偶尔在树皮表面可见。子囊壳茎形成于子囊壳基部，圆柱形，深黑色，长 520 μm，宽 100~150 μm。子囊纺锤状至椭圆状，含 8 子囊孢子。子囊孢子透明，具 1 隔，纺锤形至卵形，末端稍尖锐。无性阶段：分生孢子座产生于子囊座表面附近或者单独存在，产生于树皮表面或稍埋生，梨状至棍棒状；分生孢子座内腔单一简单，有时内腔壁弯曲而形成多个小腔，单一腔可与一个至多个分生孢子座茎相连。分生孢子梗透明，基部细胞球形至矩形，末端渐圆。分生孢子梗自基部不规则的产生分枝，或者垂直于基部细胞产生圆柱状有隔或无隔细胞；分生孢子梗长。产孢细胞圆柱形，或者烧瓶形，末端稍尖，宽 1.5~2 μm×3~3.5 μm。分生孢子 3~3.5 至 4.5~5 μm×1.5~2 至 2.5~3 μm，透明，长椭圆形，无隔，渗出形成亮深橙黄色的卷须或孢子团。

**法比桉葡萄座腔菌**：有性阶段未发现；无性阶段：分生孢子座着生于松树针表面，独生或者成簇，黑褐色，球形，表面被菌丝覆盖，子座 3 层结构，外层较厚，深色至浅棕色细胞组成角胞组织；中间层薄，细胞浅棕色；内层薄，细胞透明。分生孢子梗未见。产孢细胞圆筒形至烧瓶形，透明，光滑，薄壁，顶端全裂产生单个分生孢子，少数情况下产孢细胞顶端平周增厚，并产生孢子。侧丝未见。分生孢子透明，壁薄，表面光滑，内含粒状物；分生孢子单细胞，无隔，呈梭形，中间到孢子端 1/3 处最宽，顶端相对锐尖，基部平截且有轻微的边缘皱褶，分生孢子 19.6~24.4 μm×5.2~6.4 μm，分生孢子萌芽之前产生 2~3 个隔。

**可可毛色二孢**：有性阶段未发现；无性阶段：分生孢子座单腔，深棕色至黑色；分生孢子座成熟后在寄主上裂出。侧丝透明，圆柱形，具隔，有时出现分枝，末端变圆，长至 55 μm，宽 3~4 μm。产孢细胞透明色，壁薄，表面光滑，圆柱形，全裂，顶端增殖产生 1~2 个痕环，或者在产孢细胞顶端平周增厚。分生孢子近卵形至椭球形，顶端宽圆形，基部平截，中间到孢子端 1/3 处最宽，壁厚，内含颗粒物；分生孢子最初为透明状且无隔膜，持续较长时间后转变为深棕色，分生孢子从分生孢子座释放后孢子具 1 隔膜，黑色素堆积于细胞内壁形成可见的与隔膜垂直的黑色直条纹。分生孢子 21~31 μm×13~15.5 μm。

**拟可可毛色二孢**：有性阶段未发现；无性阶段：分生孢子座单腔，深棕色至黑色；分生孢子座成熟后在寄主上裂出。侧丝透明，圆柱形，多不具隔，有时会出现分枝，末端变圆，长至 58 μm，宽 3~4 μm，位于产孢细胞之间。产孢细胞透明色，表面光滑，圆柱形，基部稍臃肿，全裂，顶端增殖产生 1~2 个邻接痕环。分生孢子椭圆形，顶端和基部宽圆形，中间处最宽，壁厚，最初为透明状且无隔，持续较长时间，分生孢子从子座释放后转变为深棕色且具 1 隔；分生孢子大小为 23.5~32 μm×14~18 μm。

**广东隐腐壳菌**：有性阶段未发现；无性阶段：分生孢子座产生于树皮表面或稍埋生，垫状，无茎，有时圆锥状，初生时呈橙色至土棕色，成熟后呈深黑色；分生孢子座基部为长轴组织，多腔，少数单腔，分生孢子梗透明，自基部不规则的产生分枝，或者垂直于基部细胞产生圆柱状有隔或无隔细胞；产孢细胞烧瓶形或圆柱形，末端有时变窄。侧丝或圆柱状不育细胞产生于分生孢子梗之间，分生孢子透明，无隔，长椭圆形至圆柱形，偶尔尿囊形，从分生孢子座表面渗出形成橙色孢子团。

桉树隐腐壳菌：形态特征与广东隐腐壳菌近似，两者在分生孢子座、分生孢子梗、分生孢子及产孢细胞大小上存在一定差异。

流行规律：病菌以菌丝在枝梢病组织内越冬，次年初夏分生孢子经风雨传播侵染，降雨时间长则发病严重，9~10月多雨则被害严重。病菌在第2年晚春，在多湿的条件下，开始产生新的分生孢子，借风雨传播，引起初次侵染。

### 马尾松赤枯病 *Pestalotiopsis funerea*（Desm.）Steyaert

**中文别名：**松枯斑盘多毛孢赤枯病。

**分类地位：**圆孔壳目 Amphisphaeriale 拟盘多毛孢科 Pestalotiopsidaceae 拟盘多毛孢属 *Pestalotiopsis*。

**分布：**国内分布于江苏、浙江、福建、江西、山东、湖北、广西、四川、贵州、陕西等地；省内广泛分布。

**寄主：**马尾松、湿地松、火炬松、加勒比松等。

**症状：**松针受侵染后，初期显水渍状黄色段斑，渐变褐，稍细缢，病斑和健康组织交界处常有一暗红色的环圈（见图16-1）；后期呈暗灰色或灰白色，病斑上有明显的黑色椭圆形小颗粒，在黑色小颗粒上有墨汁状的分生孢子角；严重的造成整株树枯黄，形如火烧。病斑可出现在针叶不同部位，根据病斑在针叶上位置不同，病状多分为叶尖枯、段斑枯、叶基枯、全叶枯和针叶断落等现象（见图16-2）。

图 16-1　松针受害状

（黄少彬 摄）

图 16-2　枝条受害状（赵丹阳 摄）

病原：枯斑盘多毛孢菌，分生孢子盘黑色，初埋生于寄主表皮下，后外露，直径 100~200μm，散生于叶面。分生孢子梭形，或椭圆形，5 个细胞，分隔处缢缩。中间 3 个细胞污褐色，两端细胞圆锥形，无色，大小 15μm~25×7~10μm，顶端有 2~4 根无色刺毛，长 10~19μm，基部有长 5~7μm 无色细柄。分生孢子梗短。

发病规律：病原菌以分生孢子和菌丝在病叶中越冬。孢子借雨水和风力传播，可从自然孔口或伤口侵入针叶。潜伏期一般 7~10 天，可以重复侵染。

### 罗汉松叶尖枯病 *Pestalotiopsis virgatula*（Kleb.）Steyaert，1949

分类地位：圆孔壳目 Amphisphaeriale 拟盘多毛孢科 Pestalotiopsidaceae 拟盘多毛孢属 *Pestalotiopsis*。

分布：国内分布于浙江、福建、江西、贵州、云南、新疆等地；省内广泛分布。

寄主：罗汉松。

症状：病斑呈褐色，始发于叶尖，病斑正面可见明显的黑色点状物。发病严重的叶片，病斑从叶尖一直沿着叶柄方向扩延，直至整张叶片变枯。发病严重时可导致整株枯死（见图 17-1）。

图 17-1 罗汉松叶尖枯病危害状（徐家雄 摄）

病原：病菌的分生孢子盘成熟时突破叶片表皮，涌出灰黑色的分生孢子进行侵染传播。分生孢子纺锤形，具 4 个隔膜，分隔处略不明显，两端细，中间 3 个细胞橄榄色至茶褐色，两端细胞无色，顶端附属丝 2~3 根，大小 17.5~20.0μm×6.25~7.5μm。

流行规律：病菌以菌丝体或分生孢子在病叶或落叶上越冬。第二年春产生分生孢子，借风雨传播。病害每年 3 月开始发生，11 月基本停止。夏秋多雨、潮湿天气，尤其是在台风、雨后发病最重。植株过密，通风不良，或栽植在迎风口处，或遭日灼、冻害、风害造成伤口多，都会加重病情。

### 松针褐斑病 *Lecanosticta acicola*（Thüm.）Syd.

中文别名：松针瘤壳针孢褐斑病。

分类地位：球腔菌目 Mycosphaerellales 球腔菌科 Mycosphaerellaceae 隔孢皿属 *Lecanosticta*。

图 18　松针褐斑病危害状（黄少彬 摄）

分布：国外分布于美国、加拿大、墨西哥、欧洲多国、日本、朝鲜等地；国内分布于江苏、浙江、安徽、福建、江西、河南、湖南、广西等地；省内分布于汕头、河源、惠州、汕尾等地。

寄主：湿地松、火炬松、马尾松等松属植物。

症状：以侵染松针为主，初期产生褪色小斑点，呈草黄色或淡褐色，多为圆形或近圆形，随后病斑变褐，并稍扩大，直径 1.5~2.5mm；一针叶上常产生多数病斑，有时多个病斑汇合而形成褐色段斑，长可达 3~4mm。病害常自树冠基部开始发生，向上发展（见图 18）。

病原：松针座盘孢菌，以分生孢子盘的形态着生于针叶表皮下，黑色，开裂后产生大量分生孢子。分生孢子圆柱形，细长弯曲，多细胞，橄榄青至淡褐色。

流行规律：松针褐斑病病原菌的子实体在发病针叶或病落叶上越冬，病组织中的菌丝体也能越冬。在次年 3 月下旬当气温高于 12℃时，病菌的分生孢子借雨水溅散或风雨传播，从针叶的伤口、气孔或直接穿透表皮细胞进入植物组织吸取营养。侵入后潜育期 7~12 天表现症状，病菌 1 年中可进行多次再侵染。当温度在 20~25℃、相对湿度 80%、连续多天降雨时，病害迅猛发展而流行。

草坪草褐斑病 *Rhizoctonia solani* Kühn，1858

中文别名：草坪草丝核菌褐斑病或大褐斑病或夏枯病。

分类地位：鸡油菌目 Cantharellales 角担菌科 Ceratobasidiaceae 丝核菌属 *Rhizoctonia*。

分布：国外分布于欧洲、非洲、澳大利亚、美国、加拿大、日本等地；国内广泛分布；省内广泛分布。

寄主：早熟禾、高羊茅、黑麦草、匍匐剪股颖等禾本科植物。

症状：病菌主要侵染叶、鞘和茎，引起叶腐、鞘腐和茎基腐，根部受害较轻，除非严重发生，大部分受害植株能再生长出新叶而恢复。病叶及鞘上病斑呈梭形和长条形，不规则，初呈水渍状，后病斑中心枯白，边缘呈红褐色，严重时整个叶呈水渍状腐烂。受害草坪出现大小不等的近圆形枯草圈，枯草圈半径几厘米至 2m 以上（见图 19）。在高湿或清晨有露水时，枯草圈外沿会出现 2~3 cm 宽的"烟环"，这是真菌的菌丝，干燥时烟环消失。

病原：具 3 个或 3 个以上的细胞核。菌核由单一菌丝尖端的分枝密集而形成或由尖端菌丝密集而成。在土壤中形成薄层蜡状或白粉色网状至网膜状子实层。担子桶形或亚圆筒形，较支撑担子的菌丝略宽，上具 3~5 个小梗，梗上着生担孢子；担孢子椭圆形至宽棒状，基部较宽，大小

图 19　草坪草褐斑病危害状（丁世民 摄）

7.5~12μm×4.5~5.5μm。担孢子能重复萌发形成2次担子。

流行规律：病菌以菌核或在植物残体上的菌丝度过不良环境条件。菌核有很强的耐高低温能力，侵染、发病适温为21~32℃。由于丝核菌寄生能力较弱，对于处于良好生长环境中的禾草，只能造成轻微发病。只有当冷季型禾草生长于不利的高温条件、抗病性下降时，才有利于病害的发展，因此，发病盛期主要在夏季。当气温升至大约30℃，同时空气湿度很大（降雨、有露、吐水或潮湿天气等），且夜间温度高于20℃时，造成病害猖獗。另外，枯草层较厚的老草坪菌源量大，发病重。低洼潮湿、排水不良、田间郁闭、小气候湿度高、偏施氮肥，植株旺长，组织柔嫩，冻害、灌水不当等因素都极有利于病害的流行。

### 鸡蛋花锈病 *Coleosporium plumierae* Pat.，1902

分类地位：柄锈菌目 Pucciniales 鞘锈菌科 Coleosporiaceae 鞘锈菌属 *Coleosporium*。

分布：国外分布于印度、委内瑞拉、危地马拉、墨西哥等国家；国内分布于福建、广西、海南、云南等地；省内分布于广州、深圳、珠海、汕头、佛山、惠州、汕尾、东莞、中山、江门、茂名、清远、潮州、揭阳、云浮等地。

寄主：鸡蛋花。

症状：危害部位是叶片，发病时首先表现为叶背面产生橘黄色脓包或不规则点状粉末的夏孢子堆，夏孢子靠气流传播，重复侵染，随着时间延长粉末点越来越密，然后叶正面相应位置有小的浅黄色病斑，后期叶背多出现枯斑，随之发展为明显的不规则赭褐色病斑，边缘具有明显的黑色分界线（见图20）；病斑可扩展并连成一片，中心干枯；病害较为严重时，叶片边缘卷曲，叶柄变黄且极易脱落。

图20　鸡蛋花锈病危害状（单体江　摄）

病原：夏孢子堆生于叶背面，散生，圆形，直径0.5~1.0mm，裸露，橙黄色，粉状；夏孢子球形至椭圆形，22.0~36.0μm×17.5~28.5μm，壁上有瘤状突起，厚1~2μm，壁无色。冬孢子未见。

流行规律：夏孢子堆附着于鸡蛋花的叶背上，如果叶面荫蔽较为严重则偶见少量夏孢子堆附着，初生叶片表皮下，后突出外漏；散生，圆形或近圆形，直径0.5~1.0mm，初始橙黄色、明黄色等，成熟后褪色至灰白色，粉状，是表观鉴定本病害的主要特征。湿热是锈病暴发的主要影响环境因素，一般在7~8月高温多雨季节，鸡蛋花锈病发生较重。

### 油茶软腐病 *Agaricodochium camelliae* X.J.Liu，A.J.Wei & S.G.Fan

中文别名：油茶落叶病、油茶叶枯病。

分类地位：分类地位未定，伞座孢属 *Agaricodochium*。

分布：国内分布于浙江、安徽、福建、江西、河南、湖南、广西、海南、云南等地；省内分布于油茶栽种区。

寄主：油茶属和山茶属等植物。

症状：油茶软腐病主要危害油茶的叶、芽和果实，病害多从叶尖或叶缘开始，也可在叶片任何部位发生。病斑初呈半圆形或圆形，水渍状，在阴雨潮湿时，迅速扩展为黄色或黄褐色不规则的大斑（见图21-1）。病斑边缘不明显，叶肉腐烂，仅剩表皮，2~3天病叶即脱落。后期病斑上散生土黄色粒状物，在放大镜下观察呈纽扣状，是油茶软腐病的明显特征。有时染病叶片也能悬挂在树梢上越冬，第二年春梢萌发前大量脱落，导致植株死亡（见图21-2）。芽和嫩叶染病后即枯黄腐烂而死，果实发病后造成大量裂果和落果。干旱高温时，病斑开裂，裂口不齐，有纵裂、横裂或纵横开裂，而后脱落。果实自发病到脱落经2~4周。

图21-1　油茶叶片受害状（赵丹阳 摄）

图21-2　植株受害状（向涛 摄）

病原：油茶伞座孢菌在不同环境条件下形成两种形态特征和习性完全不同的分生孢子座。

在通风湿润、干湿交替条件下，病斑上形成蘑菇形分生孢子座。这种分生孢子坐垫状，半球形，具短柄，近白色到淡灰色，成熟时顶部宽315~563μm，高113~225μm（柄部在内），由许多从柄部顶端辐射状伸向边缘的分生孢子梗组成，容易脱落。新鲜的蘑菇形分生孢子座具有很强的侵染能力。在培养皿内保湿、不遇寄主时，蘑菇形分生孢子座产生大量分生孢子，覆盖表面，形成"黑顶蘑菇"，则丧失其侵染能力。

在高湿、不通风条件下，病斑上常形成非蘑菇形分生孢子座。这种分生孢子座黑色，垫状，无柄，单生或连生，与叶组织连在一起，不易脱落，成熟时周缘被分生孢子梗和分生孢子覆盖，宽57~168μm，高45~85μm，没有侵染能力。林间常在病落叶堆中找到。

分生孢子梗无色，5~8横隔，稍弯曲，双叉分枝5~9次，产孢细胞外露，瓶梗单点产孢。分生孢子淡青色，近球形，基部平截，无隔，直径2.1~3.7μm，领肩明显，基生，连生，常发生粘连而呈黑色黏质孢子团。

流行规律：病原菌以菌丝体及颗粒体越冬，特别是越冬后的病落叶，经过一个冬天，第二年春仍能产生大量颗粒体，是第二年的主要初次侵染源。其主要通过自然孔口直接侵入。苗圃排水不良或苗木过密，发病严重。成林树冠上部病轻。枝叶茂密的树冠下部，特别是靠近地面的下脚枝，以及树冠下的萌芽条发病率高。

油茶茶苞病 *Exobasidium gracile*（Shirai）Syd.& P.Syd.

中文别名：茶饼病、叶肿病、茶桃。

分类地位：外担菌目 Exobasidiales 外担子菌科 Exobasidiae 外担子菌属 *Exobasidium*。

分布：国内主要分布于安徽、浙江、江西、福建、湖南、广西、贵州、台湾等地；省内广泛分布于油茶产区。

寄主：油茶。

症状：主要危害花芽、叶芽、嫩叶和幼果，产生肥大变形症状，导致过度生长。芽、叶肥肿变形，嫩梢最终枯死，影响植株生长和果实产量。花芽感病后，子房肥肿膨大呈球状物。叶芽感病后，叶片肿大呈肥耳状，数个肿大的叶片聚集在一起，形似鹰爪（见图22-1）。子房及幼果罹病膨大呈桃形。症状开始时表面常为浅红棕色或淡玫瑰紫色，间有黄绿色；待一定时间后，表皮开裂脱落，露出灰白色的外担子层，孢子飞散（见图22-2）；最后外担子层被霉菌污染而变成暗黑色，病部干缩，长期（约1年）悬挂枝头而不脱落。

图22-1　花芽受害状（赵丹阳 摄）

图22-2　嫩叶受害状（赵丹阳 摄）

病原：病原菌是细丽外担菌，担子圆筒形或棍棒状，无色，顶生2~4个小梗。担孢子单孢，无色，倒卵圆形或椭圆形，大小 9.9~22.3μm×4.5~7.4μm。

流行规律：病菌在感病组织中越冬，担孢子随风及气流传播危害。病发期为每年3-4月。在空气湿度为79%~88%、温度为12~18℃和叶龄适宜的条件下有利于发病。


紫荆灰斑病 *Phyllosticta bauhiniae* Cooke

分类地位：葡萄座腔菌目 Botryosphaeriales 叶点霉科 Phyllostictaceae 叶点霉属 *Phyllosticta*。

分布：国内分布于福建、澳门等地；省内分布于深圳、佛山、江门等地。

寄主：紫荆。

症状：主要危害叶片，发病初期出现圆形或近圆形的黄色斑点，直径5~12mm，病部与健部交界处明显，边缘棕褐色，病斑相互连接为不规则形或长条斑，黄褐色至灰白色。后期易脆裂，叶片两面生稀疏的小黑点，但不常见（见图23）。

图 23　紫荆灰斑病危害状（赵丹阳　摄）

病原：病原为羊蹄甲叶点霉菌。病斑上的小黑点是病菌的分生孢子器，分生孢子器埋生，以后突破叶片表皮外露，暗褐色，近球形，直径 66~150 μm；分生孢子无色，单胞，卵形或近梭形，大小 4.1~9.6 μm×1.7~3.1 μm。

流行规律：本病在 6~11 月均有发生，8~9 月高温高湿季节危害严重。一般幼树和长势不良的树易染病。二、三月份仍可见病组织中发现分生孢子器和分生孢子。由此可见，病菌可附在病组织上越冬，直到环境条件适宜时才进行初次侵染。

肉桂枝枯病 Lasiodiplodia theobromae（ Pat. ）Griffon et Maubl.

分类地位：葡萄座腔菌目 Botryosphaeriales 葡萄座腔菌科 Botryosphaericeae 毛色二孢属 Lasiodiplodia。

分布：国外分布于美国；国内分布于福建、广西等地；省内分布于肇庆市、云浮等地。

寄主：肉桂。

症状：受害部位集中在顶梢以下 80 cm 范围内的枝干，症状分为枝枯型和溃疡型两类。枝枯型症状是枝条感病初期出现黄色针头状水渍斑，渐变褐至黑褐色，随后病斑上下扩展，环绕枝干干枯，病斑边缘界线明显；溃疡型症状是枝条受侵染后，有水渍状小点，渐变成圆形或梭形稍凹陷的病斑，病斑扩大，边缘组织增生，形成四周凸起，中间下陷的溃疡斑，病部皮层粗糙开裂，部分脱落。病斑常在枝干分叉处出现，患部以上枝叶逐渐黄化，但叶片不脱落，似火烧，最终枝枯。病斑上散生或集生黑色粉状物，为分生孢子，其分生孢子器通常与子囊座形态相似。

病原：可可毛色二孢菌，分生孢子卵圆形，早期单胞无色，后期棕色单隔，表面具纵纹。子囊座大多单生，最初埋生，后期突破表皮暴露于外，棕色至黑色；子囊双壁囊，内有 8 个孢子，呈叠瓦状排列，单胞无色，后期呈棕色，呈纺锤形。

图 24 肉桂枝枯病危害状（左秦长生 摄，右单体江 摄）

流行规律：该病的发生与主要媒介昆虫泡盾盲蝽 *Pseudodoniella chinensis* Zheng 等活动及栽培管理等因素有关。媒介昆虫在进行取食时将病菌传入枝干伤口或坏死斑痕，为孢子提供侵入通道。该病在 5~6 月发生，7~8 月为发病高峰期，9~10 月为枯死高峰期。这与泡盾盲蝽每年 6~10 月为发生高峰期相一致，也与病原菌的高温适生性密切有关。

松梢枯病 *Sphaeropsis sapinea*（Fr.）Dyko & Sutton

中文别名：松色二孢梢枯病，常见异名为 *Diplodia pinea*（Desm.）J.Kickx f.、*Diplodia sapinea*（Fr.）Fuckel。

分类地位：葡萄座腔菌目 Botryosphaeriales 葡萄座腔菌科 Botryosphaeriaceae 球壳孢属 *Sphaeropsis*。

分布：国外分布于美国、新西兰、澳大利亚、南非、荷兰等国家；国内分布于辽宁、黑龙江、内蒙古、四川、江苏、浙江、福建、江西、山东、湖北、湖南、广西、四川、贵州、云南、陕西等地；省内广泛分布。

寄主：马尾松、湿地松、火炬松、加勒比松等。

症状：发病初期，嫩梢上出现暗灰蓝色溃疡病部，皮层破裂，从裂缝中流出淡蓝色松脂。发病针叶短小枯死；嫩梢继续伸长，溃疡病部继续扩展，造成嫩梢弯曲，发展成枯梢（见图 25-1）；在枝条和主干上，溃疡病部不断扩大肿胀，并长期流脂，当溃疡病部环截枝条时，溃疡以上的顶梢枯死，针叶变为浅棕红色，若溃疡病部环截主干时，幼树全株死亡（见图 25-2）。初期的溃疡病部，枯叶或枯梢上有松色二孢菌的子实体。球果上很少发现子实体，偶见于第三年的老球果上。

病原：松球壳孢菌。分生孢子器近圆形，有不明显的乳头状孔口，单生，半埋生于寄主表皮下。分生孢子单胞，卵形至椭圆形，褐色，萌发前产生分隔，变为双胞。

流行规律：该病菌可对多种松树造成危害，感病新梢的长与径生长随着病害发展而减缓，至 6 月发病高峰后，其生长与健梢生长的差异明显加剧；病害严重程度与幼树的树高、胸径呈负相关。

图 25-1　嫩梢受害状（徐家雄 摄）

图 25-2　枝条受害状（右李琨渊 摄）

**竹瘤座菌型丛枝病** *Albomyces take*（I.Miyake）I.Hino

**分类地位：**肉座菌目 Hypocreales 麦角菌科 Clavicipitaceae 白座菌属 *Albomyces*。

**分布：**国外分布于日本；国内分布于上海、江苏、浙江、福建、江西、湖北、湖南、广西、重庆、四川、云南等地；省内分布于广州、韶关、河源、惠州、梅州、肇庆、清远等地。

**寄主：**刚竹属的毛竹、雷竹等。

**症状：**病枝细长，叶变小，健康新梢停止生长后病枝继续伸长，顶端产生白色米粒状假子座（由菌丝和部分竹组织共同形成）（见图 26-1）。以后逐年产生大量分枝，节间缩短，枝条越来越细，严重的呈现鸟巢状呈球状下垂丛生小枝群，故该病也称为竹扫帚病、竹雀巢病（见图 26-2）。冬季丛枝易枯死，病重的植株生长衰弱，发笋少，逐渐枯死。病竹枝梢、叶片都出现黄化。

图 26-1　感病小枝及子实体（黄焕华 摄）

图 26-2　竹受害状（黄焕华 摄）

病原：病菌的子座内有多个不规则的腔室，腔室内生有许多分生孢子。分生孢子无色，细长，长38~57μm，有32个细胞，两端细胞较粗，中间细胞较细。有性子座4~6mm×2.0~2.5mm。子囊埋生于有性子座中，瓶状，大小380~480μm×120~160μm，成熟时露出乳头状孔口。子囊圆筒形，大小240~280μm×6μm。子囊孢子在子囊内束生，线形，无色，大小220~240μm×1.5μm。

流行规律：竹针孢座囊菌的分生孢子主要通过风雨传播。病原菌从幼小的笋芽或鞭芽侵入，后菌丝在幼嫩的梢端生长，成为系统侵染性病害。病竹多数从下到上的侧枝全部发病，少数病竹顶部侧枝不发病或部分侧枝上部的春梢不一定都发病。下部侧枝或小枝发病较重，向上逐渐减轻。病害的发生是由个别竹枝发展至其他竹枝，由点扩展成片。有时从多年生的竹鞭上长出矮小而细弱的嫩竹。本病在老竹林及管理不良、生长细弱的生林容易发病。4年生以上的竹子，或日照强的地方的竹子，均易发病。

**褐根病** *Pyrrhoderma noxium*（Corner）L.W.Zhou & Y.C.Dai

分类地位：刺革菌目 Hymenochaetales 刺革菌科 Hymenochaetaceae 黑红皮孔菌属 *Pyrrhoderma*。

分布：国外分布于美国、澳大利亚、马来西亚、南非等国家；国内分布于福建、海南、香港、澳门、台湾等地；省内分布于广州、深圳、珠海等地。

寄主：樟、榕、相思、油桐、羊蹄甲、木棉、非洲棟、木麻黄、见血封喉、银合欢、桉树等。

症状：褐根病可在所有树龄的植株上发生。如果只有一侧的根系受到病菌严重侵染，在病害发生的早期也只有一侧的树冠表现为黄化、落叶（见图27-1）。受病菌感染的根系起初树皮下变褐色，而后木质变白、疏松软化，具蜂窝状褐色纹线。因粘有土壤和褐色菌丝体，所以树皮显得粗糙。偶尔可在树干的基部或死树裸露根部发现薄、硬且平的担子（见图27-2、图27-3）。感病树木因根部腐朽造成生长衰弱、树叶变黄、枯萎脱落（见图27-4），从黄化到枯死通常只需1~3个月，植株高大、根系发达的树木从发病到死亡可能需要数年。

图 27-1　垂叶榕受害状（黄焕华 摄）

图 27-2　榕树受害状（黄华毅 摄）

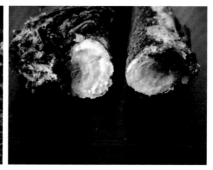

图 27-3　细叶榕褐根病的危害状
（杨晓 摄）

图 27-4　细叶榕褐根病病原菌（杨晓 摄）

　　**病原：**担子果在自然条件下极少形成。担子果初期为黄褐色，具白色的边缘，后期变为褐色，最后为暗灰色；扁平，厚 0.4~2.5 cm；用 3%~5% KOH 滴在其上变成黑色。果肉起初为白色，而后变成黄色至褐色，最后变成灰褐色至暗灰色。担子果的子实层内具稀疏的黑色刚毛，以及狭长的刚毛状菌丝，长约 450μm，宽约 13μm。菌丝没有锁状联合，属二菌丝型，包括生殖菌丝和骨架菌丝；生殖菌丝直径为 2~4μm，无色至黄色，骨架菌丝黄褐色至暗褐色，直径为 3~6μm。担孢子近卵形，无色，3~4μm×4~5μm。

　　**流行规律：**褐根病为典型的土壤传播病害，但至今尚不清楚如何建立新的侵染中心。病菌可能由苗圃中的染病植株引入新地区种植而传入，通过根系与根系之间的接触传染给相邻的植株。也可能通过新砍伐的树桩上的担孢子传播并定殖于周围健康的根系。但因自然条件下极少形成子实体，担孢子进行长距离传播较少发生。节孢子可能不是自然条件下重要的接种源。移除树桩之后，病菌可以在土壤的根系内存活 10 年以上；菌丝体在根周围也可存活几个月。

### 杜英溃疡病 *Pseudocryphonectria elaeocarpicola* Huayi Huang

　　**分类地位：**间座壳目 Diaporthales 隐丛赤壳科 Cryphonectriaceae 假隐丛赤壳属 *Pseudocryphonectria*。

　　**分布：**国内分布于澳门等地；省内分布于广州等地。

　　**寄主：**水石榕、尖叶杜英和山杜英等杜英属植物。

　　**症状：**主要危害植物的主干和枝条，发病初期病部表皮出现水渍状病斑，后逐渐扩展，直至包围树干，并向上向下蔓延。病部组织早期湿腐，有酒糟味，失水后，树皮干缩纵裂，病枝上的叶片变褐枯死，但长久不落（见图 28-1）。病斑上会产生浅棕黄色的孢子座，气温适宜、空气潮湿的环境下，会在孢子座上溢出淡黄色或橘黄色卷须状胶质分生孢子角（见图 28-2）。

　　**病原：**病原为杜英生假隐丛赤壳菌。分生孢子座生长于寄主植物表皮下，聚生或单生，近球形，黄色至橙色，多室，单卵孔，500~1200μm×150~450μm，可形成卷须状的分生孢子角。分生孢子管圆柱形，无隔膜，透明，有时退化为分生孢子细胞。分生孢子细胞排列在分生孢子管腔中，呈壶形，透明，光滑。分生孢子二型，小分生孢子无隔膜，透明，光滑，圆柱形，直，3.3~4μm×1.6~2μm；大分生孢子无隔膜，透明，光滑，倒卵形，直或微弯曲，5.1~6.1μm×1.6~2μm。

　　**流行规律：**病原菌主要靠雨水、风、昆虫和鸟类传播，主要通过分生孢子侵染，伤口是侵入的主要途径。发病都在各种伤口、灼伤部、锯剪口及其他机械损伤点。广州地区常年可见病害发生，高温、高湿环境下，病斑扩展较为迅速。

图 28-1 尖叶杜英受害状（黄华毅 摄）

图 28-2 尖叶杜英受害后的病原菌（黄华毅 摄）

## 1.3 细菌及植原体病害

**林木青枯病** *Ralstonia pseudosolanacear*（Smith）Yabuuchi

**分类地位：** 伯克氏菌目 Burkholderiales 伯克氏菌科 Burkholderiaceae 雷尔氏菌属 *Ralstonia*。

**分布：** 国外分布于美国、澳大利亚、南美洲、欧洲、南非、刚果、乌干达、印度、菲律宾、马来西亚等国家；国内分布于福建、江西、湖南、广西、海南、云南等地；省内广泛分布。

**寄主：** 木麻黄、桉树、桑树、油橄榄等。

**症状：** 发病初期一般出现萎蔫，随后出现叶枯、植株枯死，病株根部坏死，呈水渍状，有臭味，横切后出现乳黄色溢脓，皮层和木质部均可出现上述症状（见图 29-1、图 29-2）。幼树发病可出现两种类型：一是急性枯死，感病株叶片萎蔫、失绿、不脱落，从发生感病症状到全株枯死一般仅需 1~3 周；二是慢性枯死，症状一般为植株发育不良，较矮小，下部叶片变紫红色，且渐向上发展，最后导致叶片脱落（见图 29-3、图 29-4、图 29-5）。

图 29-1　木麻黄青枯病危害状（魏军发 摄）

图 29-2　木麻黄受害后的菌脓（单体江 摄）

图 29-3　桉树青枯病危害状（黄焕华 摄）

图 29-4　桉树青枯病危害状
（张卫华 摄）

图 29-5　桉树受害后的
菌脓（黄焕华 摄）

病原：茄拉尔氏菌。菌体为短杆状，两端钝圆，大小 0.9~2.0μm×0.5~0.8μm，多数无鞭毛，少数有极生鞭毛 1~3 根。菌落表现为不规则圆形，乳白色，中间隆起，液化，具光泽。

流行规律：病原菌通过连生根从病株蔓延至健株。即使病树与附近健康树并不相连，也可通过土壤传播。从病区流出的雨水或其他水流容易携带青枯菌传播。积水容易导致病害发生，青枯病常先发生于低洼或地下水位较高的地方，高温、多湿的环境易发病。

柑橘黄龙病 *Candidatus liberobacter* asiaticus

中文别名：黄梢病、黄枯病、青果病。

分类地位：根瘤菌目 Rhizobiales 根瘤菌科 Rhizobiaceae 候选韧皮部菌属 *Candidatus*。

分布：国外分布于美国、加拿大、巴西、印度、泰国、菲律宾、印度尼西亚等国家；国内分布于浙江、福建、江西、湖北、湖南、广西、重庆、四川、贵州、云南等地；省内广泛分布。

寄主：柑橘属及其芸香科柑橘亚科近缘属植物。

症状：柑橘黄龙病是一种系统性病害，植物感染后在不同生长期可以表现不同的症状；叶片症状从典型斑驳到叶脉黄化，叶片变厚变小，以及呈现类似缺锌缺锰的缺素症（见图30-1）；果实症状包括小果、红鼻果，种子变褐败育（见图30-2）；整株矮化，生长缓慢，上部枝梢出现黄梢；下部根系须根少，新根生长受到抑制，支根腐烂。各地病树也普遍见到斑驳症状，成为最常用的园间诊断依据。近年来，各地黄龙病树上表现红鼻果症状明显，一些研究认为红鼻子果症状亦可作为园间诊断的主要依据。

图30-1　叶片受害状（扈丽丽 摄）

图30-2　果实受害状（扈丽丽 摄）

病原：候选韧皮部菌属于革兰氏阴性细菌，病原菌形状主要表现为圆形或椭圆形，少数呈不规则形状，大小为20~600 nm×170~1600 nm；病原菌的外部界限有三层膜，组成其膜结构，厚度为17~33 nm，平均25 nm。

流行规律：自然状态下黄龙病主要通过柑橘木虱传播，木虱通过吸取嫩梢的汁液，将病原菌传播到柑橘枝叶上，成虫在柑橘枝叶上繁殖并产生大量的带菌若虫，若虫成熟后转移到新的植株上取食，造成黄龙病的传播和扩散。苗木如果带有病株，在果园中将成为蔓延中心。柑橘黄龙病的传播和蔓延，与传染源和重复侵染频率有关，侵染源密度、带菌木虱密度、木虱活力、木虱天敌等都影响黄龙病的传播速度。嫁接和苗木调运等人为操作也能传播黄龙病，还可以通过菟丝子寄生传播。

**竹植原体型丛枝病 *Phytoplasma* spp.**

中文别名：萎缩病、小叶病、黄化病等。

分类地位：菌原体目 Mycoplasmatales 菌原体科 Mycoplasmataceae 植原体属 *Phytoplasma*。

分布：国外分布于日本、印度、韩国等国家；国内分布于江西、山东、广西、海南、四川、云南等地；省内分布于广州、韶关、河源、惠州、梅州、肇庆、清远等地。

寄主：丛生竹和苦楝等。

症状：植物受植原体侵染后，引起寄主植物激素或生长调节剂代谢紊乱，从而表现出一系列症状。常见症状包括：系统性障碍，表现为小花、小叶、变色叶或芽、卷曲或杯状凹陷叶，节间缩短，顶端成簇生长；系统性衰退，表现为嫩枝死亡，植株矮化，植株不适时宜地黄化或红化；侧芽和腋芽增生导致的丛枝，节间非正常伸长导致的细长芽；花变叶、花变绿和花不育；果小畸形等（见图31）。在自然条件下，由于寄主、感染时间和方式的差异，以及周围环境的影响，一种植原体可能会引起不同类型的症状，

图 31　竹植原体型丛枝病危害状（黄焕华 摄）

或者在一种寄主上，会同时出现几种类型的症状。

病原：翠菊黄化组植原体 *Candidatus Phytoplasma asteris*，无细胞壁，只有由单位膜组成的原生质膜包围，细胞内为球形或椭圆形，繁殖期可以是丝状或哑铃状。

流行规律：植原体在自然条件下传播最主要的方式是以韧皮部取食的昆虫作为媒介，依靠昆虫进行传播和扩散，这类昆虫有叶蝉、木虱等。植原体在寄主植物中主要通过韧皮部筛管进行移动，从而导致整株感病。

细菌性穿孔病 *Xanthomonas arboricola* pv.*pruni*（Xap）

别名：桃细菌性黑斑病。

分类地位：黄单胞菌目 Xanthomonadales 黄单胞菌科 Xanthomonadales 黄单胞杆属 *Xanthomonas*。

分布：国内分布于北京、天津、河北、山西、上海、江苏、浙江、安徽、福建、山东、河南、湖北、湖南、广西、海南等地；省内分布于桃和李产区等地。

寄主：桃、李、杏、樱桃等李属植物以及山桃、桂、樱等观赏类植物。

症状：病害主要危害叶片，也可危害果实和枝条。感病叶片最初产生针头状紫褐色小点，不久扩展成同心轮纹状圆形或不规则形病斑，病斑边缘几乎黑色，易产生离层，后期在病叶两面有褐色霉状物出现，病斑中部干枯脱落，形成穿孔（见图 32-1、图 32-2）。

病原：树生黄单胞李致病变种。细胞直杆状，大小为 0.4~0.7nm × 0.7~1.8nm，单端极生鞭毛。多数菌株分泌不溶于水的非类胡萝卜素性质的黄色素，有些菌株形成孢外荚膜多糖——黄原胶。生长需提供谷氨酸和甲硫氨酸，不进行硝酸盐呼吸。菌落圆形，光滑，全缘，乳脂状。

流行规律：病原主要在休眠芽、叶痕和溃疡枝条上越冬。一般适温、多雨的天气有利于发病，病菌可通过自然伤口和人为伤口等方式侵入植株，也可通过皮孔等自然孔口侵入植株体内。气温在 22℃ 以上时开始发病，到 26~28℃ 时形成发病高峰，此时正值 7～8 月。9 月下旬以后，随温度、湿度的降低，病害停止发展。8 月份的雨日，雨量为影响病情发展的另一重要因素。8 月份雨日多、雨量大且温度适宜的年份发病重。

图 32-1　仪花穿孔病危害状（郑皓晖 摄）　　　　图 32-2　樱花穿孔病危害状（雷斌 摄）

## 1.4　螨虫病害

**荔枝毛毡病 *Aceria litchi*（keifer）**

**分类地位：**真螨目 Acariformes 瘿螨科 Eriophyidae 瘤瘿螨属 *Aceria*。

**分布：**国内分布于福建、广西、海南、云南等地；省内广泛分布于荔枝、龙眼产区。

**寄主：**荔枝、龙眼。

**症状：**主要发生在叶面，被瘿螨侵害后，先在叶背出现苍白色、不规则的病斑，后出现初为白色、渐变为褐色的密集绒毛；叶背长绒毛处下陷，红褐色，叶面突起，病部出现弯曲、缩小，其他部位健康生长，导致叶片畸形，形成如毛毡状的绒毛状物（见图33）。

图 33　荔枝受害状（李琨渊 摄）

流行规律：导致毛毡病的原因为瘿螨。瘿螨一年发生 10 代，以成虫在被害叶片、芽鳞内或枝条的皮孔中越冬。春季樟树发芽或嫩叶抽出时，越冬成虫从芽内迁移到幼嫩的叶片背面吸食汁液，受害部位毛皮绒毛增多，形成特有毛毡病症状。该病于春季嫩叶生长时开始发生，至夏、秋季为害最为严重。

## 1.5 生理性病害

**桉树红叶枯梢病**

病因：缺硼。

症状：早期症状为叶片不能舒展，产生网纹状斑块或浅红色小斑点，慢慢变为全叶紫红色，皱缩干枯，叶片变形，叶脉凸起等（见图34-1）；后期表现为树梢叶片脱落，树冠秃顶，主梢及侧梢枯死，枝条变为方形、棱形、扭曲状，分枝处变肿粗，侧枝基部缢缩（见图34-2）；树干出现颗粒物，或树皮出现深褐色纵裂，皮层变褐色或黑褐色，后期深达木质部，使主干变脆，刮风易折断。患病林分的典型特征是连片发生，症状表现一致，没有明显的发病中心。患病桉树表现的症状与植物缺素症基本一致。

危害树种：桉属植物。

流行规律：主要发生在半年生以上至两年生新造林，有时3年生以上的林分也会发生，萌芽林较少发生。

图 34-1  叶片受害状（孙思 摄）          图 34-2  枝梢受害状（孙思 摄）

# 2　林木害虫

林木虫害是指林木的叶片、枝条、树干和树根等单一或多个部位被害虫取食危害，造成生理机能及外部形态上发生局部或全体变化的现象。

林木虫害包括食叶害虫、吸汁害虫、钻蛀害虫和地下害虫等虫害。

## 2.1　食叶害虫种类

食叶害虫是以林木叶片为食的害虫。主要以幼虫取食叶片，常把林木叶片咬成缺口或仅留叶脉，甚至全吃光。刺蛾幼虫咬食叶片，造成叶子残缺不全；卷叶蛾幼虫吐丝卷叶，咬食嫩芽和嫩叶；蓑蛾幼虫咬食叶片，呈孔洞或缺刻状，严重时可将叶片吃光；此外，有的种类（如刺蛾与毒蛾）的幼虫体具毒毛，可引起人体皮肤肿痒。

食叶害虫的种类繁多，主要有鳞翅目的蓑蛾、刺蛾、斑蛾、尺蛾、枯叶蛾、舟蛾、灯蛾、夜蛾、毒蛾、卷叶蛾，以及蝶类；膜翅目的叶蜂；直翅目的蝗虫；鞘翅目的叶甲、金龟子等。

**黄脊竹蝗** *Ceracris kiangsu* Tsai，1929

**别名**：竹蝗、蝗虫、黄脊阮蝗、黄脊雷篦蝗 *Rammeacris kiangsu*（Tsai）。

**分类地位**：直翅目 Orthtoptera 网翅蝗科 Arcypteridae 竹蝗属 *Ceracris*。

**分布**：国外分布于越南、老挝、缅甸等国；国内分布于浙江、江苏、安徽、江西、福建、湖北、湖南、四川、重庆、云南、贵州、广西、香港、台湾等地；省内广泛分布。

**寄主**：青皮竹、毛竹等禾本科植物。

**危害状**：跳蝻及成虫均取食竹叶，使竹叶残缺不全；大发生时竹叶被食光，竹林如同火烧，可致竹子当年枯死，第二年竹林很少出笋，竹林逐渐衰败（见图 35-1、图 35-2）。

**形态特征**：雌虫体长 34~40mm，雄虫 28~32mm，身体主要为绿色，由额顶至前胸背板中央有一显著的黄色纵纹，越向后越宽（青脊竹蝗背部有一条纵贯全体的绿色带纹，前胸背板具侧隆线）；后足腿节黄色，间有黑色斑点，两侧有"人"字形沟纹。卵赭黄色，长椭圆形，有蜂巢状网纹；卵块圆筒形，顶端有杯

图 35-1　1 龄跳蝻群聚及危害（黄焕华 摄）

图 35-2　黄脊竹蝗危害状（左郑莲生 摄，右黄焕华 摄）

形黑色卵块盖。跳蝻共 5 龄：初孵时为浅黄色，约经 4 h 后即变为黄、绿、黑、褐相间的杂色，翅芽不明显，仅中、后背板两侧后缘微向后突出，前胸背板前端中线的两旁各有一个四方形黑斑，后缘不向后突出，几乎呈一直线，背板侧面也各有一个较小的黑斑，后胸背板两侧各有一个大黑斑；2 龄跳蝻前后翅芽向后突出较为明显；3 龄跳蝻头、胸、腹背面中央黄色线更为鲜艳，沿此线两侧各有一黑色纵纹，前胸背板后缘将中胸一部分盖住，前翅芽呈狭长片状，后翅芽呈三角形片状，较前翅芽为宽，翅脉较易看清；4 龄跳蝻前、后翅芽翻折于背面，前翅芽位于后翅芽之内，后翅芽几乎伸至腹部第一节末端；5 龄跳蝻前胸背板将后胸大部分盖住，其上缘长几乎为下缘的 1 倍，翅芽伸至腹部第三节末端，将听器盖住；将羽化时，身体变为翠绿色（见图 35-3、图 35-4、图 35-5、图 35-6、图 35-7、图 35-8、图 35-9、图 35-10）。

生物学特性：1 年发生 1 代，以卵于土中卵囊内越冬。肇庆市广宁县孵化期位于 3 月 30 日~4 月 27 日。1 龄跳蝻历期 9~26 天，2 龄 7~17 天，3 龄 5~19 天，4 龄 5~14 天，5 龄 7~13 天；跳蝻期 46~67 天。成虫于 6 月中、下旬开始羽化，陆续交尾，7 月下旬至 8 月上旬为产卵盛期，成虫寿命为雌虫 50~84 天，雄虫 54~56 天。产卵期一般持续到中秋节后，卵囊入土约 3.3cm。雌成虫一生可产卵囊 1~10 个，每囊有卵 14~22 粒。卵产于南坡较北坡的早孵化，山腰的较山顶的早，地被物薄的较厚的早，卵孵化期可长达 30 天以上。孵化率 89%~100%。1 龄跳蝻即可上竹，起初群集梢端取食。卵多产于柴草稀少、土质较松、坐北向阳的竹山或山窝斜坡上。跳蝻与成虫有嗜好咸味和人尿的习性。

图 35-3　黄脊竹蝗卵及卵块　　　　　图 35-4　1 龄跳蝻（左李琨渊　右蔡卫群 摄）
　　　　　（黄焕华 摄）

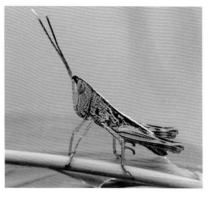

图 35-5　2 龄跳蝻（蔡卫群 摄）　　　　图 35-6　3 龄跳蝻（侧面）　　　　图 35-7　3 龄跳蝻
　　　　　　　　　　　　　　　　　　　　　（蔡卫群 摄）　　　　　　（背面）（蔡卫群 摄）

图 35-8　4 龄跳蝻　　　　　　图 35-9　5 龄跳蝻　　　　　图 35-10　黄脊竹蝗成虫
（蔡卫群 摄）　　　　　　　（蔡卫群 摄）　　　　　　（蔡卫群 摄）

青脊竹蝗 *Ceracris nigricornis* Walker，1870

**分类地位**：直翅目 Orthtoptera 网翅蝗科 Arcypteridae 竹蝗属 *Ceracris*。

**分布**：国外分布于阿富汗、不丹、缅甸、泰国、越南等国；国内分布于浙江、福建、湖南、四川、广西、香港等地；省内广泛分布。

**寄主**：青皮竹、毛竹等竹种及禾本科农作物。

**危害状**：跳蝻及成虫均取食竹叶，使竹叶残缺不全；大发生时竹叶被食光（见图 36-1、图 36-2）。

图 36-1　跳蝻群集危害状（黄焕华 摄）　　　　图 36-2　成虫群集危害状（黄焕华 摄）

图 36-3　青脊竹蝗成虫（黄焕华 摄）

形态特征：成虫青绿色，前翅发达，背部有一条纵贯全体的绿色带纹（见图 36-3）。卵淡黄褐色，长椭圆形；卵囊圆筒形。跳蝻：初孵若蝻胸腹背面黄白色，无黑色斑纹，体色黄白与黄褐相间，是与黄脊竹蝗的明显区别。

生物学特性：1 年 1 代。清明节后孵化，成虫 6 月底、7 月初始见，7 月下旬为羽化盛期，8—10 月为产卵期。跳蝻、成虫多栖息于林缘杂草或道路两旁的禾本科植物上，比较喜光，幼龄跳蝻喜食禾本科等杂草，以大龄跳蝻和成虫危害竹子。雌虫喜择近水湿、向阳斜坡环境产卵于土中。

异歧蔗蝗 *Hieroglyphus tonkinensis* I.Bolivar，1912

分类地位：直翅目 Orthtoptera 蝗科 Acrididae 蔗蝗属 *Hieroglyphus*。

分布：国内分布于福建、湖北、湖南、广东、广西、海南、台湾等地；省内主要分布于丛生竹栽种区。

寄主：主要危害绿竹、青皮竹、凤尾竹、黄金间碧玉竹等丛生竹，以及蒲葵等。

危害状：以成虫、幼蝻蚕食竹叶，严重时可食尽竹叶，影响植株生长。

形态特征：体蓝绿色，头部额、颊、后头侧面、上颚外面均呈蓝绿色；头顶、后头上方、复眼黄褐色；触角 28 节，其基部淡黄色，端部 3~5 节淡黄白色，近端部的 5~6 节黑褐色；前胸背板、侧板蓝绿色，背板背面近前沿两侧各有一横行黑褐色凹纹，其后又有 3 条横行黑褐色凹纹；中、后胸蓝绿色或淡黄白色；前翅基部淡绿色，至端部渐变为黄褐色；雌成虫尾须楔形，雄成虫则末端分叉（见图 37-1）；后足腿节淡黄绿色。卵长椭圆形，初产时黄色，以后颜色逐渐变深。跳蝻共 7 龄，少数 6 龄：1 龄跳蝻体褐色，2 龄跳蝻与 1 龄相似，但各斑纹比 1 龄跳蝻明显，3 龄跳蝻与 4 龄相似，5 龄跳蝻与 6 龄相似，6 龄跳蝻与 7 龄相似（见图 37-2）。

图 37-1　异歧蔗蝗成虫（黄焕华 摄）　　　图 37-2　跳蝻（李琨渊 摄）

生物学特性：广东为1年1代，以卵于土中卵囊内越冬。翌年4月中旬至5月上旬孵化，6月下旬至8月上旬陆续羽化，7月中、下旬为羽化盛期，7月上旬至9月中旬为产卵期。1~2龄跳蝻有较强的群聚习性。雌、雄成虫均可多次交尾，交尾后，雌成虫6~10天后开始产卵；雌成虫可产卵囊3~6个，每个卵囊有卵17~48粒。

棉蝗 *Chondracris rosea rosea*（De Geer，1773）

别名：大青蝗。

分类地位：直翅目 Orthoptera 斑腿蝗科 Catantopidae 棉蝗属 *Chondracris*。

分布：国外分布于越南、缅甸、印度尼西亚、斯里兰卡、印度、尼泊尔、朝鲜、日本等国；国内分布于内蒙古、河北、山东、浙江、江苏、安徽、江西、福建、陕西、湖北、湖南、广东、海南、广西、云南、台湾等地；省内广泛分布。

寄主：棉蝗食性较杂，可危害木麻黄、绿竹、青皮竹、毛竹、南岭黄檀、相思树、棕榈等树木及其他农作物。

危害状：以跳蝻、成虫取食寄主叶片。

形态特征：体色鲜绿带黄，后翅基处玫瑰色；头钝圆，明显短于前胸背板，头与前胸背面均具淡黄色纵条纹。前胸背板有粗瘤突，中隆线呈弧形拱起，有3条明显横沟切断中隆线。前胸背板前缘呈角状凸出，后缘呈直角形凸出。中后胸侧板生粗瘤突。前胸腹板突为长圆锥形，向后极弯曲，顶端几达中胸腹板。前翅发达，长大后足胫节中部，后翅与前翅近等长。触角丝状，细长，通常为28节。各足基节和腿节青绿色，胫节和跗节为紫红色。后足胫节外侧具刺两列（见图38-1）。跳蝻（见图38-2）共6龄：初孵若虫淡绿色，头部特大。

生物学特性：1年发生1代。翌年4月中、下旬孵化为跳蝻，6月中旬至7月下旬陆续羽化，成虫于7月至10月中旬开始交尾产卵（见图38-3、图38-4）。

图38-1　棉蝗卵块
（李奕震 摄）

图38-2　棉蝗卵
（李奕震 摄）

图38-3　棉蝗成虫（上雄、下雌）（李奕震 摄）

图38-4　跳蝻（李琨渊 摄）

英德小异䗛 *Micadina yingdensis* Chen at He，1992

别名：英德跳䗛。

分类地位：䗛目 Phasmatodea 笛䗛科 Diapheromeridae 小异䗛属 *Micadina*。

分布：国内分布于江西、河南、湖南、广东、香港等地；省内分布于深圳、韶关、惠州、肇庆、清远等地。

寄主：鱳猪锥、硬壳柯等。

危害状：若、成虫取食叶片，严重时鱳猪锥树叶全部被吃光，植株枯萎似火烧。食料不足时能取食其他壳斗科树种（见图 39-1）。

形态特征：成虫雄体长 36~43mm，雌体长 42~53mm；头较大，圆而光滑，额的端缘宽于触角第 1 节的长度（见图 39-2）。前胸背板长方形，中央有黑色宽纵纹，中胸背板常具颗粒。腹部光滑，圆柱形，第 8 背板侧缘近中部不呈波状，尾须端前无短齿。若虫共 4 龄：由 1 龄淡黄色至 4 龄转为黄绿色。卵长约 2mm，椭圆形，褐色有灰白色网纹，卵孔一端有凤眼状凹入。

生物学特性：1 年发生 2~3 代，世代重叠，以卵在落叶层下越冬，越冬卵期 70~80 天，2 月下旬孵化。越冬代若虫生长期 50~60 天，4 月下旬起越冬代成虫羽化，至 5 月中旬产下第 1 代卵。雌虫交尾 2~4 天后不择场地，先排粪便再排卵，每次产下 1~13 粒，隔天一次或一天产两次，平均每雌可产 348 粒，第 1 代卵期 40~45 天。此后林间存在多种虫态。8 月中下旬第 1 代成虫始产第 2 代卵，每个雌虫平均产卵 606 粒。此时林木受害表现最重。第 2 代成虫发生期为 11~12 月，平均每个雌虫产越冬卵 200 粒。若虫静止时体贴叶背，受惊即假死状跌落，随后爬回树上或短距离飞上临近树。在食料充足时，若虫和成虫活动、取食稳定，成虫不迁飞。每虫一生食叶量折算鱳猪锥中等叶片约：越冬代 14 片，第 1 代 18 片，第 2 代 7.4 片。

图 39-1　林木受害状（陈文伟 摄）

图 39-2　雌成虫（陆千乐 摄）

椰心叶甲 *Brontispa longissima*（Gestro，1885）

**分类地位：**鞘翅目 Coleoptera 铁甲科 Hispidae 椰心叶甲属 *Brontispa*。

**分布：**国外广泛分布于太平洋群岛及东南亚；国内分布于海南、香港、台湾等地；省内分布于广州、深圳、佛山、惠州、东莞、中山、江门、湛江、茂名、肇庆、云浮等地。

**寄主：**椰子、大王椰子、假槟榔、山葵（皇后葵）、鱼尾葵、散尾葵、蒲葵、加那利海枣等，其中椰子为最主要的寄主。

**危害状：**主要为害未展开的幼嫩心叶，成虫和幼虫在折叠叶内沿叶脉平行取食表皮薄壁组织，在叶上留下与叶脉平行、褐色至灰褐色的狭长条纹，严重时条纹连接成褐色坏死条斑，叶尖枯萎下垂，整叶坏死，甚至顶枯，树木受害后期表现部分枯萎和褐色顶冠，造成树势减弱后植株死亡（见图 40-1）。

**形态特征：**成虫体扁平狭长，长 8~10mm，宽约 2mm。头部红黑色，头顶背面平伸出近方形板块，两侧略平行。触角 11 节，黄褐色，顶端 4 节色深，柄节长 2 倍于宽（见图 40-2）。前胸背板黄褐色，略呈方形（见图 40-3）。鞘翅两侧基部平行，后渐宽，中后部最宽，往端部收窄，末端稍平截。中前部有 8 列刻点，中后部 10 列，刻点整齐。幼虫 3~6 龄，白色至乳白色。蛹体浅黄至深黄色，头部具 1 个突起，腹部第 2~7 节背面具 8 个小刺突，分别排成两横列，第 8 腹节刺突仅有 2 个靠近基缘。腹末具 1 对钳状尾突。

图 40-1 椰心叶甲危害状（黄焕华 摄）

图 40-2 成虫（李志强 摄）

图 40-3 前胸背板
特征（林伟 摄）

生物学特性：在海南 1 年发生 4~5 代，世代重叠。卵期为 3~6 天，孵化率 92.5%，幼虫期为 30~40 天，预蛹期 3 天，蛹期 6 天，成虫寿命可达 220 天（见图 40-4、图 40-5）。雌成虫产卵前期 1~2 月，每雌虫可产卵 100 多粒。从卵至成虫约为 50 天。产卵前期 18 天，成虫有的每天都产卵，有的隔 1~5 天产一次卵，每次产卵多为 1~2 粒，最多 6 粒。卵产在取食心叶而形成的电道内，3~5 个一纵列，卵和叶面粘连固定。成虫惧阳光，喜聚集在未展开的心叶基部活动，见光即迅速爬离，寻找隐蔽处。具有一定的飞翔能力及假死现象，可近距离飞行，多缓慢爬行。

图 40-4　幼虫　　　　　图 40-5　蛹
（李志强 摄）　　　　　（黄焕华 摄）

水椰八角铁甲 *Octodonta nipae*（Maulik，1921）

分类地位：鞘翅目 Coleoptera 铁甲科 Hispidae 八角铁甲属 *Octodonta*。

分布：国外分布于马来西亚；国内分布于福建、广西、海南、云南等地；省内分布于广州、深圳、惠州、中山、云浮等地。

寄主：椰子、老人葵等。

危害状：成虫和幼虫主要在嫩梢、幼茎和未展开的幼叶间取食表皮薄壁组织；受害叶片呈现褐色条状斑，并有皱缩、卷曲等现象，受害嫩梢枯萎死亡，严重时可导致植株枯萎（见图 41-1）。

形态特征：成虫体长 6~7mm。头、触角、前胸背板及小盾片棕黄至棕红色；腹面及足颜色同前胸背板。体形狭长较扁，两侧近于平行。头顶宽阔，在眼间呈方形隆起，被粗大刻点，在前侧角突出，中央有一条纵沟，沟前端向前突伸，端部狭尖，伸达第一触角节长度的一半。触角 11 节，长达体长的 1/3（见图 41-2）。前胸背板近方形，侧缘内凹；前缘在中部无边框，明显拱出；后缘较平，有边框；四角向外突出，每个角具一凹陷并形成 2 个齿，八角属名即由此而来；盘区有一个大的"V"形光洁区，背板其余部分全被刻点（见图 41-3）。足的腿节、胫节短粗，宽扁，跗节阔扁。老熟幼虫体乳白色，头部淡棕色，末端骨盘褐色。

生物学特性：1 年通常发生 3 代，世代重叠（见图 41-4、图 41-5）。水椰八角铁甲取食不同棕榈科植物，其成虫寿命、存活率及产卵量差异显著，取食金山葵的成虫寿命长，产卵量大，存活率高。水椰八角铁甲的耐饥性比较强，食物限制作用并不对水椰八角铁甲蛹的羽化率造成很大影响，短时饥饿对水椰八角铁甲世代影响不大，水椰八角铁甲仍能生长发育。

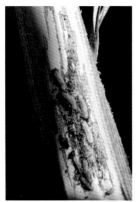

图 41-1　水椰八角铁甲危害状
（左林伟 摄，右李琨渊 摄）

图 41-2　成虫（李琨渊 摄）

图 41-3　前胸背板特征
（杨晓 摄）

图 41-4　幼虫（杨晓 摄）

图 41-5　蛹（杨晓 摄）

**墨绿彩丽金龟** *Mimela splendens*（Gyllenhal，1817）

**分类地位：** 鞘翅目 Coleoptera 丽金龟科 Rutelidae 彩丽金龟属 *Mimela*。

**分布：** 国外分布于日本、韩国等国；国内广泛分布；省内广泛分布。

**寄主：** 桉树、破布叶、黄槐决明等。

**危害状：** 成虫取食树叶。幼虫危害树木根系，严重的可致死亡或倒伏（见图 42-1）。

**形态特征：** 成虫体长 15~21.5mm，全体墨绿色，体背强烈金绿色金属光泽；体宽椭圆，通常后部较宽，体背布细微刻点；前胸背板布颇密细微刻点，中纵沟深显，侧缘匀弯突，后角近直角，有时钝角，后缘沟线完整；鞘翅侧缘前半部具发达平边，臀板布不密细小刻点。幼虫复毛区的刺毛列由长

图 42-1　墨绿彩丽金龟危害状（向涛 摄）

针状刺毛组成，一般每列 7~9 根，两列间近于平行，仅前段略靠拢，后端略岔开，两列刺毛多数刺尖相遇或交叉，刺毛前端不达钩毛区前缘（见图 42-2、图 42-3）。

生物学特性：1 年 1 代，以幼虫在其所危害的根部的土壤内越冬。蛹出现于 4 月至 5 月上旬。老熟幼虫从寄主的根部下侧向上蛀食，在残存的树根下侧的木质部筑成向上凹陷的巢室，幼虫在此用所蛀咬的细木屑与土混合筑成椭圆形的土室，在其内化蛹。成虫羽化期始见于 5 月初，5 月下旬至 6 月上旬为其发生高峰期，6 月下旬为末期。

图 42-2　成虫（李琨渊 摄）　　　　　　图 42-3　成虫交尾（黄咏槐 摄）

**暗黑齿爪鳃金龟** *Holotrichia parallela*（Motschulsky，1854）

**别名：**暗黑鳃金龟。

**分类地位：**鞘翅目 Coleoptera 鳃金龟科 Melolonthidae 齿爪鳃金龟属 *Holotrichia*。

**分布：**国外分布于朝鲜、日本、苏联等国；国内广泛分布；省内广泛分布。

**寄主：**核桃、桑、梨等树木。

**危害状：**成虫啃食叶片造成缺刻，幼虫危害根部，严重时造成植物枯死。

图 43　成虫（李琨渊 摄）

**形态特征：**成虫长椭圆形，体长 17~22mm，宽 9~11.3mm；体被淡蓝灰色粉状闪光薄层；触角 10 节，红褐色（见图 43）。前胸背板侧缘中央呈锐角状外突，刻点大而深，前缘密生黄褐色毛；每鞘翅上有 4 条可辨识的隆起带，刻点粗大，散生于带间，肩瘤明显；小盾片半圆形，端部稍尖。雄虫臀板后端浑圆，雌虫则尖削。卵产时乳白色，长椭圆形，孵化前可清楚看到卵壳内 1 端有 1 对呈三角形的棕色幼虫上颚。幼虫，3 龄幼虫头部前顶毛每侧 1 根，位于冠缝侧，后顶毛每侧 1 根；臀节腹面无刺毛列，钩状毛多，约占腹面的 2/3；肛门孔为三射裂状。蛹体长淡黄色或杏黄色，腹部背面具 2 对发音器，位于腹部背面 4、5 节，5、

6 节交界处中央。1 对尾角呈锐角岔开。

生物学特性：1 年发生 1 代，多数以 3 龄幼虫在深层土中越冬，少数以成虫越冬。翌年 5 月初为化蛹初始期，5 月中旬为盛期，终期在 5 月底，6 月初见成虫，7 月中、下旬至 8 月上旬为产卵期，7 月中旬至 10 月为幼虫危害期，10 月中旬进入越冬期。成虫的活动高潮也是交尾盛期，交尾方式先呈背负式，后呈直角式，历时 20min 左右，有时达 1h，有多次交尾习性。雌虫交尾后，5~7 天产卵。卵经 8~10 天孵化为幼虫，幼虫食性杂。

柳圆叶甲 *Plagiodera versicolora*（Laicharting，1781）

分类地位：鞘翅目 Coleoptera 叶甲科 Chrysomelidae 斜缘叶甲属 *Plagiodera*。

分布：国内广泛分布；省内分布于广州、深圳、佛山等地。

寄主：柳树、桑等。

危害状：成、幼虫取食叶片成缺刻或孔洞（见图 44-1、图 44-2）。

形态特征：成虫体长 4.0~4.5mm，体宽 2.8~3.1mm。体卵圆形，背面相当拱凸。深蓝色，有金属光泽（见图 44-3）。头、胸色泽较暗；小盾片黑色；触角黑色，基部 5 节棕红色；腹面黑色，跗节多少带棕黄色。头部刻点非常细密，略显皮纹状。触角超过前胸背板基部，第 2、第 4 节均短于第 3 节。前胸背板横宽，其宽约为长的 3 倍，侧缘向前收狭，前缘明显凹进，后缘中部向后拱弧；肩胛隆凸，肩后外侧有 1 个清楚的纵凹，外缘隆脊上有 1 行稀疏的刻点，排列规则；缘折面内凹、陡峭。卵橙黄色，椭圆形，成堆直立在叶面上。幼虫体长约 6mm，灰褐色，体背每节具 4 个黑斑，两侧具乳突。蛹长 4mm，椭圆形，黄褐色，腹部背面有 4 列黑斑。

生物学特性：成虫在土壤中、落叶和杂草丛中越冬。翌年 4 月柳树发芽时出来活动，为害芽、叶，并把卵产在叶上，成堆排列，每雌产卵千余粒，卵期 6~7 天，初孵幼虫群集为害，啃食叶肉，幼虫期约 10 天，老熟幼虫化蛹在叶上，9 月中旬可同时见到成虫和幼虫，有假死性。

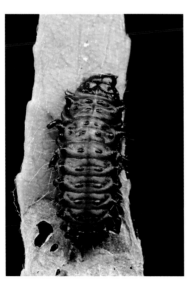

图 44-1 柳圆叶甲幼虫危
害状（李琨渊 摄）　　图 44-2 老熟幼虫
（李琨渊 摄）　　图 44-3 成虫（董伟 摄）

黄色凹缘跳甲 *Podontia lutea*（Olivier）

别名：野漆宽胸跳甲、漆黄叶甲。

分类地位：鞘翅目 Coleoptera 叶甲科 Chysomelidae 凹缘跳甲属 *Podontia*。

分布：国内分布于江苏、浙江、安徽、福建、江西、河南、湖北、广西、重庆、四川、贵州、云南、陕西、台湾等地；省内广泛分布。

寄主：黄牛木、漆树、盐肤木等。

形态特征：成虫体长 12~14mm，宽 7.0~8.5mm。大型，背腹面棕黄至棕红，触角 1~2 节黄色，余节黑色（见图45-1、图45-2）。足的胫、跗节黑色，余部黄色。头部位于前胸前缘的凹弧中，头顶宽阔，中央有纵沟，有少量微细刻点。触角短，向后稍过鞘翅肩胛。前胸背板横方，前缘深凹，后缘两侧平直而中部拱出，侧缘前端膨出，基部平直；鞘翅基部隆起，两侧平行，刻点排列整齐，行距平坦。中足胫节的端凹较深，前齿尖锐，后腿节下缘中部突出呈角状。前胸腹板中突凹洼深，端缘呈叉状。雄虫腹末节端缘两侧凹缺，中央突出呈片状。

图 45-1　成虫（李琨渊 摄）

图 45-2　雄、雌成虫交尾（陆千乐 摄）

三带隐头叶甲 *Cryptocephalus trifasciatus* Fabricius

别名：三纹隐头叶甲。

分类地位：鞘翅目 Coleoptera 叶甲科 Chysomelidae 隐头叶甲属 *Cryptocephalus*。

分布：国外分布于日本、越南、尼泊尔等国；国内分布于浙江、福建、江西、湖南、广西、海南、陕西、云南、台湾等地；省内广泛分布。

寄主：紫薇、桉树、小叶榄仁、山茶、桃金娘。

危害状：幼虫取食叶片，造成缺刻，形成窗孔（见图46-1）。

形态特征：成虫体长 4.5~7.2mm，身体橙红色，胸背板带有黑色斑纹，鞘翅上有 3 行黑色宽横纹（见图46-2）。头部刻点粗大而密，头顶后方中央具 1 条明显纵沟纹，额上刻点稀疏，其后部明显隆起，与头顶之间隔有 1 条横凹。前胸背板侧缘具明显敞边，后缘有 1 条相当宽的黑横纹。

生物学特性：成虫 4 月到 8 月可见，有访花取食花粉习性；幼虫取食叶片，利用粪便及碎屑做成巢穴，老熟幼虫在土壤中化蛹。

图46-1　三带隐头叶甲危害状（李琨渊 摄）　　　　图46-2　成虫（左李琨渊 摄，右李志强 摄）

**蓝绿象** *Hypomeces squamosus*（Fabricius，1792）

**别名：** 绿绒象甲、绿鳞象甲、大绿象甲。

**分类地位：** 鞘翅目 Coleptera 象甲科 Curculionoidae 蓝绿象属 *Hypomeces*。

**分布：** 国外分布于东南亚各国；国内分布于江苏、浙江、安徽、福建、江西、河南、湖南、广西、海南、四川、云南、台湾等地；省内广泛分布。

**寄主：** 大叶桉、柚木、降香黄檀、油茶、麻楝、白格、铁刀木、蒲桃、荔枝、龙眼、柑橘、番石榴、桑、茶等超过 57 科 145 个树种。

**危害状：** 主要以成虫取食植物嫩芽、嫩叶及嫩枝，常造成缺刻或孔洞，危害较重时造成大量落花落果，严重影响林木生长。

**形态特征：** 成虫体长 13~15mm。身体肥而扁，略呈梭形，黑色，密被均一的蓝绿色鳞片，鳞片的颜色往往因观察角度不同而显示蓝色或绿色。雄虫鳞片间散布银灰色直立柔毛，雌虫散布鳞片状毛。鳞片表面往往附着黄色粉末。部分个体鳞片为褐色、暗铜色、灰色，个别为蓝色（见图47）。

**生物学特性：** 1 年 1 代。以成虫和幼虫在土中越冬。成虫活动性不强，有群集性。

图47　成虫（左徐家雄 摄，右李志强 摄）

广西灰象 *Sympiezomias guangxiensis*（Chao，1977）

别名：柑橘灰象甲、大灰象甲。

分类地位：鞘翅目 Coleptera 象甲科 Curculionoidae 灰象属 *Sympiezomias*。

分布：国内分布于浙江、安徽、福建、江西、湖南、广西、四川、贵州、陕西等地；省内广泛分布。

寄主：柑橘类、桃、油茶等。

危害状：主要危害苗木幼芽、叶，轻者把叶片食成缺刻或孔洞，重者造成缺苗断垄。

形态特征：成虫体长 10mm 左右；体黑，密被灰白色鳞毛。头部粗而宽，表面有 3 条纵沟，中央 1 沟黑色，头部先端呈三角形凹入。前胸背板卵形，后缘较前缘宽；胸部布满粗糙而凸出的圆点。小盾片半圆形，中央也有 1 条纵沟；鞘翅卵圆形，末端尖锐，上各有 1 近环状的褐色斑纹和 10 条刻点列，后翅退化（见图 48）。雄虫腹部窄长，鞘翅末端不缢缩，钝圆锥形。雌虫腹部膨大，胸部宽短，鞘翅末端缢缩较尖锐。卵长椭圆形，初产时为乳白色，孵化时为乳黄色。初孵幼虫为乳白色，老熟幼虫为浅黄色。蛹长椭圆形，体乳黄色，复眼黄褐色；尾端向腹面弯曲，其末端两侧各生 1 刺。

生物学特性：1 年 1 代，以蛹在土壤中越冬。成虫于 3 月底羽化，4 月上旬出土活动，4 月中旬进入始盛期，并开始聚集为害，5 月底成虫数量逐渐减少。5 月中旬始见产卵。5 月下旬至 6 月上旬卵粒开始孵化，卵孵化历期 4~5 天。成虫寿命较长，平均 20 天。孵化后的幼虫爬行至叶片边缘后掉入附近的土壤，钻入土层后以取食土壤中植物的须根为生。幼虫爬行能力弱，主要在 6~8 cm 土层中活动。化蛹土层深度约 10cm，蛹期约 170 天。

图 48　广西灰象成虫（赵丹阳 摄）

樟叶蜂 *Moricella rufonota* Rohwer，1916

别名：樟中脉叶蜂、樟中索叶蜂。

分类地位：膜翅目 Hymenoptera 叶蜂科 Tenthredinidae 樟叶蜂属 *Moricella*。

分布：国内分布于浙江、福建、江西、湖南、广西、四川、香港、台湾等地；省内广泛分布。

寄主：樟、黄樟、大叶樟等樟属植物。

危害状：常常吃光幼苗、幼树或树冠上部嫩叶叶片，当年生幼苗受害重即枯死，或形成秃枝，影响树木生长，特别是向高生长，使香樟分叉低，枝条丛生（见图 49-1）。

形态特征：雌成虫体长 7~10mm，翅展 18~20mm；雄虫体长 6~8mm，翅展 14~16mm。头黑色，触角丝状，共 9 节，基部 2 节极短，中胸发达，棕黄色，后缘呈三角形，上有"X"形凹纹（见图 49-2、图 49-3）。翅膜质透明，脉明晰可见。足浅黄色，腿节（大部分），后胫和跗节黑褐色。腹部蓝黑色，有光泽。卵长圆形，微弯曲，长 1mm 左右，乳白色，有光泽，产于叶肉内（见图 49-4）。老熟幼虫体长 15~18mm，头黑色，体淡绿色，全身多皱纹，胸部及第 1~2 腹节背面密生黑色小点，胸足黑色间有淡绿色斑纹。蛹长 7.5~10mm，淡黄色，复眼黑色，外被长卵圆形黑褐茧（见图 49-5、图 49-6、图 49-7、图 49-8）。

图 49-1　樟叶蜂危害状
（吴志怀 摄）

图 49-2　雄成虫
（李琨渊 摄）

图 49-3　雌成虫
（李琨渊 摄）

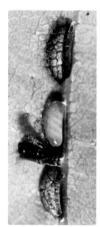

图 49-4　卵
（黄少彬 摄）

图 49-5　低龄幼虫
（王兴民 摄）

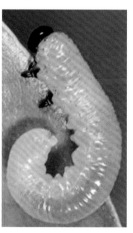

图 49-6　老熟幼虫
（王兴民 摄）

图 49-7　茧（李琨渊 摄）

图 49-8　蛹
（李琨渊 摄）

生物学特性：樟叶蜂在广东、江西 1 年发生 1~3 代，浙江、四川为 1~2 代。以老熟幼虫在土内结茧越冬。由于樟叶蜂幼虫在茧内有滞育现象，第 1 代老熟幼虫入土结茧后，有的滞育到翌年再继续发育繁殖；有的则正常化蛹，当年继续繁殖后代。因此，在同一地区，一年内完成的世代数也不相同。成虫白天羽化，以上午最多。活动力强，羽化当天即可交尾，雄成虫有尾随雌虫、争相交尾的现象。交尾后即可产卵，卵产于枝梢嫩叶和芽苞上。产卵时，以腹末产卵器锯齿将叶片下表皮锯破将卵产入其中。多数卵产在叶片主脉两侧，产卵处叶面稍向上隆起。产卵痕长圆形，棕色，每片叶产卵数粒。1 雌可产卵 75~158 粒，分几天产完。幼虫从切裂处孵出。

浙江黑松叶蜂 *Nesodiprion zhejiangensis* Zhou et Xiao，1981

**分类地位**：膜翅目 Hymenoptera 松叶蜂科 Diprionidae 黑松叶蜂属 *Nesodiprion*。

**分布**：国内分布于浙江、安徽、福建、江西、湖北、湖南、广西、四川、贵州、云南等地；省内广泛分布。

**寄主**：马尾松、湿地松、黑松、火炬松等松属植物。

**危害状**：以幼虫危害，受害轻的侧枝顶部枝条针叶被食光；严重受害的松林远观似火烧状，针叶被食光，造成林木光合作用降低，严重影响松树的生长，从而导致其他蛀干虫害的发生。

**形态特征**：雌成虫体长 6.4~8.2mm。体黑色，触角栉齿状，触角 1、2 节及下颚须暗黄色；足基节端，腿节端，胫节除后胫节尖端，跗节均淡黄色；翅透明，翅脉及翅痣黑褐色。头，胸部具光泽，刻点粗密。雄成虫体长 5.9~7.4mm。触角双栉齿状，刻点较雌虫密，其余与雌虫同（见图 50-1）。卵船底形，长 1.2~1.5mm，两端宽 0.3mm，初产时淡黄色，后渐呈灰黑色。幼虫共 5 龄。初孵幼虫体黑褐色，3 龄后幼虫头部明显可见眼区连成一个黑色倒"U"字形，体色较深。老熟幼虫体长 19~26mm，触角黑色，3 节，眼区黑，单眼黑色发亮，胸部及腹部黄绿色，气门上线黑色，胸足基节及转节基部，腿节、胫节、跗节外侧黑色发亮；刚毛少而短。蛹黄白色，触角及足为白色。雌蛹长 7.0~7.6mm，额区有 3 个近三角形呈弯月形排列的深色突起；雄蛹长 5.1~6.2mm，额区有 4 个三角形突起，呈上下左右对称排列。茧丝质，圆筒形，长 6.8~10.6mm，宽 2.8~4.9mm；初结时为乳白色，以后变为褐黄色，稍具光泽。

**生物学特性**：1 年可以发生 3~4 代，以老熟幼虫在松针上结茧越冬，翌年 5 月上旬羽化。幼虫取食松针，初孵幼虫在当年生枝条上取食松叶上半部分，幼虫第 1 代从 5 月上旬开始到 6 月中旬，第 2 代、第 3 代从 7 月下旬到 10 月上旬。其中非越冬代的卵期 8~11 天，幼虫期 25~34 天，蛹期 7~10 天，成虫寿命 3~7 天。成虫昼夜均可羽化，以夜间羽化为多。成虫多在上午 7~9 时交尾，交尾后即可产卵。雌虫用产卵器破针叶表皮，卵产于针叶表皮内。每一针叶产卵 2~3 粒，每雌虫可产卵 14~21 粒。幼虫具有群集性，老熟幼虫在松针上结茧化蛹（见图 50-2、图 50-3、图 50-4）。

  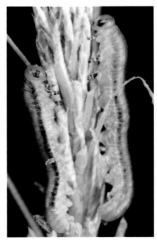 

图 50-1 雄成虫（李琨渊 摄）　图 50-2 卵（李琨渊 摄）　图 50-3 幼虫（李琨渊 摄）　图 50-4 茧（李琨渊 摄）

杜鹃三节叶蜂 *Arge similis*（Vollenhoven，1860）

分类地位：膜翅目 Hymenoptera 三节叶蜂科 Argidae 三节叶蜂属 *Arge*。

中文别名：光唇黑毛三节叶蜂。

分布：国内分布于福建、香港等地；省内广泛分布。

寄主：杜鹃属植物。

危害：幼虫取食毛杜鹃叶片，多代持续危害时可食尽植株全叶形成光杆，严重影响生长（见图51-1）。

形态特征：成虫体长7~10mm，蓝黑色，有光泽。触角3节，黑色，其上生有深褐色毛，复眼大，暗茶色。胸背具钝棱形瘤状凸起，上生浅倒箭头状纹，下方具1横波纹。翅浅褐色，上密生褐色短毛。足蓝黑色，胸腹两面具细密的白短毛（见图51-2、图51-3）。卵椭圆形，略透明，初产乳白色，逐渐转黄褐色。幼虫体长17~19mm，宽3~4mm，体色嫩绿，体上具瘤突，其上具毛。蛹嫩黄色。茧长10mm，丝质，淡褐色。

生物学特性：在珠三角1年可发生8代，以老熟幼虫在浅土层或落叶中结茧越冬（见图51-4、图51-5）。幼虫5龄，1~8代幼虫发生盛期分别是2月中旬至3月下旬、4月中下旬、5月中下旬、6月下旬至7月上旬、8月上中旬、9月中下旬、10月中下旬、12月上旬。完成1世代需37~60天，其中卵期6~12天，幼虫期18~30天，蛹期8~20天，成虫寿命3~8天。成虫羽化在晴朗的早晨为多。雄虫活动能力强，在杜鹃植株上部及四周飞动。雌成虫活动能力弱，羽化后飞行或爬至杜鹃枝头叶片上，吸引雄成虫来交配。多头雄虫在一起时会相互攻击，咬断触角和足。雌、雄虫当日交配之后即可产卵；未经交配的雌成虫产卵亦能正常孵化，表明可进行孤雌生殖。

图51-1 杜鹃三节叶蜂危害状
（李琨渊 摄）

图51-2 雄、雌成虫交配（李琨渊 摄）

图51-3 成虫（李琨渊 摄）

图51-4 幼虫（李奕震 摄）

图51-5 茧
（李奕震 摄）

**椰子织蛾** *Opisina arenosella* Walker，1864

别名：椰子木蛾。

分类地位：鳞翅目 Lepidoptera 织蛾科 Oecophoridae 椰木蛾属 *Opisina*。

分布：国外分布于印度、斯里兰卡、孟加拉国、缅甸、印度尼西亚、巴基斯坦、泰国和马来西亚等国；国内分布于广西、海南等地；省内分布于广州、深圳、珠海、佛山、江门等地。

寄主：有 3 科 19 属 21 种，主要为棕榈科植物，包括椰子、大王棕、中东海枣、狐尾椰子、蒲葵、假槟榔等；此外也危害香蕉和甘蔗。

危害状：幼虫在叶背面形成不规则蛀道，蛀道内粪便与其吐的丝交织，幼虫隐藏于蛀道内取食叶肉，严重时叶肉被吃光，叶片卷折、干枯，形似火烧（见图 52-1）。

形态特征：成虫为小型蛾类，体长 10~12mm，雄蛾翅展 18~20mm，雌蛾翅展 22~29mm。前翅浅灰色，间有许多深灰色斑，中室中部和翅褶中部各具 1 个黑点，中室末端具 1 个模糊黑点。触角长 5~7mm，38~42 节（见图 52-2）。卵半透明乳黄色，长椭圆形，具有纵横网格，成堆产于叶片背面上。卵一般在老叶上，老熟幼虫长 20~25mm，头和前胸暗褐色，中胸微红色，腹部背面及侧面通常有 5 条褐色纵纹（见图 52-3）；腹部各节背侧带上方各有 2 个褐色小点，体背 4 个小点呈长方形排列。腹足趾钩列 3 序全环。

生物学特性：幼虫在林间为 5 龄，在实验室为 5~8 龄，世代重叠严重。雌蛾在老熟幼虫坑道附近的叶背表面产卵。卵一般产在老叶上，产卵量达 59~252 粒，平均 137 粒。初孵幼虫在下层叶片聚集取食，有自残现象，2 龄后分散开，并逐渐向中、上层叶片转移危害。常化蛹于离幼虫最后危害位置不远处近叶柄部位的粪便颗粒中，老熟幼虫吐丝缀紧叶裂两边叶，形成茧室，藏于其中化蛹。危害同一叶的老熟幼虫常聚集在一起化蛹。

图 52-1　椰子织蛾危害状（林伟 摄）

图 52-2　成虫（颜正 摄）

图 52-3　幼虫（左徐浪 摄，右徐金柱 摄）

思茅松毛虫 *Dendrolimus kikuchii* Matsumura，1927

**分类地位：**鳞翅目 Lepidoptera 枯叶蛾科 Lasiocampidae 松毛虫属 *Dendrolimus*。

**分布：**国外分布于越南；国内分布于浙江、安徽、福建、江西、河南、湖北、湖南、广西、四川、云南、贵州、甘肃、台湾等地；省内分布于韶关、河源、肇庆、清远、云浮等地。

**寄主：**思茅松、云南松、华山松、马尾松、海南五针松等。

**危害状：**低龄幼虫食量极微，被食叶片呈不规则缺刻，自 5 龄后，蚕食整个叶片，有时余下尖端部分或基部。

**形态特征：**雄蛾翅展 53~78mm，棕褐色至深褐色，前翅基至外缘平行排列 4 条黑褐色波状纹，亚外缘线由 8 个近圆形的黄色斑组成，中室白斑明显，白斑至基角之间有 1 肾形大而明显黄斑。雌蛾翅展 68~121mm，体色较雄蛾浅，黄褐色，近翅基处无黄斑，中室白斑明显，4 条波状纹也较明显。卵壳上具有 3 条黄色环状花纹，中间纹两侧各有 1 咖啡色小点，点外为白色环（见图 53-1）。幼龄幼虫与马尾松毛虫极相似。1 龄幼虫体长 5~6mm，前胸两侧具 2 束长毛，其长度超过体长之半，头、前胸背呈橘黄色，中、后胸背面为黑色，中间为黄白色，背线黄白色，亚背线由黄白色及黑色斑纹所组成，气门线及气门上线黄白色（见图 53-2）。2~5 龄斑纹及体色更为清晰。从 6 龄开始各节背面两侧开始出现黄白毛丝，7 龄时背两侧毒毛丛增长，并在黑色斑纹处出现黑色长毛丛，背中线由黑色和深橘黄色的倒三角形斑纹组成，全体黑色增多，至老熟全身呈黑红色，中后胸背的毒毛显著增长（见图 53-3）。蛹长椭圆形，初为淡绿色，后变栗褐色，体长 32~36mm，雌蛹比雄蛹长且粗，外被灰白色茧壳。

**生物学特性：**在福建省福州市 1 年发生 2 代，以幼虫越冬，越冬幼虫在翌年 4 月下旬至 5 月上旬化蛹，5 月下旬羽化，6 月上、中旬出现第 1 代卵，6 月下旬出现第 1 代幼虫，8 月下旬结茧，9 月中、下旬羽化，9 月下旬开始产卵，10 月中旬出现第 2 代幼虫，至 11 月下旬开始越冬。老熟幼虫多在叶丛中结茧化蛹，结茧前 1 日停食不动。成虫多在傍晚至上半夜羽化，羽化后当天即可交尾产卵，成虫活动以傍晚最活跃，有一定的趋光性。卵成堆产于寄主叶上，初孵幼虫群集，受惊时即吐丝下垂弹跳落地，老熟幼虫受惊后立即将头卷曲，竖起胸部毒毛。

图53-1　成虫（左葛振泰 摄，右余欣彤 摄）

图53-2　低龄幼虫（向涛 摄）　　　　　　　图53-3　老熟幼虫（陈文伟 摄）

**马尾松毛虫** *Dendrolimus punctatus*（Walker，1855）

**分类地位：** 鳞翅目 Lepidoptera 枯叶蛾科 Lasiocampidae 松毛虫属 *Dendrolimus*。

**分布：** 国外分布于越南；国内分布于浙江、江苏、安徽、福建、江西、河南、湖北、湖南、广西、海南、四川、贵州、云南、陕西、台湾等地；省内广泛分布。

**寄主：** 主要危害马尾松，同时危害湿地松、火炬松等松属树种。

**危害状：** 以幼虫取食松针，1~2 龄幼虫群集取食，啃食针叶边缘，使针叶橘黄卷曲。3 龄后分散为害，取食整根针叶，5~6 龄食量最大。松树受害后，轻者木材生长量下降，松脂减产，种子减量；严重时针叶被吃光，形如火烧（见图54-1）。使松树生长极度衰弱，导致松褐天牛（松材线虫病的主要传播媒介）等次期性害虫严重危害。因马尾松毛虫具有毒毛，可引起"松毛虫病"，人体接触易引起皮肤痒、皮炎、关节肿痛，严重时可致残。

**形态特征：** 体色变化很大，有灰白、灰褐、茶褐、黄褐等色。雌蛾体色比雄蛾浅。雌蛾体型较雄虫大，翅展 38.5~50.6mm，触角呈短栉状。前翅中室白斑不明显，前翅具 5 条深色横线，外横线略呈波浪状纹，亚外缘斑列 8~9 个，黑褐色，内侧衬以淡棕色斑。雄蛾翅展 34.5~38.7mm，触角羽（也称梳）状。

前翅翅面有 5 条深棕色横线，中间有一白色圆点，外横线由 8 个小黑点组成。后翅无斑纹，暗褐色（见图 54-2）。卵椭圆形，长 1.5mm。初产时颜色有粉红色、淡紫色、淡绿色，以粉红色为多，近孵化前紫黑色，卵面光滑无保护物（见图 54-3）。幼虫体色、体型、毛束、毛丛随着龄期不同而异（见图 54-4）。体色大致有棕红色与灰黑色两种。头部黄褐色，中、后胸节背面有明显的黄黑色毒毛带，腹部各节背面毛簇中有窄而扁平的片状毛，先端呈齿状。体侧着生许多白色长毛，并有一条连贯胸腹的纵带自中胸至腹

图 54-1　马尾松受害状（黄焕华 摄）

部第 8 节气门后上方，在纵带上各有一白色斑点。1 龄幼虫头部浅橘黄色，中、后胸背面黑色，中间为黄白色，其上毛丛为白色。2 龄幼虫灰黑色至黑色，其间着生有白色毛丛。3 龄幼虫体色和毛丛色泽更为鲜艳，呈褐红色，毛丛间夹有白色毛束。4 龄幼虫体色和毛丛色泽与 3 龄幼虫同。5 龄幼虫头黑色，各节有黑色横纹出现，沿背面纵带外缘有 1 黑带及灰白色。6 龄幼虫头黑褐色，各节的黑纹见背面白色后黄色纵带分成数个蝶形斑纹，腹面棕黄色，中央赤褐色中带。老熟幼虫体长 47~61mm。蛹长 17.0~35.0mm，纺锤形，暗褐色，节间有黄绒毛。茧长椭圆形，灰白色，后期污褐色，外散有黑色短毒毛（见图 54-5、图 54-6）。

生物学特性：在广东 1 年 3~4 代，以 4 代为主。卵多产于针叶或小枝上，呈块状或串状排列整齐，从几十粒到数百粒不等，卵外无覆盖物（见图 54-3）。1 龄幼虫和 2 龄幼虫群集取食，受惊扰时吐丝下垂，3 龄后可以取食整片针叶，遇惊即弹跳掉落（见图 54-4）。5 龄、6 龄为暴食期，有迁移习性，遇惊即抬头，以示抵抗。成虫有强的趋光性。越冬代幼虫于次年 2~3 月开始取食。易发生于海拔 100~300m 丘陵、阳坡、10 年生左右密度小的纯林。5 月、8 月雨天多、湿度大，有利于卵的孵化和初孵幼虫的生长发育，可能大发生。

图 54-2　成虫（秦长生 摄）

图 54-3　卵（梁承丰 摄）

图 54-4　幼虫（梁承丰 摄）

图 54-5　蛹（秦长生 摄）

图 54-6　茧
（秦长生 摄）

云南杂枯叶蛾 *Kunugia latipennis*（Walker，1855）

**别名：** 云南杂毛虫。

**分类地位：** 鳞翅目 Lepidoptera 枯叶蛾科 Lasiocampidae 杂枯叶蛾属 *Kunugia*。

**分布：** 国外分布于印度、缅甸、斯里兰卡、印度尼西亚、加里曼丹等国；国内分布于云南等地；省内分布于汕尾市陆河县等地。

图 55　成虫（陈刘生 摄）

**寄主：** 红锥等壳斗科植物。

**危害状：** 幼虫取食叶片，轻的咬出许多缺刻孔洞，严重的只剩主脉和叶柄，甚直把整枝的叶片全部吃光。

**形态特征：** 成虫雌雄异色，雌虫褐色、黄褐色，翅展 90~100mm；雄虫色较深，翅展 80~83mm。触角黄色，羽毛状（见图 55）。翅脉与马尾松毛虫相似，前翅有 4 条深色波形横线，中室端有小而明显的点，亚外缘斑列黑褐色，后翅斑纹不清。卵扁圆形，大小 1.5mm×2.0mm，有褐色花纹。卵面和卵底各具一椭圆形透气孔，边缘白色，孔表光滑。幼虫共 7 龄，不同龄期体色有差异，浅棕色、黄棕色至棕黑色。头壳圆形，黄色，单眼 6 个，上唇前缘为"V"形缺刻，下颚须褐色，2 节。腹部两侧披毛瘤 13 节，黑色或棕色，腹足 5 对，趾钩双序缺环。老龄幼虫长 11~13cm。茧椭圆形，长 52~67mm，宽 21~25mm，稍扁较薄，黑棕色，常与落叶、土粒黏结，茧表有黑色毒毛。蛹纺锤形，35~48mm。头部腹眼 1 对。腹部第 2~8 节两侧各 1 对椭圆形气门，呈疤状下陷，中间一字形极明显。

**生物学特性：** 在广东 1 年 1 代，11 月下旬以卵越冬，2 月中旬孵化出幼虫，9 月中旬结茧，11 月下旬开始羽化。幼虫孵化后咬食卵壳，初孵幼虫吐丝下垂借风传布。幼虫具有群集性，3 龄后具明显避光性，昼伏夜出活动，多在树根部、下部节疤、树洞中、树干背阳部隐藏。初孵幼虫只食嫩叶，幼虫取食从叶缘开始，随虫龄增加逐渐取食老叶，全片叶大部分被吃或全叶片被吃光仅剩叶脉。6~7 龄幼虫取食量最大，7~9 月为为害盛期。老龄幼虫多在根基部结茧，尤以树洞为多，可见几十个相连，少量在树干下部裂缝处结茧。蛹期 27~31 天。成虫夜间羽化，傍晚出蛾，正常情况下需 1~2 小时展翅过程，羽化后当天交尾，雄虫可多次交尾，如遇冷空气和寒潮，羽化将推迟或羽化后静伏不动，不交尾产卵。成虫有较强的趋光性。

**橘褐枯叶蛾** *Gastropacha pardale sinensis* Tams，1935

别名：桉树大毛虫

分类地位：鳞翅目 Lepidoptera 枯叶蛾科 Lasiocampidae 褐枯叶蛾属 *Gastropacha*。

分布：国内分布于浙江、福建、江西、湖北、湖南、广东、广西、海南、四川、云南等地；省内广泛分布。

寄主：桉树、木菠萝、石榴、杧果、梨等植物。

危害状：幼虫取食叶片，轻的咬出许多缺刻孔洞，严重的只剩主脉和叶柄，甚直把整枝的叶片全部吃光（见图 56-1）。

形态特征：雌蛾翅展 84~116mm。触角线状，灰白色。前翅中室端部有一灰白色椭圆形大斑，亚缘斑列深褐色，呈长圆斑点，不太明显，内侧呈淡褐色。后翅淡褐色。雄蛾翅展 44~50mm。触角基部为羽毛状，端部为线状，黑褐色。中室端部有一长圆形的小白斑点。整个翅面外侧隐现 4 条深色斑纹。幼虫体长 45~136mm。体背半圆形，腹面扁平。体色有黄褐色、灰黄色、灰白色、暗褐色、棕褐色等，全体背面分布有许多黑色不规则的网状线纹（见图 56-2）。每一腹节背面正中有 1 对半月形的黑褐色斑纹。中线上有一列较宽的棕色或黑棕色的斑纹。全身披有许多黑色或黑褐色的刺毛。胸腹部两侧气门之下的肉瘤上各有一簇较长的毛丛，毛丛中的长毛长短不一，有黄色、黄白色和黑色之分。中胸和后胸背面正中各有一丛长方形横列的黑斑，由黑刺毛密集组成。趾钩为双序中带，每行列有趾钩 28~34 个。

生物学特性：在广东省 1 年发生 2 代，以蛹在茧中越冬，越冬代幼虫出现于 3~6 月，第 1 代幼虫出现于 7~11 月。7 月中下旬孵化的幼虫，10 月中旬在寄主枝干上、杂草丛中、石缝中、墙壁下等地结茧进入越冬期。

图 56-1 幼虫（李琨渊 摄）

图 56-2 成虫（黄宝平 摄）

**栗黄枯叶蛾** *Trabala vishnou vishnou* Lefebvre，1827

别名：绿黄枯叶蛾、栎黄枯叶蛾。

分类地位：鳞翅目 Lepidoptera 枯叶蛾科 Lasiocampidae 黄枯叶蛾 *Trabala*。

分布：国外分布于斯里兰卡、印度、尼泊尔、泰国、越南、马来西亚等国；国内分布于内蒙古、吉林、广西、海南、四川、云南、西藏、甘肃、宁夏、台湾等地；省内广泛分布。

寄主：桉树（DH-3229、广林9等无性系）、无瓣海桑、麻栎、枫香、相思、黄檀、白檀、月季、槭树、核桃、海南蒲桃、大叶紫薇、蒲桃、白千层、榄仁树、木麻黄等多种阔叶树种。

危害状：低龄幼虫群集叶背取食叶肉，残留叶表皮，4龄后幼虫食量大增，常将叶片食光，仅留叶柄。

形态特征：成虫雌雄异形，雌蛾明显大于雄蛾（见图57-1、图57-2）。雄蛾翅展52~60mm，头部绿色，触角深黄色长双栉齿状。前翅淡绿色，前缘黄色，基部后缘密生白色绒毛，中部略带白色；亚外缘褐绿色小斑点模糊；中纵线淡绿色，缘毛黄白色，缘毛端略带褐色。后翅淡绿色，后半部密生白色长绒毛；亚外线一列褐色斑较模糊，中纵线淡绿色，缘毛端褐色。雌蛾翅展55~90mm，雌蛾有黄绿色和橙黄色两型。头部黄绿色，触角深黄色短双栉齿状。前翅近三角形，黄绿色型的内、外横线，亚外缘斑列，中室斑点和外缘毛均为褐色，中室至内缘有一大型褐色斑，外缘波状。橙黄色型的前翅中室端白点清晰，其四周衬黄褐色或黑褐色斑，至后缘有棕褐色大斑，内、外横线深橙色，亚外缘斑列及后翅两条横线均为黑褐色。卵椭圆形，直径1.6~1.7mm，灰白色，卵壳表面具网状花纹（见图57-3）。老熟幼虫体长50~64mm。头壳紫红色，具黄色纹，额部2条黄色纹粗长，纵向平行；胸部第1节两侧各有1束黑色长毛；体被浓密毒毛；背横带有黄白色相间的长毒毛；腹部第1、2节间和第7、8节间的背部各具有白色长毛；体背各节间具有蓝色斑点，其边缘黑色。腹足红色。结茧前幼虫刚毛呈粉红至黄褐色（见图57-4）。蛹赤褐色，长19~22mm。茧长40~75mm，灰黄色，略呈马鞍形（见图57-5）。

生物学特性：1年3~4代；老熟幼虫在树干侧枝旁、灌木、杂草及岩石上吐丝结茧化蛹。

图57-1　雌成虫（徐家雄 摄）

图57-2　雄成虫（李琨渊 摄）

图57-3　卵（李琨渊 摄）

图57-4　幼虫（李琨渊 摄）

图57-5　茧（魏军发 摄）

**蝶形锦斑蛾** *Cyclosia papilionaris*（Drury，1773）

**分类地位：** 鳞翅目 Lepidoptera 斑蛾科 Zygaenidae 锦斑蛾属 *Cyclosia*。

**分布：** 国内分布于广西、海南、云南、香港等地；省内广泛分布。

**寄主：** 银柴、布渣叶、榕树。

**危害状：** 幼虫取食叶片，造成叶片破损；量大时将叶片只剩下叶脉。

**形态特征：** 翅展雄蛾 41mm，雌蛾 57mm。雌雄异形（见图 58-1、图 58-2）。雄虫前翅紫褐色，翅脉绿色或蓝金属色。中室外有斜斑，近前缘常几个斑连在一起，后缘分开，米黄色或白色。后翅顶端褐色，基部稍绿，翅顶有三个白斑。雌蛾体蓝黑色，胸部有白斑，腹部有白环带，翅白色略淡黄色，翅脉紫黑色，前翅沿前缘蓝色。老熟幼虫，从头至尾部有 6 拍有棘突，黄色，胸部第 2、3 节和腹部第 1 节背部棘突橘黄色；各棘突基部有黑色环状纹（见图 58-3）。

图 58-1　雄成虫（陆千乐　摄）　　图 58-2　雌成虫（陆千乐　摄）　　图 58-3　幼虫（陆千乐　摄）

**生物学特性：** 成虫喜在矮树林外开旷地方飞翔似蝶。成虫在广西于 4 月份采到，广东海南岛于 7 月份采到，云南于 4 月、6 月、9 月均采到。

**茶柄脉锦斑蛾** *Eterusia aedea*（Clerck，1759）

**分类地位：** 鳞翅目 Lepidoptera 斑蛾科 Zygaenidae 脉锦斑蛾属 *Eterusia*。

**分布：** 国外分布于日本、印度、斯里兰卡等国；国内分布于江苏、安徽、江西、河南、广西、海南、四川、贵州、云南、陕西、台湾等地；省内广泛分布。

**寄主：** 茶、油茶、板栗。

**危害状：** 初孵幼虫，常有十几头聚集在一张叶片背面为害。幼龄只咬食叶肉，留下一层上表皮，形成枯黄色透明斑块，龄期增大后可取食整个叶片，被害叶易脱落。

**形态特征：** 成虫翅展 56~66mm，触角双栉形，雄蛾的栉齿发达，雌蛾触角末端膨大，端部栉齿明显（见图 59-1）。头至第 2 腹节青黑色，有光泽。腹部第 3 节起背面黄色，腹面黑色。翅蓝黑色，前翅有黄白色斑 3 列，后翅有黄白色斑 2 列，呈黄白色宽带。幼虫体长 20~30mm，椭圆形。体黄褐色，多瘤状突起，中、后胸背面各具瘤突 5 对，腹部第 1~8 节各有瘤突 3 对，第 9 节生瘤突 2 对，瘤突上均簇生短毛。体背常有褐色斑纹。

**生物学特性：**每年发生 1~2 代；以幼虫树干基部或土面枯叶下越冬，越冬期由 11 月上、中旬至次年 3 月中、下旬，全年中以第 1 代发生较多。卵散产或成堆产，多分布在靠地面的老叶背面。初孵幼虫爬出卵壳后不久，就在原产卵叶上开始啃食，每叶幼虫 1~20 头。2 龄后分散为害，每叶仅有 1 条，稍大即爬至叶面，由叶缘或叶尖食起，将整个叶片食光，仅留叶柄，或食去半叶便迁至他叶（见图 59-2）。初龄幼虫有假死性，大龄幼虫受惊后，于疣状突起上分泌无色汁液；幼虫老熟后，沿枝干爬至下层叶上，吐丝卷叶并织成薄茧，化蛹其中。成虫趋光性强。

图 59-1　成虫（李琨渊 摄）　　　　图 59-2　幼虫（左黄宇 摄，右李琨渊 摄）

**重阳木帆锦斑蛾** *Histia flabellicornis*（Fabricius，1775）

**分类地位：**鳞翅目 Lepidoptera 斑蛾科 Zygaenidae 帆锦斑蛾属 *Histia*。

**分布：**国外分布于印度、缅甸、印度尼西亚、日本等国；国内分布于浙江、江苏、安徽、福建、湖北、湖南、云南、广东、广西、台湾等地；省内广泛分布。

**寄主：**重阳木等。

**危害状：**幼虫取食嫩叶，呈黄褐斑或使叶穿孔或有缺刻；严重者呈褐色，状如火烧；更甚者叶片被吃光，仅存枝条。

**形态特征：**成虫翅展 48~70mm。头部红色，有黑斑。触角黑色，栉齿状。前胸背面褐色，前、后端的中央红色（见图 60-1）。中胸背面黑褐色，前端红色；近后端有 2 个红色斑纹，或相连。前、后翅均黑色，基斑红色。腹部红色，有黑斑 5 列。幼虫蛞蝓型，腹足趾钩单序中带。体具枝刺，中、后胸各具10 个；第 1~8 腹节各具 6 个，第 9 腹节 4 个。腹部两侧的枝刺棕黄色，体背面的枝刺紫红色。老熟幼虫19~24mm，体背有 3 列黑色纵斑纹，呈粉红色至暗红色（见图 60-2）。

**生物学特性：**1 年发生 4 代。以不同龄期的幼虫在树干裂缝间、枝条断口凹陷处以及黏结重叠的叶片间越冬；也有极少数老熟幼虫入冬后在树下结茧化蛹越冬。越冬幼虫至次年 3 月、4 月老熟下树结茧，4 月化蛹，4 月中、下旬或 5 月上旬开始羽化为成虫，5 月中、下旬为羽化盛期。第 1 代幼虫于 5 月下旬盛孵，6 月上、中旬为食叶盛期，6 月中、下旬至 7 月上旬下树结茧化蛹，6 月下旬至 7 月上旬为羽化盛期。第

2代幼虫于7月上、中旬盛孵，7月下旬幼虫能在三、四天内把全树叶片吃光，8月上、中旬下地结茧化蛹，8月中、下旬为羽化盛期。第3代幼虫于8月下旬盛发，常见于9月上旬食尽全树绿叶，仅余枝丫，10月中、下旬陆续见成虫。第4代幼虫发生于11月中旬，11月下旬开始越冬。

图60-1 成虫（徐家雄 摄）

图60-2 幼虫（李琨渊 摄）

### 竹小斑蛾 *Artona funeralis*（Butler，1879）

**分类地位：** 鳞翅目 Lepidoptera 斑蛾科 Zygaenidae 禾斑蛾属 *Artona*。

**分布：** 国内分布于北京、河北、江苏、浙江、安徽、江西、河南、湖北、湖南、广西、四川、云南、台湾等地；省内分布于广州、深圳、韶关、河源、惠州、东莞、江门、潮州等地。

**寄主：** 毛竹、刚竹、淡竹、紫竹、吊丝箪竹、粉箪竹、箪竹、唐竹、大眼竹、青皮竹、茶秆竹等。

**危害状：** 幼虫啃食竹叶叶肉，使竹叶呈白色膜状枯斑，甚至全叶白枯。3龄后食全叶，可将竹叶食尽。连续遭害的竹林不长竹笋，或成片枯死。

**形态特征：** 成虫翅展 20~23mm。体黑色，有光泽。雌蛾触角丝状，雄蛾触角栉齿状。翅黑褐色，后翅中部和基部半透明（见图61-1）。老熟幼虫体长 14~20mm，淡黄色，老熟时呈砖红色。各体节横列4个毛瘤，瘤上长有成束黑短毛和白色长毛（见图61-2）。蛹长 10~12mm，初期淡黄色，后转黄褐色至灰黑色，腹部各节前半段有黄色刺状突起。

图61-1 成虫（李琨渊 摄）

图61-2 幼虫（魏纳森 摄）

**生物学特性：**广东1年4~5代，浙江、湖南1年3代。以老熟幼虫在石块下和枯竹筒内结茧越冬；翌年4月底到5月中旬化蛹，5月中、下旬羽化。各代幼虫危害期分别在6月上旬至7月中旬、8月上旬至9月中旬、9月底至11月初。5月份干旱有利于该虫大发生，一般在向阳、干燥、路边丛生竹上发生严重。

**朱红榕蛾 *Phauda flammans*（Walker，1854）**

**别名：**朱红毛斑蛾。

**分类地位：**鳞翅目 Lepidoptera 榕蛾科 Phaudidiae 榕蛾属 *Phauda*。

**分布：**国外分布于印度、缅甸等国；国内分布于福建、广西、海南等地；省内广泛分布。

**寄主：**榕属植物。

**危害状：**幼虫啃食叶片表皮，留下叶脉，随着虫龄的增长，叶片被害状呈缺刻或孔洞。严重为害时，整株叶片均被蚕食仅剩枝干，甚至啃食榕树韧皮部。

**形态特征：**雌蛾翅展32~39mm；雄蛾略小，翅展25~33mm。两性触角双栉齿状，黑色。前翅和后翅橘红色，臀区有一黑色椭圆形斑（见图62-1）。胸部背面及腹部两侧被有深红色体毛，胸腹部的腹面体毛为黑色，节间膜为金黄色。雄虫腹部末端露出1对黑色毛须。幼虫前胸背板呈长方形，黄褐色，具黑色斑点；中胸似"盾"状，深栗色；后胸同为深栗色，与中胸等高，但较中胸更宽，是整个体区最宽的体节（见图62-2）。腹部整个背面红棕色。

**生物学特性：**在广州1年2~3代，每年3月中旬到5月上旬为越冬代幼虫的为害期，3月中下旬到5月幼虫化蛹和越冬蛹陆续羽化。4月下旬到7月中旬为第1代幼虫的为害期，7月下旬到11月中旬为第2代幼虫的为害期，10月中旬到11月中旬为第3代幼虫的为害期。11月下旬开始以预蛹期幼虫或蛹越冬。第2代和第3代存在世代重叠现象。

图62-1　成虫（陆千乐 摄）

图62-2　幼虫（李琨渊 摄）

**窃达刺蛾 *Darna trima*（Moore，1859）**

**分类地位：**鳞翅目 Lepidoptera 刺蛾科 Limacodidae 达刺蛾属 *Darna*。

**分布：**国外分布于日本、朝鲜、俄罗斯（西伯利亚）等国；国内广泛分布于除宁夏、新疆、西藏之外各地；省内广泛分布。

寄主：樟、米老排、茶、油茶、枫香、石梓、火力楠、桂花、木荷、山乌桕、重阳木、香梓楠、楠木、柑橘、柿等阔叶树。

危害状：初孵幼虫食量小，只取食叶片表皮，呈白斑状，叶被咬成小洞，龄期增大后可食尽全叶，再转枝取食。

形态特征：雌蛾翅展 21~26mm；雄蛾翅展 18~24mm；触角雄蛾羽毛状，雌蛾线状（见图 63-1、图 63-2）。前翅灰褐色，翅面上有 5 条明显的基线、内线、中线、外线和亚缘线，外线和亚缘线之间形成褐色横带，褐色带在翅前缘处有一灰黄色近圆形斑；后翅暗灰色，缘毛暗灰色；中足胫节有灰黑色长毛丛及数根黄色长毛；后足胫节有灰黄色长毛丛。腹部灰黄色，被长毛。老熟幼虫体长 12~16mm，扁平，胸部最宽，腹部第 3~6 节体侧呈白色三角形斑，后胸背 2 枝刺之间有黑斑，在背线两侧的亚背线部位上，着生 10 对棕色枝刺，以中胸上的一对枝刺较大；腹末有两个对称排列的黑斑（见图 63-3）。

生物学特性：在华南地区 1 年 3 代，以幼虫在寄主叶背越冬。第 1 代发生于 5~8 月，第 2 代发生于 8~10 月，越冬代发生于 11 月至翌年 5 月。末龄幼虫沿树干爬到地面枯枝落叶层结茧化蛹，亦有结茧于樟的两片叶之间的（见图 63-4）。

图 63-1　雄成虫（李琨渊 摄）

图 63-2　雌成虫（李琨渊 摄）

图 63-3　幼虫（李琨渊 摄）

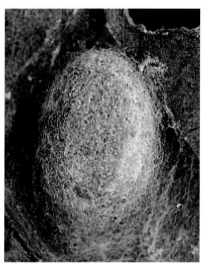

图 63-4　茧（李琨渊 摄）

**两色绿刺蛾** *Parasa bicolor*（Walker，1855）

**分类地位**：鳞翅目 Lepidoptera 刺蛾科 Limacodidae 绿刺蛾属 *Parasa*。

**分布**：国内分布于江苏、浙江、安徽、福建、江西、湖南、四川、云南、台湾等地；省内广泛分布。

**寄主**：毛竹、淡竹、刚竹、斑竹、离竹、唐竹、茶秆竹等竹类。

**危害状**：幼虫大量取叶为食，可致竹子枯死。

**形态特征**：雌蛾翅展 37~44mm，雄蛾翅展 29~32mm，雌蛾触角丝状，雄蛾触角栉齿状，末端 1/4 为丝状（见图 64-1）。前翅全部绿色，在外线和亚端线位置上有不完整的两列紫褐色点，前缘淡黄色，外缘缘毛基部淡黄色，端部紫褐色，后翅赭褐色。老熟幼虫黄绿色，体长 19~24mm，背线青灰色，体背每节刺瘤处有一个半圆形墨绿色斑（见图 64-2、图 64-3）。

**生物学特性**：广东 1 年 2 代，以老熟幼虫于茧内越冬。幼虫第 1 个高峰期出现在 6 月上、中旬，林间发生量大，6 月中、下旬竹林严重被害。幼虫第 2 个高峰期出现在 9 月下旬至 10 月上旬，发生量较第 1 高峰期次之。11 月上旬老熟幼虫陆续下土结茧越冬。

图 64-1　成虫（李琨渊 摄）

图 64-2　低龄幼虫（徐家雄 摄）

图 64-3　老熟幼虫
（徐家雄 摄）

**丽绿刺蛾** *Parasa lepida*（Cramer，1779）

**分类地位**：鳞翅目 Lepidoptera 刺蛾科 Limacodidae 绿刺蛾属 *Parasa*。

**分布**：国内分布于河北、山西、辽宁、吉林、黑龙江、浙江、安徽、福建、江西、山东、河南、湖北、湖南、广西、海南、四川、云南、陕西、甘肃、台湾等地；省内广泛分布。

**寄主**：茶、梨、柿、油茶、油桐、杧果等。

**危害状**：低龄幼虫取食表皮或叶肉，致叶片呈半透明枯黄色斑块。大龄幼虫食叶呈较平直缺刻，严重的把叶片吃至只剩叶脉，甚至叶脉全无。

**形态特征**：雌蛾翅展 23~25mm，触角线状；雄蛾翅展 19~22mm，触角基部数节为单栉齿状（见图 65-1）。前翅翠绿色，前缘基部尖刀状斑纹和翅基近平行四边形斑块均为深褐色，带内翅脉及弧形内缘为紫红色。初孵幼虫长 1.1~1.3mm，黄绿色，半透明。老熟幼虫体长 24~25.5mm，身体翠绿色，背线基色黄绿（见图 65-2）。体背中央有 3 条暗绿色和天蓝色连续的线带，体侧有蓝、灰、白等色组成的波状条纹。

前胸背板黑色，中胸及腹部第8节有蓝斑1对，后胸及腹部第1节、第7节有蓝斑4个；腹部第2~6节有蓝斑4个，背侧自中胸至第9腹节各着生枝刺1对，每个枝刺上着生20余根黑色刺毛，第1腹节侧面的1对枝刺上夹生有几根橙色刺毛；腹节末端有黑色刺毛组成的绒毛状毛丛4个。

**生物学特性**：华南地区1年2~3代，以老熟幼虫在枝干上结茧越冬。翌年5月上旬化蛹，5月中旬至6月上旬成虫羽化并产卵。第1代幼虫为害期为6月中旬至7月下旬，第2代幼虫为害期为8月中旬至9月下旬。成虫产卵量100~200粒。卵常数十粒排列成鳞片状卵块。低龄幼虫群集性强，3~4龄开始分散危害。

图65-1 成虫（徐家雄 摄）

图65-2 幼虫（徐家雄 摄）

**迹斑绿刺蛾** *Parasa pastoralis*（Butler，1885）

**分类地位**：鳞翅目 Lepidoptera 刺蛾科 Limacodidae 绿刺蛾属 *Parasa*。

**分布**：国外分布于越南、印度、不丹、尼泊尔、巴基斯坦、印度尼西亚等国；国内分布于湖南、广西、重庆、四川、贵州、云南等地；省内分布于韶关、河源、惠州、汕尾、江门、肇庆、清远等地。

**寄主**：苦楝、板栗、桉树、无瓣海桑、乌桕、油桐、漆树、香樟、重阳木等。

**危害状**：幼虫取食叶片，形成缺刻、孔洞，严重时可将整张叶片或枝条上全部叶片吃光，影响树木生长或导致树枝枯死。

**形态特征**：雌蛾翅展34~43mm，雄蛾翅展31~37mm。头、胸背和前翅翠绿色，触角浅黄色，雌蛾丝状，雄蛾羽毛状（见图66-1）。胸背前端有一小撮棕褐色毛。前翅基斑为浅黄色，紧贴其外侧有一油迹状红褐色雾状点，外缘具黄色波状宽带，宽带内由褐色条纹组成方格状。前、后翅缘毛均为棕褐色，后翅和腹部黄色。足浅黄色，具棕褐色毛环。卵壳上布满油状颗粒突起。老熟幼虫近圆筒形，长24~29mm，身体翠绿色，头红褐色，背线紫色，两侧带黑色边（见图66-2）。自中胸至第9腹节每节背侧有短枝刺，上有绿色刺毛，腹部第1节枝刺发达，上生有黑色粗刺及红色刺毛。腹部第8、9节腹侧枝刺基部有黑色绒球状毛丛。背、腹侧枝刺之间有条深棕褐色大波状形纵线。

**生物学特性**：华南地区1年4代，世代重叠。以蛹在茧壳内越冬，翌年4月中旬成虫开始羽化，4月下旬出现第1代幼虫，4月下旬到6月下旬出现幼虫为害期，5月下旬老熟幼虫开始结茧化蛹；第2代幼虫出现在6月下旬，至8月中旬出现幼虫为害期；第3、4代幼虫为害期分别发生在8月下旬至10月中旬和10月下旬至12月中旬。第4代老熟幼虫11月上旬开始结茧化蛹越冬。

图 66-1 成虫（李琨渊 摄）

图 66-2 幼虫（李奕震 摄）

**中国绿刺蛾 *Parasa sinica*（Moore，1877）**

**分类地位：** 鳞翅目 Lepidoptera 刺蛾科 Limacodidae 绿刺蛾属 *Parasa*。

**分布：** 国外分布于日本、朝鲜、俄罗斯（西伯利亚）等国；国内分布于河北、辽宁、吉林、黑龙江、江苏、浙江、江西、山东、湖北、贵州、云南、台湾等地；省内广泛分布。

**寄主：** 桃、李、栗、柑橘、柿、梧桐、栎等。

**危害状：** 初孵幼虫，群集在卵壳上，取食卵壳，食完后第一次蜕皮。然后离开卵壳处。2~3 龄幼虫，主要在叶背群集危害，叶片被啃食成筛网状。4 龄以后，幼虫分散取食，食量增大，由叶缘开始取食成缺刻状，严重时仅剩叶柄。

**形态特征：** 雌蛾 27mm 左右，触角线状；雄蛾翅展 24mm 左右，触角双栉齿状（见图 67-1）。头顶、胸、背和前翅均为绿色。前翅基斑褐色，在中室下缘呈角状外曲。前缘有细的黄褐色边，外缘褐色带较窄并向内弯曲。缘毛褐色，后翅灰褐色，臀角稍带黄褐色斑，缘毛灰黄色。腹背灰褐色，体末端带有黄色臀毛。幼虫体长 16~20mm；体黄绿色，前胸背板盾具 1 对黑点，背线红色，两侧具蓝绿色点线及黄色宽边，侧线灰黄色较宽，具绿色细边（见图 67-2）；各节生灰黄色肉质刺瘤 1 对，以中后胸和第 8~9 腹节的较

图 67-1 成虫（李琨渊 摄）

图 67-2 幼虫（李琨渊 摄）

大，端部黑色，第9、10节上具较大黑瘤2对；气门上线绿色，气门线黄色；各节体侧也有1对黄色刺瘤，端部黄褐色，上生黄黑刺毛；腹面色较浅。

**生物学特性**：南方2~3代。2代地区4月下旬至5月中旬化蛹，5月下旬至6月上旬羽化；第1代幼虫发生期为6~7月，7月中下旬化蛹，8月上旬出现第1代成虫；第2代幼虫8月底开始陆续老熟结茧越冬，但有少数化蛹羽化发生第3代，9月上旬发生第2代成虫；第3代幼虫11月老熟于枝干上结茧越冬。卵多成块产于叶背，每块有卵数10粒，做鱼鳞状排列。

**桑褐刺蛾** *Setora postornata*（Hampson，1900）

**分类地位**：鳞翅目Lepidoptera刺蛾科Limacodidae褐刺蛾属*Setora*。

**分布**：国内分布于河北、江苏、浙江、安徽、福建、江西、山东、湖南、广西、四川、云南、陕西、台湾等地；省内广泛分布。

**寄主**：桑、梨、桃、柑橘、杧果、石榴、香樟、苦楝、杏、梅、柿、板栗、茶、油茶、米老排、楠木、石梓、柳树等。

**危害状**：低龄幼虫在叶背群集并取食叶肉，后分散为害，取食叶片，仅残留表皮和叶脉。

**形态特征**：成虫翅展38~41mm。雌蛾体色和斑纹均较雄蛾淡，雌蛾触角丝状，雄蛾触角单栉齿状，前翅前缘离翅基近2/3处至近肩角和近臀角处，各具一深色弧线，有丝绢光泽（见图68-1）。老熟幼虫体长23~35mm，体呈黄绿色，背线为蓝色，每节各有黑点4个，排列近菱形，中胸至第9腹节，每节于亚背线上着生枝刺1对，中胸、后胸及第1、第5、第8、第9腹节上的枝刺特别长（见图68-2）。亚背线分黄色和红色2种类型，红色型枝刺红色，黄色型枝刺黄色。从后胸到第8腹节，每节于气门上线上着生枝刺1对，长短均匀，上生带褐色呈散射状的刺毛。

图68-1　成虫（李琨渊 摄）

图68-2　幼虫（李琨渊 摄）

**生物学特性**：1年2代，以老熟幼虫在树根周围表土中结茧越冬，翌年5月上旬始见化蛹，5月末至6月初开始羽化并产卵，6月中旬为越冬代羽化盛期，7月下旬老熟幼虫结茧化蛹，8月上旬羽化，8月中旬为第1代羽化盛期，8月下旬出现幼虫。幼虫于9月末至10月老熟结茧越冬。

灰褐球须刺蛾 *Scopelodes tantula melli* Hering，1931

**分类地位**：鳞翅目 Lepidoptera 刺蛾科 Limacodidae 球须刺蛾属 *Scopelodes*。

**分布**：国内分布于浙江、福建、江西、河南、湖北、广东、广西、海南、四川、贵州、云南、甘肃等地；省内广泛分布。

**危害状**：低龄幼虫啃食卵壳和叶肉，稍大食成缺刻和孔洞，直至蚕食叶片。严重时食成光杆，致树势衰弱。

**形态特征**：翅展 44~54mm。下唇须长，向上伸过头顶，黄褐色，端部毛簇黄褐色，末端黑褐色；头和胸背暗黄褐色；腹背橙黄色，背中央从第 3 节开始每节有一黑褐色横带，末节黑褐色。前翅黄褐色，外缘较暗，中域满布银灰色鳞片而显得较亮；中室内有 1 条明显的灰黄色纵纹，该纹上方较暗；缘毛黄褐色。后翅基部 1/3 和后缘黄色，其余浅黑褐色，外半部翅脉淡黄色，较明显；缘毛同前翅（见图 69-1、图 69-2）。

**生物学特性**：在广州地区 1 年 2 代，以老熟幼虫在土表及寄主基部附近松土或枯枝落叶处结茧。卵产在叶片背面或正面。幼虫孵化后，通常吃掉大部分卵壳。

图 69-1 成虫（李琨渊 摄）

图 69-2 幼虫（李琨渊 摄）

扁刺蛾 *Thosea sinensis*（Walker，1855）

**分类地位**：鳞翅目 Lepidoptera 刺蛾科 Limacodidae 扁刺蛾属 *Thosea*。

**分布**：国外分布于印度、印度尼西亚等国；国内分布于北京、河北、辽宁、江苏、浙江、福建、江西、河南、湖北、湖南、广西、海南、四川、贵州、云南、陕西、甘肃、台湾、香港等地；省内广泛分布。

**寄主**：油茶、茶树、核桃、柿、乌桕、枫香、桂花、苦楝、香樟、油桐、梧桐、银杏、桑、栎、板栗等。

**危害状**：低龄幼虫啃食卵壳和叶肉，稍大食成缺刻和孔洞，直至蚕食叶片，严重时食成光杆，致树势衰弱。

**形态特征**：雌蛾翅展 28~35mm，触角丝状；雄蛾翅展 26~31mm，触角基部栉翅状，末端丝状（见图 70-1）；前翅灰褐色，稍带紫色，中室的前方有一明显的暗褐色斜纹，自前缘近顶角处向后缘斜伸。雄蛾中室上角有一黑点。后翅暗灰褐色。老熟幼虫体长 21~26mm，全体绿色或黄绿色，背线白色

（见图 70-2）。体两侧各有 10 个瘤状突起，其上生有刺毛，每一体节的背面有 2 小丛刺毛，第 4 节背面两侧各有一红点。

**生物学特性**：广东 1 年 2~3 代，一般越冬幼虫 4 月初开始化蛹，4 月下旬成虫开始羽化，5 月中旬为羽化产卵盛期，5 月中、下旬第 1 代幼虫孵化，6 月下旬至 7 月上旬结茧化蛹，7 月第 1 代成虫羽化产卵，1 周后出现第 2 代幼虫，8 月底至 10 月初老熟幼虫陆续结茧越冬。

图 70-1 成虫（李琨渊 摄）

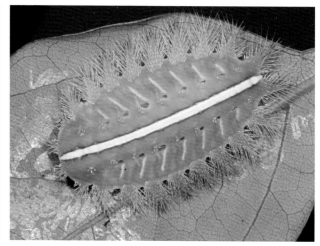

图 70-2 幼虫（徐家雄 摄）

**橙带蓝尺蛾** *Milionia basalis Walker*，1854

**分类地位**：鳞翅目 Lepidoptera 尺蛾科 Geometridae 蓝尺蛾属 *Milionia*。

**分布**：国外分布于日本、喜马拉雅东北部、不丹等地；国内分布于广西、海南、台湾等地；省内分布于广州、深圳、汕头、河源、惠州、中山、江门、肇庆、清远、潮州、揭阳、云浮等地。

**寄主**：罗汉松、陆均松、竹柏等。

**危害状**：将寄主植物的叶片取食殆尽，只剩光秃的枝干（见图 71-1），严重影响其经济价值及观赏价值。

**形态特征**：成虫翅展 52~61mm，触角丝状具纤毛，体表蓝紫色具金属光泽，翅面蓝黑色具金属光泽；前翅中央及后翅下缘有 1 条宽约 5mm 的橙带，后翅近外缘有 5~7 个黑色近圆形斑，斑点沿翅端弧形排列。蓝色、橙色对比十分鲜明（见图 71-2）。卵圆形，长约 1mm，宽约 0.7mm，表面有五边形和六边形图案。初孵幼虫体长约 4mm，头胸部浅红色，前胸隆起，腹部前半部分灰色，后半部分浅褐色。老熟幼虫体长 40~46mm；头部橙色；前胸背部及腹面橙色，侧面有黑斑；趾钩均为二序单横带，腹足、肛区及腹足间腹面均为橙色；背面具 3 条白色纵线及多条横向白线相交呈网格图案；虫体具稀疏长刚毛（见图 71-3）。

**生物学特性**：该虫在广东每年发生 3 代以上。4 月出现越冬代成虫，8~9 月是幼虫危害高峰期，10 月下旬至 11 月上旬陆续以蛹越冬。成虫具昼行性，羽化后主要在附近植株活动，羽化期通常可见大量成虫聚集活动、交尾。成虫产卵于树皮缝隙，喜产于树皮背面及树干上，卵的数量不一，卵的排列无明显规律，卵期约 1 周。幼虫孵化后爬到顶端取食嫩叶，随着龄期增大开始取食老叶，直至将整株叶片取食干净，幼虫期约 25 天。老熟幼虫吐丝下垂或沿树干爬至地面，于浅土层收缩化蛹，蛹期约 1 周（见图 71-4）。

图 71-1　橙带蓝尺蛾危害状（李琨渊 摄）

图 71-2　成虫（陆千乐 摄）

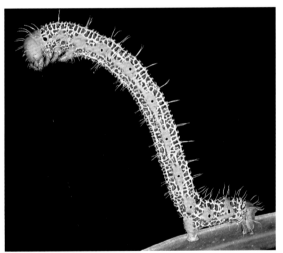

图 71-3　幼虫（陆千乐 摄）

图 71-4　幼虫夜间降丝休息（陆千乐 摄）

大造桥虫 Ascotis selenaria（Schiffermuller，1775）

分类地位：鳞翅目 Lepidoptera 尺蛾科 Geometridae 肾斑尺蛾属 Ascotis。

分布：国外分布于日本、朝鲜、印度、斯里兰卡等国；国内分布于北京、吉林、江苏、浙江、广西、四川等地；省内广泛分布。

寄主：桉树等树木、柑橘等果树。

危害状：大造桥虫以幼虫啃食植株芽叶及嫩茎为害。低龄幼虫先从植株中下部开始，取食嫩叶叶肉，留下表皮，形成透明点；3 龄幼虫多吃叶肉，沿叶脉或叶缘咬成孔洞缺刻；4 龄后进入暴食期，转移到植株中上部叶片，食害全叶，导致枝叶破烂不堪，甚至吃成光杆。

形态特征：成虫翅展 38~45mm。前翅外缘线由半月形点列组成，亚缘线、外横线、内横线为黑褐色波纹状，中横线较模糊。后翅颜色、斑纹与前翅相同，并有条纹与前翅相对应连接。雌成虫触角丝状，雄成虫羽状，淡黄色（见图 72-1）。低龄幼虫灰褐色，后逐渐变为青白色，老熟幼虫多为灰黄色或黄绿色，体长可达 38~49mm，头黄褐色至褐绿色，头顶两侧有暗色点状纹。背线、基线及腹线淡褐色或紫褐色，体节间线黄色。腹部第 2 节背中央近前缘处有 1 对深黄褐色毛瘤。胸足褐色，腹足仅 2 对，生于第 6、10 腹节，行走时身体呈桥状弓起（见图 72-2）。

生物学特性：1 年 4~5 代，以蛹在土中越冬。第 2~4 代卵期 5~8 天，幼虫期 18~20 天，蛹期 8~10 天，成虫寿命 6~8 天，完成 1 代需 32~42 天。成虫羽化后 1~3 天交配，交配后第 2 天产卵，多产在地面、土缝及草秆上，大发生时枝干、叶上都可产卵，数十粒至百余粒成堆。初孵幼虫可吐丝随风飘移转移为害，幼虫在寄主植株上常作拟态，呈嫩枝状。成虫昼伏夜出，趋光性强。

图 72-1　成虫（李琨渊 摄）

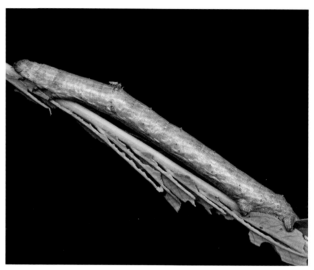

图 72-2　幼虫（李琨渊 摄）

油茶尺蛾 *Biston marginata* Shiraki，1913

分类地位：鳞翅目 Lepidoptera 尺蛾科 Geometridae 鹰尺蛾属 *Biston*。

分布：国外分布于日本；国内分布于浙江、江西、福建、湖南、湖北、广西、四川、贵州、台湾等地；省内广泛分布。

寄主：桉树、油茶、油桐、乌桕、茶、红荷木、荷木、樟、相思类、枫香等。

危害状：初龄幼虫仅食叶之表皮及叶肉，食后留下的嫩叶叶脉呈网状。到 4 龄后幼虫食量逐渐增大，以 6 龄幼虫食量最大，受害叶片仅剩主脉或叶柄。

形态特征：成虫翅展 40~52mm，雌虫触角丝状。前翅狭长，自翅基部至翅缘有 5 条平行的波纹状横线，外横线和内横线波状清晰，中横线和亚外缘线略见，外缘斑 6~7 个；后翅外横线较暗。雄虫触角羽毛状，翅与雌虫的基本相同（见图 73）。1 龄幼虫头部黑褐色；体背线及两侧气门线淡黄色，腹面及两侧亚背线黑褐色。2 龄头部暗红色，体暗绿色或黄绿色。3 龄头部红褐色，上有许多"人"字形淡黄色横纹。4 龄头壳黄褐色。5 龄头顶至额部分有一黑褐色横带；体黄绿色或褐色，上散布黑

图73　成虫（余甜甜 摄）

褐色小点。6龄头壳淡黄色或黄褐色，散布不规则褐色小点，头部中央凹陷，头顶两侧明显隆起，头部中央两黑色长形斑点呈"八"字形，老龄幼虫体上布有黑褐色、污黄色的不规则条纹，第1腹节两侧及第8腹节背面后缘颜色稍深；趾钩双序中带。

**生物学特性：** 在广东省中山市1年1代，以蛹在地表土层2~3cm深处化蛹越冬，该虫蛹期长，从4月上旬化蛹至翌年1月开始羽化，历时约9个月。在雷州半岛1月可见幼虫。雌成虫一般选择在1~2年生枝条上产卵，并用腹部末端的鳞毛将卵块盖住，室内雌虫最高产卵量可达1700粒。

## 油桐尺蛾 Buzura suppressaria（Guenée，1858）

**分类地位：** 鳞翅目Lepidoptera尺蛾科Geometridae油桐尺蛾属 Buzura。

**分布：** 国外分布于印度、缅甸等国；国内分布于浙江、江苏、安徽、福建、江西、湖南、四川等地；省内广泛分布。

**寄主：** 桉树、油桐、油茶、茶、乌桕、扁柏、板栗、麻栎、苦楝、肉桂、漆树、柑橘、枇杷、柿等。

**危害状：** 初孵幼虫，仅吃下表皮及叶肉，不食叶脉，食口呈针孔大小的凹穴，上表皮失水褪绿，日久破裂成洞；2龄幼虫取食叶缘，形成小缺裂，留下细叶脉；5龄幼虫食量显著增加，取食叶片，仅留侧脉及主脉基部；6龄幼虫食全叶，仅留主脉基部。食性较广，当叶片被食完后，即下地面取食灌木、杂草（见图74-1）。

**形态特征：** 雌蛾翅展52~65mm，触角丝状；前翅外缘为波状缺刻，缘毛黄色，基线、中线和亚外缘线为黄褐色波状纹，此纹的清晰程度差异很大，有时很不明显，亚外缘线外侧部分色泽较深，翅面的色泽由于散生的蓝黑色鳞片密度不同，由灰白色到黑褐色，翅反面灰白色，中央有一黑褐色斑点；雄蛾翅

图74-1　桉树林受害状（左连辉明 摄，右黄咏槐 摄）

展52~55mm，触角双栉状。体、翅色纹大部分与雌蛾相同，但有部分个体，前、后翅的基线及亚外缘线甚粗，因而显出与雌蛾形态的显著不同（见图74-2、图74-3）。卵椭圆形，长0.7mm，初产时鲜绿色，后变淡绿色，再呈黄褐色，近孵化时黑褐色，卵块较松散（见图74-4）。初孵幼虫体长2~4mm，呈灰褐色，背线及气门线灰白色，亚背线黑色节状；2龄为淡绿色，3龄为青绿色或黄绿色，体分节明显，4龄以后幼虫体色则随环境不同而异，有青绿、灰绿、深褐、灰褐、麻绿等色；幼虫头部密布棕色颗粒状小斑点，头部中央凹陷，略呈"M"形，两侧突起呈角状，前胸背面具有两个小突起斑，气门紫红色，腹面灰绿色，腹部第8节背面微突。老熟幼虫体长65~70mm（见图74-5）。蛹深褐色，近圆锥形，头顶有角状黑褐色小突起1对，腹末有2个突起。

图74-2　雌成虫（李琨渊 摄）

图74-3　雄成虫（徐家雄 摄）

图74-4　卵（陆恒 摄）

图74-5　幼虫（徐家雄 摄）

**生物学特性：**广东大部分地区1年2~3代，以蛹在树干周围3cm左右深表土中越冬。次年4月开始羽化成虫，交尾产卵，卵期7~15天，5~6月为第1代幼虫发生期。在广东省雷州地区，由于2006年出现暖冬，2007年发生5代，第1代卵始于1月中旬、止于1月下旬，幼虫为害期为1月中旬至2月中旬，蛹出现在2月中旬至3月下旬，成虫出现在3月中旬至4月上旬。第2代卵始于3月中旬、止于4月上旬，幼虫为害期为4月上旬至5月下旬，蛹出现在5月中旬至6月上旬，成虫出现在5月下旬至6月中旬。

第3代卵始于6月上旬、止于6月中旬，幼虫为害期为6月下旬至7月中旬，蛹出现在7月中旬至8月中旬，8月中、下旬出现成虫。第3代卵始于8月中旬、止于8月下旬，幼虫为害期为8月下旬至9月下旬，蛹出现在9月下旬至10月中旬，10月中、下旬出现成虫。第5代卵始于10月中旬、止于10月下旬，幼虫为害期为10月下旬至12月上旬，蛹出现在11月下旬越冬。成虫飞翔能力较弱，具有一定趋光性。卵多产于桉树干裂皮等缝隙、孔洞内，堆积成块状，越冬代卵块表面盖有浓密黄色绒毛，其他各代卵块外绒毛稀疏近裸露。每个雌蛾可产卵数百至千余粒，排列较松散，同一卵块一般在同一天孵化。幼虫孵化后非常活跃，行动快速，善爬，3龄后行动变慢。1~2龄幼虫喜食顶芽以下的嫩叶，仅取食叶片周缘的下表皮及叶肉，留下的上表皮失水褪绿，叶面呈现网膜状斑，日久表皮破裂成小洞；3龄幼虫开始从叶片边缘取食，吃成缺刻；4龄后幼虫食量增大，嫩叶、老叶均取食，仅留主脉和叶柄；5~6龄幼虫取食量剧增，进入暴食期，可取食全叶，仅留叶柄，整株桉树叶片食尽后会转移到林下的灌木为害。

### 丝棉木金星尺蛾 *Abraxas suspecta*（Warren，1894）

**分类地位：**鳞翅目 Lepidoptera 尺蛾科 Geometridae 金星尺蛾属 *Abraxas*。

**分布：**国外分布于日本、朝鲜、俄罗斯等国；国内分布于东北、华北、华东、中南、西北等地区；省内分布于广州、深圳、韶关、河源、惠州、肇庆等地。

**寄主：**丝棉木、柏、水杉、黄连木、板栗。

**危害状：**初孵幼虫孵化后3小时始食寄主叶肉，剩下表皮呈半透明状小斑，不从叶缘取食。被害株轻者叶片被食成缺刻，或因球状树冠部分叶片被食，形成团块状斑秃；严重的全树叶片被食光，大部分枝条枯死，甚至全株死亡。

**形态特征：**成虫翅展33~52mm。触角丝状，褐色。前翅的基部有一黄褐相间的彩斑。前后二翅的臀角处，各有一黄褐色的彩斑，彩斑中间有一白色波状纹。前翅外缘数个灰色的斑点连在一起，而后翅外的缘多数灰斑未连在一起。前翅 Sc 脉和 R 脉的中部有一较大的灰斑。其外侧常有数个较小的灰色斑点排列在一起（见图75-1）。老龄幼虫体体长28~32mm（见图75-2）。前胸背板和侧板各有两个黑斑。中胸到腹部各节的背板上有两条较宽的黄白纵纹，侧板到腹板处有三条黄白色的纵纹贯穿虫体。前胸到尾部腹板的中央有一条较宽的黄白纵纹。趾钩为双行中带型。

图75-1　成虫（陆千乐 摄）

图75-2　幼虫（魏纳森 摄）

生物学特性：1 年 2~3 代。第 1 代成虫期在 4 月下旬，第 2 代成虫盛期在 6 月中旬，第 3 代盛期在 9 月上旬。由于该成虫寿命较长，7 月上旬可同时找到各龄期的幼虫、蛹及个别成虫。第 2 代部分蛹，有越夏滞育现象，因此与第 3 代成虫可同时出现。

豹尺蛾 *Dysphania militaria*（Linnaeus，1758）

**分类地位**：鳞翅目 Lepidoptera 尺蛾科 Geometridae 豹尺蛾属 *Dysphania*。

**分布**：国外分布于印度、泰国、越南、柬埔寨、马来西亚、印度尼西亚等国；国内分布于福建、广西、海南、云南等地；省内广泛分布。

**寄主**：竹节树、秋茄、鸭脚木等。

**危害状**：幼虫取食寄主叶片。

**形态特征**：成虫翅长 38~41mm；雄雌触角均双栉形（见图 76-1）。前翅狭长，外缘极倾斜；端半部为蓝紫色，有两列半透明的圆形白斑；基半部杏黄色，有 1 "E" 字形蓝紫色斑纹。后翅杏黄色，散布蓝紫色斑块；翅基蓝紫色；中点为 1 巨大蓝紫色圆斑，其下方有另 1 个大圆斑；翅端部为两条极不规则的蓝紫色带，并或多或少断离成大小不等的斑点。初孵幼虫褐色，随着龄期增长转至黄色至橙黄色，老熟幼虫腹面色较浅，头黄褐色，胸部具有多枚黑色斑点，背线和气门线蓝绿色，背线较宽，上有大小和形状不一的黑色斑点，气门线上有排列较密的黑色斑点。腹足齿钩双序中带（见图 76-2）。蛹长 25~29mm，宽 8~9mm，初蛹浅黄色，后变灰棕色至暗棕色，体前端略呈斜截形，截面处两侧各有 1 枚肾形黑色眼斑，臀棘 8 枚，其中 4 枚集中在中央，两侧各 2 枚，平列，臀棘前部钩状（见图 76-3）。

**生物学特性**：在广州地区 1 年 3 代，世代重叠，以蛹越冬。2 月下旬至 3 月上旬越冬代成虫出现，3 月间为第 1 代幼虫危害期，4 月中、下旬第 1 代成虫出现，4 月中至 5 月为第 2 代幼虫危害期，5 月中、下旬第 2 代成虫出现，5 月中旬至 6 月中旬为第 3 代幼虫危害期。幼虫老熟后吐丝造成不封闭的叶卷并在其内化蛹。

图 76-1　成虫（陆千乐 摄）

图 76-2　幼虫（陆千乐 摄）

图 76-3　蛹（陆千乐　摄）

大钩翅尺蛾 *Hyposidra talaca*（Walker，1860）

**分类地位：** 鳞翅目 Lepidoptera 尺蛾科 Geometridae 钩翅尺蛾属 *Hyposidra*。

**分布：** 国外分布于印度、缅甸、印度尼西亚、菲律宾等国；国内分布于福建、广东、海南、贵州等地；省内广泛分布。

**寄主：** 桉树、秋枫、龙眼、荔枝、木荷、岗柃、石斑木、仁面子、银柴、降真香、鸭脚木、梅叶冬青、黑荆、玉叶金花等 10 余科植物。

**危害状：** 1~2 龄幼虫只啃食羽叶表皮或叶缘，使叶片呈缺刻或穿孔；3 龄以上幼虫可食整个羽叶，还取食嫩梢，常将羽叶吃光，仅留秃枝。

**形态特征：** 雌蛾翅展 38~56mm；雄蛾翅展 29~38mm（见图 77-1、图 77-2）。头部黄褐色至灰黄褐色，触角，雌性为线状，雄性为羽毛状。前翅顶角外凸呈钩状，后翅外缘中部有弱小凸角，翅面斑纹较翅色略深，前翅内线纤细，在中室内弯曲；中线至外线为一深色宽带，外缘锯齿状，亚缘线处残留少量不规则小斑。后翅中线至外线同前翅，但通常较弱；前后翅中点微小而模糊；翅反面灰白色，斑纹同正面，通常较正面清晰。老熟幼虫体长 27~46mm，体浅黄色至黄色（见图 77-3）。头浅黄色，有褐色斑纹。幼虫头部与前胸及腹部第 1~6 节之间背、侧面有一条白色斑点带，第 8 腹节背面有 4 个白斑点，腹面有褐色圆斑；

图 77-1　雄成虫（李琨渊　摄）　　　　　图 77-2　雌成虫（李琨渊　摄）

臀足之间有一大圆黑斑，腹线灰白色，亚腹线浅黄色；气门椭圆形，气门筛黄色，围气门片黑色；第1腹节气门周围有3个白色斑；胸足红褐色；腹足黄色，具褐色斑，趾钩双序中带。

**生物学特性：** 1年可发生5代。以蛹在土中越冬，翌年3月中旬成虫开始羽化。第1~5代幼虫分别于3月下旬、5月中旬、7月上旬、8月下旬和10月中旬孵出，11月下旬老熟幼虫陆续下地入土化蛹并开始越冬。卵堆产于嫩梢或羽叶上。卵期4~9天。幼虫5龄，幼虫期23~43天。蛹期越冬代为101~122天，其余各代7~16天。成虫寿命3~9天，每个雌虫平均产卵量592粒。

图77-3　幼虫（李琨渊 摄）

粗胫翠尺蛾 *Thalassodes immissaria* Walker，1861

**分类地位：** 鳞翅目 Lepidoptera 尺蛾科 Geometridae 翠尺蛾属 *Thalassodes*。

**分布：** 国内分布于广西、海南等地；省内分布于广州、深圳、河源、惠州、东莞、中山、茂名、肇庆、潮州、云浮等地。

**寄主：** 龙眼、荔枝。

**危害状：** 出孵幼虫从叶缘开始取食，造成叶片缺刻，随着龄期增大食量急剧增加，虫口密度大时可吃光嫩叶嫩芽。

**形态特征：** 翅展30~34mm；前后翅呈淡绿色或翠绿色，密布白色细纹，中域各有2条白色波浪纹，前翅外缘、后翅外缘和内缘具黑色刻点，缘毛淡黄色。躯体背面附有绿色鳞片。触角雄蛾羽状，雌蛾丝状（见图78-1）。幼虫头顶两侧有角状隆起，腹足2对，臀足发达。3龄后体色变为青绿色，背中线颜色逐渐变浅，形似寄主新抽的细梢；5龄幼虫体色随附着枝条颜色而异，有灰绿、青绿、灰褐和深褐等色，形似寄主细枝（见图78-2）。

**生物学特性：** 粗胫翠尺蛾在广东每年可发生7~8代。越冬代成虫于3月中下旬羽化，第1代幼虫4月危害春梢及花穗，第3代以后世代重叠，11月上旬至12月中旬进入越冬，一般以幼虫在树冠、叶间及地面草丛等地方越冬。羽化当晚交尾，交尾后2~3天产卵，卵散产，可产于嫩芽、嫩叶、嫩枝和老叶上，以嫩叶叶尖和叶缘产卵最多。幼虫分5龄，孵化后从叶缘开始取食，3龄以前危害造成叶片缺刻，4龄后幼虫取食量急剧增加，进入暴食期。幼虫老熟后吐丝缀连相邻的叶片呈苞状，在其中化蛹并以腹部末端附着在吐出的丝上。

图 78-1　成虫（李志强 摄）　　　　图 78-2　幼虫（李琨渊 摄）

**竹绒野螟** *Sinibotys evenoralis*（Walker，1859）

**分类地位：**鳞翅目 Lepidoptera 草螟科 Crambidae 东方野螟属 *Sinibotys*。

**分布：**国外分布于日本、朝鲜、缅甸等国；国内分布于江苏、浙江、安徽、福建、江西、湖南、四川、台湾等地；省内分布于广州、河源、梅州、惠州、汕尾、肇庆、清远等地。

**寄主：**毛竹、苦竹、寿竹和白灰竹。

**危害状：**以幼虫取食竹叶，轻者叶肉被吃，只剩薄膜状叶脉，幼虫吐丝缀合叶片，潜藏其间；重者叶片几乎被吃光，虫苞累累，严重影响竹子的生长（见图 79-1）。

**形态特征：**成虫翅展 27mm。触角橙褐色，微毛状；前翅鲜黄色，前缘淡红色，有两条褐色弯曲的横线；后翅有两条褐色横线，翅基部暗褐色（见图 79-2）。老熟幼虫体长 16~27mm，青灰色，前胸背板有褐斑 6 块，中、后胸及腹背面各节有褐斑 2 块，被背线分割为 4 段，中、后胸两侧各有褐斑 5 块；腹部各侧有褐斑 3 块，其中气门线上方为 1 块，下方为 2 块。

图 79-1　竹绒野螟危害状　　　　图 79-2　成虫（李琨渊 摄）
　　　　（秦长生 摄）

生物学特性：1年1代，以3龄幼虫在竹上虫苞中越冬，翌年2月底气温回升开始取食，4月底幼虫老熟并开始化蛹，成虫于5月上旬开始羽化，5月中下旬为羽化盛期，5月底产卵，6月上旬小幼虫取食。6月底、7月初幼虫越夏越冬。成虫趋光性很强，另外还对清水粪、咸菜卤水有较强的趋性。幼虫期近11个月，全部生活在虫苞中，危害较重的时间为1个月。幼虫老熟前，常结一个新虫苞，取食很少，并在虫苞的中下部吐丝，化蛹时将臀棘钩于丝上。在竹林中，蛹多分布在中下层的虫苞中，上层竹叶空苞多。

**绿翅绢野螟** *Parotis angustalis*（Snellen，1895）

**分类地位**：鳞翅目 Lepidoptera 草螟科 Crambidae 绿绢野螟属 *Parotis*。

**分布**：国外分布于印度尼西亚；国内分布于福建、广西、重庆、四川、贵州、云南等地；省内广泛分布。

**寄主**：糖胶树。

**危害状**：幼虫危害时吐丝纵卷盆架子叶片，取食叶肉，剩下叶脉及下表皮，叶片逐渐干枯变灰白色或枯黄色继而落叶，造成秃枝光杆，防治不及时甚至引起死亡（图80-1）。

**形态特征**：成虫翅展37~40mm，体及翅均为绿色，触角细长丝状，胸部背面嫩绿；双翅嫩绿色，前翅狭长，中室端脉有一小黑点，中室内另有一较小的黑点，前翅前缘淡棕色，外缘缘毛深棕，后缘浅绿色，后翅中室有一黑斑（见图80-2）。幼虫共6龄，1龄幼虫体长8~10mm；2龄幼虫体长13~15mm；3龄幼虫体长18~30mm；老熟幼虫体长约40mm，体淡绿色，腹部背面从第1~7节，每节有4个斑点组成的四方斑，其余各节背面为2个斑点组成的横斑，亚背线下方每节也有1个近椭圆形斑（见图80-3）。

**生物学特性**：在广东茂名1年发生7代，第1代幼虫在每年的3月中下旬开始出现。第2代幼虫出现在4月下旬；12月上旬，老熟幼虫常缀2~3片叶形成虫苞，或在其中化蛹，以这2种虫态越冬。第7代（越冬代）历期最长，达76天，其他代历期为30~38天。成虫有趋光性，雌虫选择萌发嫩枝、嫩叶较多的树产卵。卵产于叶片上，成堆卵块呈鱼鳞状。幼虫1~2龄吐丝纵卷叶片，或缀2~3片叶形成虫苞，隐蔽其中取食叶肉，常使枝叶枯黑，造成落叶。叶肉食尽后，幼虫转移危害新叶片。1~3龄幼虫食量小，4~6龄幼虫进入暴食期，食量大，每天或隔天转苞取食。

图80-1　绿翅绢野螟危害状（孙思 摄）

图80-2　成虫（李琨渊 摄）

图80-3　幼虫（左黄咏槐 摄，右李琨渊 摄）

海绿绢野螟 *Diaphania glauculalis*（Guenée，1854）

**分类地位：** 鳞翅目 Lepidoptera 草螟科 Crambidae 绢野螟属 *Diaphania*。

**分布：** 国外分布于日本、越南、印度尼西亚、印度、斯里兰卡、新加坡、菲律宾、萨摩亚群岛等地；国内分布于福建、云南等地；省内分布于广州、深圳、河源、惠州、肇庆。

**寄主：** 团花树。

**危害状：** 以幼虫危害叶片，取食叶肉组织和表皮，仅留叶脉，呈网状，形成半透明白色薄膜，似开天窗状，经日照整片叶子呈焦灼状，危害严重时造成叶片大面积枯焦（见图81-1）。

**形态特征：** 翅展雄蛾 24~27mm，雌蛾 26~29mm。胸、腹部背面共有 8 个金黄色斑，呈点状或条状。前翅翠绿，前缘金黄，中室有一黑点，衬以金黄色，端脉金黄且带有黑色鳞片，前翅外缘灰黑色，端脉具小黑点。后翅颜色稍浅。翅面近中央具淡绿灰色斑 1 个（见图81-2）。初孵幼虫体长约 1mm，体淡黄色；老熟幼虫头部红褐色，腹足 4 对，臀足 1 对（见图81-3）；化蛹时幼虫体色转为黄色。雌蛹第 8 腹节有一纵裂，连接第 7 腹节与第 9 腹节，裂缝两侧平坦，无突起；雄蛹第 8 腹节无裂缝，第 9 腹节有一黑色裂缝；雌、雄蛹腹部末端差异显著，臀部臀栉 7~8 根。

图81-1　海绿绢野螟危害状（陈永锐 摄）　　　图81-2　成虫（陈永锐 摄）

**生物学特性**：初孵幼虫头部朝同一方向整齐排列在叶背，群集取食叶肉织，2~3日龄后开始卷叶危害。卷叶时，头部左右摇摆并吐丝，借丝的拉力，将叶缘部分向上、向里弯曲，形成卷叶。3龄前幼虫群集取食，食量较小，3~5龄幼虫分散危害，食量剧增。老熟幼虫在卷叶中结蛹室化蛹。成虫昼伏夜出，趋光性较强。

**桑绢丝野螟** *Diaphania pyloalis*（Walker，1859）

**分类地位**：鳞翅目 Lepidoptera 草螟科 Crambidae 绢野螟属 *Diaphania*。

**分布**：国外分布于日本、朝鲜、缅甸、印度、斯里兰卡等国；国内分布于山东、江苏、浙江、安徽、江西、湖北、四川、贵州、台湾等地；省内分布于广州、深圳、河源、肇庆、清远等地。

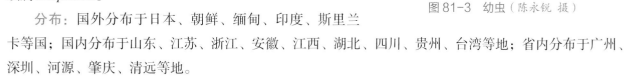

图 81-3　幼虫（陈永锐 摄）

**寄主**：以危害桑树为主。

**危害状**：夏秋季幼虫吐丝缀叶成卷叶或叠叶，幼虫隐藏其中咀食叶肉，残留叶脉和上表皮，形成透明的灰褐色薄膜，后破裂成孔，称"开天窗"。其排泄物污染叶片，影响桑叶质量。受害严重的桑园一片枯焦，似火烧状。

**形态特征**：成虫体棕褐色；头顶至腹部两侧有白色条纹；翅白色有绢丝般的光泽。前翅外缘、中央及翅基部有棕褐色带，下端为白色，中横线棕褐色，近前缘部分呈"U"形，近后缘部分"O"形，边缘明显，褐色。后翅白色，半透明，外缘线宽，棕褐色，内缘颜色较深（见图82-1）。幼虫绿色，头淡棕色，前胸背板两侧各有黑点4个，中、后胸背板两侧各有弧形黑点2个，腹部背面各节两侧各有2个黑色瘤突（见图82-2）。

**生物学特性**：1年以发生5~6代为主，世代重叠，以老熟幼虫在桑树树皮裂隙、蛀孔、杂草内及桑园附近的缝隙等处结薄茧滞育越冬。越冬幼虫于次年3月下旬至4月中、下旬化蛹，4月下旬至5月中、下旬成虫羽化并产卵，5月上、中旬为盛蛾期。

图 82-1　成虫（董伟 摄）

图 82-2　幼虫（李琨渊 摄）

黄野螟 *Heortia vitessoides*（Moore，1885）

别名：黑纹黄齿螟。

分类地位：鳞翅目 Lepidoptera 草螟科 Crambidae 黄齿螟属 *Heortia*。

分布：国外分布于印度、斯里兰卡等国；国内分布于广西、海南、云南、香港等地；省内广泛分布。

寄主：沉香属、漆树属等少数几种植物。

危害状：主要以幼虫咬食土沉香叶片，单株虫口数量从几百头到上千头，数天内便可把被害树的叶片全部吃光，甚至啃食树干及枝条皮层，造成光秃无叶，严重时整株死亡。

形态特征：雌蛾翅展 35~40mm；雄蛾翅展 30~32mm。前翅淡黄色，近基部 2 个圆形黑斑。内横线黑色，不连续，在径脉与臀脉处断开。中横线为黑色宽带，接近前缘和臀角处逐渐变宽。翅外缘有黑白相间的宽条纹，外缘线黑色。后翅外缘有黑色宽带，外缘线黑色，其余部分为白色半透明（见图 83-1）。卵扁圆形，初产乳白色，后渐变为黄色、红色、近孵化前为黑色，块产，呈鱼鳞状排列（见图 83-2）。幼虫共有 5 个龄期，初孵幼虫体长约 1mm，头部黑色，体淡黄色。3~5 龄幼虫胸、腹部各节背板两侧各有明显的黑斑，胸部各节背板上的每对黑斑为弧形，腹部第 1~8 节背板上为 2 个圆形黑斑，第 9 腹节背板上为 1 凹形黑斑。胸、腹部气门上方各有 1 长方黑色小斑，与腹部第 1~8 节背板上的两个圆形黑斑呈品字形排列在背线两侧。老熟幼虫体长约 20.69mm，体黄绿色，两侧有明显黑斑（见图 83-3）。

图 83-1　成虫　　　　　图 83-2　卵　　　　　图 83-3　幼虫（左张倩 摄，右魏军发 摄）
（李琨渊 摄）　　　　　（李琨渊 摄）

生物学特性：1 年 8 代，每年 4 月到 12 月为该虫的为害期，12 月中、下旬以蛹在土沉香树干基部周围的枯枝落叶和距地表 2cm 以内的土层中做蛹室越冬。翌年 4 月中旬至 5 月上旬越冬蛹成虫陆续开始羽化为成虫，4 月中旬成虫开始产卵，4 月下旬出现第 1 代幼虫并开始孵化，5 月为第 1 代幼虫发生盛期，5 月下旬至 6 月上旬为第 1 代成虫的羽化盛期；第 2 代开始出现一定的世代重叠现象，至 12 月中旬第 8 代幼虫开始化蛹越冬。成虫昼伏夜出，有强趋光性。

圆斑黄缘野螟 *Cirrhochrista brizoalis* (Walker, 1859)

**别名**：圆斑黄缘禾螟、无花果实虫。

**分类地位**：鳞翅目 Lepidoptera 草螟科 Crambidae 黄缘野螟属 *Cirrhochrista*。

**分布**：国外分布于朝鲜、日本、尼泊尔、印度、菲律宾、印度尼西亚、澳大利亚等国；国内分布于浙江、福建、湖北、重庆、四川、贵州、云南、广西、广东、香港、台湾等地；省内广泛分布。

**寄主**：黄葛榕、无花果等。

**危害状**：幼虫危害桑科榕属植物，于枝条、叶柄、果柄上吐丝缀连成薄网后躲藏其下取食，虫口发生数量大时，幼虫丝网甚至可将整段树皮包裹（见图84-1）。

**形态特征**：翅展20~26mm。头白色，下唇须黄褐色，内侧和背缘白色，外侧褐色。触角黄褐色，雄性触角腹侧具纤毛。前翅底色白色，前缘黄色，内横线从翅前缘向外伸出三角形色带，两侧有深褐色镶边，中横线黄色三角形，有暗褐色镶边至中室下角附近间断，Cu₂脉处有1个黄褐色圆斑，外横线黄色三角形带边缘深褐色，至后缘为三角形，外缘深褐色，沿翅脉有三角形突起。后翅外缘深褐色。双翅缘毛黄褐色（见图84-2）。

**生物学特性**：幼虫于果梗、叶柄或枝上吐薄丝，且能结薄薄的丝网，易发觉。幼虫老熟后向树干根部爬到树皮缝内，结成白茧，然后在茧内化蛹。每年发生2代，第1代于4~6月、第2代于9~10月有成虫羽化，越冬期以幼虫结成椭圆形茧包围虫体，到次年春季化蛹、羽化。成虫白天隐蔽不活动，有趋光性。

图84-1　圆斑黄缘野螟危害状
（黄焕华 摄）

图84-2　成虫（李琨渊 摄）

棉褐环野螟 *Syllepte derogata* (Fabricius, 1775)

**分类地位**：鳞翅目 Lepidoptera 草螟科 Crambidae 卷叶野螟属 *Syllepte*。

**分布**：国内分布于北京、河北、山西、江苏、浙江、山东、河南、湖北、湖南、安徽、广西、云南、四川、贵州、陕西等地；省内广泛分布。

**寄主**：木槿、扶桑、梧桐等。

**危害状**：幼虫1~2龄取食嫩叶肉，严重时可将叶片食成花网，3龄后卷叶为害（见图85-1）。

**形态特征**：成虫翅展22~30mm。触角丝状，超过前翅前缘的一半。前后翅外缘线、亚外缘线、外横

图 85-1　棉褐环野螟危害状（李琨渊 摄）

线内横线均为褐色波纹状，前翅中央近前缘处有 "OR"形的褐色斑纹，纹下有中横线，一翅边缘有黑褐色缘毛（见图 85-2）。末龄幼虫青绿色，化蛹前桃红色，全身布稀疏刚毛，胸足黑色，腹足半透明，尾足背面为黑色。蛹细长，红褐色，从腹部第 9 节到尾端有刺状突起（见图 85-3）。

生物学特性：每年发生 3 代，以蛹在树皮缝中结茧越冬。越冬蛹于翌春 3 月下旬至 4 月上旬羽化成虫。成虫羽化时气温 3~10℃，幼虫孵化期气温 15~20℃时需 11~13 天。幼虫共 5 龄，雌幼虫历期 30~35 天，雄幼虫历期 26~32 天；初孵幼虫群集在叶背取食叶肉，留下表皮；2 龄以后开始分散；3 龄后吐丝将棉叶卷成喇叭状，藏身其中食，叶成缺刻或孔洞。严重的吃光全部棉叶，继续为害棉铃苞叶或嫩蕾，造成严重为害。蛹期。蛹经夏秋冬 240~250 天。雄成虫寿命 2~3 天，雌成虫 4~6 天。成虫在傍晚羽化，羽化后雄成虫即寻雌虫进行交尾，雄成虫活跃且喜飞翔。

图 85-2　成虫（李琨渊 摄）

图 85-3　幼虫（李琨渊 摄）

海榄雌瘤斑螟 *Ptyomaxia syntaractis*（Turner，1904）

分类地位：鳞翅目 Lepidoptera 螟蛾科 Pyralidae 瘤斑螟属 *Ptyomaxia*。

分布：国内分布于福建、广西、海南、云南、台湾等地；省内分布于深圳、江门、湛江、茂名等地。

寄主：白骨壤等。

危害状：有的幼虫在寄主枝条的叶柄、顶芽或腋芽的嫩枝梢内蛀食；有的幼虫取食叶肉，造成寄主叶片仅存表皮而呈半透明的膜状，少数幼虫蛀入果实为害，蛀入孔附近有大量排泄物；老熟幼虫则在叶面或叶背吐白丝作白色薄茧，将自身裹于其中（见图 86-1、图 86-2）。

形态特征：成虫翅展 16~20mm。触角褐色，有淡黄色鳞片，雄性触角基节膨大，宽扁，基部有黄色鳞脊。腹部腹面黄褐色。前翅窄长，灰褐色，散布有黄褐色鳞片，基域黄褐色，顶角及外缘色泽较深；后翅阔，淡灰褐色，双翅缘毛淡黄褐色（见图 86-3）。初孵幼虫为橙红色，后变为浅黄绿色，再逐渐变为黄绿色；老熟幼虫体色变深，为绿色，幼虫 3 龄后背可见有 1 条由背血管形成的黑褐色条纹，随着幼虫龄期的增长，黑褐色条纹逐渐扩大，因虫体变得较透明，黑褐色条纹显得更明显。被蛹，初为浅绿色，羽化前为深棕色，初蛹每节背面有一深棕色斑点（见图86-4、图86-5）。

生物学特性：在深圳每年6~7代，每年8月幼虫开始蛀食海榄雌的果实和嫩芽，10月低龄幼虫开始在嫩芽内越冬，翌年3月中旬越冬幼虫开始取食海榄雌的嫩叶，4月中旬至6月下旬第2代和第3代虫口密度较大，造成大面积危害。越冬幼虫在翌年3月上中旬开始活动，剥食海榄雌的叶肉，留下呈半透明状的上表皮。低龄幼虫剥食海榄雌叶肉。成虫有较强的趋光性，常将卵散产于海榄雌较阴蔽的中下部叶片上，每片叶上的产卵量低于5粒。

图86-1 成片受害状（魏军发 摄）

图86-2 顶芽受害状（魏军发 摄）

图86-3 成虫（魏军发 摄）

图86-4 幼虫（魏军发 摄）

图86-5 蛹（魏军发 摄）

**竹织叶野螟** *Crypsiptya coclesalis*（Walker，1859）

**分类地位**：鳞翅目 Lepidoptera 草螟科 Crambidae 弯茎野螟属 *Crypsiptya*。

**分布**：国外分布于印度、缅甸、印度尼西亚等国；国内分布于江苏、浙江、安徽、江西、山东、河南、湖北、湖南、广西、四川、台湾等地；省内广泛分布。

**寄主**：危害竹种较多，以刚竹属中的毛竹、刚竹、淡竹和簕竹属中的青皮竹、撑篙竹为最严重，其他如早竹、哺鸡竹、桂竹、石竹、水竹、绿竹、苦竹等均可危害。

**危害状**：以幼虫吐丝卷当年新竹竹叶，取食叶为害，对毛竹、刚竹、淡竹及青皮竹等危害特别严重，严重为害时，竹叶被吃光，影响竹鞭生长及下年度出笋，甚至使竹大面积枯死（见图87-1）。

**形态特征**：雌蛾翅展24~30mm；雄蛾翅展24~29mm。触角黄色，丝状。前翅黄色至深黄色，有3条深褐色弯曲的横线，外横线下半段内倾，与中横线相接。后翅色浅，仅有一条弯曲的中横线。前、后翅外缘均有褐色宽边（见图87-2）。初孵幼虫青白色，长1.2~1.3mm，老熟幼虫体长16~25mm。前胸背板有6个黑斑；中、后胸背面各有两个褐斑，让背线分割成4块；腹部每节背面有两个褐斑，气门斜上方有1块褐斑。初为黄白色，后渐变为橙黄色，尾部凸起且中间分为两叉（见图87-3、图87-4）。

　　生物学特性：1年2代，第1代取食严重，第2代较轻，以老熟幼虫入土作茧越冬。4月底、5月初化蛹始见成虫，5月中下旬为成虫盛期，相继交尾、产卵。6月初幼虫孵出，盛期在6月中上旬。7月初老熟幼虫开始入土结茧。第2代幼虫在7月下旬开始出现，9月中下旬开始入土结茧，有世代重叠现象。成虫趋光性强。交配、产卵前需补充营养，卵多产于新竹梢部叶背。老熟幼虫吐丝坠地，在杂草根部入土结茧。

图87-1　竹织叶野螟危害状
（徐家雄 摄）

图87-2　成虫
（李琨渊 摄）

图87-3　幼虫
（秦长生 摄）

图87-4　蛹
（杨晓 摄）

缀叶丛螟 *Locastra muscosalis*（Walker，1866）

　　分类地位：鳞翅目Lepidoptera螟蛾科Pyralidae缀叶丛螟属*Locastra*。

　　分布：国外分布于日本、印度、斯里兰卡等国；国内分布于北京、天津、河北、辽宁、江苏、浙江、安徽、福建、江西、山东、河南、湖北、湖南、广东、广西、四川、云南、贵州、陕西、台湾等地；省内广泛分布。

　　寄主：南酸枣、黄连木、盐肤木、黄栌、薄壳山核桃、枫杨、核桃、枫香、细柄蕈树等。

　　危害状：初龄幼虫吐丝拉网作巢，群居缀叶取食，随龄期增大，分群缀叶，能吃光树叶，造成秃顶，之后转移到另一株树上为害，暴食成灾（见图88-1）。

　　形态特征：成虫翅展35~45mm，前翅栗褐色，基部棕黄色或红棕色，中部和端部白至灰色；内横线锯齿形，深褐色，中室内有一丛深褐色鳞片，外横线褐色弯曲如波纹，外侧色浅，内、外横线之间深栗褐色；后翅浅褐色。雄虫前翅前缘2/3处有1个腺状突起（见图88-2）。卵块鱼鳞状紧密排列；卵粒，椭圆形，直径0.8mm，卵壳布满网状饰纹。成熟幼虫长31~42mm，头部黑褐色。前胸背板黑褐色，中间有条浅色纵沟。亚背线与气门线间基色为黑褐色，间有黄褐色斑纹，气门线以下为棕黄至浅黄色，臀板黑褐色（见图88-3）。

　　生物学特性：1年2代，以蛹在土内越冬。成虫有趋光性。卵多产于直径3~10mm的当年新梢上，少数产于叶片正面，产于小枝者，多近叶柄处。老熟幼虫下垂地面，寻找土质疏松的位置，钻入土中3~8cm深处结茧化蛹。

图 88-1 缀叶丛螟危害状（罗峰 摄）

图 88-2 成虫（罗峰 摄）

图 88-3 幼虫（左罗峰 摄，右李琨渊 摄）

橄绿瘤丛螟 *Orthaga olivacea*（Warren，1891）

别名：樟巢螟、樟丛螟、樟缀叶螟。

分类地位：鳞翅目 Lepidoptera 螟蛾科 Pyralidae 瘤丛螟属 *Orthaga*。

分布：国外分布于日本、朝鲜等国；国内分布于上海、浙江、江苏、福建、江西、湖南等地；省内分布广泛。

寄主：樟、豺皮樟、肉桂、山苍子等樟科植物。

危害状：主要以幼虫吐丝结巢，在巢内取食叶片和嫩梢，严重发生时可将叶片食光，残留枝梗，树冠上到处可见枯黄色的鸟巢状虫苞，严重影响正常生长及景观效果等（见图 89-1）。

　　**形态特征**：成虫体长 12mm，翅展 23~30mm，头、胸、体部灰褐色，前翅前缘中央有 1 个淡黄色斑，内横线斑状，外横线曲折波浪状；后翅棕灰色，头部和全身灰褐色。雌雄成虫主要形态区别在于雄虫头部两触角间着生 1~2 束向后伸展的锤状毛束（见图 89-2、图 89-3）。老熟幼虫长 20~23mm，体综黑色，中胸至腹末背面有 1 条灰黄色宽带，气门上线灰黄色，各节有黑色瘤点，点上着生刚毛 1 根（见图 89-4）。

　　**生物学特性**：1 年 2~3 代，老熟幼虫 10 月上、中旬将陆续下地在树根四周松土层内结茧越冬。翌年 5 月中旬初始见成虫，下旬羽化高峰，成虫有趋光性。产卵于缀合的两叶间隙或叶缘，每块产卵 10~140 粒。1 代幼虫危害期为 5 月底至 7 月中旬。7 月下旬幼虫老熟化蛹。第 2 代幼虫 8~11 月危害，该虫有世代重叠现象。初孵幼虫取食卵壳，后群集危害叶肉。2~3 龄时边食边吐丝卷叶结成 5~20cm 大小不一的虫巢。同一巢内虫龄相差很大，每巢用叶 3~30 片，幼虫深居巢内啃食叶片进行危害。每巢有幼虫 1~10 条，老熟幼虫吐丝下垂到地面或坠地入土 2~4cm 处结茧化蛹，9~10 月，2~3 代幼虫落地结茧越冬。

图 89-1　橄绿瘤丛螟危害状（向涛 摄）

图 89-2　雌成虫（李琨渊 摄）

图 89-3　雄成虫（李奕震 摄）

图 89-4　老熟幼虫（李琨渊 摄）

**大蓑蛾 *Eumeta variegate*（Snellen，1879）**

　　**分类地位**：鳞翅目 Lepidoptera 蓑蛾科 Psychidae 大蓑蛾属 *Eumeta*。

　　**分布**：国外分布于日本、印度、马来西亚等国；国内分布于天津、江苏、浙江、安徽、江西、福建、山东、河南、湖北、广西、四川、云南、台湾等地；省内分布于广州、深圳、河源、梅州、惠州、汕尾、东莞、中山、江门、湛江、茂名、肇庆、潮州等地。

寄主：桉树、茶、油茶、咖啡、柑橘、枇杷、梨、桃等。

危害状：幼虫在护囊中咬食叶片、嫩梢或剥食枝干、果实皮层（见图90-1）。

形态特征：雌成虫体长25~40mm。雄蛾翅展35~44mm，呈黑褐色。触角羽状。前翅有4~5个半透明斑，后翅有褐色斑纹，胸部背面有2条白色带纹。幼虫腹足和尾足均退化，3龄后雌雄形态明显不同。雌虫肥大，体长25~40mm，背部两侧各有1个赤褐色斑。雄幼虫体长17~24mm，中央有1个白色"人"字形化纹。

生物学特性：1年2代，以老熟幼虫悬挂在枝叶上的护囊内越冬（见图90-2）。雌虫终生住在护囊内，产卵于囊中。每个雌虫平均产676粒，个别高达3000粒。幼虫孵化后，从护囊内爬出，吐丝下垂，随风飘移他处，自做小护囊，随着虫龄的长大，护囊也增大。幼虫取食、活动时，头、足伸出囊外爬行（见图90-3）。幼虫取食叶片成缺刻，也取食枝条及果实皮层。4月下旬化蛹，5月上、中旬羽化，雌成虫羽化后仍留在护囊内。7~9月幼虫为害严重。11月份后，幼虫封闭护囊，开始越冬。

图90-1　危害状（李琨渊 摄）

图90-2　护囊（李琨渊 摄）

图90-3　幼虫（李琨渊 摄）

桉蓑蛾 *Acanthopsyche subferalbata* Hampson，1992

分类地位：鳞翅目 Lepidoptera 蓑蛾科 Psychidae 小蓑蛾属 *Acanthopsyche*。

分布：国内分布于江苏、浙江、安徽、福建、江西、河南、湖北、湖南、广西、四川、贵州、台湾等地；省内分布于广州、深圳、河源、惠州、东莞、江门、湛江、茂名、云浮等地。

寄主：桉树、棕竹、散尾葵、蒲葵等棕榈科植物。

危害状：桉袋蛾以幼虫大量取食桉树叶片为害，把叶片食成网孔状后将袋囊吊挂于空中，造成桉树枯萎落叶，严重时甚至造成桉树死亡（见图91）。

图 91 桉蓑蛾虫袋及危害状（罗峰 摄）

形态特征：雄成虫翅展 11~18mm；触角羽毛状；前翅灰黑色，后翅背面浅蓝色，有光泽；雌成虫体淡黄色，蛆形，体长 6~8mm，头小，褐色，向前突出；足、口器、触角、复眼、翅膀均退化消失。幼虫共 6 龄，体长范围 2~9mm，各胸节背板有 4 个深褐色斑；腹部黄白色，腹背每节有 2 个瘤；胸足 3 对，腹足 5 对，趾钩属内侧缺环。雌蛹体长 5~8mm，黄褐色，头锥形；触角、翅膀、足都消失，腹部第 3~6 节的背面后缘各有 1 列刺突。雄蛹体长 4~6mm，头部和胸部有触角、翅膀、足附属器，腹部第 4~7 节背面前后缘及第 8 节前缘均有 1 列刺突。

生物学特性：1 年 2 代，以第 2 代幼虫于 11 月下旬开始在护囊内越冬。翌年 3 月越冬幼虫开始活动，取食叶片补充营养后于 4 月中旬开始化蛹，5 月和 6 月是成虫的羽化盛期。产卵期会从 5 月中旬持续到 6 月底。6~8 月气温高，桉蓑蛾各虫态发育速率加快，尤其是幼虫暴食、活跃，此段时间内桉蓑蛾在林间的为害最为严重。9 月上旬林间出现第 2 代幼虫，但之后随着气温的逐渐下降，桉蓑蛾幼虫活动减缓，取食量也减少，11 月下旬桉蓑蛾幼虫进入越冬期。

蜡彩蓑蛾 *Chalia larminati* Heylaerts

分类地位：鳞翅目 Lepidoptera 蓑蛾科 Psychidae 彩蓑蛾属 *Chalia*。

分布：国内分布于主要分布于华东、华中、华南、西南地区；省内广泛分布。

寄主：桉树、柑橘、龙眼、杨梅、枇杷、橄榄、石榴、阳桃、木菠萝、杧果、番石榴等。

危害状：幼虫取食树叶、嫩枝及幼果，虫口密度大时，几天内能将整片林子树叶取食殆尽（见图 92-1）。

形态特征：雄蛾翅展 18~20mm。头、胸部灰白色，腹部银灰色。前翅基部白色，大半灰黑。后翅白色，密布有蜂巢状网纹。前胸背板黑褐色，中、后胸背中线两侧有黑斑。腹部黄白色，毛片黑色。臀板骨化黑色且长，有蜂巢状网纹，着生 4 对刚毛。蓑囊细长坚硬，灰黑至暗褐色，长尖锥状，丝质，无碎枝叶粘贴，囊外壁有横纹，上端粘附有各龄幼虫头壳，下端 4 裂（见图 92-2）。

生物学特性：1 年 1 代，以老熟幼虫越冬，袋囊缚在枝干或叶背，次年 3 月中旬化蛹，4 月上旬成虫羽化，5 月下旬至 6 月中旬产卵盛期，6 月上旬至 8 月中旬幼虫。

图 92-1　蜡彩蓑蛾危害状（徐家雄 摄）

图 92-2　蜡彩蓑蛾幼虫（李琨渊 摄）

### 白囊蓑蛾 *Chalioides kondonis* Matsumura

分类地位：鳞翅目 Lepidoptera 蓑蛾科 Psychidae 囊蓑蛾属 *Chalioides*。

分布：国内分布于江苏、浙江、安徽、福建、江西、湖南、湖北、广东、广西、四川、贵州、云南、台湾、香港等地；省内分布于广州、深圳、河源、梅州、惠州、汕尾、东莞、中山、阳江、湛江、茂名、潮州等地。

寄主：白千层、台湾相思、紫荆、紫薇、樟、羊蹄甲、柏、凤凰木、黄花槐、金合欢、柳、白兰、塞楝、桉树、木麻黄、竹、梅等植物。

危害状：幼虫负护囊爬行取食叶、枝皮。发生严重时，能将全树叶片吃光（见图 93-1）。

形态特征：雄蛾体长 13mm，翅展 18~24mm，体淡褐色，触角黑褐色。腹部各体节有许多褐色毛，翅透明，后翅基部密布白色毛。雌成虫体长 9~14mm，黄白色，但在体末 2 节呈莩荸状，表面长有许多栗褐色天鹅绒毛。老熟幼虫体长 30mm，较细长；头褐色，多黑色点纹；胸部背板灰黄白色，两侧各纵列有 3 行暗褐色斑纹；中、后胸背板沿中线各分为 2 块；腹部淡黄或略带灰褐色，各节上都有暗褐色小点，呈规则排列。护囊细长，纺锤形，雄囊长 30mm，雌囊长 38mm 灰白色，全系丝质，织结紧密，囊外不附有任何枝叶（见图 93-2）。

生物学特性：广东 1 年 1 代，以幼虫在茧囊内越冬，翌年春继续危害。广州地区，化蛹始于 4 月上旬，盛期 4 月中下旬；成虫羽化始于 4 月下旬，盛期 5 月中下旬、最迟的延至 8 月下旬。南昌地区，越冬幼虫 3 月中下旬开始取食，6 月中旬至 7 月中旬化蛹，6 月底羽化，幼虫 7 月中旬至 8 月中旬孵出，11 月上中旬陆续进入越冬期。雌虫将卵成堆产于母虫茧囊内蛹壳底部，幼虫及蛹在茧囊中，护囊悬挂于枝叶上。

图 93-1　白囊蓑蛾危害状（李琨渊 摄）　　　　　　图 93-2　护囊（黄焕华 摄）

大燕蛾 *Lyssa zampa*（Butler, 1869）

分类地位：鳞翅目 Lepidoptera 燕蛾科 Uranidae 大燕蛾属 *Lyssa*。

分布：国外分布于喜马拉雅东北部、泰国、菲律宾；国内分布于福建、湖南、广东、广西、海南、重庆、贵州、云南；省内广泛分布。

寄主：大戟科植物。

危害状：幼虫取食叶片。

形态特征：成虫翅长约 60mm；前翅前缘黑白相间，中线白色直线，内侧散布棕褐色鳞片，外侧衬灰褐色，外线为褐色带，边缘不明显；后翅中线白色外斜，端区褐白色，端线灰褐色，外缘中部具一短尾突，近臀角处具一白色长尾突（见图 94）；幼虫体黄白色，头和足红褐色；背部有一系列突起，及一些不规则但是对称排列黑斑，并着生刚毛；气门白色，周围黑色；低龄时大多数节段上有窄的、不规则的、浅棕色的横向斑纹；更低龄的幼虫胸部 1~2 节，腹部第 2、3、7 节更加密集，显著的黑色，连成不规则的斑块状。

生物学特性：太阳一出就开始飞舞，中午飞行相当活泼，直到飞至日落。它们用相当快的速度飞行在森林的高高树枝上，连续飞行时，在阳光下能陆续反射出闪闪发光的金属红色光，显得异常灿烂和华丽。大燕蛾尽管白天飞翔，夜间点灯时，有时也会屡屡飞来。幼虫在生长过程中会在叶片上留下丝质的痕迹，当受到惊吓时会吐丝下坠。老熟幼虫在用丝将落叶织成的茧中化蛹。

图94　成虫（左葛振泰 摄，右陆千乐 摄）

灰白蚕蛾 *Ocinara varians*（Walker，1855）

**分类地位：** 鳞翅目 Lepidoptera 蚕蛾科 Bombycidae 灰白蚕蛾属 *Ocinara*。

**分布：** 国内分布于福建、广西、海南、四川、台湾等地；省内广泛分布。

**寄主：** 榕树、黄葛榕、高山榕、菩提榕及无花果等。

**危害状：** 1~3 龄幼虫取食叶片的表皮和叶肉，残留另一层表皮，被害叶片不久呈深褐色。4 龄后的幼虫取食叶片呈孔洞或缺刻。末龄幼虫食光叶片及嫩梢，仅余枝干。

**形态特征：** 雌蛾翅展 21~27mm；雄蛾翅展 16~22mm。触角羽毛状。前翅前缘棕褐色，外缘中部具深色斑，内线与外线呈不太明显的灰褐色波状带，内线与中线间有一卵圆形斑；后翅反面具灰色波状带，缘毛棕褐色，后缘有纵排的灰褐色点；翅面有蓝色光泽（见图 95-1、图 95-2）。老熟幼虫体长 13.80~31.44mm。胸节多皱褶，每 1 腹节的后方有 3~4 个皱褶，尾角向后下弯（见图 95-3、图 95-4）。中胸、后胸及第 2、5 腹节背面各有一对黑斑，第 2 腹节的斑纹最大，有时左右相连。趾钩双序中带。末龄幼虫体色多变化，多数为棕黄色与灰白色相间型；其次为灰白色型，似榕树枝条；灰绿色型较少见。

图 95-1　雌成虫（李琨渊 摄）　　　　　图 95-2　雄成虫（李琨渊 摄）

生物学特性：1年7代，无明显越冬现象。11月中旬发育快的幼虫开始结茧化蛹，发育慢的幼虫则静伏于叶片和枝条上，中午气温较高时可少量取食。第1代幼虫1月中旬孵化，3月中旬开始结茧化蛹（见图95-5），4月上旬成虫羽化；第1代幼虫4月上旬孵化，5月中旬化蛹，6月上旬成虫羽化；第3代幼虫6月下旬孵化；第4、5、6代幼虫分别于8月上旬、8月下旬、9月下旬孵化；第7代幼虫于11月上旬出现，幼虫期持续到翌年2月下旬。卵成串产于叶片或枝干上，多见于叶背，呈单行或双行排列，每串卵4~18粒不等，极少散产（见图95-6）。成虫具趋光性。

图95-3　低龄幼虫（李琨渊 摄）

图95-4　老熟幼虫（李奕震 摄）

图95-5　茧（李琨渊 摄）

图95-6　卵
（李琨渊 摄）

长尾大蚕蛾 *Actias dubernardi*（Oberthür，1897）

分类地位：鳞翅目 Lepidoptera 大蚕蛾科 Saturniidae 尾大蚕蛾属 *Actias*。

分布：国内分布于北京、河北、浙江、福建、湖北、湖南、广西、海南、贵州、云南、陕西、甘肃；省内分布于肇庆、清远、韶关、惠州、河源、潮州等地。

寄主：松属植物。

危害状：幼虫取食松针，但不会将整丛松针食尽。

形态特征：翅展为80~120mm，雄虫身体黄色，前翅长三角形，前缘有褐色边，中室眼斑长椭圆形，外缘区粉红色，接近翅的中部。后翅近半圆形，前缘和外缘分界不明显，外缘成粉红色，后角延伸为修长的带状尾突，尾突长度为100~110mm。雌虫身体密布白色绒毛，翅青绿色，后翅中室眼斑明显，尾突中部粉红色，其余特征与雄虫相同（见图96-1）。低龄幼虫红褐色，体粗壮，体侧有两排褐色不连续点状带，每个体节上着生瘤突，瘤突上有长短不一的毛，胸部的毛很长。老熟幼虫深绿色，各体节上有白色条带，且散布白色的点，背部有瘤突（见图96-2）。

生物学特性：在我国南方地区，每年至少2代。成虫多发生于3~4月和7~8月。

图 96-1 成虫（李琨渊 摄）

图 96-2 幼虫（向涛 摄）

宁波尾大蚕蛾 *Actias ningpoana*（Fielder，1862）

**分类地位：** 鳞翅目 Lepidoptera 大蚕蛾科 Saturniidae 尾大蚕蛾属 *Actias*。

**分布：** 国内分布于华北、华东、中南各省区；省内广泛分布。

**寄主：** 核桃、桤木、喜树、乌桕、香樟、枫香树、木槿、山茱萸、芍药、杜仲、丹皮等。

**危害状：** 幼虫食性杂，可取食多种树叶。幼虫喜食树冠上部枝叶，一枝叶片吃光后，再取食下一枝叶片。高龄幼虫取食后不留叶柄。

**形态特征：** 成虫翅展 100~130mm，触角黄褐色羽状；头部 2 触角间具紫色横带 1 条。胸背肩板基部前缘具暗紫色横带 1 条，翅淡青色，基部具白色絮状鳞毛；前翅前缘具白、紫、棕黑 3 色组成的纵带 1 条，与胸部紫色横带相接。后翅臀角长尾状，长约 40mm，后翅尾角边缘具浅黄色鳞毛。前、后翅中部中室端各具椭圆形眼状斑 1 个。斑中部有一透明横带，从斑内侧向透明带依次由黑、白、红、黄 4 色构成，黄褐色外缘不明显（见图 97-1、图 97-2）。初孵幼虫体长 5.0~6.5mm，胸部和腹部末节橘黄色。2 龄幼虫通体暗红色，前胸 4 个毛瘤，中胸至第 7 腹节着生 6 个毛瘤，第 8 节着生 5 个毛瘤，第 9 节着生 4 个毛瘤。3 龄幼虫通体绿，毛瘤为橘黄色，毛瘤上着生刚毛和褐色短刺。第 2，3 胸节毛瘤大，基部黑色，每个毛瘤上有 1 根长黑刚毛及 7~8 根短黑刚毛。腹节较大毛瘤上有 1 根长黑刚毛，4 根短黑刚毛，中等大小的毛瘤上有 2 根长黑刚毛，3 根短黑刚毛，小毛瘤上有 1 根黑色刚毛。6 龄幼虫虫体通绿，中胸、后胸上毛瘤呈金黄色（见图 97-3）。

图 97-1 雌成虫（李琨渊 摄）

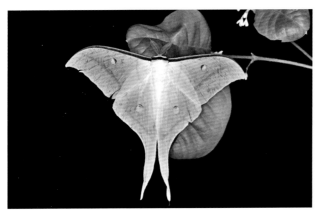

图97-2　雄成虫（陆千乐 摄）

图97-3　幼虫（李琨渊 摄）

**生物学特性**：1年2代，共6龄。9月下旬老熟幼虫在树枝上作茧化蛹越冬。翌年4月下旬至5月上中旬羽化和产卵。5月上中旬开始孵化出第1代幼虫。7月上旬开始结茧化蛹。8月上中旬羽化和产卵。8月中旬开始出现第2代幼虫。成虫具有较强的趋光性。成虫羽化后即可交配，第二天即可产卵。

**乌桕大蚕蛾 Attacus atlas（Linnaeus，1758）**

**分类地位**：鳞翅目 Lepidoptera 大蚕蛾科 Saturniidae 巨蚕蛾属 Attacus。

图98-1　成虫（李琨渊 摄）

图98-2　幼虫（李琨渊 摄）

**分布**：国外分布于印度尼西亚、泰国、马来群岛；国内分布于浙江、福建、江西、湖南、广西、海南、云南、台湾等地；省内广泛分布。

**寄主**：乌桕、樟、柳、大叶合欢等。

**危害状**：幼虫取食叶片。

**形态特征**：成虫翅展180~210mm。前翅顶角显著突出，体翅赤褐色，前、后翅的内线和外线白色；内线的内侧和外线的外侧有紫红色镶边及棕褐色线，中间夹杂有粉红及白色鳞毛；中室端部有较大的三角形透明斑；外缘黄褐色并有较细的黑色波状线；顶角粉红色，近前缘有半月形黑斑一块，下方土黄色并间有紫红色纵条，黑斑与紫条间有锯齿状白色纹相连。后翅内侧棕黑色，外缘黄褐色并有黑色波纹端线，内侧有黄褐色斑，中间有赤褐色点（见图98-1）。幼虫成圆筒形，体色大部分为浅绿色至深绿色，幼虫粗壮，躯干处生有许多毛瘤（见图98-2）。老熟幼虫可以吐丝作茧。

**生物学特性**：1年发生2代，成虫在4月、5月及7月、8月出现，以蛹在附着于寄主上的茧中过冬，成虫产卵于主干、枝条或叶片上，有时成堆，排列规则。

银杏大蚕蛾 *Caligula japonica*（Moore，1872）

分类地位：鳞翅目 Lepidoptera 天蚕蛾科 Saturniidae 目大蚕蛾属 *Caligula*。

分布：国外分布于日本；国内分布于河北、山西、黑龙江、广西、四川、贵州、陕西、香港、台湾等地；省内分布于韶关、河源等地。

寄主：核桃、银杏、漆树、栎、李、梨、樟、枫香、柿树等 20 科、30 属、40 种植物。

危害状：低龄幼虫常群集在一张叶片或一个枝梢上取食危害。如高龄幼虫虫口密度高，可将大片树林叶片全部食净。

形态特征：成虫体长 25~60mm，翅展 90~150mm，体灰褐色或紫褐色。雌蛾触角栉齿状，雄蛾羽状。前翅内横线紫褐色，外横线暗褐色，两线近后缘外汇合，中间呈三角形浅色区，中室端部具月牙形透明斑。后翅从基部到外横线间具较宽红色区，亚缘线区橙黄色，缘线灰黄色，中室端处生 1 大眼状斑，斑内侧具白纹。后翅臀角处有 1 白色月牙形斑（见图 99-1）。末龄幼虫体长 80~110mm。体黄绿色或青蓝色。背线黄绿色，亚背线浅黄色，气门上线青白色，气门线乳白色，气门下线、腹线处深绿色，各体节上具青白色长毛及突起的毛瘤，其上生黑褐色硬长毛（见图 99-2）。茧丝织椭圆形（见图 99-3）。

生物学特性：1 年发生 1 代，以卵越冬。发生时期根据不同地理环境先后有别，南方比北方早。四川南充 9 月中旬至 11 月上旬为成虫发生期，10 月上、中旬为盛月中旬为盛孵期；4 月上旬至 7 月中旬为幼虫发生期，6 月中、下旬为严重为害期；6 月中旬至 7 月中旬为蛹发生期，7 月上旬为盛期。9 月中旬至翌年 4 月上旬为越冬卵滞育期。1~3 龄幼虫常以 3~10 头以上群集在一张叶片或一个枝梢上取食；3 龄以后逐渐分散为害；6~7 龄进入暴食期，且高度分散。

图 99-1　成虫（董伟 摄）

图 99-2　幼虫（董伟 摄）

图 99-3　茧
（李琨渊 摄）

樟蚕 *Eriogyna pyretorum* Westwood，1847

分类地位：鳞翅目 Lepidoptera 大蚕蛾科 Saturniidae 樟蚕属 *Eriogyna*。

分布：国外分布于印度、缅甸、越南、俄罗斯；国内分布于河北、福建、江西、山东、湖南、广西、台湾等地；省内广泛分布。

寄主：樟、番石榴、银杏、板栗、枫香、檫木、枇杷、柑橘等。

危害状：低龄幼虫将叶食成缺刻，老熟幼虫吃光叶片后，甚至还吃叶柄及嫩茎。

形态特征：雌蛾翅展 74~118mm，雄蛾翅展 61~100mm；触角黄褐色、羽毛状，雄蛾较雌蛾宽一倍多。前胸背面被白色茸毛，前翅前缘灰白色，基部有三角形褐斑，内横线褐棕色，中室端部有一眼状纹，眼状纹中心有一月牙形透明斑，外横线棕褐色、双锯齿形，亚缘线褐色，其外侧有白色带纹，缘线灰褐色，顶角外侧有紫红色纹 2 条；后翅斑纹略似前翅，但眼状纹小，基部无三角形褐斑。腹部背面被黑褐色茸毛、各节间有白色茸毛环（见图 100-1）。老熟幼虫 55~112mm，体黄绿色，各节均具瘤突 3 对，分别着生于亚背线，气门上线及气门下线上，但第 1 胸节及腹部末节只有 2 对瘤突，此外，各节在基线上尚有 1 对不显著的黄色小瘤突；背线，亚背线，气门上线，气门下线浅黄色，各线之间蓝绿色，杂有黑斑；胸足黄绿色，外侧有黑斑，腹足黄绿色；肛上板有 3 个黑斑，列成倒"品"字形。趾钩双序中带（见图 100-2）。

生物学特性：1 年发生 1 代。3 月上中旬开始羽化，羽化期约 15 天。一般羽化后 1~3 天完成交尾，交尾后 1~3 天产卵。4 月上中旬卵开始孵化，幼虫始现，4 月中旬至 7 月中旬为幼虫期，7 月上旬老熟幼虫开始结茧，7 月中旬至翌年 3 月上旬为蛹期。第 1、2 龄幼虫将叶食成缺刻。3 龄后幼虫从叶缘开始向里取食，老熟幼虫食叶量猛增。以蛹在茧内于树上越冬（见图 100-3）。

图 100-1　成虫（喻子尧 摄）

图 100-2　幼虫（魏军发 摄）

图 100-3　茧
（陈刘生 摄）

王氏樗蚕 *Samia wangi*（Naumann et Peigler，2001）

分类地位：鳞翅目 Lepidoptera 天蚕蛾科 Saturniidae 樗蚕属 *Samia*。

分布：国内分布于浙江、福建、江西、湖北、广西、海南、四川、贵州、云南、西藏、陕西、香港、澳门、台湾等地；省内分布于广州、深圳、佛山、韶关、河源、惠州、肇庆、潮州、云浮等地。

寄主：臭椿、乌桕、楝等。

危害状：以幼虫取食叶片，因体型及食量巨大，常将枝条食成光杆状。

形态特征：翅展 130~160mm，翅棕褐色，前翅顶角突出，末端钝圆，近下角处有一黑色眼斑，内线白色；内线、外线白色，内缘银色，外线外侧砖红色，中室斑长扁带型；后翅近三角形，内外线与前翅相同，中室斑新月状（见图 101-1）。老熟幼虫绿色，各体节背面具肉瘤突（见图 101-2）。

生物学特性：广东 1 年 1 代，成虫多见于 6~8 月。

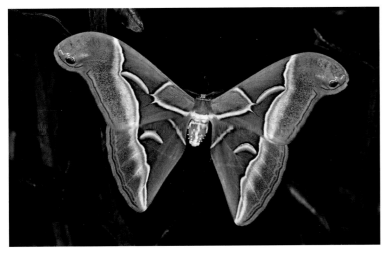

图 101-1 成虫（郭健玲 摄）

图 101-2 幼虫（李琨渊 摄）

异斑酷大蚕蛾 *Cricula variabilis* Naumann & Löffler，2010

分类地位：鳞翅目 Lepidoptera 大蚕蛾科 Saturniidae 酷大蚕蛾属 *Cricula*。

分布：国内分布于广西；省内分布于广州、惠州等地。

寄主：华润楠、鼷蒳锥、鸭脚木、枇杷叶紫珠等多种阔叶树。

危害状：初孵幼虫聚集啃食叶缘成缺刻，随虫龄增加，逐渐可将整个叶片的叶肉、叶脉食尽，4~5 龄幼虫进入暴食阶段使当年生枝条变成光杆（见图 102-1）。

形态特征：雌蛾翅展 59~65mm，雄蛾翅展 43~58mm。体浅褐色、棕红色，颜色深浅变化较大。雄虫触角羽毛状。中室为不透明的椭圆形黑色小斑点，或 1~3 个透明的小斑。雌虫个体较大，身体粗壮；呈红棕色；触角短栉齿状；中室处有 3 个明显的透明斑；外线及以外臀角区域密布银灰色鳞毛，后翅银白色鳞毛更明显；中室斑透明（见图 102-2、图 102-3）。卵椭圆形，长 1.7~1.8mm，宽 1.3~1.5mm，高

图 102-1 异斑酷大蚕蛾危害状
（李琨渊 摄）

图 102-2 雄成虫（李琨渊 摄）

图 102-3 雌成虫（李琨渊 摄）

1.0~1.2mm。1 龄幼虫体长 3~4mm，浅黄色，胸部背面两侧有近圆形黑色斑；第 8 腹节背部中央两个毛瘤连在一起，基部黑褐色（见图 102-4）。老熟幼虫体长 44~55mm，黄绿色；头宽 4.1~4.8mm，红褐色。圆筒形，每体节上有整齐排列的橘黄色毛瘤；趾钩为双序中带（见图 102-5）。

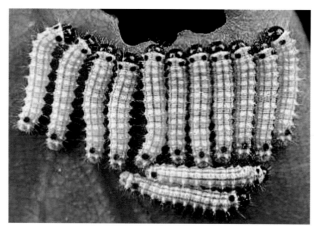
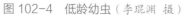

图 102-4　低龄幼虫（李琨渊 摄）

图 102-5　老熟幼虫（李琨渊 摄）

**生物学特性：**成虫白天活动能力强，在午后开始觅偶并交配，雌虫将卵粒沿着叶片边缘整齐排成一行，20~30 粒不等；初孵幼虫聚集取食叶片边缘，造成缺刻。幼虫聚集量大的时候，每枝条上有 40 多头；华润楠叶片被取食完后，幼虫从树上爬到树干周围的植物上。幼虫第一个危害高峰期 4 月上旬，叶片被取食殆尽，与周围非寄主树木形成鲜明的对比。幼虫吐丝结茧并无特殊的要求，植物的叶片，枯枝上均可结茧；吐丝将叶片连在一起，结茧化蛹，单个或者多个幼虫在一起结茧化蛹，密集处可达 30 个茧。

**青球箩纹蛾** *Brahmaea hearseyi*（White，1862）

**分类地位：**鳞翅目 Lepidoptera 箩纹蛾科 Brahmaeidae 箩纹蛾属 *Brahmaea*。

**分布：**国外分布于印度、缅甸、印度尼西亚；国内分布于福建、江西、河南、湖南、广东、四川、贵州、云南、西藏等地；省内分布于韶关、河源、惠州、肇庆、清远、潮州、云浮。

**寄主：**女贞、桂花、栎、水蜡、白蜡树、乌桕、毛竹等。

**危害状：**低龄幼虫啃食叶缘成缺刻，随虫龄增加，逐渐可将整个叶片的叶肉、叶脉食尽，甚至使当年生枝条变成光杆而枯死。

**形态特征：**雌蛾翅展 110~165mm，雄蛾翅展 110~140mm，体青褐色，翅灰褐色。前翅中带底部近椭圆形，内有 3 个黑点，中带顶部外侧呈凹齿状纹，齿状纹外为 1 灰褐圆斑，上有 4 条白色横行鱼鳞纹；中带外侧有 5 道箩筐纹，翅外缘有 7 个青灰褐色斑，顶角为一褐斑，中带外侧与翅基间有 5 条青黄色纵行条纹；后翅中线曲折，内侧棕黑色，有灰黄斑，外侧有箩筐状纹 9 道，条纹波浪状，青黄色间棕黑色，外缘有一列半球状斑（见图 103-1）。幼虫 1~4 龄体生漆黑色丝状羚羊角形毛突（胸部 2~3 节各 2 根，第 8 腹节 1 根，臀节 2 根），进入 5 龄丝状毛突消失，体表仅留白色疤痕。头部由黑褐色变为黄绿色，胸足黑褐色，腹足青绿色有黑纹。1~2 龄幼虫仅 1~1.5cm，而 5 龄幼虫可长达 10cm 左右（见图 103-2、图 103-3）。

**生物学特性：**1 年发生 2 代，以蛹在土中越冬（见图 103-4）。成虫初见期为 5 月中旬到下旬，6 月上旬为羽化盛期和产卵盛期，6 月中旬为孵化盛期，6 月下旬至 7 月上旬为第 1 代幼虫为害盛期，6 月下旬至 7 月中旬为化蛹期。第 1 代成虫于 8 月下旬开始羽化，8 月下旬至 9 月中旬为第 1 代成虫羽化期，9 月下旬为羽化盛期；9 月下旬至 10 月上旬为第 2 代幼虫为害盛期，10 月上旬至中旬幼虫老熟入土、化蛹、越冬。初孵幼虫啃食叶缘，4~5 龄幼虫进入暴食阶段，1 头幼虫每天可食 16~25 片叶。

图 103-1　成虫（李琨渊 摄）

图 103-2　低龄成虫（陈杰仪 摄）

图 103-3　老熟幼虫（陆千乐 摄）

图 103-4　蛹（洪鸿志 摄）

**粉绿白腰天蛾** *Deilephila nerii*（Linnaeus，1758）

**别名：** 夹竹桃天蛾

**分类地位：** 鳞翅目 Lepidoptera 天蛾科 Sphingidae 白腰天蛾属 *Deilephila*。

**分布：** 国内分布于上海、福建、广西、四川、云南、台湾等地；省内广泛分布。

**寄主：** 夹竹桃、马茶花、软枝黄蝉、萝芙木属植物等。

**危害状：** 幼虫取食幼苗的嫩叶、新梢叶片及嫩茎，由于幼虫取食量极大，会将整株幼苗叶部取食殆尽（见图 104-1）。

**形态特征：** 雌蛾翅展 75~95mm，雄蛾翅展 80~100mm。触角褐色，末端钩状。中胸两侧各有镶白边的大三角形灰绿色三角斑纹 1 个。前翅基部灰白色，中心有一黑点，中部至前缘有形似汤勺状、灰白至青色斑纹 1 个，翅中下部至外缘有浅棕红色宽带 1 条，翅顶角区域有灰白色纵线 1 条。后翅深褐色，后缘至前缘在近外缘处有 1 灰白色波状条纹（见图 104-2）。老熟幼虫体长 55~75mm，黄绿色至深绿色。后胸两侧各有一个大的近圆形眼斑，眼斑周围紫褐至黑色，中间白色、浅蓝白色至浅蓝色。胴部自第 2 节开始至腹末两侧各有一条白色纵纹，纵纹上下散生白色小圆点。趾钩黑色。尾突橙黄色，粗短，向下弯曲（见图 104-3、图 104-4）。卵圆球形，淡黄色至翠绿色，光滑有光泽（见图 104-5）。

图 104-1　粉绿白腰天蛾危害状（黄焕华 摄）

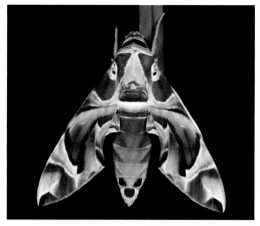

图 104-2　成虫（李琨渊 摄）

图 104-3　低龄幼虫（陆千乐 摄）

图 104-4　老熟幼虫（黄焕华 摄）

图 104-5　卵
（李琨渊 摄）

生物学特性：1 年发生 3 代，以老熟幼虫在土里化蛹越冬。越冬代成虫于 2 月下旬开始羽化，第 1 代幼虫于 3 月上旬开始孵化，3~12 月均可见幼虫为害，以 5~6 月、8~9 月为幼虫取食高峰期。成虫夜间羽化，有趋光性，飞翔能力很强。

鬼脸天蛾 *Acherontia lachesis*（Fabricius，1798）

分类地位：鳞翅目 Lepidoptera 天蛾科 Sphingidae 鬼脸天蛾属 *Acherontia*。

分布：国外分布于日本、印度、斯里兰卡、缅甸等国；国内分布于福建、江西、湖南、广西、海南、云南等地；省内分布于广州、深圳、韶关、河源、惠州、东莞、肇庆、清远、潮州、云浮等地。

寄主：茄科、豆科、木犀科、紫葳科、唇形科等植物。

危害状：幼虫取食幼苗的嫩叶，新梢叶片及嫩茎，由于幼虫取食量极大，会将整株幼苗叶部取食殆尽。

形态特征：成虫 100~120mm。胸部背面有骷髅形斑纹，眼点以上有灰白色大斑；腹部黄色，各节间有黑色横带。前翅黑色，有微小的白色点及黄褐色鳞片混杂；内、外横线由数条深浅不同色调的波状纹组成，顶角附近有较大的茶褐色斑，中室有一灰白色小点；后翅黄色，在中部、基部及外缘处有三条较宽的黑色横带，后角附近有一块灰蓝色斑（见图 105-1）。幼虫体长约 90~120mm。体型肥大，体色有黄色、绿色、褐色、灰色等多种，体侧有斜向的斑纹（见图 105-2）。

图 105-1　成虫（陆千乐 摄）

图 105-2　幼虫（李琨渊 摄）

**生物学特性**：1 年 1 代，以蛹过冬。成虫出现于 7、8 月出现，有趋光性；受到干扰，会在地面飞跳并发出吱吱的叫声。幼虫以茄科、马鞭草科、木樨科、紫葳科及唇形科等植物为寄主。成虫在 7 月出现，飞翔能力较弱，常隐居于寄主叶背，散产卵于寄住叶背及主脉附近。

**赭红葡萄天蛾** *Ampelophaga rubiginosa* Bremer & Grey，1853

**分类地位**：鳞翅目 Lepidoptera 天蛾科 Sphingidae 葡萄天蛾属 *Ampelophaga*。

**分布**：国外分布：朝鲜，日本，俄罗斯。国内分布于河北、山西、辽宁、吉林、黑龙江、江苏、浙江、安徽、江西、山东、河南、湖北、湖南、四川、陕西、宁夏等地；省内分布于韶关、河源、汕尾、肇庆、清远等地。

**寄主**：红锥、锥栗、葡萄、黄荆、乌蔹莓。

**危害状**：低龄幼虫常造成叶片缺刻和孔洞，高龄后幼虫日取食量暴增，可将寄主叶片仅留下叶柄、粗叶脉，严重时树叶全部被吃光，呈现火烧状（见图 106-1）。

图 106-1　赭红葡萄天蛾危害状（向涛 摄）

图106-2 成虫（葛振泰 摄）

形态特征：成虫翅展65~73mm，触角背面灰色，腹面黄褐色，胸部背面褚黄色，有紫粉色光泽，腹面橘黄色，胫节外侧有白色纵线，腹部背面褚红色，各节间有黑色横线及白色绒毛，侧面板锈红色，腹板杏黄色，各节前缘有褐色小点一对；雄性尾刷毛黑色。前翅狭长，捕红色，有金色闪光，基部有灰白色毛，顶角尖，内侧有隐约可见的粉白色月牙形纹，各横线不明显，中室有黑色小点。近外缘各脉黄色，缘毛棕色；后缘有粉黄色纵带（见图106-2）。老熟幼虫体长60~71mm，体色淡绿，前胸有黄色颗粒状突起；胸部、背部及两侧呈绿色。气门红褐色；腹面深绿色；尾角褐色；长8.2~9.6mm，端部红褐色渐细形成利刺（见图106-3）。

图106-3 幼虫（左向涛 摄，右徐家雄 摄）

生物学特性：1年2~3代，以蛹在土下30~70mm处越冬。3代成虫分别在4~6月、6~7月和8~9月间出现。成虫卵单产于寄主叶背面。成虫具趋光性。1龄、2龄幼虫取食量小，3龄后幼虫日取食量暴增，可将寄主叶片仅留下叶柄、粗叶脉，以至全食光嫩梢。

咖啡透翅天蛾 *Cephonodes hylas*（Linnaeus，1771）

分类地位：鳞翅目 Lepidoptera 天蛾科 Sphingidae 透翅天蛾属 *Cephonodes*。

分布：国外分布于日本、缅甸、斯里兰卡、印度、澳大利亚、西非等国；国内分布于山西、安徽、福建、江西、湖北、湖南、广西、四川、云南、香港、台湾等地；省内分布于广州、深圳等地。

寄主：咖啡、栀子、黄栀子、花椒树。

危害状：幼虫取食寄主叶片，受害重的只残留主脉和叶柄，有时把花蕾、嫩枝食光，造成光秆或枯死。

形态特征：成虫翅展45~64mm。触角黑色，从基部渐向端部膨大，末端呈细钩状。雄蛾触角比雌蛾略宽扁，具一白色纵带。胸部背面黄绿，腹面白色；腹部背面前端草绿，中部紫红，后部杏黄色，尾部具浓密的黑色毛丛。腹面第2~4节中央黑色，两侧紫红，第5、6节中央黑色，两侧为三角形白斑。翅透明，翅基及前翅内缘基半部和后翅内缘被浓绿色鳞片（见图107-1）。幼虫6龄，末龄体长52~65mm，体黄绿色，尾角黑色。前胸背板具颗粒状突起，各节具沟纹8条。亚气门线白色，其上生黑纹；气门上线、气门下线黑色，围住气门；气门线浅绿色。第8腹节具1尾角（见图107-2）。

**生物学特性：** 1年2~5代，以蛹在土中越冬。粤北1年生5代，每年5月上旬至5月中旬越冬蛹羽化为成虫后交配、产卵。1代发生在5月中旬至6月下旬，2代为6月中旬至7月下旬，3代为7月上旬至8月下旬，4代8月上旬至9月下旬，5代9月中下旬，老熟幼虫在10月下旬后化蛹。该虫多把卵产在寄主嫩叶两面或嫩茎上，每雌产卵200粒左右（见图107-3）。幼虫多在夜间孵化，昼夜取食，老熟后体变成暗红色，从植株上爬下，入土化蛹羽化或越冬。它是白天活动的蛾类之一，喜欢快速振动着透明的翅膀在都市庭院的花间穿行，吸花蜜时靠翅膀悬停空中，尾部鳞毛展开，如同鸟的尾羽，加上颇似鸟类的形体，常常被误认为蜂鸟。

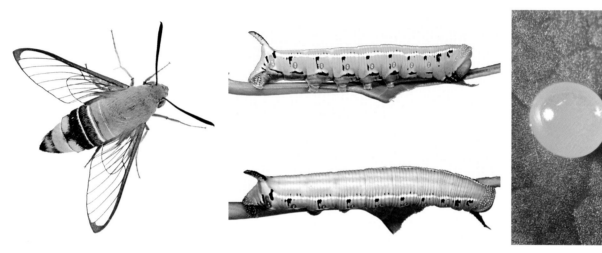

图107-1　成虫（杨建业 摄）　　　　图107-2　幼虫（杨建业 摄）　　　　图107-3　卵
（杨建业 摄）

**霜天蛾** *Psilogramma menephron*（Cramer，1780）

**分类地位：** 鳞翅目Lepidoptera天蛾科Sphingidae霜天蛾属*Psilogramma*。

**分布：** 国外分布于日本、朝鲜、印度、斯里兰卡、缅甸、菲律宾、印度尼西亚、大洋洲；国内分布于华北、华西、华中、华东和华南各省市；省内分布广泛。

**寄主：** 泡桐、灰莉、桂花、丁香、樟、小叶冬青等。

**危害状：** 低龄幼虫啃食叶表皮，以后随虫龄的加大而咬成缺刻或全叶，连叶柄也吃去。受害部位的枝条叶片全无，仅剩粗枝。

**形态特征：** 成虫展翅96~120mm，体翅灰褐色，胸部背板两侧及后缘有黑色纵条及黑斑一对，从前胸至腹部背线棕黑色，腹部背线两侧有棕色纵带，腹面灰白色；前翅正面灰褐，内线不明显，中线呈双行波状棕黑色，中室下方有黑色纵条2根，下面1根较短，顶角有一黑色曲线；后翅棕色，后角有灰白色斑（见图108-1）。老熟幼虫绿色，体长75~96mm，头部淡绿，胸部绿色，背有横排列的白色颗粒8~9排；腹部黄绿色，体侧有白色斜带7条；尾角褐绿，上面有紫褐色颗粒，长12~13mm，气门黑色，胸足黄褐色，腹足绿色（见图108-2）。

**生物学特性：** 1年发生1~3代；各地均以蛹在土室中越冬；成虫飞翔力强，有趋光性，雌蛾产卵喜产在寄主叶背边缘，每处产1粒。

图108-1　成虫（陆千乐 摄）　　　　　　　　　　图108-2　幼虫（陆千乐 摄）

竹篦舟蛾 *Besaia goddrica*（Schaus，1928）

**分类地位：** 鳞翅目 Lepidoptera 舟蛾科 Notodongtidae 篦舟蛾属 *Besaia*。

**分布：** 国外分布于泰国、越南等国；国内分布于江苏、浙江、安徽、福建、江西、湖北、湖南、四川、陕西等地；省内分布于广州、韶关、河源、惠州、肇庆、清远等地。

**寄主：** 毛竹、刚竹、淡竹、红壳竹、水竹、青皮竹、撑篙竹等20多种。

**危害状：** 幼虫取食幼嫩竹叶及新梢，严重为害时可将竹叶吃尽，使毛竹枯死，影响到次年出笋量和竹材。

**形态特征：** 翅展雌蛾50~58mm，雄蛾43~51mm。雌虫前翅黄白至灰黄色，斑纹色浅，缘毛色深，顶角突出，从顶角到外横线下有一灰褐色斜纹，斜纹下臀角区灰褐色。雄虫前翅灰黄色，前缘黄白色，中央有1条暗灰褐色纵线，下衬浅黄色边，内缘区灰褐色，外缘线脉间有黑点5~6个，亚外缘线由10余个黑点组成，缘毛及外缘线处灰黄色，余为深灰褐色（见图109-1）。老熟幼虫体长48~62mm，粉绿色。背线、亚背线、气门上线粉青色，较宽，各有1条狭黄色边；气门上线黄色。气门黄白色。前胸气门棕红色；中、后胸和腹部气门后方各有1个黄点（见图109-2）。

图109-1　成虫（李琨渊 摄）　　　　　　　　　　图109-2　幼虫（秦长生 摄）

生物学特性：1 年 4 代，以幼虫在竹林上缀织竹叶，匿居其中越冬，3 月上旬气温回升时，开始取食。4 月下旬越冬幼虫开始化蛹，5 月上旬始见成虫，第 1 代幼虫 5 月中旬孵出，6 月中旬化蛹，6 月下旬成虫羽化；7 月上旬第 2 代幼虫出现，7 月下旬末化蛹，8 月上旬成虫羽化；第 3 代幼虫 8 月中旬孵出，9 月中旬开始化蛹，9 月下旬成虫羽化；第 4 代幼虫 9 月下旬孵出，11 月初陆续越冬。

**龙眼蚁舟蛾** *Stauropus alternus* Walker，1855

**分类地位**：鳞翅目 Lepidoptera 舟蛾科 Notodontidae 蚁舟蛾属 *Stauropus*。

**分布**：国外分布于印度、缅甸、越南、印度尼西亚、马来西亚、菲律宾等国；国内分布于云南、台湾、香港等地；省内分布于广州、深圳、韶关、河源、惠州、东莞、肇庆、潮州等地。

**寄主**：龙眼、荔枝、银木荷、黄牛木、柑橘、杧果、茶、茶花、咖啡、决明、腊肠树、台湾相思、木麻黄等。

**危害状**：低龄幼虫有群集性，3 龄后可咬断枝条，高龄食量大增，常把幼叶的叶肉和叶脉一并咬食。

**形态特征**：翅展雌蛾 55~67mm，雄蛾 38~46mm。前翅灰褐色，基部有 2 棕黑色点；内、外线不清晰，灰白色锯齿形，内线较难见，外线隐约可见，从前缘到中室下角弧形外曲；亚端线由 1 列棕褐色点组成，内衬灰白边；端线由 1 列脉间棕褐色齿形线组成，内衬灰白边。雄蛾后翅灰白色，后半部暗褐色，中央有 2 条灰白色短线，后缘浅褐色，端线由 1 列棕褐色半月形线组成，雌蛾后翅整个褐色。1~2 龄幼虫为红褐色，状如蚂蚁。老熟幼虫长 45mm 左右，腹部背面第 1~5 节各具一对瘤突，尤其前三对最明显。尾部较前部膨大，中足细长，约前足的 4 倍，后足的 1 倍多。臀足退化呈枝状，向体下方延伸，形似一对尾巴，首尾部翘起时状如舟（见图 110）。

**生物学特性**：1 年发生 6~7 代，无越冬现象，多发生于高温、湿度较大的 5~9 月。各虫态历期，随世代不同而异。第 1 代卵期 8~9 天，幼虫期 23~30 天，预蛹期 2~3 天，蛹期 12~14 天。第 2~5 代卵期 5 天，幼虫期 22~26 天，预蛹期 2 天，蛹期 8~9 天。初龄幼虫有群集性，3 龄后可咬断枝条，4 龄后的食量加大，6~7 龄食量大增。幼虫在树冠下部最多，当下部的枝条吃光后逐步向上蔓延为害。老熟幼虫吐丝结茧，在茧内化蛹。成虫有趋光性，雌蛾产卵于树冠下部枝条上。

图 110　幼虫（李琨渊 摄）

木荷空舟蛾 *Syntypistis pallidfascia*（Hampso，1893）

曾用名：木荷空舟蛾 *Vaneeckeia pallidfascia*（Hampson，1893）

分类地位：鳞翅目 Lepidoptera 舟蛾科 Notodontidae 胯舟蛾属 *Syntypistis*。

分布：国外分布于日本、印度、泰国、越南、印度尼西亚、马来西亚、菲律宾、新几内亚等国；国内分布于浙江、福建、广西、海南、台湾等地；省内分布于佛山、韶关、河源等地。

寄主：木荷、油茶、红荷木和黄瑞木。

危害状：1~2 龄幼虫聚集在叶片背面取食叶肉，被害叶呈网状。幼虫 3 龄后开始分散取食，停在叶背处从叶片边缘开始啃食，仅留下叶柄和叶脉。4 龄以后食量大增，取食整片叶，可在短时间内把整片叶啃食光。

图 111　成虫（陈刘生 摄）

形态特征：翅展雌蛾 42~47mm，雄蛾 35~41mm。触角羽毛状。前翅黄褐色，内线以内的基部和外线以外的端部密被墨绿色的细鳞片；内线双股平行，波状，由前缘向内斜伸到后缘；外线双股平行，中部外拱；亚端线隐约可见。后翅黄白色，前缘和外缘色暗（见图 111）。1 龄幼虫体淡黄，背有 2 条鲜红色线。2 龄幼虫体橘红色，各体线明显。3 龄幼虫后期转变为青绿色，头部额上两侧有明显的红色斑点，第 2、3、4、7 腹节亚背线上出现红斑。4 龄幼虫体青绿色，身上的红色斑点明显，第 9 腹节亚背线上出现的红斑鲜红色。6 龄幼虫头与前胸之间有一环状白线；背线变为浅黄色，体两侧有黄色斑点。末龄幼虫体绿色，头部黄色，头部与胸部连接处有黄色环。

生物学特性：1 年完成 4 代，以幼虫在土壤中越冬，有世代重叠现象。越冬幼虫于翌年 2 月下旬开始化蛹，成虫羽化出的当晚就开始产卵，第 2、3 天产卵最多，卵产于叶背上或枝干上，在叶背上的卵多呈块状紧密排列，在树枝上的卵块多为不规则排列。9~10 月，林间害虫种群数量往往达到最大。老熟幼虫沿树干爬到地面，钻入有枯枝落叶覆盖的疏松表土 2~3 长 cm 深处作蛹室，先进入预蛹期，接着化蛹。成虫有趋光性，飞翔能力弱。

一点拟灯蛾 *Asota caricae*（Fabricius，1775）

分类地位：鳞翅目 Lepidoptera 灯蛾科 Arctiidae 拟灯蛾属 *Asota*。

分布：国外分布于印度、斯里兰卡、菲律宾、澳大利亚等国；国内分布于建、湖南、广西、四川、云南、台湾等地；省内分布于广州、深圳、佛山、河源、惠州、东莞、江门、云浮等地。

寄主：榕、对叶榕、油茶、龙眼、母生、铁刀木等。

危害状：低龄幼虫群集于叶背取食表皮及叶肉，被害部呈半透明后转为褐色斑块，4 龄后开始分散取食和为害，往往将整叶吃光，仅留主脉和侧脉。

形态特征：前翅长雌蛾 28~31mm，雄蛾 245~27mm。头、胸、腹部橙黄色，翅基片与后胸具黑点，前翅灰褐色，基部橙黄色、上有黑点 5 个，中室下角有一白点，翅脉白色；后翅橙黄，中室端具黑斑，外线有 2 个黑斑，亚端线有或无黑斑；领片近前端有黑斑 1 个。腹部背面有黑斑 1~4 个，雄蛾黑斑多半只有 1 个，在第 4 腹节背面（见图 112）。1 龄幼虫浅黄白色，2 龄幼虫中胸至第 8 腹节各节两侧有黑褐色斑点，第 1、8 腹节背面各有 1 黑褐色横带；3 龄开始腹部侧面的斑点形成纵带，老熟幼虫体白色，头顶分别有 1 对纵黑纹及黑斑点，前胸背面及臀节红褐色，各体节毛瘤黑色。

生物学特性：1 年发生 2 代，以第 2 代蛹越冬。越冬代成虫出现期为 5 月中旬至 6 月初，第 1 代卵出现在 5 月下旬，幼虫发生在 5 月下旬至 6 月底，6 月中下旬开始化蛹，成虫出现在 6 月中至 7 月上旬；第 2 代卵出现在 6 月中旬至 7 月中旬，幼虫危害期在 7 月上旬至 8 月上旬。7 月中进入越冬蛹期直至翌年 5 月上旬。成虫喜在较嫩叶背面上产卵，呈堆叠状卵块。

图 112　成虫（董伟 摄）

八点灰灯蛾 *Creatonotos transiens*（Walker，1855）

分类地位：鳞翅目 Lepidoptera 灯蛾科 Arctiidae 灰灯蛾属 *Creatonotos*。

分布：国外分布于印度、缅甸、越南、菲律宾、印度尼西亚等国；国内分布于山西、江苏、浙江、安徽、江西、福建、山东、河南、湖北、湖南、广西、海南、四川、贵州、云南、西藏、陕西、台湾等地；省内分布于广泛。

寄主：桑、茶、柳、女贞、柑橘、棉花等林木和作物，逾 14 科 25 种植物。

危害状：幼虫取食作物的幼苗，先咬断，再吃尽；或取食叶片，形成缺刻或只剩叶脉，有时先咬断叶片再取食。

形态特征：雌蛾翅展 50~60mm，腹背橘黄色，背中纵列 6 个黑点；前翅灰白色，中室上下角内外方各有 2 黑点，其中 1 黑点不明显。后翅灰白色，有时具黑色亚端点数个。雄蛾较小，翅展约 46mm，前后翅灰色，中室端也有 4 个黑点；后翅无亚端斑点。腹背黄色，腹面浅灰色，点列同雌蛾（见图 113-1）。幼虫体长 35~43mm，头褐黑色具白斑，体黑色，毛簇红褐色，八点灰灯蛾背面具白色宽带，侧毛突黄褐色，丛生黑色长毛。趾钩 19~25 个。呈中带排列（见图 113-2）。

图 113-1　成虫（陆千乐 摄）

图 113-2　幼虫（李琨渊 摄）

生物学特性：1年发生4~5代，4代为主。以蛹或老熟幼虫在石块下、土缝、枯枝落叶和杂草丛中越冬。在10月中旬化蛹的，从10月下旬开始可陆续羽化直至11月底，但因温度低，成为无效虫源。越冬幼虫于2月底、3月初开始活动取食，4月初化蛹，以蛹越冬的于4月中旬开始羽化。各代羽化期较长，世代重叠现象。成虫自天羽化，并静伏于寄主植物苗间或杂草上，晚上才飞出寻偶交配和产卵。卵多产于寄主植物底部叶背上成块状，呈长条形或不规则，或排成鼎纹形。

巨网苔蛾 *Macrobrochis gigas* Walker，1854

分类地位：鳞翅目 Lepidoptera 灯蛾科 Arctiidae 巨网苔蛾属 *Macrobrochis*。

分布：国外分布于不丹、尼泊尔、印度、孟加拉国等国；国内分布于广西、海南、云南等地；省内分布于广州、深圳、云浮、肇庆、清远、东莞、惠州、河源、梅州、潮州等地。

寄主：苔藓类。

危害状：幼虫常聚集于树干和叶面取食苔藓（见图114-1）。

形态特征：成虫翅展65~80mm，头部橙红色，前翅黑色，基部斑白色点状；亚基部中间一长椭圆形白斑；中室位置2个较大的白斑，外部的近梯形；外线由一列白斑组成，前部2个较大，后部2个较小。近前缘顶角处一大一小白色斑。后翅黑色，基部白色（见图114-2）。幼虫体黑色至蓝黑色，每体节均密布成束的灰白色长毛，无毒。体侧气孔白色，腹足及趾粉红色（见图114-3）。

生物学特性：幼虫常成群见于树皮及近地面的植株叶片上，取食苔藓植物为生，对人没有危险性。成虫喜访花，主要发生期为4~6月，夜间有趋光性。

图114-1　巨网苔蛾危害状　　　　图114-2　成虫（曾壮明 摄）　　　图114-3　幼虫（李琨渊 摄）
　　　　（张镜 摄）

粉蝶灯蛾 *Nyctemera adversata*（Schaller，1788）

分类地位：鳞翅目 Lepidoptera 灯蛾科 Arctiidae 蝶灯蛾属 *Nyctemera*。

分布：国外分布于日本、印度、尼泊尔、马来西亚、印度尼西亚等国；国内分布于浙江、江西、河南、湖南、广西、重庆、四川、贵州、云南、西藏、台湾等地；省内广泛分布。

寄主：柑橘、无花果等林木及野茼蒿、一点红等菊科植物。

危害状：幼虫取食叶片形成缺刻或只剩叶脉。

形态特征：翅展44~56mm。头黄色，颈板黄色，额、头顶、颈板、肩角、胸部各节具一黑点，翅基片具黑点2个；腹部白色、末端黄色，背面、侧面具黑点列；前翅白色，翅脉暗褐色，中室中部有一暗褐色横纹，中室端部有一暗褐色斑，Cu$_2$脉基部至后缘上方有暗褐纹，Sc脉末端起至Cu$_2$脉之间为暗褐色斑，臀角上方有一暗褐斑，臀角上方至翅顶缘毛暗褐色；后翅白色，中室下角处有一暗褐斑，亚端线暗褐斑纹4~5个（见图115-1）。老熟幼虫头、足橘黄色。体黑色，体侧有黄色带，于体节处断开，体节上着生瘤突，基部蓝紫色，瘤突上着生长刺毛（见图115-2）。

生物学特性：成虫多白天活动访花，也有趋光性，多见于低海拔的山区及河滩。

图115-1　成虫（陆千乐 摄）　　　　图115-2　幼虫（左李琨渊 摄，右陈文伟 摄）

人纹污灯蛾 *Spilarctia subcarnea*（Walker，1855）

分类地位：鳞翅目Lepidoptera灯蛾科Arctiidae污灯蛾属*Spilarctia*。

分布：国外分布于日本、朝鲜、菲律宾等国；国内分布于河北、山西、内蒙古、辽宁、吉林、黑龙江、上海、江苏、浙江、安徽、福建、江西、山东、河南、湖北、湖南、广西、四川、贵州、云南、陕西、台湾等地；省内分布于广州、深圳、河源、梅州、惠州、汕尾、肇庆等地。

寄主：桑、木槿、蔷薇等。

危害状：1~2龄幼虫在叶背面聚集啃食叶肉，仅剩表皮形成"纱网"状。3龄为害加剧，直接啃食叶片或嫩茎，造成叶片残缺不全、孔洞和分蘖增多。

形态特征：翅展雄蛾45~50mm，雌蛾55~58mm；触角雄虫锯齿状，雌虫羽毛状；雌雄成虫头、胸黄白色，胸部腹面红色；前后翅正面白色或红色，反面均为淡红色，前翅外缘至后缘有1列斜黑点，两翅合拢时呈"人"字纹（见图116）。老熟幼虫体长45~55mm；体密被棕黄色长毛，背线橙红色，趾钩异形中带。

图116　成虫（陆千乐 摄）

生物学特性：1年3代，各代的主要为害高峰期为6月上中旬至7月上旬、7月中旬至8月上旬、9月，以第3代为害最为严重。9月上、中旬，老熟幼虫开始陆续寻找合适的化蛹场所越冬。广东茂名每年5代，各代的主要为害高峰期为4月，5月中、下旬，6月中旬至7月上旬，8月上、中旬和10月上、中旬。11月上旬开寻找化蛹场所越冬。成虫有趋光性，卵成块产于叶背，单层排列成行，每块数十粒至百粒不等。

线丽毒蛾 *Calliteara grotei*（Moore，1859）

别名：线茸毒蛾。

分类地位：鳞翅目 Lepidoptera 毒蛾科 Lymantriidae 丽毒蛾属 *Calliteara*。

分布：国外分布于印度；国内分布于浙江、福建、湖北、湖南、广西、四川、云南、陕西、台湾等地；省内广泛分布。

寄主：桉树、重阳木、樟、黑荆树、泡桐、柳树、樱花树、朴树、杧果等多种林木、果树。

危害状：幼虫取食树叶，轻者树叶被害残缺不全，重者仅留叶柄、叶脉。

形态特征：翅展雌蛾 70~80mm，雄蛾 42~49mm。雌虫前翅灰白色，散布黑褐色鳞片；内线由双线组成，弧形黑褐色。横脉纹新月形浅棕色（反面更清楚），外线黑褐色波浪形，亚端线黑褐色；端线为 2 黑褐色细线组成。后翅灰白色，散布浅褐色鳞片。横脉纹新月形，黑褐色，较前翅色深，靠臀区近端有一不明显的黑斑，缘线为黑褐色、缘毛灰色。雄虫前翅棕白色，散布黑褐色鳞片。亚基线黑褐色，内线双线黑褐色。横脉纹新月形，浅棕色，周围黑褐色。外线黑褐色、波浪形。亚端线白色，波浪形，与外线平行（见图 117-1）。老熟幼虫体长 35~42.5mm，中后胸及腹部第 1~7 节背面黄褐色或黄黑色。腹部第 8、9、10 节为黄色或褐色。腹部背面第 1 节和第 2 节交界处有 1 大黑圆斑。腹部第 7 节背面有明显的翻缩线，背线黄黑色。身体各节具有毛瘤。趾钩为黑色，单序中带（见图 117-2）。

生物学特性：在广东 1 年 4 代，以蛹（茧中）在树干或其裂缝处越冬。翌年 2 月下旬至 3 月下旬羽化。成虫多在夜间羽化，有趋光性；卵产于树干上，卵块呈片状。

图 117-1　雄成虫（李琨渊 摄）

图 117-2　幼虫（李琨渊 摄）

松丽毒蛾 *Calliteara axutha*（Collenette，1934）

分类地位：鳞翅目 Lepidoptera 毒蛾科 Lymantriidae 丽毒蛾属 *Calliteara*。

分布：国内分布于浙江、福建、江西、河南、湖北、湖南、广西、陕西等地；省内分布于惠州、河源、梅州；省内分布于河源、梅州、惠州等地。

寄主：马尾松、湿地松等。

危害状：幼虫吃光松针，形似火烧，严重影响林木生长，甚至使松树枯死。

形态特征：翅展雄蛾 40~44mm，雌蛾 58~62mm；触角雄虫羽毛状，雌虫栉齿状（见图 118-1）。前翅白灰色带褐棕色，内区色浅，亚基线褐黑色，内横线双线褐黑色，亚缘线褐色波浪形，内侧呈晕影状带，缘线褐黑色，缘毛灰棕色与黑褐色相间；后翅暗灰棕色，基半部色浅，横脉纹和外横线黑褐色。幼虫体长 38~42mm；头部红褐色，体黄棕色，杂有不规则形黑色斑纹；前胸两侧和第八腹节背面各有 1 束棕黑色长毛，第 1~4 腹节背面各有一黄褐色毛刷，仅第 7 腹节背面有 1 翻缩腺（见图 118-2）。

生物学特性：1 年 3 代，以蛹越冬（见图 118-3）。次年 4 月中下旬成虫羽化，1 代幼虫 5~6 月危害，7 月上旬可见成虫；2 代幼虫 7~8 月危害，9 月中旬成虫羽化，3 代幼虫 9 月中下旬开始危害，于 11 月上中旬结茧越冬。成虫有趋光性，飞翔能力强，多在傍晚产卵。卵常产在马尾松针上堆集成不规则疏松的卵块，每块有十粒到百粒不等。幼虫孵化后，多群集在卵块上并取食卵壳，1 龄、2 龄幼虫体毛长而密，能借风力飘散，3 龄后分散危害，取食全叶，多从针叶中间咬断，仅留下基部 3 cm 左右针叶。幼虫老熟后即落地或爬下树干，在枯枝落叶层中或杂草根部结茧，也有的在土洞和石头缝隙间及灌木丛枝上结茧。

图 118-1　成虫　　　　　　图 118-2　幼虫（李奕震 摄）　　　　图 118-3　蛹
（李奕震 摄）　　　　　　　　　　　　　　　　　　　　　　（李奕震 摄）

**茶黑毒蛾** *Calliteara baibarana*（Mataumura，1927）

**分类地位：** 鳞翅目 Lepidoptera 毒蛾科 Lymantriidae 丽毒蛾属 *Calliteara*。

**分布：** 国内分布于浙江、安徽、福建、湖南、四川、贵州、云南、台湾等地；省内分布于韶关、河源、清远等地。

**寄主：** 茶、油茶。

**危害状：** 幼虫咀食叶片成缺刻或孔洞，严重时把叶片、嫩梢食光，影响翌年产量、质量，大量取食后造成部分茶树整株死亡。幼虫毒毛触及人体引致红肿痛痒。

**形态特征：** 翅展雄虫 28~40mm，雌虫 36~38mm。前翅栗色，上面密布黑褐色鳞片，基部颜色较深，中区铅色，内线黑色锯齿形；横脉纹栗色，有黑褐色和黄色边；外线黑褐色锯齿形，在中室室外外突，然后内凹；外线和亚端线间带黄色和黑褐色；后翅灰褐色；横脉纹与外线色暗；端线栗色。前后翅反面浅栗色。

卵扁球形或球形，直径约 0.8mm，灰白色，卵壳坚硬，中央通常有凹陷。老熟幼虫体长为 23~32mm，体上有特殊的长毛。背中及体侧有红色纵线，前胸两侧有较大而长的黑色毛瘤（见图 119）。中、后胸背面各有 4 个毛瘤，黄白色，上有白色长毛。腹足趾钩单序。蛹长圆锥形，长 11~15mm，黄褐色有光泽，背面短毛较密。臀刺较尖，末端有小钩。

图 119　幼虫（陈刘生 摄）

**生物学特性：** 1 年 5 代，一般情况下 6~10 月为发生高峰期，主要危害夏秋茶，以 3~4 危害为主。不同年份发生动态不同。幼虫历期在各代中以第 1 代最长。成虫有趋光性。卵成块或分散产于叶背或根际杂草上。初孵幼虫群聚于茶丛中、下部老叶背面，取食叶肉，残留表皮呈透明枯斑，幼虫具假死性，受惊则吐丝下垂，或坠落卷缩不动。

**折带黄毒蛾** *Euproctis flava*（Bremer，1861）

**分类地位：** 鳞翅目 Lepidoptera 毒蛾科 Lymantridae 黄毒蛾属 *Euproctis*。

**分布：** 国外分布于朝鲜、日本、俄罗斯等国；国内分布于河北、山西、内蒙古、辽宁、吉林、黑龙江、江苏、浙江、安徽、福建、江西、山东、河南、湖北、湖南、广西、四川、贵州、云南、陕西、甘肃等地；省内分布于广州、深圳、河源、梅州、惠州、汕尾、中山、云浮、肇庆、潮州、揭阳等地。

**寄主：** 梨、桃、梅、李、海棠、柿、蔷薇、栎、山毛榉、枇杷、石榴、茶、杉、柏、松等林木。

**危害状：** 幼虫主要取食幼芽和嫩叶。

**形态特征：** 翅展雌蛾 33~42mm，雄蛾 25~33mm；触角雌虫双栉齿状，雄虫为羽毛状。前翅黄色，内线和外线淡黄色，从前翅前缘外斜至中室后缘，折角后内斜，两线间布棕褐色鳞片，形成折角；翅顶角区内有 2 个棕褐色圆点。后翅黄白色，基部色稍浅（见图 120-1）。幼虫体长 30~40mm；体黄褐色；背线较细，橙黄色，在第 1~3、第 8、第 10 腹节中断，在中、后胸和第 9 腹节较宽；第 1、2、8 腹节背面有黑色大瘤；瘤上生黄褐色或浅褐色长毛（见图 120-2）。

**生物学特性：** 1 年发生 3 代。以 3~4 龄幼虫在树洞、落叶层中和粗皮缝中吐丝结薄茧越冬。老熟幼虫 5 月底结茧化蛹。6 月中下旬越冬代成虫出现，并交尾产卵。第 1 代幼虫 7 月初孵化，为害到 8 月底老熟化蛹。第 1 代成虫 9 月发生后交配产卵，9 月下旬出现第 2 代幼虫，为害到秋末，以 3~4 龄幼虫越冬。幼虫孵化后多群集叶背为害，并吐丝网群居枝上，老龄时多至树干基部、各种缝隙吐丝群集，多于早晨及黄昏取食。成虫昼伏夜出，卵多产在叶背。

图 120-1　成虫（董伟 摄）

图 120-2　幼虫（董伟 摄）

**茶黄毒蛾** *Euproctis pseudoconspersa* Strand，1914

**分类地位**：鳞翅目 Lepidoptera 毒蛾科 Lymantridae 黄毒蛾属 *Euproctis*。

**分布**：国外分布于日本；国内分布于江苏、浙江、安徽、福建、江西、湖北、湖南、广西、四川、贵州、云南、西藏、陕西、甘肃、台湾等地；省内分布于广州、深圳、河源、梅州、东莞、茂名、潮州等地。

**寄主**：山茶、油茶、柑橘、柿、枇杷、梨等。

**危害状**：幼龄幼虫咬食茶树老叶成半透膜，以后咬食嫩梢成叶成缺刻。幼虫群集为害，常数十至数百头聚集在叶背取食。发生严重时茶树叶片取食殆尽，甚至连芽叶、树皮、花和幼果都吃光。幼虫、成虫体上均具毒毛、鳞片，触及人体皮肤后红肿痛痒，影响农事操作。

**形态特征**：翅展雌蛾 30~35mm，前翅橙黄色或黄褐色，中部有 2 条黄白色横带，除前缘、顶角和臀角外，翅面满布黑褐色鳞片，顶角有 2 个黑斑点。后翅橙黄或淡黄褐色，外缘和缘毛黄色。雄蛾 20~26mm，体、翅色泽随世代不同而异：第 1 代黑褐色，第 2、3 代多为黄褐色或橙黄色，少数为黑褐色。前翅中部亦有 2 条横带，顶角有 2 个黑斑。老熟幼虫体长约 20mm，圆筒形。头红褐色，胸腹部浅黄色，气门上线褐色，上有白线 1 条，伸达第八腹节。自前胸至第 9 腹节，每节具毛瘤 8 个，以腹部第 1、2、8 节亚背线上的毛瘤最大。毛瘤上有白色细毛（见图 121）。

图 121　幼虫（魏军发 摄）

生物学特性：1年5代，以卵在树冠中或下层1m以下的萌芽枝条或叶背越冬。3月中下旬越冬卵孵化，初孵幼虫群集为害，老熟后于5月中旬群集树下，在枯枝落叶下，根际四周土中化蛹。5月下旬羽化，卵产在叶背或树干上。每雌产卵50~300粒成1卵块，上覆尾毛。6月中旬2代幼虫孵化，7月中旬化蛹，8月上旬羽化，8月中旬3代幼虫孵化，9月下旬化蛹，10月上旬羽化。1、2龄幼虫有群集习性。3龄幼虫常群迁到树冠上部为害，同时吐丝结网。4龄幼虫食量逐渐增加，待吃完全株茶花的叶片后，即迁移至别处继续为害。

棉古毒蛾 *Orgyia postica*（Walker，1855）

分类地位：鳞翅目 Lepidoptera 毒蛾科 Lymantriidae 古毒蛾属 *Orgyia*。

分布：国外分布于缅甸、印度尼西亚、菲律宾、印度、斯里兰卡、澳大利亚等国；国内分布于福建、广西、云南、台湾等地；省内广泛分布。

寄主：桉树、相思树、合欢树、木麻黄、乌桕、桑树、茶、橡胶、柑橘、桃、梨、橄榄、葡萄、蓖麻、棉花等林木及作物。

危害状：以幼虫为害植株的新梢嫩叶，被害植株嫩叶常被咬成缺刻，严重时整梢嫩叶全被吃光，仅残存秃枝。

形态特征：雌蛾无翅，体长15~17mm，黄白色。雄蛾有翅，翅展22~25mm，触角羽毛状；前翅棕褐色，基线和内横线黑色、波浪形，横脉纹棕色带黑边和白边；外横线黑色、波浪形，前半外弯，后半内凹；亚外缘线黑色、双线、波浪形；亚外缘区灰色，有纵向黑纹；外缘线由1列间断的黑褐色线组成（见图122-1、图122-2）。老熟幼虫体长40~45mm，前胸背面两侧各有1黑褐色长毛束，第8腹节背面中央有1向后斜的棕色长毛束，第1~4腹节背面各有1黄色毛刷，第1~2毛刷基部背面各有1宽阔黑色横带，第1~2腹节两侧各有1灰黄色长毛束，翻缩腺红色（见图122-3）。

生物学特性：华南地区发生6代，分别为3月下旬至5月上旬、5月上旬至6月中旬、6月中旬至7月下旬、7月中旬至9月下旬、9月下旬至11月中旬、12月下旬至翌年3月下旬。世代重叠，6~8月可见各种虫态同时存在。以幼虫越冬，翌年3月上旬开始结茧化蛹。雄蛾有较强趋光性；雌蛾产卵于茧外或附近其他植物上。幼虫孵出后群集于植株上为害，后再分散。

  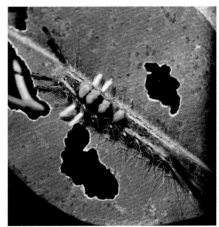

图122-1　雄成虫（李琨渊 摄）　　图122-2　雌成虫及卵（李琨渊 摄）　　图122-3　幼虫（李琨渊 摄）

榕透翅毒蛾 *Perina nuda*（Fabricius，1787）

**分类地位**：鳞翅目 Lepidoptera 毒蛾科 Lymantridae 透翅毒蛾属 *Perina*。

**分布**：国外分布于日本、尼泊尔、印度、斯里兰卡等国；国内分布于浙江、福建、江西、湖北、湖南、广西、四川、西藏、香港、台湾等地；省内广泛分布。

**寄主**：榕树、琴叶榕、黄葛榕、高山榕等桑科榕属等植物。

**危害状**：幼虫取食榕树叶片，把叶片吃成残缺不全。

**形态特征**：雄蛾触角干棕色，栉齿状，黑褐色；下唇须、头部、前足胫节、胸部下面和肛毛簇橙黄色。前翅透明，翅脉黑棕色，翅基部和后缘黑褐色。后翅黑褐色，顶角透明，后缘色浅，灰棕色。雌蛾触角干淡黄色，栉齿棕黄色，头部、足和肛毛簇黄色。前后翅淡黄色，前翅中室后缘散布褐色鳞片（见图 123-1、图 123-2）。幼虫体长 21~36mm，通常体暗色，第 1~2 腹节北面有茶褐色大毛丛，各节皆生有 3 对赤色肉质隆起，生于侧面的较大，其上皆丛生有长毛；背线部很宽，黄色（见图 123-3、图 123-4）。蛹黄褐色，前 4 腹节背面可见一条黄褐色或绿色的带状斑，雄蛹的带斑绿色，以此可辨性别（见图 123-5）。

图 123-1 雌成虫（李奕震 摄）　　　图 123-2 雄成虫（李琨渊 摄）

图 123-3 幼虫　　　图 123-4 白色型幼虫　　　图 123-5 蛹

（李琨渊 摄）　　　（徐金柱 摄）　　　（黄焕华 摄）

生物学特性：1年发生5~6代，以5龄、6龄大龄幼虫在叶片上越冬，世代严重重叠。越冬幼虫天气温暖仍然取食，无明显滞育停食现象；12月底到元月初温暖时尚能见到叶片上活动的幼虫和蛹。越冬幼虫3月初食量开始增大，4月上旬以后陆续化蛹，中旬进入化蛹盛期，并陆续羽化，下旬进入羽化盛期。雌蛾飞翔力较弱，羽化当天就可以产卵，无趋光性。老熟幼虫多在叶表面吐丝微卷叶化蛹，不做茧，蛹由疏松的丝网悬挂在叶片中间。

**栎毒蛾** *Lymantria mathura* Moore，1865

**分类地位**：鳞翅目 Lepidoptera 毒蛾科 Lymantridae 毒蛾属 *Lymantria*。

**分布**：国外分布于朝鲜、日本、印度等国；国内分布于河北、山西、辽宁、吉林、黑龙江、浙江、江苏、山东、河南、湖北、湖南、陕西、四川、云南等地；省内分布于广州、深圳、韶关、河源、惠州、江门、肇庆、清远、潮州等地。

**寄主**：栎、梨、栗、野漆、青冈等。

**危害状**：以幼虫食害寄主树木的芽、嫩叶和叶片，严重树叶被取食殆尽。

**形态特征**：翅展雄蛾约45mm，雌蛾约70mm；前翅白色，有黑褐纹，亚端部有显著弯月形花纹，中室中央有一暗色小圆斑，周围淡白色，后翅暗褐色，横脉纹及弯月形所组成的亚端带灰黑色。雌虫触角栉齿状，中胸两斑及腹部红色，腹背有一列纵黑斑；前翅白色，有红、黑基斑，外缘有一列黑圆斑纹，前缘及缘毛红色；后翅浅粉红色，前半微暗，横脉纹灰褐色，外缘斑列黑圆形，亚端斑弯月形（见图124-1、图124-2）。老熟幼虫体长约55mm，头宽约6mm，头部茶褐色，散生黑褐色斑，虫体黑褐色，体表具散生白色小细点，气门前瘤突起，生黑褐色长且向外突出的毛束（见图124-3、图124-4）。

**生物学特性**：1年1代，以完成胚胎发育的幼虫在卵壳内越冬，翌年4月末至5月上旬幼虫开始孵化。5月中下旬为幼虫孵化盛期，6月上中旬为幼虫危害期。老熟幼虫于6月下旬至7月下旬化蛹，7月中旬为化蛹盛期。初龄幼虫群集，后沿树干向上呈纵队爬行，爬到枝、梢部为害嫩芽和叶片，可将树叶片吃光。1~2龄幼虫具吐丝下垂习性。成虫羽化后即可交尾产卵。卵大多数产在树干基部阳面的树皮翘缝内。

图 124-1　雌成虫及卵块　　图 124-2　雄成虫　　图 124-3　低龄幼虫　　图 124-4　老熟幼虫
　（李琨渊 摄）　　　　　（郭健玲 摄）　　　　（向涛 摄）　　　　（向涛 摄）

刚竹毒蛾 *Pantana phyllostachysae* Chao，1977

**分类地位：**鳞翅目 Lepidoptera 毒蛾科 Lymantridae 竹毒蛾属 *Pantana*。

**分布：**国内分布于江苏、浙江、福建、江西、湖北、湖南、广西、四川等地；省内分布于佛山、韶关、河源、梅州、肇庆、清远等地。

**寄主：**毛竹、慈竹、白夹竹、寿竹等。

**危害状：**虫口密度大时，能将当年生竹叶食尽；竹林成片枯黄。

**形态特征：**翅展雌蛾约 34mm，雄蛾约 30mm；雄蛾前翅内缘接近中央有一橙红色斑点，横脉处有一黄白色斑点，后翅浅橙黄色。雌蛾比雄蛾体型大而体色较浅，前翅浅黄色，后翅淡白色，半透明。幼虫体长 20~35mm。体被黄白色和黑色长毛，前胸背部两侧各有向前伸出的黑色长毛束。第 1~4 腹节背部中央各有一棕色毛刷，第 8 腹节背部中央有一棕红色毛刷，刷内有一向后上方伸的黑色长毛囊（见图 125）。

图 125 幼虫（陈红燕 摄）

**生物学特性：**1 年 3 代，以卵和 1~2 龄幼虫在毛竹叶背越冬。翌年 3 月中旬越冬幼虫开始活动取食，4 月下旬至 5 月中旬幼虫大量取食，6 月上旬为结茧化蛹盛期，6 月中、下旬为羽化产卵盛期，7 月中旬出现第 1 代幼虫，为害严重，8 月上旬结茧化蛹，8 月中、下旬羽化产卵，9 月上旬第 2 代幼虫发生，10 月上旬结茧，中、下旬羽化产卵，11 月上旬发生第 3 代，下旬进入越冬。成虫有强趋光性。卵产于竹冠中、下层竹叶背面或竹竿上。老熟幼虫多在竹的上部竹叶或竹竿上结茧，夏天老熟幼虫在林下灌木杂草叶背面及竹竿下箨箨内结茧。

华竹毒蛾 *Pantana sinica*（Moore，1877）

**分类地位：**鳞翅目 Lepidoptera 毒蛾科 Lymantridae 竹毒蛾属 *Pantana*。

**分布：**国内分布于上海、江苏、浙江、安徽、福建、江西、湖北、湖南、广西等地；省内分布于韶关、河源、梅州、清远等地。

**寄主：**毛竹、刚竹、淡竹、红亮竹、哺鸡竹等竹类。

**危害状：**幼虫取食竹叶，大发生时将竹叶吃光，使大片毛竹林被毁，竹笋显著地减少。

**形态特征：**翅展雄蛾 29~32mm，雌蛾 31~33mm；雄蛾灰白色，触角栉齿状；前翅基部，前缘和外缘烟棕色，其余部分为白色，在中空后缘脉间有一黑斑，缘毛烟棕色。后翅和缘毛白色，在外缘从前缘至近臀角有一灰黑色带。雌蛾翅黄白色，前翅中室后缘脉间有灰黑色斑。后翅和缘毛白色（见图 126-1、图 126-2）。老熟幼虫体长 21~30mm；前胸两侧毛瘤上各有一向前伸的灰黑色长毛束；第 8 腹节背面有一向后竖起的黑色长刚毛束，毛束基部有红棕色短刚毛。第 1~4 腹节背面各有一红棕色毛刷，中胸、后胸腹部各毛瘤均被浅黄色毛。

生物学特性：1年3代，以蛹在竹竿中下部越冬。各代成虫发生期分别为4月中下旬至5月下旬、6月中旬到8月上旬、8月中旬到9月下旬。幼虫为害期分别为5月上旬到7月中旬、7月上旬至9月上旬、9月上旬到12月上旬。卵多产于竹竿中下部，呈单行或双行排列。卵孵化后，初孵幼虫爬行上竹取食，夏日第2代幼虫有下地避暑、冬季第3代幼虫有下地避寒习性。茧结于竹竿中下部、地面竹筒、石头、枯枝落叶下。此虫多发生或先发生于山谷、山洼的竹林中。

图126-1　雄成虫（王厚帅 摄）

图126-2　雌成虫（王厚帅 摄）

**双线盗毒蛾** *Porthesia scintillans*（Walker，1856）

**分类地位**：鳞翅目 Lepidoptera 毒蛾科 Lymantridae 盗毒蛾属 *Porthesia*。

**分布**：国外分布于缅甸、马来西亚、新加坡、印度尼西亚、巴基斯坦、印度、斯里兰卡等国；国内分布于浙江、福建、河南、广西、四川、云南、台湾等地；省内广泛分布。

**寄主**：荔枝、泡桐、枫香、乌桕、茶、柑橘、梨、黄檀、龙眼、白兰树、枇杷等。

**危害状**：1龄幼虫爬行缓慢，多群集于嫩叶上，把叶片吃成小缺刻，多食叶片基部。2龄幼虫善于爬行，常吃羽叶成大缺刻，有的食尽全叶。3龄后幼虫开始分散取食，不仅取食叶片，还可取食叶柄、嫩皮、花序等。该虫是一种植食性兼肉食性的昆虫，幼虫还可捕食蚜虫。

**形态特征**：翅展雄蛾20~27mm，雌蛾25~37mm。触角栉齿状黄褐色，胸部浅黄棕色多腹部黄褐色，肛毛簇橙黄色，足上生有许多黄色长毛。前翅赤褐色，微带浅紫色闪光，内线与外线黄色，向外呈弧形，有的个体不清晰乡前缘、外缘和缘毛柠檬黄色，外缘和缘毛黄色部分被赤褐色部分朴隔成三段；后翅黄色（见图127-1）。老熟幼虫体长13~24mm；前胸背面有3条黄色纵纹，侧瘤橘红色，向前凸出；中胸背面有2条黄色纵纹和3条黄色横纹，后胸亚瘤橘红色；腹部第1~8节瘤黑色，第9腹节背面有"Y"倒叉形黄色斑；第十腹节背面暗黑色，有4条黄色纵纹；第3~7腹节背线黄色较宽，其中央贯穿深红色细线，气门下线橘黄色；第6、7腹节背中央有黄色的翻缩腺；趾钩单序，半环状（见图127-2）。

**生物学特性**：1年发生7代，在林间世代重叠明显。以3龄以上幼虫在叶片上过冬，幼虫没有明显越冬现象，冬季中午气温回升时，可活动取食，过冬幼虫3月下旬开始结茧化蛹。第1代幼虫发生盛期在5月上旬，第2代在6月上旬，第3代在7月中旬，第4代在8月中旬，第5代在9月下旬，第6代在11月上旬，越冬代在1月上旬。

图 127-1　成虫
（徐家雄 摄）

图 127-2　幼虫（李琨渊 摄）

曲线纷夜蛾 *Polydesma boarmoides* Guenée，1852

**分类地位**：鳞翅目 Lepidoptera 夜蛾科 Noctuidae 纷夜蛾属 *Polydesma*。

**分布**：国外分布于印度、马来西亚、孟加拉国等国；国内分布于广东；省内分布于河源、茂名。

**寄主**：桉树，以及豆科、禾本科植物。

**危害状**：幼虫取食寄主植物叶片（见图 128-1）。

**形态特征**：翅展约 34mm；触角丝状；前翅与后翅均具有 5 条近波浪形的黑纹，前缘未有细毛，内缘与外缘均有细毛，内缘处细毛较长且密，外缘处细毛较短且疏，外缘呈波浪形，臀角均为钝角（见图 128-2）。1~2 龄幼虫虫体灰黑色，白毛疏，白色条纹不明显；3~5 龄虫体具白毛，虫背灰黑色，有 3 条白色平行条纹贯穿于虫背各体节，且中间条纹较粗颜色较浓，虫腹淡绿色。各龄幼虫头部黄褐色至深褐色，腹部侧面有一条贯穿各腹节的白色或淡黄色长条纹，腹部侧面各节间有黑色短纹镶嵌于长条纹中（见图 128-3）。

图 128-1　曲线纷夜蛾危害状
（黄焕华 摄）

图 128-2　成虫（陈聪 摄）

图 128-3　幼虫（黄焕华 摄）

生物学特性：1 年发生 4 代，以蛹于土壤中越冬。翌年 4 月上旬开始发生羽化，并于中旬出现羽化高峰期，于中下旬交配与产卵。第 1 代幼虫于 4 月下旬开始孵化，5 月中下旬为幼虫发生取食高峰期，并于 5 月下旬至 6 月上旬达到成熟并陆续开始化蛹，成虫于 6 月上中旬完成羽化交配及产卵；第 2 代幼虫开始出现于 6 月下旬，7 月下旬至 8 月上旬开始羽化，并于 8 月中旬开始产卵；第 3 代幼虫于 8 月中下旬开始出现，9 月中旬出现取食高峰期，9 月下旬开始进入土壤化蛹，10 月上旬开始羽化；第 4 代幼虫于 10 月中下旬开始出现，并于 11 月中下旬开始陆续进入土壤化蛹越冬。

同安钮夜蛾 *Ophiusa disjungens*（Walker，1858）

分类地位：鳞翅目 Lepidoptera 夜蛾科 Noctuidae 钮夜蛾属 *Ophiusa*。

分布：国外分布于印度、斯里兰卡、越南、菲律宾等国；国内分布于广西、海南等地；省内分布。

寄主：桉树、番石榴等桃金娘科植物。

危害状：幼虫 1~3 龄时取食叶肉，受害叶片成网状，4 龄以后从叶的边缘开始取食，食后只余叶主脉。在尾叶桉林中，当该虫大爆发时，树叶被食光，远处望去形同火烧。成虫吸食柑橘、黄皮、芒果等果汁。

形态特征：翅展 68mm，前翅赭黄色，环纹有一黑褐点，肾纹褐边，中有暗褐纹，外线双线褐色间断，亚端线暗褐色锯齿形，前端一锯齿形黑斑，翅外缘一列黑点；后翅黄色，端区一黑宽条（见图 129-1）。幼虫 6~7 龄，以 7 龄为主，初孵幼虫头部布满白与褐色条纹，第 8 腹节背面毛突 2 个，体表均匀分布 8 条白色纵带（见图 129-2）。老熟幼虫头宽 4.1~5.0mm，体长 57~81mm；体为茶褐色或灰色，满布不规则暗褐条纹；头顶具有 2 个较大方形的白斑或浅黄斑，第 1、5 腹节背面有括弧状图形的褐色或黑褐色斑，其中第 5 腹节背中央有 1 圆形黑斑。

生物学特性：1 年 4 代，以蛹在树皮缝或地上枯枝落叶中越冬。初孵幼虫行动快速，四处爬行寻找食物，喜食嫩叶；食嫩叶呈网状，只留下叶脉。自 3 龄幼虫开始，从叶片边缘开始啃食，只剩下叶片主脉或叶柄。幼龄幼虫有吐丝、吊丝现象。5~7 龄幼虫取食量大。老熟幼虫化蛹前，爬行到可藏匿的树皮裂缝或地面的枯枝落叶层，停止取食，吐丝缀叶结茧，随后化蛹。成虫飞翔能力强，趋光性弱。

图 129-1　成虫（李奕震 摄）

图 129-2　幼虫（李奕震 摄）

**白裙赭夜蛾** *Carea angulata*（Fabricius，1793）

**分类地位**：鳞翅目 Lepidoptera 夜蛾科 Noctuidae 赭夜蛾属 *Carea*。

**分布**：国外分布于印度、斯里兰卡、印度尼西亚等国；国内分布于广西、海南、云南等地；省内分布于广州、深圳、佛山、韶关、河源、惠州、江门、肇庆、潮州等地。

**寄主**：桉树、水杨梅、龙眼、荔枝、黄檀、乌墨、红葡萄、洋蒲桃、蒲桃、桃金娘等植物。

**危害状**：幼虫食叶，被害叶片呈缺刻状，大发生时将叶片吃光，严重影响林木生长，在高温干旱季节幼林被害，可引起林木枯死。

**形态特征**：翅展 31~41mm，雌雄触角均为丝状；前翅赭红色，内线黑褐色，较直外斜；外线前端至内线后端有暗褐色的斜条，缘毛端部黑褐色；后翅白色微透明，顶角及外缘附近淡褐色（见图 130-1）。老熟的幼虫体长 24~37mm，胸部向上膨大成直径 10mm 左右的球形，青色，有光泽。头部黑褐色，腹部圆筒形，各节背面灰黄色，背线暗绿色，亚背线与气门上线白色，气门线褐色，气门下线灰黄色，腹面淡黄色，气门狭长，黑褐色，第 8 节腹节背面有一凸起的圆柱体，其上着生 2 根 0.9mm 长的刚毛。臀板黑褐色，尾须和尾足淡黄色（见图 130-2）。

**生物学特性**：成虫有趋光性，卵单产于叶片上。初孵幼虫初时取食叶片表皮，后取食叶片呈穿孔状，中龄及老龄幼虫取食叶片呈不规则的缺刻状，末龄幼虫食量最大。老熟后，结缀两张叶片，在其中吐丝作白色薄茧并在其内化蛹。

图 130-1　成虫（李琨渊 摄）

图 130-2　幼虫（李琨渊 摄）

黑肾卷裙夜蛾 *Plecoptera oculata*（Moore，1882）

**分类地位**：鳞翅目 Lepidoptera 夜蛾科 Noctuidae 卷裙夜蛾属 *Plecoptera*。

**分布**：国外分布于缅甸、越南、泰国、菲律宾等国；国内分布于广西、海南、云南等地；省内分布于广州、佛山、江门等地。

**寄主**：降香黄檀、南岭黄檀、马占相思、海南红豆、藤黄檀等植物。

**危害状**：1龄幼虫只取食叶片叶肉部分，2龄以后可以吃光整片叶片，当叶片所剩无几之后幼虫也会取食树皮部分，灾情严重时可以造成空树空枝等现象。

**形态特征**：雌雄二型，雄蛾翅展27~31mm，触角丝状，前翅褐色，外缘部分为淡暗黄色，有褐色斑点，前翅前缘部分有两条暗红色横纹，两横纹之间有一黑点，肾纹大，黑色，中间有灰纹，外线为一条模糊波纹黑褐色曲带。后翅淡黄色带有褐色黑点，端区带暗褐色。雌蛾翅展25~29mm，触角线状，前翅为淡黄色，外部分为褐色，没有斑点，前翅前缘部分由两条褐色点状横纹，两横纹间有灰色肾纹，较之雄虫略小，但更明显。后翅浅黄色无斑点，端区褐色（见图131-1、图131-2）。1龄幼虫黄绿色，趾钩为单序缺环趾钩，6龄幼虫24~27mm，白绿色，气门线位置纵纹淡黄色（见图131-3、图131-4）。

**生物学特性**：1年发生7~8代，且具有世代重叠现象，各虫态发生期各不整齐。以第8代（越冬代）历时最长，从当年11月上旬到翌年2月下旬，其中以蛹在地表枯枝落叶内越冬至翌年2月羽化成虫，并迅速的产生后代。1龄幼虫只取食叶片叶肉部分，2龄以后可以吃光整片叶片。幼虫老熟后，从树上落下，钻入土中化蛹。成虫有趋光性，通常雌虫将卵散产在叶片背面。

图131-1　无黑斑雌成虫
（李奕震 摄）

图131-2　有黑斑雌成虫
（李奕震 摄）

图131-3　低龄幼虫（李奕震 摄）

图134-4　老熟幼虫（李奕震 摄）

癞皮瘤蛾 *Gadirtha inexacta* Walker，1857

**分类地位**：鳞翅目 Lepidoptera 瘤蛾科 Nolidae 癞皮瘤蛾属 *Gadirtha*。

**分布**：国外分布于印度、缅甸、新加坡、南太平洋若干岛屿；国内分布于江苏、浙江、江西、湖北、湖南、广西、台湾等地；省内分布于广州、深圳、韶关、河源、惠州、潮州等地。

**寄主**：山乌桕、乌桕。

**危害状**：初孵幼虫先到叶背取食叶肉，食量甚微，后从叶尖向叶基部取食，叶片成缺刻，3龄后幼虫食量增大，每条幼虫一天要吃掉1~2片乌桕叶，喜食较嫩的叶片（见图132-1、图132-2）。

**形态特征**：成虫体长20~24mm，翅展15~51mm。前翅灰褐色至棕褐色，内线黑色波线外弯，前段内侧一黑斑，中段内侧有许多黑色及棕色点，环纹灰褐色，有不完整的黑边，中有竖鳞，肾纹桃形，尖端向外，褐色黑边，中间有竖鳞，外线模糊，双线揭色，波浪形外弯至肾纹后端再稍外斜，前段外侧有一黑褐斑，亚端线灰白色波浪形，端线为占列黑点，亚中褶端部一黑纹、后翅淡黄渴至褐色，缘毛黄白色（见图132-3）。老熟幼虫体长28~31mm，头部黄绿色，头顶有隆起的颗粒，身体淡绿色，并具细长毛，背线黑色，或由不连续的黑点组成，以第1、2及第8腹节背面的黑点较大，胸部的黑点不明显，亚背线黄色宽带，气门上线黄色，气门线黄色不明显，刚毛很长（见图132-4）。

图 132-1　低龄幼虫
（李琨渊 摄）

图 132-2　癞皮瘤蛾危害状（李琨渊 摄）

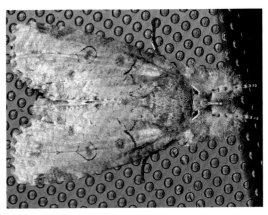

图 132-3　成虫（李琨渊 摄）

图 132-4　老熟幼虫
（李琨渊 摄）

图 132-5　卵
（李琨渊 摄）

图 132-6　蛹
（李琨渊 摄）

生物学特性：1 年发生 4 代，以卵在枝干或树叶背面越冬，翌年 5 月上旬开始孵化，各代成虫出现期分别为 6 月下旬、7 月下旬、9 月上旬、10 月中旬。幼虫出现期分别在 5 月上旬、7 月上旬、8 月中旬、9 月中旬。成虫有趋光性；卵散产在叶背面或枝干（见图 132-5）；初孵幼虫先在卵壳边稍停片刻，然后各自爬行到叶背取食叶肉，食量甚微，过 5 天后脱第一次皮，幼虫从叶尖向叶基部取食，叶片成缺刻，3 龄后幼虫食量增大，每条幼虫一天要吃掉 1~2 片乌桕叶，喜食较嫩的叶片。幼虫遇惊扰常弹跳避开，活动较敏捷；幼虫有取食半小时左右便稍休息片刻再取食的习性。幼虫共 6 龄，老熟幼虫将叶片揉碎，在枝干上吐丝作茧，蛹在丝茧中（见图 132-6）。

### 凤凰木同纹夜蛾 *Pericyma cruegeri*（Butler，1886）

**别名**：凤凰木夜蛾。

**分类地位**：鳞翅目 Lepidoptera 夜蛾科 Noctuidae 同纹夜蛾属 *Pericyma*。

**分布**：国外分布于大洋洲、南太平洋诸岛；国内分布于福建、广西、海南等地；省内分布于广州、深圳、珠海、河源、梅州、惠州、汕尾、中山、江门、茂名、肇庆。

**寄主**：主要寄主为凤凰木、双翼豆、盾柱木。

**危害状**：幼虫啃食危害叶片，短时间能将整株树的叶片啃光，仅剩秃枝。

**形态特征**：翅展 33~48mm，前翅灰褐色或红黑褐色，基线黑色内斜至 A 脉，内横线黑色波浪形内斜，中区有 4 条与内横线平行的黑红褐色波浪形线，肾状纹红黑褐色，外横线黑色，亚外线线淡黄褐色，为不规则锯齿形，亚外缘线与外横线之间有一灰黑色窄带，外线线黑色波浪形。后翅灰褐色，中横线与外横线均双线黑棕色，波浪形；亚外线线双线黑色，其外侧一条线稍粗，线间褐色；外缘线黑色，与亚外缘线之间的另一微黑线间衬以白色（见图 133-1、图 133-2）。老龄幼虫体长 44~60mm，体背有一层白粉，有的映出红色气门上线在腹节间部分为棕黄色。腹部第 1~8 节气门后方各有 1 个微隆起的黑褐色不规则斑块（见图 133-3）。

**生物学特性**：1 年 8~9 代，成虫趋光性较强，卵集中产在树冠上部、林缘和地势高的林地，大多散产于叶背，初孵幼虫取食卵壳（见图 133-4、图 133-5）。当树叶快被吃尽时，有群集转移的习性。幼虫受

图 133-1　雄成虫（徐家雄 摄）

图 133-2　雌成虫（李奕震 摄）

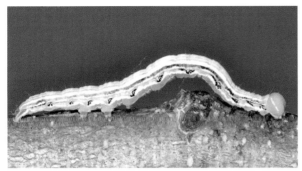

图 133-3　老熟幼虫（徐家雄 摄）

图 133-4　低龄幼虫（徐浪 摄）

图 133-5　卵
（林伟 摄）

惊后迅速爬行或吐丝下垂，末龄幼虫还会弹跳落地，栖息时拱成桥形，脱皮后能食尽旧蜕。老熟幼虫在寄主树上、或爬到其他树上和杂草上缀叶结茧化蛹（见图 133-6）。5~6 月持续高温干旱天气，常引起该虫大发生。

图 133-6　茧（颜正 摄）

**旋目夜蛾 *Spirama retorta*（Clerck，1764）**

**分类地位：**鳞翅目 Lepidoptera 夜蛾科 Noctuidae 环夜蛾属 *Spirama*。

**分布：**国外分布于日本、朝鲜、印度、斯里兰卡、缅甸、马来西亚等国；国内分布于除新疆、宁夏、青海、西藏、贵州、吉林之外，其余各省（自治区）均有分布；省内分布于广州、深圳、韶关、河源、惠州、茂名、肇庆、清远、潮州、云浮等地。

**寄主：**黑荆树、合欢、梨、桃、杏、杧果、木瓜、番石榴等。

**危害状：**幼虫咀食合欢叶片，成虫吸食成熟的柑橘、梨、桃、枇杷等果汁，造成烂果。

**形态特征：**翅展 60~64mm，雄蛾前翅黑棕色带紫色，内横线黑色，肾纹后部膨大旋曲，边缘黑色及白色，外横线双线黑色，亚端线双线黑色波浪形，端线双线黑色波浪形，$M_2$ 脉及 $M_1$ 和 $R_5$ 脉有黑纹，顶角至肾纹有一隐约白纹；后翅黑棕色，端区较灰，中线、外线黑色，亚端线双线黑棕色。雌蛾前翅淡褐黄色带褐色，内线内侧有二黑棕斜纹，外侧有一黑棕色宽斜条，后翅色同前翅，内线双线黑色粗，中线黑色外侧衬淡黄色，亚端线双线黑色，波浪形，内一线粗，其内缘直（见图 134）。老熟幼虫体长 48~63mm，头黄褐色，体褐绿色，背线较宽棕黑色，体侧有白色小点，气门线由许多小黑点组成，棕黑色；气门下线窄，棕黑色。

**生物学特性：**1 年 3 代，以蛹在树皮裂缝或树基周围的松土中越冬；越冬蛹翌年 4 月下旬开始羽化。各代幼虫的危害严重期是，第 1 代 5 月下旬至 6 月上旬，第 2 代 7 月下旬至 8 月上旬，第 3 代 9 月下旬至 10 月中旬。幼虫取食合欢叶片，多在枝干及有伤疤处栖息，将身体伸直，紧贴树皮。老熟幼虫在枯叶碎片中化蛹。成虫吸食柑橘等水果的果汁。

图 134　成虫（郭健玲 摄）

斜纹夜蛾 *Spodoptera litura*（Fabricius，1775）

**分类地位**：鳞翅目 Lepidoptera 夜蛾科 Noctuidae 灰翅夜蛾属 *Spodoptera*。

**分布**：国外其他各大洲均有分布；国内除青海、新疆未明外，分布于各省；省内广泛分布。

**寄主**：寄主相当广泛，如蔷薇科、锦葵科、茄科、十字花科等 300 多种植物，甚至能啃食瓢虫卵。

**危害状**：以幼虫为害，初孵幼虫在叶背为害，取食叶肉，仅留下表皮；3 龄后分散为害叶片、嫩茎、花蕾，老龄幼虫可蛀食果实。

**形态特征**：翅展 37~42mm；前翅灰褐色，内横线和外横线灰白色，呈波浪形，有白色条纹，环状纹不明显，肾状纹前部呈白色，后部呈黑色，环状纹和肾状纹之间有 3 条白线组成明显的较宽的斜纹，自翅基部向外缘还有 1 条白纹。后翅白色，外缘暗褐色（见图 135-1、图 135-2）。幼虫共分 6 个龄期，1~2 龄体长 1~5mm，体表布满着生刚毛的整齐毛瘤（见图 135-3）。3~4 龄体长 6~11mm，腹部第一节出现一对三角形褐色斑纹；5~6 龄虫体 26~47mm，从中胸至第 9 腹节，沿亚背线上缘每腹节两侧各有三角形黑斑一对，其中腹部第 1、7、8 腹节斑纹最大，近似菱形（见图 135-4）。

**生物学特性**：华南 1 年发生 7~8 代，在广东、广西、台湾地区可终年繁殖，世代重叠，无真正越冬现象。

图 135-1　雌成虫（李琨渊 摄）

图 135-2　雄成虫（李琨渊 摄）

图 135-3　2 龄幼虫（李琨渊 摄）

图 135-4　5 龄幼虫（林伟 摄）

曲纹紫灰蝶 *Chilades pandava*（Horsfield，1829）

**分类地位：** 鳞翅目 Lepidoptera 灰蝶科 Lycaenidae 紫灰蝶属 *Chilades*。

**分布：** 国外分布于缅甸、泰国、马来西亚、印度尼西亚、印度、斯里兰卡等国；国内分布于广布于北京、上海、浙江、福建、江西、湖南、广西、海南、四川、贵州、陕西、香港、台湾等地；省内广泛分布。

**寄主：** 苏铁。

**危害状：** 幼虫有群集为害的特性，啃食苏铁新抽嫩叶叶肉和叶柄。受害轻的植株羽叶端部枯黄，发生严重时，往往整株苏铁幼叶全部被吃光而只剩叶柄，甚至整轮叶片干枯死亡。幼虫还取食苏铁茎端组织和球花，导致新叶不能抽发和球花受损乃至被蛀空（见图 136-1、图 136-2）。

**形态特征：** 翅展 28~34mm。触角棒状各节基部白色。翅面为蓝紫色，前翅亚外缘有 2 条黑白色的灰色带，后中横斑列也具白边，中室端纹棒状。后翅有 2 条带内侧有新月纹白边，翅基有 3 个黑斑，都有白圈，尾突细长，端部白色（见图 136-3）。老熟幼虫 9~14mm，扁椭圆形，中间厚而边缘薄，体节分界不明显，足短。体色多变，有浅黄、绿色和紫红多个体色类型，体背密布短毛，头壳黑褐色，头部常缩于胸部下方。背面具有较明显竖斑纹（见图 136-4）。

图 136-1　曲纹紫灰蝶危害状（徐海明 摄）　　　　图 136-2　受害状（黄焕华 摄）

生物学特性：1 年发生 8~10 代，越冬不明显，全年发生为害，5 月中旬和 10 月中旬为发生盛期，危害最严重。

图 136-3 雌、雄成虫（李琨渊 摄）

图 136-4 幼虫（李琨渊 摄）

图 136-5 幼虫（黄焕华 摄）

图 136-6 蛹（黄焕华 摄）

长纹黛眼蝶 *Lethe europa*（Fabricius，1775）

**分类地位**：鳞翅目 Lepidoptera 蛱蝶 Nymphalidae 黛眼蝶属 *Lethe*。

**分布**：国外分布于印度、尼泊尔、不丹、孟加拉国、菲律宾、爪哇等国；国内分布于浙江、福建、江西、广东、广西、海南、云南、西藏、台湾等地；省内广泛分布。

**寄主**：禾本科竹亚科刚竹属种类。

**危害状**：以幼虫取食竹叶，并卷虫苞，虫口多时，竹上虫苞累累。

**形态特征**：雌蝶翅展 65~80mm；体栗褐色，前翅棕褐色，从前缘 1/2 处至臀角有一宽 4mm 的白色斜带，翅的顶角有 2 个白斑。外缘波状纹，缘毛短、白色。后翅色与前翅同，M3 在外缘突出。翅反面比正面色淡，前翅反面沿外缘有 6 个排成列的眼状斑，围有黄白色圈，第 5 个最小，第 6 个较大并孤立，后翅的 6 个眼状斑均比前翅大，第 1 个眼状斑中间颜色较沫、最大，第 4、5 个次之。前后翅有一条白色中线连贯，翅外缘有褐色与白色的波状纹。雄蝶翅展 61~67mm，前翅的白色斜带模糊不清，其余的与雌蝶相似（见图 137-1、图 137-2）。初孵幼虫体长 4.5mm，乳黄色，有细毛。3 龄后幼虫体呈黄褐色，气门线灰黑色，末龄幼虫体纺锤形，体长 43~51mm，土黄色，头圆形，青褐色，额头有许多小颗粒突起。背线、气门上线灰色较粗，亚背线、气门线较细；体密被短细毛，气门下线以下及足细毛较长，白色。臀部有尾角一对，尾角端部黑色（见图137-3）。

生物学特性：1年发生3代，以蛹越冬，翌年4月中旬成虫始见。第1代成虫6月下旬至7月下旬；第2代成虫9月上旬至10月上旬；第2、3代幼虫有世代重叠现象。成虫羽化后经5~10天补充营养后方可交尾产卵，卵产于竹叶背面，以竹的中下部及当年新竹叶上较多。幼虫老熟时，吐丝将臀足黏附在竹叶上，悬挂着化蛹，部分幼虫在枯枝落叶中化蛹。

图 137-1　雄成虫（区伟佳 摄）　　　　　　图 137-2　雌成虫（区伟佳 摄）

图 137-3　幼虫（杨建业 摄）

**翠袖锯眼蝶 *Elymnias hypermnestra*（Linnaeus，1763）**

分类地位：鳞翅目 Lepidoptera 蛱蝶 Nymphalidae 锯眼蝶属 *Elymnias*。

分布：国外分布于印度半岛，喜马拉雅和东南亚等地；国内分布于广西、海南、台湾等地；省内广泛分布。

寄主：鱼尾葵、散尾葵、槟榔、椰子、棕竹等棕榈科植物。

危害状：以幼虫取食叶。

形态特征：中型蛱蝶，外缘波状；翅背面呈黑褐色，翅外缘具1列淡蓝色斑；翅腹面呈棕褐色，密布波状细纹（见图138-1）。幼虫呈绿色，体表密布细毛，背部具粗细不等的黄色总线；腹部末端具1对较长而尖的突起，头部顶端具1对末端分叉的突起（见图138-2、图138-3）。

生物学特性：该蝶喜欢生活在较阴暗林地，成虫3月至11月常见，喜欢吸食花蜜及腐烂的果实的汁液。

图 138-1　成虫（区伟佳 摄）

图 138-2　幼虫（陆千乐 摄）

图 138-3　蛹
（陆千乐 摄）

凤眼方环蝶 *Discophora sondaica* Boisduval，1836

**分类地位：**鳞翅目 Lepidoptera 蛱蝶科 Nymphalidae 方环蝶属 *Discophora*。

**分布：**国外分布于越南、菲律宾、马来西亚、新加坡等国；国内分布于福建、广西、海南、云南、台湾等地；省内广泛分布。

**寄主：**簕竹、粉箪竹、佛肚竹等禾本科竹亚科植物。

**危害状：**以幼虫取食叶。

**形态特征：**中大型蛱蝶，翅展约 70mm。前翅顶角较尖；翅背面呈棕褐色，亚外缘具白斑列；翅腹面呈褐色，基半部区域颜色较深（见图 139-1）。末龄幼虫呈黑褐色，背部具黄褐色和白色斑纹及斑点，体表具灰白色长毛（见图 139-2、图 139-3）。

**生物学特性：**在广东 1 年可发生多个世代。幼虫群栖，喜欢取食刺竹属（*Bambusa* spp）等植物（见图 139-4、图 139-5）。成虫不访花，爱吸树汁及烂果。飞行较迅速，路线不规则，常活动于林下阴凉处。

图 139-1　成虫（李琨渊 摄）

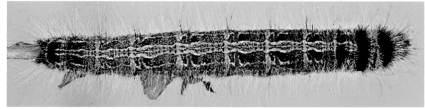

图 139-2　老熟幼虫（李琨渊 摄）

图 139-3 蛹（李琨渊 摄）

图 139-4 卵（李琨渊 摄）

图 139-5 低龄幼虫（李琨渊 摄）

迁粉蝶 *Catopsilia pomona*（Fabricius，1775）

**分类地位：** 鳞翅目 Lepidoptera 粉蝶科 Pieridae 迁粉蝶属 *Catopsilia*。

**分布：** 国外分布于日本及东南亚各国。国内分布于福建、湖南、广西、海南、四川、云南、香港、台湾等地；省内广泛分布。

**寄主：** 紫矿、阿勃勒、羊蹄甲属、紫檀、决明属、田菁属等。

**危害状：** 幼虫大发生时，整片树林的叶子、嫩枝全被吃光，只剩枝条。

**形态特征：** 根据翅反面银斑的有无，成虫可分为有纹型和无纹型两大类。有纹型雌蝶翅展 55~58mm，雄蝶翅展 66~72mm。前翅反面中室端有 1 个眼斑，后翅反面中室端有 2 个眼斑。无纹型翅反面无眼斑。雄虫翅基半部黄色，端半部白色，前翅顶角翅缘为黑色，反面后缘基半部有 1 列黄色长毛：后翅正面中室基上部有 1 个月牙形黄白色斑。雌虫翅黄色或仅基半部黄色；前翅前缘和外缘呈黑带或黑锯齿状带；有的亚外缘区有 1 列黑斑，中室端有 1 个黑色圆斑；后翅外缘有 1 列黑斑或呈黑带状（见图 140-1、图 140-2、图 140-3）。末龄幼虫体长 41~55mm。黄绿色，腹部各节有 5 条横皱纹；每条皱纹上有黑色疣状隆起，此疣状隆起在气门上线附近特别大，外观形成 1 条黑带，有的虫体黑带不明显。气门线黄白色，上腹线与之同色，但色泽较浅（见图 140-4）。

图 140-1 银斑型雌成虫
（徐家雄 摄）

图 140-2 红角型雌成虫
（徐家雄 摄）

图 140-3 银斑型雄成虫（林伟 摄）

图 140-4 幼虫（徐家雄 摄）

**生物学特性：** 1 年发生多代，常年可发生。以蛹越冬。成虫有趋向嫩叶产卵的习性；卵散产。幼虫蜕皮后能食尽旧蜕，栖息前先在叶面吐丝做一层"休息垫"，做好后腹足固定在"休息垫"上静息，高龄幼虫受惊后会弹跳落地。老龄幼虫在树冠中、下部或其他植物的叶背吐丝做垫化蛹。

报喜斑粉蝶 *Delias pasithoe*（Linnaeus，1767）

分类地位：鳞翅目 Lepidoptera 粉蝶科 Pieridae 斑粉蝶属 *Delias*。

分布：国外分布于南亚及东南亚各国；国内分布于福建、广西、海南、云南、香港、台湾等地；省内广泛分布。

寄主：檀香、母生，以及桑寄生科的、大戟科和海桑科植物。

危害状：从同一卵块孵化出的幼虫，幼龄期全部群集在一起取食，高龄幼虫常分散成小群。幼虫群集危害叶片，造成秃枝，严重者可将树吃成光杆。

形态特征：翅展 70~90mm。前翅正面灰黑色或黑色，正面中域翅室有一列界限模糊的灰白色长卵形斑，亚外缘有一列灰白小斑纹；反面的纹理跟正面基本一致。后翅正面翅基红色，中域灰白色，被黑色翅脉分割；外缘黑色，散布有白点；内缘臀区黄色。后翅反面翅基部红色，中域至亚外缘多个大型黄斑（见图 141-1）。成熟幼虫 30~40mm，头、足和臀板黑褐色；前胸背板及各体节棕红色；中胸及以后各节具黄色横带，半环于体背、侧面，其上有数根黄色长毛排成一横列。腹足 5 对，趾钩为三序中带，一侧有小趾钩数枚（见图 141-2、图 141-3）。

生物学特性：1 年 6 代。成虫喜阳光，飞行较慢，常访花，但高温会降低成虫的活动能力。卵窝产，排列规则、紧密，卵多产于寄主叶片的上表面（见图 141-4）。幼虫分 5 龄，4~5 龄为暴食期。

图 141-1　成虫（李琨渊 摄）

图 141-2　幼虫（陈刘生 摄）

图 141-3　蛹（李奕震 摄）

图 141-4　卵（李琨渊 摄）

**宽边黄粉蝶** *Eurema hecabe*（Linnaeus，1758）

**分类地位：**鳞翅目 Lepidoptera 粉蝶科 Pieridae 黄粉蝶属 *Eurema*。

**分布：**国外分布于日本、朝鲜及东南亚各国；中国广泛分布；省内广泛分布。

**寄主：**大叶合欢、银合欢、黑面神、土密树、决明、黄牛木、雀梅藤、田菁等植物。

**危害状：**幼虫取食寄主的叶等。

**形态特征：**雌蝶翅展 36~52mm，雄蝶翅展 36~49mm；翅深黄色到黄白色，前翅前缘黑色，外缘有宽的黑色带，从前缘直到后角，其内侧在 $M_3$ 脉与 $Cu_1$ 脉处向外呈指状凹入。雄蝶色深，中室下脉两侧有长形性斑。后翅外缘黑带窄而界限模糊，或仅有脉端斑点。前翅反面满布褐色小点，前翅中室内有 2 个斑，中室的端脉上有 1 个肾形斑。后翅反面有分散的小点，中室端有 1 枚肾形纹，外缘因 $M_3$ 室略突出而呈不规则圆弧形（见图 142-1）。老熟幼虫体长 28.0~33.4mm。体墨绿色，头浅绿色，有深绿色网纹；第 6 腹节亚背线处有 1 个淡黄色肾形斑；各体节有 5~6 个小环节，其上密布小瘤突，体毛末端呈球状；趾钩为三序中带（见图 142-2、图 142-3）。

图 142-1 成虫（陈文伟 摄）

**生物学特性：**1 年 9 代，世代重叠；以幼虫在树叶上越冬，越冬幼虫翌年 2 月中、下旬开始化蛹，3 月上旬始见成虫。成虫，羽化后 2~3 天开始交尾，雌虫一生交尾 1 次，少数 2 次。成虫常取食植物花蜜作为补充营养。卵多产于林缘树中下部向阳的嫩叶上，散产（见图 142-4）。

图 142-2 蛹（杨建业 摄）

图 142-3 幼虫（杨建业 摄）

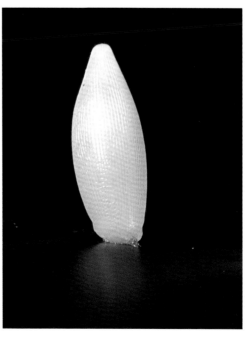

图 142-4 卵（杨建业 摄）

鹤顶粉蝶 *Hebomoia glaucippe*（Linnaeus，1758）

分类地位：鳞翅目 Lepidoptera 粉蝶科 Pieridae 鹤顶粉蝶属 *Hebomoia*。

分布：国外分布于南亚及东南亚各国；国内分布于福建、广东、广西、海南、云南、台湾等地；省内分布于广州、韶关、河源、惠州、东莞、江门、茂名、肇庆、清远、潮州等地。

寄主：鱼木、镰叶鱼木、兰屿山柑、青皮刺、槌果藤。

危害状：以幼虫取食寄主叶片。

形态特征：翅展 75~110mm。雄蝶翅白色，前翅前缘及外缘黑色，自前缘 1/2 处至外缘近后角处有黑色锯齿状斜纹，围住顶部三角形赤橙色斑，斑被黑色脉纹分割；室内有 1 列黑色箭头纹；后翅外缘脉端有黑箭头纹。雌蝶黄白色，散布有黑色鳞粉，后翅外缘、亚缘各有 1 列明显的黑色箭头纹。反面前翅端半部和整个后翅满布褐色细纹。春型（湿季）个体小，翅稍尖（见图 143-1）。老熟幼虫体色为绿色，体长 76mm，各体布满黑色小瘤状突起，从胸部至腹末气门线上有 1 条淡黄色纵带，前胸的黄色纵纹处有一黄色瘤突，中胸有一黑色瘤突，后胸有 4 个瘤突，前面 2 个为黄色，后面 2 个为红色；前胸足较退化（见图 143-2、图 143-3、图 143-4）。

生物学特性：成虫在广州地区每年 3 月末始见，10~12 月最多，12 月底开始以蛹越冬（见图 143-5），1 年 8 代，有世代重叠现象。

图 143-1　成虫（李琨渊 摄）

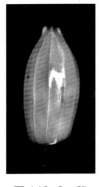

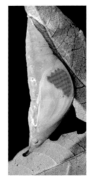

图 143-2　卵　　　　图 143-3　低龄幼虫　　　　图 143-4　老熟幼虫（杨建业 摄）　　　图 143-5　蛹
（杨建业 摄）　　　　（杨建业 摄）　　　　　　　　　　　　　　　　　　　　　　　（杨建业 摄）

青凤蝶 *Graphium sarpedon*（Linnaeus，1758）

**分类地位**：鳞翅目 Lepidoptera 凤蝶科 Papilionidae 青凤蝶属 *Graphium*。

**分布**：国外分布于日本、印度、中南半岛、印度尼西亚、澳大利亚等国；国外分布于浙江、福建、江西、湖北、湖南、广西、海南、四川、云南、西藏、陕西、台湾等地；省内广泛分布。

**寄主**：香樟、月桂、肉桂、阴香、鳄梨、山胡椒、潺槁木姜子、小梗黄木姜子、沉水樟、假肉桂、天竺桂、红楠、香楠、大叶楠等植物。

**危害状**：初孵幼虫取食卵壳，后在嫩叶背面取食叶肉；幼虫喜食嫩叶，通常从枝顶的嫩芽开始进食，进而取食梢下的嫩叶，若枝头再无嫩叶，它则会迅速转向另一枝头取食。

**形态特征**：翅展 70~85mm。前翅有 1 列青蓝色的方斑，从顶角内侧开始斜向后缘中部。后翅前缘中部到后缘中部有 3 个斑，其中近前缘的 1 个斑白色或淡青白色；外缘区有 1 列新月形青蓝色斑纹；外缘波状，无尾突。雄蝶后翅有内缘褶，其中密布灰白色的发香鳞。前翅反面除色淡外，其余与正面相似。后翅反面的基部有 1 条红色短线，中后区有数条红色斑纹，其他与正面相似。有春、夏型之分，春型稍小，翅面青蓝色斑列稍宽（见图 144-1）。初龄幼虫头部与身体均呈暗褐色，但末端白色。其后随幼虫的成长而色彩渐淡，至 4 龄时全体底色已转为绿色。胸部每节各有

图 144-1　成虫（徐家雄 摄）

1 对圆锥形突，初龄时淡褐色；2 龄时呈蓝黑色而有金属光泽；到末龄时中胸的突起变小而后胸的突起变为肉瘤，中央出现淡褐色纹，体上出现 1 条黄色横线与之相连（见图 144-2）。

**生物学特性**：1 年多代，且世代重叠，以蛹越冬。成虫 3~10 月出现，热带终年可见，飞翔力强，常在低海拔的潮湿与开阔地带活动，有时在潮湿地及水池旁憩息；喜欢访花吸蜜。成虫常将卵单产于寄主植物的新芽末端（见图 144-3）。老熟幼虫在寄主植物枝干或附近杂物荫凉处化蛹（见图 144-4）。

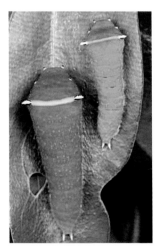

图 144-2　幼虫

（李琨渊 摄）

图 144-3　卵

（杨建业 摄）

图 144-4　蛹（杨建业 摄）

统帅青凤蝶 *Graphium agamemnon*（Linnaeus，1758）

分类地位：鳞翅目 Lepidoptera 凤蝶科 Papilionidae 青凤蝶属 *Graphium*。

分布：国外分布于东南亚、巴布亚新几内亚、澳大利亚等国；国内分布于浙江、福建、云南、广西、海南、台湾等地；省内广泛分布。

寄主：木兰、白玉兰、黄玉兰、洋玉兰、台湾含笑、刺果番荔枝、火力楠、番荔枝、鹰爪花、越南酒饼叶、紫玉盘等植物。

危害状：幼虫取食叶片，咬断不少嫩芽。

形态特征：翅展 60~88mm。体背面黑色，两侧具淡黄色毛。翅黑褐色，斑纹黄绿色；中室有 8 个大小形状不同的斑；中室端外侧有 2 个小斑；从亚顶角开始斜穿中区到后缘有 1 列不规则形斑，大小逐斑递增；亚外缘区有 1 列与外缘平行的小斑，在臀角有 1 斑错位。后翅内缘有 1 条纵带从基部斜达臀角；另 1 条纵带从前缘亚基区斜向亚臀角，但中部被脉纹割断；中区和亚外缘区各有 1 列小斑；外缘波状，有尾突，雌长雄短。后翅近前缘的斑或带色淡或有白色。翅反面棕褐色，斑纹颜色不同。后翅后缘中部有 1 个黑斑镶红边，其他与正面相似（见图 145-1）。1 龄幼虫体长 2.5mm 左右，第 5~8 腹节背部有 1 块矩形大白斑；到 3 龄时此矩形斑变为黄色；老熟幼虫体长 23~32mm，体色为鲜绿色，矩形斑消失（见图 145-2、图 145-3）。

生物学特性：1 年 4 代，以蛹越冬，翌年 3 月成虫羽化。第 1 代卵 3 月下旬始见，幼虫 4 月上旬孵化，4 月下旬开始化蛹，成虫 5 月中旬羽化。第 2 代卵 5 月中旬始见，5 月下旬为幼虫盛发期，6 月上旬化蛹，成虫 7 月上旬羽化。第 3 代卵 7 月中旬始见，幼虫 7 月下旬孵化，8 月下旬化蛹，成虫 9 月上旬羽化。第 4 代卵 9 月中旬始见，幼虫 9 月下旬孵化，11 月上旬开始化蛹越冬（见图 145-4）。4 龄幼虫每次取食 1/3~1/2 个叶片，5 龄食量剧增，每次 1~2 片叶，整个幼虫期取食 20~32 片叶子。

图 145-1 成虫（李琨渊 摄）

图 145-2 2 龄幼虫（李琨渊 摄）

图145-3　4龄幼虫（陈文伟 摄）

图145-4　蛹（李琨渊 摄）

玉斑凤蝶 *Papilio helenus* Linnaeus，1758

**分类地位**：鳞翅目 Lepidoptera 凤蝶科 Papilionidae 凤蝶属 *Papilio*。

**分布**：国外分布于印度、中南半岛；国内分布于福建、广西、海南、四川、云南、贵州、台湾等地；省内广泛分布。

**寄主**：柑橘属、枳属、金橘属、花椒属、吴茱萸属、飞龙掌血属、黄檗属、黄皮属、山小橘属、小芸木属等植物。

**危害状**：低龄期幼虫只取食幼嫩叶片，4龄以后取食成熟叶片。

**形态特征**：前翅长约54~60mm，雌雄同型；体翅皆黑色，后翅正面中室外有3个并列的白色斑，亚外缘有1列模糊的新月形红色斑，有尾突1根；后翅反面亚外缘有1列醒目的新月形红斑，臀角处有圆形红色斑1~2个；雌蝶颜色浅褐色（见图146-1）。1~4龄幼虫呈鸟粪状。1龄多棘毛。2~4龄幼虫棘毛消失，余下凸起不高的疣；自第2腹节气门线起斜向上至第4腹节背侧线有1白色斜带。5龄幼虫体表光滑；中胸背侧各有黑色假眼1个，假眼边缘黑褐色，上缘有2个白色斑点，内部中央有黑褐色横线；背面两假眼之间有污斑状花纹；第1腹节背面后缘有黄褐色带纹，带前缘呈刻齿状；腹部第4节足基部有1深褐色斜带向后上方延伸，至第5腹节背中线处，与另一侧的色带交汇；第5腹节足基部至背中线后端，也有一深褐色斜带（见图146-2）。

**生物学特性**：1年发生5代，以滞育蛹越冬，越冬蛹于3月中旬至4月上旬羽化，同期产生第1代卵（见图146-3）。第1代幼虫于4月下旬至5月中旬化蛹，成虫羽化于5月中旬至6月上旬。第2代卵高峰期在5月中旬，成虫羽化于6月中下旬。第3代成虫主要出现于8月上旬至下旬，但直到9月上旬还有发生。第4代卵高峰期在8月中旬至下旬，成虫羽化于9月中旬至10月上旬，产下第5代卵。第5代幼虫于10月中旬至11月下旬陆续化蛹越冬（见图146-4）。第1~4代成虫发生期有所重叠。1~2龄期幼虫只取食幼嫩叶片，4龄以后取食成熟叶片。1~5龄期均停息在叶片正面的丝垫上，头部朝向叶柄。

图 146-1　成虫（李琨渊 摄）

图 146-2　幼虫（李琨渊 摄）

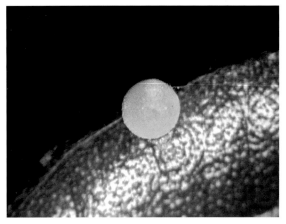

图 146-3　卵（杨建业 摄）

图 146-4　蛹（李琨渊 摄）

巴黎翠凤蝶 *Papilio paris* Linnaeus，1758

分类地位：鳞翅目 Lepidoptera 凤蝶科 Papilionidae 凤蝶属 *Papilio*。

分布：国外分布于印度、缅甸、泰国、马来西亚等国；国内分布于浙江、福建、河南、陕西、重庆、四川、云南、贵州、广西、香港、台湾等地；省内广泛分布。

寄主：柑橘属、飞龙掌血属和吴茱萸属植物。

危害状：幼虫取食叶片，也取食嫩枝。

形态特征：翅展 95~125mm。体、翅散布翠绿色鳞片。前翅亚外缘有 1 列黄绿色或翠绿色横带。后翅中域靠近亚外缘有一大块翠蓝色或翠绿色斑，斑后有 1 条淡黄、黄绿或翠蓝色窄纹通到臀斑内侧；臀角有 1 个环形红斑。前翅反面亚外缘区有 1 条很宽的灰白色或白色带，由后缘向前逐渐扩大并减弱；后翅反面基半部散生无色鳞片，亚外缘区有 1 列 W 或 U 形红色斑纹；臀角有 1~2 个环形斑纹，红斑内镶有白斑（见图 147-1）。初孵幼虫体长 3~5.8mm。1~4 龄幼虫呈鸟粪状；1 龄幼虫胸部背侧有明显的黑褐色斑，在第 2、3 腹节及第 8 腹节有白纹；2、3 龄幼虫体呈橄榄色，第 2~4 腹节有白纹；4 龄幼虫体色转为绿褐色。老熟幼虫体长 43~48mm，体色鲜绿，胸部背侧有云状斑；后胸每侧各有 1 枚眼状红斑；第 4~5 腹节及第 6 腹节侧面共形成 2 条黄色斜线（见图 147-2）。

生物学特性：1年发生5代。以蛹于11月中下旬在枝条上越冬（见图147-3）。翌年3月上、中旬羽化，并交配产卵。卵单产于稍嫩叶片表面，少见1叶片上有多粒卵的。幼虫孵化后有时将卵壳吃掉，然后开始取食嫩叶。3月下旬为成虫羽化盛期，7~8月观察到有部分蛹有滞育越夏的现象。有世代重叠现象。1~3龄幼虫主要取食嫩叶，3龄后幼虫嫩叶老叶均取食，虫口密度大时，也取食嫩枝。

图147-1　成虫（顾茂彬 摄）

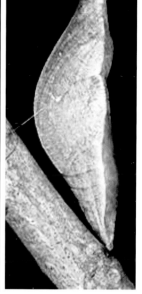

图147-2　幼虫（杨建业 摄）

图147-3　蛹（杨建业 摄）

玉带凤蝶 *Papilio polytes* Linnaeus，1758

**分类地位**：鳞翅目 Lepidoptera 凤蝶科 Papilionidae 凤蝶属 *Papilio*。

**分布**：国外分布于泰国、印度、日本、马来西亚、印度尼西亚等国；国内分布于自黄河以南一直到台湾岛、海南岛；省内广泛分布。

**寄主**：柑橘、柚、枳、花椒、桔梗、双面刺、过山香、山椒、黄皮、酒饼簕。

**危害状**：低龄幼虫取食嫩叶叶肉，沿着叶缘啮食，常将叶肉吃尽仅剩下主脉或叶柄，5龄幼虫每昼夜可食叶5~6片，对幼苗、幼树和嫩梢为害极大。

**形态特征**：体翅底色黑色，雌雄各异。雄蝶最明显的特征是前翅外缘有1列白斑。后翅中部都有醒目的1列玉带状白斑。雌蝶前翅外缘隐现1列白斑，较雄蝶小（见图148-1、148-2）。幼虫共5龄，低龄幼虫与高龄幼虫体型大小、体色等相差较大。初孵幼虫褐色、近似鸟粪、体长3~5mm，1龄幼虫体长可达

14~16mm。2 龄幼虫体长 18~25mm；头部左右两侧各 1 根臭角刺。胸、腹部褐绿色，白色斜带自腹部斜上腹部背面。尾部白色。3 龄幼虫体长可达 30mm 左右，腹部背上的 7 条黄色环带明显，且白色斜带、白色头部、尾部更为明显（见图 148-3）。4 龄幼虫体长达 29~35mm，后胸更加膨大。5 龄幼虫体长 46~56mm，前胸背板有 2 条白色的弧形斑带；第 10 腹节、中间腹节及尾部上也可见到白色斑带（见图 148-4）。

生物学特性：1 年发生 5~6 代，以蛹在枝干及柑橘叶背等隐蔽处越冬。每年春末夏初，雌蝶在柑橘等植物的叶片上产卵，一次一枚，可产多枚（见图 148-5）。广东各代成虫发生期依次为 3 月上中旬；4 月上旬至 5 月上旬；5 月下旬至 6 月中旬；6 月下旬至 7 月；7 月下旬至 10 月上旬；10 月下旬至 11 月。

图 148-1　拟雄型雌成虫（李琨渊 摄）

图 148-2　红珠型雌成虫
（李琨渊 摄）

图 148-3　3 龄幼虫（李琨渊 摄）

图 148-4　5 龄幼虫（陈刘生 摄）

图 148-5　卵
（李琨渊 摄）

离斑带蛱蝶 *Athyma ranga* Moore，1858

分类地位：鳞翅目 Lepidoptera 蛱蝶科 Nymphalidae 带蛱蝶属 *Athyma*。

分布：国外分布于印度、尼泊尔、不丹、缅甸、泰国等国；国内分布于福建、江西、四川、云南、香港、海南等地；省内分布于广州、深圳、佛山、肇庆、惠州、河源。

寄主：桂花、异株木犀榄、马拉巴李榄。

危害状：取食叶片，沿着叶缘啃食，大龄时，能将叶片取食只剩下主脉。

形态特征：中型蛱蝶，翅背面黑褐色，翅中域具1列较大白斑，亚外缘具2列灰白色小斑；翅腹面基部及前翅中室内具许多紧靠着的白斑。老熟幼虫头部中央呈黑褐色，外侧具2列褐色尖刺；体深绿色，背部具淡褐色棘刺，第5腹节呈黄白色，气门线呈灰白色（见图149-1、图149-2）。

生物学特性：喜欢在开阔地带活动，成虫于6月至11月常见，喜欢停留在腐烂的水果上吸食汁液。

图149-1　幼虫（罗桂鑫 摄）

图149-2　幼虫（陈瑞屏 摄）

**中环蛱蝶 *Neptis hylas*（Linnaeus，1758）**

别名：豆环蛱蝶、琉球三线蝶。

分类地位：鳞翅目 Lepidoptera 蛱蝶科 Nymphalidae 环蛱蝶属 *Neptis*。

分布：国外分布于印度、缅甸、越南、马来西亚、苏门答腊岛等国；国内分布于河南、广西、海南、云南、四川、陕西、台湾等地；省内广泛分布。

寄主：幼虫主要取食蝶形花科、豆科、蔷薇科等植物。

危害状：幼虫卷叶、缀叶、结鞘、吐丝结网，常食尽叶片或钻蛀枝干。

形态特征：翅展40~50mm。体背面黑色，腹面白色。触角顶端黄色。翅表面黑褐色，斑纹白色，外缘波状并有白色缘毛；翅展开时显示3列由大小斑纹组成并两翅相连的白色带。前翅中室内有一条长形纵带，断裂，其前方有一个箭头状斑纹。翅下表面黄色或黄褐色，斑纹清晰，周缘有明显的黑线围绕（见图150-1、图150-2）。幼虫头比体节

图150-1　成虫（黄思遥 摄）

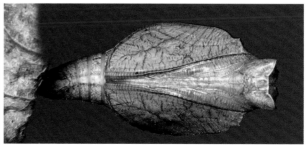

图150-2　蛹（李琨渊 摄）

前几段大，顶点有两个短尖刺，双颊具钝刺；第三、第四、第六和第十二节具一副肉质棘突，第四节上最长。颜色浅绿；面部，突起和节段的顶端略淡粉红色，自肛突有一粉红色斜带伸向体侧，第六节上的一个小的、暗的、侧面的斑点。老熟幼虫褐色，具淡褐色斑带，背部棘突不发达，腹部末端两侧具黄绿色斑。

**生物学特性**：在树丛、庭园、潮湿的林沟、丘陵地和高山均可见。在潮湿的石砾地吸水时，平展双翅；休息时则关合双翅。低龄幼虫卷叶、缀叶、结鞘、吐丝结网或钻入植物组织取食，随着食量增大，常食尽叶片或钻蛀枝干。

白带螯蛱蝶 *Charaxes bernardus*（Fabricius，1793）

**分类地位**：鳞翅目 Lepidoptera 蛱蝶科 Nymphalidae 螯蛱蝶属 *Charaxes*。

**分布**：国外分布于印度、中南半岛、东南亚各国、澳大利亚等国；国内分布于浙江、福建、江西、湖南、广西、海南、四川、云南、香港等地；省内广泛分布。

**寄主**：樟、茶树、合欢、巴豆、米稿等。

**危害状**：幼虫一般是取食叶片的边缘造成边缘缺刻，到 3 龄后一般是将整片的叶子吃光，如果食物量少还会将叶脉甚至叶柄一起吃掉。

**形态特征**：雌蝶翅展 80~100mm。翅正面红棕色或黄褐色、反面棕褐色。雌蝶前翅正面白色宽带伸到近前缘，外侧多一列白色点；后翅中域前翅正面白色宽带伸到近前缘、外侧多一列白色点；后翅中域前半部分也有白色宽带，黑色宽带内有白色列，M₃脉突出成棒状。翅反面中线内侧有许多细黑线。雄蝶前翅有很宽的黑色外缘带、中区有白色横带。后翅亚外缘有黑带、自前缘向后逐渐变窄、M₃脉突出成齿状。反面前翅中室内有 3 条短黑线，后翅在一列小白点的外侧有小黑点，斑纹同正面，但颜色浅。幼虫体色深绿，体长 33~62mm，色斑褐色。角突绿色，长 7.3~8.1mm（见图 151-1）。

**生物学特性**：1 年 3 代，以老熟幼虫在叶片正面越冬。翌年越冬代幼虫 4 月下旬为害，第 1 代幼虫 5 月下旬为害，第 2 代幼虫 7 月下旬为害，第 3 代幼虫 9 月下旬为害。成虫以飞行中寻找配偶，找到后即停下，进行交尾。卵散产于暗绿色的老叶正面，一般每叶片仅产 1 粒，偶有 1 叶片上产 3~4 粒（见图 151-2）。1~3 龄幼虫食量小，仅啃食叶片边缘，使成缺刻。3 龄以后活动能力增强，饱食后再返回新叶栖息，这片

图 151-1　成虫（左徐家雄 摄，右杨建业 摄）　　　　　图 151-2　卵（李琨渊 摄）

叶从叶柄到叶尖均有其虫吐的丝线，在虫体栖息部位丝线最稠密。幼虫除在取食期间外，其余时间均固定栖息在叶片正面，通常叶面颜色与虫体相一致。5龄幼虫可食尽全叶或仅留残叶。老熟幼虫化蛹前吐丝缠在树枝或小枝叶柄上，然后化蛹（见图151-3、图151-4）。

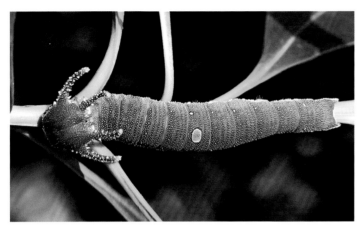

图151-3　幼虫（李琨渊 摄）　　　　　　　图151-4　蛹（杨建业 摄）

**网丝蛱蝶** *Cyrestis thyodamas* Boisduval，1846

**分类地位：**鳞翅目Lepidoptera蛱蝶科Nymphalidae丝蛱蝶属*Cyrestis*。

**分布：**国外分布于印度、尼泊尔、不丹、缅甸、泰国、马来西亚、印度尼西亚等国；国内分布于浙江、江西、广西、海南、四川、云南、西藏、台湾等地；省内广泛分布。

**寄主：**榕树、台湾榕、九丁榕、无花果、天仙果等榕属植物。

**危害状：**幼虫取食寄主植物叶片及嫩芽。

**形态特征：**翅展55~60mm，半透明。前后翅分布着许多褐色横线，与褐色的翅脉交错构成地图状，故有地图蝶之称。翅基外侧区各有1条粗的黑色线。前翅后角有黑斑，后翅臀角褐色，呈球状突出，$M_3$脉端部突出（见图152-1、图152-2）。末龄幼虫呈黄绿色，头顶有2个角状突，第1，2腹背部有1褐色斜带，背部中央有1角状突起，褐色，后部着生小刺，末端白色；体后部中央有1前细而后渐粗的褐色带。尾突钩状，着生细刺，末端颜色浅。

图151-1　成虫（陈刘生 摄）　　　　　　　图151-2　卵（杨建业 摄）

生物学特性：成蝶喜欢到溪边吸水、吸食腐果或动物排遗。幼虫则以多种桑科榕属的植物为寄主，只要在种有榕树的公园或路边，就有机会见到它们的踪迹。网丝蛱蝶的幼虫外观非常的特殊，不管是哪一个龄期阶段的幼虫，在其背部都有一根粗壮的肉棘（见图152-3）。当它长成终龄幼虫，体色会变成绿色，与绿色的叶片融为一体，以降低被天敌攻击的概率。网丝蛱蝶的蛹为垂蛹，其外观有如一片枯萎的榕树树叶，而且会随着环境而呈现暗褐色或绿色的外貌，相当具有隐蔽作用。

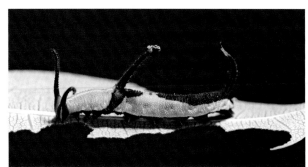

图152-3　幼虫（杨建业 摄）

尖翅翠蛱蝶 *Euthalia phemius*（Doubleday，1848）

**分类地位**：鳞翅目 Lepidoptera 蛱蝶科 Nymphalidae 翠蛱蝶属 *Euthalia*。

**分布**：国外分布于印度、缅甸、越南、泰国、马来西亚等国；国内分布于云南、广西、海南等地；省内分布于广州、河源、惠州、汕尾、茂名、阳江、肇庆、潮州、揭阳、云浮等地。

**寄主**：杧果、扁桃。

**危害状**：成虫以花粉、花蜜、植物汁液为食。幼虫取食树叶。

**形态特征**：中型蛱蝶，翅形尖锐，雌雄异形；翅背面呈黑褐色，雄蝶后翅近三角形，臀角尖锐，末端呈蓝色（见图153-1、图153-2）；雌虫后翅外缘突出，不呈蓝色。雄虫前翅中室近前缘有散射状白色线条，雌虫前翅中部有一白色斜带，在前缘中部向臀角逐渐变细。末龄幼虫体色呈绿色，背部具1条白色细线，体侧具发达的羽状棘突（见图153-3、图153-4）。

**生物学特性**：生活在密林环境中，成虫自4~12月之间出现，喜欢吸水及腐烂的水果。

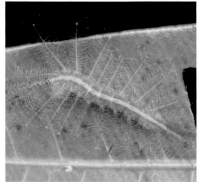
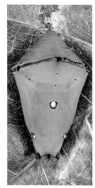

图153-1　雄成虫　　　图153-2　卵（杨建业 摄）　　　图153-3　幼虫　　　图153-4　蛹
　（李琨渊 摄）　　　　　　　　　　　　　　　　　　　　　　（李琨渊 摄）　　　（徐家雄 摄）

白伞弄蝶 *Bibasis gomata*（Moore，1866）

分类地位：鳞翅目 Lepidoptera 弄蝶科 Hesperiidae 伞弄蝶属 *Bibasis*。

分布：国外分布于印度等国；国内分布于浙江、福建、广西、海南、四川、云南等地；省内分布于广州、深圳、珠海、佛山、河源、惠州、东莞、茂名、阳江、肇庆、潮州、云浮等地。

寄主：鹅掌藤、辐叶鹅掌柴（澳洲鸭脚木）、星毛鸭脚木等。

危害状：幼虫将寄主叶片咬破并吐丝卷成庇护所，取食叶肉（见图 154-1）。

形态特征：翅展 50~55mm，雄虫正面淡棕色，双翅翅脉间有淡黄褐色纵纹；翅反面深褐色，翅脉灰白色，脉间纹灰绿色；雌虫暗古铜绿色，顶端和外缘逐渐变成靛蓝色（见图 154-2）。低龄幼虫头黑色，通体呈橘黄色；末龄幼虫呈黄绿色，头顶有 4 个椭圆形黑斑，面部有横排的 4 个黑斑；胸部背面有 4 条白色纵纹，纵纹延伸至腹部末端，呈黄绿色；从胸部到腹部末端各体节上具有黑色斑点，大小不一（见图 154-3、图 154-4）。

生物学特性：成虫将卵聚产在叶片上（见图 154-5）；低龄幼虫聚集在一起，啃食叶肉；随着龄期的增长，分散取食，幼虫将叶片咬破，并吐丝将撕破的叶片卷曲，藏身其中，取食周围的叶片。老熟幼虫将叶片卷曲呈筒状，在里面化蛹（见图 154-6）。

图 154-1　白伞弄蝶危害状
（李琨渊 摄）

图 154-2　成虫（林伟 摄）

图 154-3　1 龄幼虫
（李琨渊 摄）

图 154-4　3 龄幼虫（李琨渊 摄）

图 154-5　卵
（李琨渊 摄）

图 154-6　蛹
（林伟 摄）

## 2.2 吸汁害虫

吸汁害虫是指以口器吸取植物的根、茎、叶、果等组织汁液的害虫，其中一些害虫还是取食过程中可以传播病毒等植物病原的媒介昆虫，此外有一些发生量大或食性较单一的种类，在严重危害时常造成枝叶枯萎，甚至林木整株死亡。

吸汁害虫主要包括两大类：一类是昆虫纲半翅目、缨翅目等昆虫，如蚧虫、蚜虫、叶蝉、木虱、蝽、蓟马等；另一类为蛛形纲的螨类，如叶螨等。除此之外，尚有部分鳞翅目等昆虫成虫嗜好刺破果皮吸食果汁，对果树产量有影响。以下简述各类代表物种。

龙眼鸡 *Pyrops candelaria*（Linnaeus）

**中文别名**：长鼻蜡蝉、龙眼樗鸡。

**分类地位**：半翅目 Hemiptera 蜡蝉科 Fulgoridae 东方蜡蝉属 *Pyrops*。

**分布**：国外分布于东南亚多国；国内分布于浙江、福建、江西、湖南、广西、海南、四川、贵州、云南、香港、澳门、台湾等地；省内广泛分布。

**寄主**：龙眼、荔枝、秋枫、杧果、橄榄、黄皮、桑树等。

**危害状**：若虫和成虫刺吸龙眼树干或枝梢的汁液，发生严重时，可使枝条衰弱、枯干甚至导致落果。

**形态特征**：体长 37~42mm，翅展 68~80mm。头额延展如长鼻，背面红褐色，散布许多白点。复眼暗褐色，1 对红色单眼位于复眼下方。触角短粗黑褐色，鞭节刚毛状。腹部腹面黑褐色，被有蜡质白粉（见图 155-1）。卵长 2.5~2.6mm。近白色，初孵化时为灰黑色，卵粒间由胶质粘连排列成长方形卵块，被有白色蜡粉。若虫约 4 龄。初孵若虫体长 4.2mm。瓶状（见图 155-2）。

**生物学特性**：1 年 1 代，以成虫在树枝主干越冬，越冬成虫 3 月开始活动，4 月后飞翔活跃，5 月为交尾盛期。交尾后雄虫经 2~5 天死亡，雌虫 7~14 天后开始产卵，通常每雌仅产 1 个卵块，可有卵 28~136 粒，多产在离地面 1.5~2m 高的树干平坦处和径粗为 5~15mm 的枝条上，卵期 19~31 天。6 月若虫盛孵，初孵若虫静伏在卵块上约 1 天后扩散，安定于附近多种树的枝条上取食。若虫活泼，受惊扰便跳逃，水平冲跳距 10~20cm。若虫 9 月逐渐羽化，成虫初活动时多出现于树干下部，以后随取食移动而向上爬行。

图 155-1 成虫（贾凤龙 摄）　　　　图 155-2 若虫（李琨渊 摄）

一般 1 天取食 1~4 个地方，除受惊飞逃外很少移动。雨天常见成虫从小枝向大枝、主干爬行，聚于下方避雨处吸食。

**紫络蛾蜡蝉** *Lawana Imitata*（Melichar）

中文别名：白蛾蜡蝉。

分类地位：半翅目 Hemiptera 蛾蜡蝉科 Flatidae 络蛾蜡蝉属 *Lawana*。

分布：国外分布于日本；国内分布于浙江、福建、湖北、湖南、广西、海南、云南、贵州、香港、台湾等地；省内分布于广州、深圳、河源、梅州、惠州、东莞、阳江、湛江、茂名、肇庆、揭阳、云浮等地。

寄主：桉树、榕树、降香黄檀、木麻黄、木荷、樟、凤凰木、大叶相思、荔枝、柑橘、柚子、杧果、九里香、茶、仁面子、桃、蒲桃、阳桃、枇杷、银桦、澳洲坚果等 80 多种植物。

危害状：以若虫、成虫群集于植物枝条、果序上刺吸汁液，聚集处枝条常敷满若虫分泌的蜡丝可供辨认（见图 156-1）。影响嫩枝生长，致使叶片萎蔫，造成果树落果。

形态特征：成虫体长 14mm 左右，翅展 43mm 左右。成虫被有白色蜡粉。前翅翅脉紫红色，翅中央还有一紫红色小斑。臀角呈锐角，常附蜡丝。后翅灰白色。后足胫节外侧有刺二根（见图 156-2）。初羽化时通体为黄白色（白翅型），约 20 天后成虫体色变为碧绿色（绿翅型）。卵长椭圆形，淡黄白色，表面具细网纹。若虫体长 8mm，体被满絮状蜡丝，翅芽末端平截，腹末有成束蜡丝（见图 156-3）。

生物学特性：1 年 2 代，以成虫在枝叶间越冬。翌年 2~3 月越冬成虫始活动，取食交配产卵期较长，3 月中旬至 6 月上旬为第 1 代卵发生期，7 月上旬至 9 月下旬为第 2 代卵发生期，卵产于枝条，叶柄皮层中，纵列成长条块，每块可有卵 50~400 粒，产卵处表面微隆，呈枯褐色。4~6 月和 8~9 月为 1、2 代若虫盛发期。初孵若虫常群集在附近的叶背和枝条。随着虫龄增大而三五成群分散活动；取食时多静伏于嫩技，蜕皮时暂时移至叶背。6 月上旬和 9 月中旬为 1、2 代成虫始发生期，第 2 代为害至 11 月陆续越冬。成虫栖息时，在树枝上往往排列成整齐的"一"字形。

图 156-1　紫络蛾蜡蝉危害状

（魏军发 摄）

图 156-2　成虫

（李琨渊 摄）

图 156-3　若虫（李琨渊 摄）

碧蛾蜡蝉 *Geisha distinctissima*（Walker）

分类地位：半翅目 Hemiptera 蛾蜡蝉科 Flatidae 碧蛾蜡蝉属 *Geisha*。

分布：国外分布于日本；国内分布于全国各地，但主要分布在上海、江苏、浙江、福建、江西、山东、湖南、广西、海南、重庆、四川、贵州、云南、香港、澳门、台湾等地；省内分布于广州、深圳、佛山、河源、惠州、汕尾、湛江、茂名、肇庆、云浮等地。

寄主：榕、茶、油茶、柑橘、桑、柿、桃、李、杏、梨、栗、杨梅、无花果等。

危害状：若虫吸食植物汁液且分泌蜡质，严重时植物枝叶上全被绵状白蜡，影响树势生长（见图157-1）。

形态特征：成虫体长约7mm，翅展约21mm，体翅为美丽的黄绿色。头部顶短，向前略突出；喙粗短；单眼黄色。前胸背板短，上有2条褐色纵带；中胸背板长，上有3条平行纵脊及2条淡褐色纵带。前翅外缘平直，边缘脉间无黑色条带，边缘橘红色。翅脉黄绿色，密布网状脉纹，有红色细纹绕过顶角经外缘伸至后缘。顶角圆，臀角近直角。后翅灰白色。腹部浅黄褐色，覆蜡粉（见图157-2）。若虫体扁平长形，绿色，被白色蜡粉。腹末附白色长的绵状蜡丝。

生物学特性：1年2代，以卵越冬，也有以成虫越冬的。第1代成虫6~7月发生，第2代成虫出现于10月下旬至11月，第1代若虫在3月、4月即开始发生，第二代若虫7月、8月始发生至11月。卵多产在枯枝上。

图157-1　碧蛾蜡蝉危害状（左秦长生 摄，右黄咏槐 摄）　　　图157-2　成虫（李琨渊 摄）

褐缘蛾蜡蝉 *Salurnis marginella*（Guerin）

分类地位：半翅目 Hemiptera 蛾蜡蝉科 Flatidae 缘蛾蜡蝉属 *Salurnis*。

分布：国外分布于印度、马来西亚、印度尼西亚等国；国内分布于江苏、浙江、安徽、广西、四川、香港等地；省内分布于广州、韶关、梅州、汕尾、湛江、肇庆、云浮等地。

寄主：樟树、苦楝、台湾相思、柑橘、茶、油茶、木荷、女贞等。

危害状：若、成虫吸食新梢嫩茎，叶片的汁液；成虫产卵时刺伤嫩茎皮层，致生长迟缓（见图158-1）。

形态特征：成虫体长约7mm左右，翅展约18mm左右。头部黄赭色，顶极短，略呈圆锥状突出，中央具一褐色纵带；前胸背板长为头顶的2倍，前缘褐色向前突出于复眼之前；中央有两条红褐色纵带；

中胸背板发达，有红褐色纵带 4 条。前翅绿色或黄绿、边缘褐色，在后缘特别显著，在近顶角处有一显著的马蹄形褐斑；后翅绿白色，边缘完整。前中足褐色，后足绿色。腹部侧扁，被白色蜡粉。若虫淡黄绿色，胸腹覆盖白绵状蜡质，腹末有长毛状蜡丝（见图 158-2）。

**生物学特性：** 1 年 1~2 代，以卵越冬。若虫翌年 4 月至 5 月上旬孵出，成虫 6 月下旬至 7 月下旬羽化，7 月、8 月产卵，少数可延续至 9 月底。成虫及若虫善跳跃，多于小枝上活动取食，喜潮湿，畏阳光。卵群产枝梢皮层下，也可产在叶柄或叶背主脉组织中，产卵处外表粘覆有少量绵状蜡丝。

图 158-1　褐缘蛾蜡蝉危害状（陆千乐 摄）

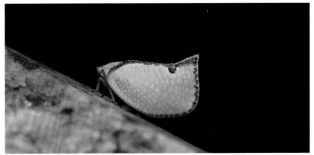

图 158-2　成虫（陆千乐 摄）

**眼纹疏广蜡蝉** *Euricania ocellus*（Walker）

**中文别名：** 桑广翅蜡蝉、眼纹广翅蜡蝉。

**分类地位：** 半翅目 Hemiptera 广翅蜡蝉科 Ricaniidae 疏广蜡蝉属 *Euricania*。

**分布：** 国外分布于日本、缅甸、越南、印度等国；国内分布于河北、江苏、浙江、江西、湖北、湖南、广西、四川、海南、香港、台湾等地；省内分布于广州、深圳、韶关、河源、惠州、肇庆、潮州等地。

**寄主：** 柑橘、茶、桑、油桐、油茶、秋枫、安息香等。

**危害状：** 成虫和若虫群集吸食寄主植物的汁液，影响植株生长，发生严重时，枝叶发黄甚至死亡（见图 159-1）。

**形态特征：** 成虫体长 6~6.5mm，翅展 20~22mm。头、前胸及中胸均栗褐色，前后翅均透明，前翅除中央基部脉无色外，余均暗褐色。中横带较宽，中部围成显著的圆环状。周缘有宽的暗褐色带，前缘中央稍外处有一黄色斜三角斑，该斑的顶角处有一白色小圆斑（见图 159-2）。

**生物学特性：** 1 年 1 代，以卵越冬。翌年 5 月上中旬孵出，成虫羽化始于 6 月中旬，7 月上中旬至 8 月上旬为羽化盛期，产卵后于 9 月上中旬陆续死亡。成虫活动于寄主枝叶上，卵产在枝梢皮下。初孵若虫群集吸食植物茎叶汁液，受惊吓时迅速弹跳下行，徒手难以捕捉。

图 159-1　眼纹疏广蜡蝉危害状（徐家雄 摄）

图 159-2　成虫（陆千乐 摄）

图 160-1　成虫（陆千乐 摄）

图 160-2　若虫（陆千乐 摄）

**斑点广翅蜡蝉** *Ricania guttata*（Walker）

中文别名：三斑广翅蜡蝉、点滴广蜡蝉、红树蜡蝉、红树广翅蜡蝉。

分类地位：半翅目 Hemiptera 广翅蜡蝉科 Ricaniidae 广翅蜡蝉属 *Ricania*。

分布：国内分布于广西、香港（模式产地）等地；省内分布于广州、深圳、惠州、东莞、江门、茂名、肇庆、清远、云浮等地。

寄主：羊蹄甲、榕、夹竹桃、龙眼、紫薇、秋茄、海榄雌、木榄、老鼠簕、木麻黄、黄槿、长柄银叶树、柑橘、桂花、阴香、白兰、龙船花、鹅掌柴、山茶等 40 科 86 种植物。

危害状：成虫和若虫群集在枝、叶及花果上吸食汁液，能大量泌出排泄物诱发严重的煤污病。使植株营养不良，树势衰弱，成虫产卵时大量刺伤嫩茎皮层，影响枝梢生长，严重时枝条死亡。

形态特征：成虫体长 6.0~7.2mm，翅展 16.5~18.0mm。体黑色，前翅烟褐色不透明，雄性个体颜色较深，雌成虫前翅具 3 个透明斑，雄虫前翅外缘无长形透明斑（见图 160-1）。卵长约 0.7mm，椭圆形。孵化前乳白色，头顶部出现两段红色线纹。若虫 5 龄，虫体被薄蜡粉，呈乳白色或稍带浅蓝色（见图 160-2）。胸部背面斑纹分浅色与深色两型，深色型末龄若虫斑块为黑色，浅色型斑块浅褐色。腹末数节向上翘。腹末及倒数第 2 节有蜡腺，每蜡腺分泌一束刚直白色蜡丝，能做孔雀开屏状运动。

生物学特性：广东、广西均 1 年 1 代。以卵越冬，卵期长达 9~10 个月，4 月上旬至 6 月上旬孵化，5 月上旬为孵化的高峰期。若虫的发生高峰期为 5 月下旬至 6 月下旬，8 月下旬还可见若虫。成虫于 6 月上旬至 9 月下旬发生，7 月中上旬成虫数量达到最大。成虫羽化 15~20 天即可产卵，雌虫将产卵器插入寄主枝条或叶背中脉组织内，将十几粒至 100 多粒卵排列产于韧皮部和木质部之间，产后在植物表面留下密集隆起的针头状褐色小孔。

**八点广翅蜡蝉** *Ricania speculum* Walker

中文别名：八点光蝉、八点蜡蝉、桔八点光蝉、黑羽衣。

分类地位：半翅目 Hemiptera 广翅蜡蝉科 Ricaniidae 广翅蜡蝉属 *Ricania*。

分布：国外分布于尼泊尔、印度、菲律宾、斯里兰卡、印度尼西亚等国；国内分布于江苏、浙江、福建、河南、湖北、广西、云南、陕西、香港、台湾等地；省内分布于广州、深圳、佛山、韶关、河源、梅州、惠州、汕尾、东莞、中山、阳江、湛江、茂名、云浮、肇庆等地。

寄主：桉树、油桐、油茶、桂花、茶、桑、柑橘、蜡梅、梅花、桃、玫瑰、柳、黄麻、板栗、苦楝、石榴等。

危害状：成虫和若虫以刺吸式口器吸食嫩枝，叶片汁液养分，排泄物易引发煤污病。雌虫产卵时将产卵器刺入枝茎内，引起流胶，被害嫩枝叶枯黄，难以形成叶芽和花芽。

形态特征：成虫体长 6~7.5mm，翅展 16~18mm。头胸部黑褐色至烟黑色，足和腹部褐色，有些个体腹基部及足为黄褐色。复眼黄褐色，单眼红棕色，前翅褐色至烟褐色，前翅外缘有大小6个透明斑点，斑点可有变化。翅面上有白色蜡粉。后足胫节外侧有刺2个（见图161-1）。卵长1.2mm，长椭圆形，卵顶具1圆形小突起，初孵乳白色，渐渐变为淡黄色。若虫体长5.0~6.0mm，宽3.5~4.0mm，体略呈钝菱形，翅芽处最宽，暗黄褐色，布有深浅不同的斑纹，若虫低龄为乳白色，近羽化时部分个体出现褐色斑纹，体疏被白色蜡粉，外貌整体呈灰白色，腹部末端有4~12束扇形展开的蜡丝，蜡丝初分泌时白色绵毛状，后逐渐转变为不规则突起的褐色柱状（见图161-2）。

图161-1　成虫（李琨渊 摄）　　　　　　　图161-2　若虫（李琨渊 摄）

生物学特性：广东1年2代，部分以第2代成虫在枝丛、枯枝落叶或地表土缝处越冬，部分以卵越冬。4月上旬开始活动产卵，5月上旬开始陆续孵化，至5月上旬开始老熟羽化，7月上中旬前后为羽化盛期，成虫经20天左右后开始交配，7月上旬~8月下旬为产卵期，8月上旬第2代若虫开始孵化，至9月上旬第2代老熟若虫羽化，羽化的成虫补充营养后下树找场所越冬。

### 斑带丽沫蝉 *Cosmoscarta bispecularis*（White）

中文别名：桑赤隆背沫蝉、小红斑沫蝉。

分类地位：半翅目Hemiptera沫蝉科Hormaphididae丽沫蝉属*Cosmoscarta*。

分布：国外分布于越南、老挝、柬埔寨、泰国、缅甸、印度、马来西亚等国；国内分布于江苏、浙江、安徽、福建、江西、广西、海南、四川、云南、贵州、香港、澳门、台湾等地；省内分布于广州、深圳、河源、惠州、东莞、湛江、茂名、肇庆、清远等地。

寄主：桉树、榕树、山乌桕、茶、桑、盐肤木、三叶橡胶等。

危害状：成虫、若虫常群集于寄主嫩枝上以刺吸式口器吸食汁液，排泄物易引发煤污病。

形态特征：雄成虫体长13.0~15.8mm，雌成虫体长14.0~17.2mm，头（包括颜面），前胸背板及小盾片红色，有4个黑斑，近前缘的2个小，近圆形，且有时融合成一横带，近后缘的2个大，近长方形，与背板后侧缘平行。前翅橘红色，翅基与翅端部网状脉纹区之间有7个黑斑，部分斑点或融合呈横带状，端部网状纹区黑色。后翅灰白色，透明，脉纹深褐色，翅基、翅基的脉纹及前缘区域径脉（R）基部的2/3橘红色。胸节腹面黑色，前胸侧板及后胸腹板橘红色。足橘红色，爪，端跗节，后足胫节外侧刺与端刺的刺尖及后足第1、2跗节端刺的刺尖黑色。腹节背板橘红色，侧板及腹板黑色，侧板及腹板的侧缘与后缘，腹板的中央及生殖节橘红色（见图162-1、图162-2、图162-3）。

图 162-1　羽化（陆千乐 摄）　　　图 162-2　初羽化成虫（陆千乐 摄）　　　图 162-3　成虫

（李琨渊 摄）

**东方丽沫蝉 *Cosmoscarta heros*（Fabricius）**

**中文别名：**双带隆背沫蝉。

**分类地位：**半翅目 Hemiptera 沫蝉科 Hormaphididae 丽沫蝉属 *Cosmoscarta*。

**分布：**国外分布于越南；国内分布于浙江、福建、江西、广西、海南、四川、贵州、云南、香港、澳门、台湾等地；省内分布于广州、深圳、汕头、韶关、河源、惠州、汕尾、东莞、中山、肇庆、清远、潮州等地。

**寄主：**桉树、降香、蒲桃、秋枫、鸭脚木、樟树、榕树等。

**危害状：**成、若虫常群集于寄主嫩枝上以刺吸式口器吸食汁液，排泄物易诱发煤污病（见图 163-1、图 163-2）。

**形态特征：**雄成虫体长 15~17mm，雌成虫 16~17mm。头及前胸背板紫黑色具光泽。复眼灰色，单眼浅黄色。触角基节褐黄色。喙橘黄色或橘红色或血红色。小盾片橘黄色。前翅黑色，翅基及翅端部网状脉区之前各有 1 条橘黄色横带，其中，翅基的 1 条极阔，近三角形，翅端之前的 1 条较窄，呈波形。后翅灰白色透明，脉纹深褐色，翅基、翅基的脉纹、前缘区与径脉（R）基部 2/3 及爪区浅红色。胸节腹面褐色或紫黑色，后胸侧板及腹板橘黄色或血红色，跗节、爪、前足与中足的腿节末端与胫节以及后足胫节末端暗褐色，后足胫节外侧刺与端刺的刺尖及后足第 1、2 跗节端刺的刺尖黑色。腹节橘黄色或橘红色或血红色，侧板及腹板的中央有时黑色（见图 163-3）。

图 163-1　东方丽沫蝉危害状（李琨渊 摄）　　　图 163-2　若虫　　　图 163-3　成虫（向涛 摄）

（李琨渊 摄）

蚱蝉 *Cryptotympana atrata*（Fabricus）

分类地位：半翅目 Hemiptera 蝉科 Cicadidae 蝉属 *Cryptotympana*。

分布：国外分布于朝鲜、越南、老挝等国；国内分布于河北、浙江、福建、广西、海南、四川、云南、香港、台湾等地；省内广泛分布。

寄主：榕树、白兰、黄花风铃木、非洲楝、复羽叶栾树、柳、桂花、桃等。

危害状：若虫在土壤中吸取树木汁液。成虫产卵使枝条外皮和木质部开裂，引起产卵部位以上枝条迅速萎蔫死亡。

形态特征：成虫头宽 10~12mm，体长 38~48mm，翅展 116~125mm。体黑色，有光泽，密生淡黄色绒毛。中胸背板宽大，中央有黄褐色"X"形隆起。前翅基部 1/3 烟黑色，基室暗黑色。翅脉红褐色，端半部黑褐色。后翅基部 1/3 烟黑色，足黑色，有不规则黄褐色斑。雄虫腹部第 1、2 节有鸣器，腹瓣后端圆形；雌虫无鸣器，腹部第 9、10 节黄褐色，中间开裂，产卵器长矛形，长 3.3~3.7mm，宽 0.5~0.9mm（见图 164-1）。卵产于枝条上，乳白色。梭形微弯曲，一端圆钝，一端较尖削。若虫 4 龄，老熟若虫头宽 10~12mm，体长 25~39mm，棕褐色。头冠触角前区红棕色，密生黄褐色绒毛。触角黄褐色，头冠后缘 1/5~1/2 处中部有一黄褐色纵纹，到前缘分叉直达触角基部，形成"人"形纹。前胸背板前部 2/3 处有倒"M"形黑褐色斑。翅芽前半灰褐，后半部黑褐色，腹部黑棕色（见图 164-2）。

生物学特性：1 年 1 代。以卵越冬者，翌年 6 月孵化若虫，并落入土中生活，秋后向深土层移动越冬，来年随气温回暖，上移刺吸为害。老熟若虫在夜间出土羽化最多。成虫交尾后即开始产卵，雌虫产在枝条上产卵器凿刻出的卵槽内。

图 164-1　雌成虫（林伟 摄）

图 164-2　若虫（李琨渊 摄）

安蝉 *Chremistica ochracea*（Walker）

中文别名：薄翅蝉。

分类地位：半翅目 Hemiptera 蝉科 Cicadidae 安蝉属 *Chremistica*。

分布：国外分布于印度、马来西亚等国；国内分布于福建、湖南、广西、海南、香港、台湾等地；省内分布于广州、深圳、佛山、河源、惠州、东莞、阳江、湛江、茂名、肇庆、潮州等地。

寄主：榕树、樟树、木棉、桂花等。

危害状：成虫刺吸枝干和叶片汁液，造成树叶蜡黄、枝干枯萎；若虫吸取寄主植物根部的汁液水分，导致根部失去运输水分和矿物质的功能。

图 165-1　雌成虫（陆千乐 摄）　图 165-2　若虫（李琨渊 摄）

形态特征：成虫体纯绿或黄褐色，无斑纹。雌性体长 19~21mm，前翅长 29~30mm；雄性体长 21~26mm，前翅长 29~32mm。雌性产卵管鞘黑褐色，不伸出腹末，第 7 腹板后缘中央具很阔的浅"V"字形缺刻（见图 165-1、图 165-2）。雄性生殖器抱钩合并，背中央有长菱形突起，且下弯，无侧刺。

生物学特性：不详。

斑蝉 *Gaeana maculata*（Drury）

中文别名：黄点斑蝉。

分类地位：半翅目 Hemiptera 蝉科 Cicadidae 斑蝉属 *Gaeana*。

分布：国外分布于印度、缅甸、斯里兰卡等国；国内分布于福建、湖南、广西、海南、四川、云南、香港、台湾等地；省内分布于广州、深圳、汕头、韶关、河源、惠州、汕尾、东莞、茂名、潮州等地。

寄主：荔枝、木棉、木荷、火焰木、黄花风铃木等。

危害状：成虫吸食寄主植物叶柄基部或幼嫩枝梢的营养汁液造成危害，被刺吸部位留有小伤痕，轻者使连片树木叶片褪色、变黄或卷缩畸形，重者致使树木大量落叶或枝茎干枯，大大减缓林木生长速度或导致部分植株枯死（见图 166-1）。

形态特征：成虫体长 31~37mm，翅展 88~106mm（见图 166-2）。体黑色，被黑色绒毛，头部和尾部的绒毛较长，头冠宽于中胸背板基部，头顶复眼内侧有 1 对斑纹，后单眼间距明显小于到复眼间的距离；复眼灰褐色，较突出；后唇基发达，较突出，黑色，两侧有较浅的横脊，复眼腹面与后唇基之间有 1 个大斑纹；喙管黑色，达后足基节。前胸背板黑色，无斑纹，短于"X"形隆起前部。中胸背板有 4 个黄褐色斑纹（不同个体间斑纹形状及颜色有些差异），中间 1 对较小，两侧 1 对较大"X"形隆起的两侧也有 1 对黄褐色，前后翅不透明，前翅黑褐色，基半部有 5 个黄褐色斑点，端半部斑纹灰白色；后翅基半部斑纹黄白色，端半部黑褐色，有 5 个灰白色斑点。腹部黑色，第 8 背板后缘黄褐色，尾节较为细长，腹板黑色，下生殖板细长呈舟形。

生物学特性：1 年 1 代，以若虫在土中越冬，翌年 3 月中旬至 4 月初成虫开始活动。成虫喜在山脚或山窝的林间、阴凉处群居或单个活动，初发生期常常十几头、甚至数十头群集于同一片林间或同一植株吸食、鸣叫或静伏。

图 166-1　斑蝉危害状　图 166-2　成虫（陆千乐 摄）
　　（陆千乐 摄）

红蝉 *Huechys sanguinea*（De Geer）

**中文别名**：黑翅红蝉、红娘子。

**分类地位**：半翅目 Hemiptera 蝉科 Cicadidae 红蝉属 *Huechys*。

**分布**：国外分布于印度、缅甸、马来西亚等国；国内分布于江苏、浙江、江西、福建、广西、海南、四川、贵州、云南、陕西、台湾、香港等地；省内分布于广州、深圳、河源、茂名、肇庆、云浮等地。

**寄主**：山鸡椒、秋枫、苦楝、火焰木、楝叶吴茱萸等。

**危害状**：以成虫刺吸枝条汁液、产卵于枝梢木质部内，致产卵部以上枝条枯死；若虫在土内为害根部。

**形态特征**：成虫体长 25mm。前胸背板黑色、无斑纹。后翅浅褐色、半透明，无斑纹，中胸背板中央有黑色纵带。前翅黑褐色，不透明，结线不明显；翅脉黑色，8 个端室，后翅淡褐色，半透明，翅脉黑褐色，6 个端室。另一种为褐翅型类群，即前翅褐色，不透明，后翅淡褐色，半透明（见图 167）。

图 167　成虫（李琨渊 摄）

**生物学特性**：1 年 1 代，以若虫在土中越冬。翌年 6~7 月出现成虫，8 月下旬卵孵化。

黄蟪蛄 *Platypleura hilpa* Walker，1850

**分类地位**：半翅目 Hemiptera 蝉科 Cicadidae 蟪蛄属 *Platypleura*。

**分布**：国内分布于浙江、福建、湖南、广西、云南、海南、香港、台湾等地；省内分布于、广州、深圳、韶关、河源、惠州、江门、湛江、茂名、肇庆、云浮等地。

**寄主**：尾叶桉、菩提榕、杧果、桑树、桃花、山茶、糖胶树等。

**危害状**：雌成虫产卵时刺破树皮，阻止无机盐和水分等养料的运输，导致树枝枯死；若虫在土壤中刺吸寄主植物根系汁液，导致树势衰弱。

**形态特征**：雄虫体长 19~24mm，雌虫 21~25mm；前翅长雄虫 26~29mm，雌虫 31~32mm；中胸背板基部宽雄虫 8~9mm，雌虫 9~109mm。体中型，粗短，密被银白色短毛，头冠明显窄于前胸背板，约与中胸背板基部等宽或稍阔，腹部稍短于头胸部。头、前、中胸背板黄褐色，前胸背板侧缘突起小，不达基室基部，后翅外缘深褐色、不透明。中胸背板前缘中央伸出 4 个倒圆锥形黑斑，内侧 1 对短小，外侧 1 对较大，X 隆起前翅的矛状斑常与其两侧的 1 对圆斑合并。前翅基半部不透明，污褐色或灰褐色；雄虫尾节小，顶端尖，无明显侧突，抱钩左右合并，腹面也合并；雌虫尾节具端刺，侧缘弯曲，产卵管鞘不伸出腹末（见图 168-1、图 168-2）。

图 168-1　初羽化成虫　　　图 168-2　成熟成虫

（李琨渊 摄）　　　　　（李琨渊 摄）

茶小绿叶蝉 *Empoasca onukii* Matsuda，1952

中文别名：小贯茶小绿叶蝉、茶浮尘子。

分类地位：半翅目 Hemiptera 叶蝉科 Cicadellidae 小绿叶蝉属 *Empoasca*。

分布：国外分布于日本；国内分布于江苏、浙江、安徽、福建、湖北、湖南、广西、海南、贵州、云南等地；省内分布于汕头、河源、江门、茂名、清远、潮州等地。

寄主：茶、山茶等。

危害状：以成、若虫在叶背吸取汁液，叶受害后，先是叶片的尖端及边缘变黄，并逐渐向叶片中部扩大。为害严重时，叶尖端及边缘由黄变红，后期由红变成焦黑色，最后叶片卷缩畸形，植株矮小，枯死。除直接为害外，还可传播病毒。

形态特征：成虫体长 3~4mm。淡绿色至黄绿色，头前缘有 1 对绿色圈。复眼灰褐色。前后翅膜质，前翅淡绿色，基部颜色较深，翅端透明或烟褐色。雌雄异型，雌成虫体型比雄成虫大，体色相对较深（见图169-1）。卵长不足 1mm，新月形。初产白色透明，逐渐转为黄绿色。若虫分为 5 个龄期，1 龄若虫虫体乳白色，头宽体细，体表被细毛，复眼灰褐色；2 龄若虫浅黄色，体节渐明，无翅芽；3 龄若虫黄绿色，翅芽初露；4 龄若虫翅芽明显，生殖板开始分化；5 龄若虫浅绿色，翅芽伸达腹部第 5 节，形似成虫（见图169-2）。

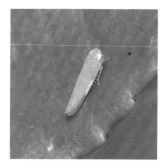 

图169-1　成虫（董伟 摄）　图169-2　若虫（董伟 摄）

生物学特性：以成虫越冬，在华南低山茶区 1 年12~13代，高山茶区 1 年8~9代。翌年早春转暖时，成虫开始取食，补充营养，陆续孕卵和分批产卵。卵散产于嫩茎组织内，以顶芽下第 2 叶与第 3 叶之间的茎内最多。若虫大多栖息在嫩叶背部及嫩茎上，善爬行、偏嗜黄色、浅绿色光。田间各虫态混杂，世代重叠，低山茶区为害盛期在 5~6 月及 9~10 月，高山茶区为害盛期 7~9 月。

黑颜单突叶蝉 *Lodiana brevis*（Walker）

分类地位：半翅目 Hemiptera 叶蝉科 Cicadellidae 单突叶蝉属 *Lodiana*。

分布：国外分布于缅甸、印度、泰国、老挝等国；国内分布于浙江、福建、湖北、湖南、广西、海南、重庆、四川、贵州、云南、香港、台湾等地；省内分布于广州、深圳、汕头、韶关、河源、梅州、惠州、湛江、茂名、肇庆、潮州、云浮等地。

寄主：桉树、中华锥、樟树、漆树、柑橘、白蜡树等。

危害状：吸食寄主植物汁液，导致寄主体内营养物质流失，影响其正常生长发育。

形态特征：雄虫体长 6.7~7.5mm，雌虫体长 8.8~9.6mm。体褐色。前翅有 1~2 条黄色横带，基部 1 条宽阔，端部 1 条常变狭窄或消失。雄虫尾节后部有 1 指状突，第 10 节狭长无突起；下生殖板狭长，端部向后略收窄，端部具数根小刚毛；连索短小，宽"Y"形；阳基侧突短小，侧面观基半部宽阔，端半部明显变狭；阳茎狭长不对称，末端背向弯曲，背面有小齿突，近端部右侧有 1 个发达突起伸向基方，其侧缘具数根长刺状突起，阳茎口小，位于近端部接近阳茎亚端突基部（见图170）。

图 170 成虫（李琨渊 摄）

灰同缘小叶蝉 *Coloana cinerea* Dworakowska，1971

**分类地位：** 半翅目 Hemiptera 叶蝉科 Cicadellidae 卡小叶蝉属 *Coloana*。

**分布：** 国内分布于广西、香港等地；省内分布于广州、深圳、珠海、汕头、佛山、惠州、汕尾、东莞、中山、江门、茂名、肇庆、揭阳等地。

**寄主：** 秋枫。

**危害状：** 以若虫和成虫群集与叶背刺吸植物汁液，叶片正面出现黄褐色斑点，受害严重时变成枯黄色并提前掉落，导致植株生长缓慢，并降低观赏价值（见图 171-1）。

**形态特征：** 雌成虫连翅长 4.2~4.3mm，雄成虫连翅长 4.2~4.4mm。雌成虫腹部末端圆形，具黑色弯刀状产卵器。雄成虫腹部末端有两个发达的尾节侧瓣，周围排列一圈白色刚毛，中间为排泄孔（见图 171-2）。卵长 0.8~0.9mm，初产时乳白色，呈长香蕉形，端部尖细向一侧弯曲，底部宽椭圆形。若虫 5 龄，每 1 龄的形态均有差异。1 龄初孵若虫乳白色，复眼红褐色，触角浅白色，胸足白色，腹部各节具长刚毛。2 龄若虫乳白色，复眼红褐色，胸部背面有黑色短毛，虫体遍布刚毛。3 龄若虫淡黄色，复眼红褐色，红棕色口器，开始有翅芽。4 龄若虫体黄色，复眼红褐色，翅芽伸达腹部等 2 节。5 龄若虫头部浅褐色，复眼红褐色，胸部及翅芽浅褐色，翅芽伸达腹部第 5 节中部或末端（见图 171-3）。

**生物学特性：** 成虫大多可存活 30~45 天，最长的可达 70 天以上，全年各虫态均可看到，没有真正的休眠期。灰同缘小叶蝉以若虫和成虫聚集栖息于叶背面，羽化和交配多在白天进行，成虫将卵产在叶片组织内，若虫孵出片刻即向上爬行，不善跳跃但比较活跃，常聚集叶片背面叶脉处取食，成虫在无风雨的天气喜飞翔，具有趋光性，受到惊动时迅速飞离叶片，但很快又落到其他枝叶上，很少飞离原寄主树，与很多叶蝉相似。

图 171-1 灰同缘小叶蝉危害状
（魏纳森 摄）

图 171-2 成虫（李琨渊 摄）

图 171-3 若虫（李琨渊 摄）

图 172-1　木棉乔木虱危害状
（李琨渊 摄）

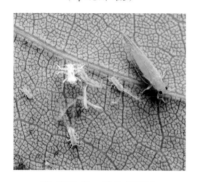

图 172-2　成虫及若虫
（李琨渊 摄）

交配前，成虫在树丛中跳跃、飞舞，然后迅速落下，在枝、叶柄或叶背上呈"一"字形排列，雄虫腹部上翘。交尾历时 25~55 小时，交尾时若受惊扰，两虫可左右或前后移动并不分开，继续交尾。

## 木棉乔木虱 *Tenaphalara gossampini* Yang & Li, 1985

**分类地位**：半翅目 Hemiptera 裂木虱科 Carsidaridae 乔木虱属 *Tenaphalara*。

**分布**：省内分布于广州、深圳、江门等地。

**寄主**：木棉、香苹婆。

**危害状**：若虫和成虫以口针刺吸木棉叶片的汁液，并排出蜜露引发煤污病，造成木棉叶片变黄，甚至脱落，严重影响木棉生长（见图 172-1）。

**形态特征**：成虫体长（达翅端）3.7~4.4mm，长筒形，绿色。头宽 0.6~0.7mm，头顶弧凸，单眼橙黄色，复眼褐色至红色，触角黄绿色，第 4~9 节的端部及 10 节黑色，顶端 1 对刚毛黄色。胸部狭长，前胸窄于头部；前翅透明，脉序"介"字形，翅痣狭长，末端上弯。腹部狭长。若虫黄绿色半透明，腹末 2 节腺体可分泌长条形蜡丝（见图 172-2）。

**生物学特性**：不详。

## 澳洲芽木虱 *Blastopsylla occidentalis* Taylor, 1985

**中文别名**：桉树芽木虱、澳大利亚木虱。

**分类地位**：半翅目 Hemiptera 盾木虱科 Spondyliaspididae 芽木虱属 *Blastopsylla*。

**分布**：国外分布于澳大利亚等地。国内分布于广西等地。省内分布于广州、惠州、肇庆、清远、江门等桉树种植区。

**寄主**：桉属树种。

**危害状**：以成虫，若虫聚集于新生幼芽、嫩梢、嫩叶上刺吸汁液，致使受害新梢不能正常生长，叶片生长不良，甚至干枯脱落，严重影响桉树的长势；其排泄的蜜露常诱发霉污病；同时分泌的白色蜡质物覆盖叶片和嫩梢（见图 173-1），影响桉树的光合作用。

**形态特征**：雄成虫体长 1.0~1.2mm，体翅长 1.7~1.8mm；雌体长 1.5~1.7mm，体翅长 2.1~2.2mm。雌、雄头均向下伸，后缘平直，头顶黄色，中缝，头顶两侧凹陷，后缘褐色；颊锥黄色，指状，端近半圆形，中央紧靠一起；单眼黑色，复眼灰色；触角长与头宽约相等，黄褐色，端 2 节黑色，端刚毛 2 根黄色。胸部黄色，前胸背板两侧各有 1 对褐斑，有时前缘黑色；中胸前盾片前缘两侧及翅前片前缘黑色，盾片背面有 5 条深褐色纵带，小盾片及后小盾片黄色，后胸拟背片具有 4 条黑色纵脊。足黄色，后足胫节无基齿，端距 5 个，基跗节外侧具 1 个爪状距；后基突短，丘突状。前翅污褐色，脉褐色，前缘具断痕，翅痣宽长，后翅透明。腹部黄色，第 4~8 节背板具黑色横带（见图 173-2）。卵长约 0.2mm，宽约 0.1mm。椭圆形，淡黄色，一端有 1 个卵柄，卵柄基部深埋于植物组织中。初产的卵半透明。后期透过卵壳可见 1 个红色小点。若虫长 0.3~1.3mm，体椭圆形，扁平，触角棒状，复眼红色。低龄若虫颜色较深，足褐色；高龄若虫颜色较浅，足淡黄色，翅芽和腹部随龄期增长而变化（见图 173-3）。

生物学特性：1 年多代，世代重叠，无越冬现象。全年有 2 个明显的危害高峰期，分别是 3 月上旬至 5 月下旬和 9 月上旬至 11 月下旬，冬季危害较严重，夏季由于温度高，危害较轻。全天可见成虫羽化，羽化所需时间 10~15 min。成虫羽化后常数只至数十只聚集在叶缘和嫩茎上补充营养，交尾。成虫善跳跃，但飞翔力较弱。

图 173-1 澳洲芽木虱
危害状（黄焕华 摄）　　图 173-2 成虫（李琨渊 摄）　　图 173-3 若虫
（李奕震 摄）

**龙眼花木虱 *Phacopteron sinica*（Yang et Li）**

**中文别名：** 龙眼角颊木虱

**分类地位：** 半翅目 Hemiptera 花木虱科 Phacopteronidae 花木虱属 *Phacopteron*。

**分布：** 国内分布于福建、广西等地；省内分布于广州、深圳、河源、江门等地。

**寄主：** 龙眼。

**危害状：** 若虫在龙眼叶上造瘿（见图 174-1），成虫刺吸枝梢汁液，严重时使叶片及嫩梢萎蔫枯黄，影响生长。

**形态特征：** 成虫体长（达翅端）2.4~3.1mm，长筒形，褐色。头宽 0.6~0.7mm，头顶弧凸，单眼黄色，复眼褐色，触角黄绿色，端部黑色，顶端 1 对刚毛。胸部粗短；前翅透明，中部有一贯穿全翅的褐色纵纹。若虫橙色，半透明，体周缘分泌有丝状蜡质（见图 174-2）。

**生物学特性：** 不详。

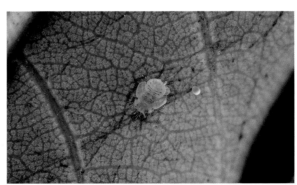

图 174-1 虫瘿危害状（李奕震 摄）　　图 174-2 若虫（黄少彬 摄）

瘤背星室木虱 *Pseudophacopteron tuberculatum*（Crawford）

异名：鸭脚木星室木虱 *Pseudophacopteron alstonium* Yang et Li，1983

分类地位：半翅目 Hemiptera 花木虱科 Phacopteronidae 星室木虱属 *Pseudophacopteron*。

分布：国外分布于印度；国内分布于广西、香港等地；省内广泛分布。

寄主：糖胶树。

危害状：在叶正反两面形成隆起的虫瘿，每小叶可见虫瘿一至数十个，严重时树叶失水脱落，严重影响景观及树体正常生长（见图175-1）。

形态特征：成虫体长（达翅端）1.8~2.2 6mm，体粗壮，黑色具黄斑。静止时，前后翅呈屋脊状覆盖于体背。额可见，中单眼位于其中，无颊锥。前翅前缘有断痕；后足胫节无基齿，端距发达；基跗节有或无爪状距。前翅具翅痣，Rs 与 $M_{1+2}$ 近基部靠近；基跗节有爪状距。体黑色，具黑斑；前翅仅 $Cu_{1b}$ 黑色（见图175-2）。卵长椭圆形，初产呈白色至浅黄色，后颜色逐渐加深。端部钝圆，深埋于叶片组织中；尾部细尖，并着生一丝状卵柄。若虫在球形虫瘿内生活，共5个龄期，体淡黄色至黑褐色。1龄若虫长卵圆形，体表多皱，无翅芽。2龄若虫翅芽可见，腹部末端的蜡孔群开始泌蜡。3龄若虫个体稍大，触角与翅芽明显。4龄若虫体更丰满，腹部末端数节颜色渐趋于褐色，活动力较强（见图175-3）。5龄若虫翅及腹部末端数节呈褐色，背部具有红褐色斑块，复眼暗红色，大而圆。随发育的成熟转为灰色，单眼3个，橙黄色。

生物学特性：1年发生多代，在广东无越冬，世代重叠严重。若虫孵化后在叶上爬动，找到适当的地方即行固定为害，形成虫瘿，虫瘿在叶的正反两面均有分布，而后虫瘿随若虫龄期的增大而变大，成虫羽化前逐渐裂开呈壶口状，直至老熟若虫羽化为成虫时破瘿而出。成虫产卵和若虫为害与糖胶树新叶生长期相吻合，故新叶也会受害（见图175-4）。

图175-1　瘤背星室木虱危害状（李琨渊 摄）

图175-2　成虫（李琨渊 摄）

图175-3　4龄若虫（李琨渊 摄）

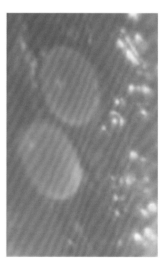

图175-4　卵（徐浪 摄）

华卵痣木虱 *Macrohomotoma sinica* Yang et Li

**分类地位**：半翅目 Hemiptera 同木虱科 Homotomidae 卵痣木虱属 *Macrohomotoma*。

**分布**：国内分布于福建、广西、贵州、云南、香港等地；省内分布于广州、深圳、韶关、河源、惠州、东莞、江门、肇庆等地。

**寄主**：榕树。

**危害状**：若虫在叶芽内刺吸嫩芽汁液，分泌大量的白色絮状蜡质，受害叶芽不展，呈畸形虫苞，白色絮状蜡质布满虫苞里外，远看很像棉蕾挂满枝头，最终导致新梢干枯（见图 176-1）。

**形态特征**：成虫体黄褐色至暗褐色，雌虫体长 5.0mm，翅展 10.0mm，头宽（包括复眼）1.3mm，雄虫体长 4.1mm，体宽 1.3mm，翅展 8.7mm，头部宽（包括复眼）1.1mm。触角长稍短于头宽，黄色，第 4~9 节端及末节褐色，第 1、2 节粗短，末节顶端具 1 对粗长刚毛，长于末 2 节之和。胸部暗黄色，与头约等宽（见图 176-2）。足黄色，前足胫节褐色；

图 176-1　华卵痣木虱危害状（李琨渊　摄）

前翅透明，翅脉主干弯曲，翅痣宽大，外端具黑斑，内端有时具粉红色斑；腹部背板黑色，各节后缘黄绿色，腹板绿色，第 1 节中央及余节两侧黑色或黑褐色。卵长 0.4mm，宽 0.2mm，乳黄色，长卵形，基部着生 1 个卵柄，长为 0.1mm，深埋于叶片正面的组织里。若虫共 5 龄。体长椭圆至不规则的多边形，体色有黄色、青色、褐色等。5 龄虫长七边形，体长 2.8mm；足 4 节；触角长 0.7mm，10 节，末节刚毛粗长；胸足 4 节，翅芽向外，向后伸出；体共有 7 对黑斑，各为头部 1 对大，胸部 2 对和腹部 4 对小。

**生物学特性**：1 年 4 代，以若虫越冬。世代重叠。4 月上旬开始出现成虫，5 月上旬出现成虫高峰期；第 1 代于 5 月上旬产卵；第 2 代于 7 月上旬产卵；第 3 代于 8 月下旬产卵。成虫飞行能力弱，多产卵于新抽出的嫩芽上。若虫腹部腹面靠近末端分泌白色的蜡丝。长势强的树发生较轻（见图 176-3）。

图 176-2　成虫（李琨渊　摄）

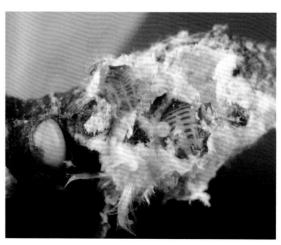

图 176-3　若虫（李琨渊　摄）

樟叶后个木虱 *Metatriozidus camphorae*（Sasaki）

**中文别名：**樟个木虱。

**分类地位：**半翅目 Hemiptera 个木虱科 Triozidae 后个木虱属 *Metatriozidus*。

**分布：**国外分布于日本；国内分布于上海、浙江、福建、江西、湖南、广西、香港、台湾等地；省内分布于广州、河源、梅州、惠州、江门、云浮等地。

**寄主：**樟树。

**危害状：**于樟树叶背面吸汁，受害部位失绿，正面呈紫红色隆起。虫口数量大时，可使叶片畸形、枯焦、生长受阻，影响光合作用，以至严重影响樟树正常生长（见图 177-1）。

**形态特征：**雄成虫体长 1.3~1.7mm，翅长 2.7~2.8mm，雌成虫体长 1.6~1.9mm，翅长 3.1~3.3mm。头胸黄色，腹部黄色，向端变黑褐色。颊锥黄色，单眼橘黄色，复眼褐色，触角褐色，第 4、6、7 节端黑褐色，第 8~10 节黑色。前翅透明，披针形，缘纹 3 个，脉黄色至黄褐色（见图 177-2）。卵长 0.3mm，宽 0.1mm。近香蕉形，顶端尖，腹面平坦，背面圆，基部腹面处稍突出，并着生 1 个卵柄，深埋于叶片组织内，卵柄长约 0.03mm。初产时乳白色，至孵化前逐渐转为黑色。若虫共 5 龄，体呈椭圆形，体周缘着生瓶状腺，能分泌围绕身体一圈的蜡丝，第 3、4、5 龄若虫的蜡丝沿体缘形成白色的蜡边（见图 177-3）。

**生物学特性：**成虫寿命 3~11 天，雌虫平均产卵量约为 39 粒，卵产于樟树新叶上，正反两面均有分布，在叶尖边缘的卵多于叶背和叶面。

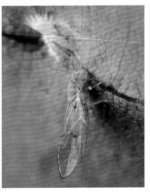

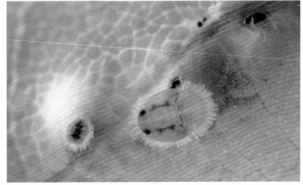

图 177-1　樟叶后个木虱危害状　　　图 177-2　成虫　　　　　　图 177-3　若虫（李琨渊 摄）
　　　（李琨渊 摄）　　　　　　　　（李琨渊 摄）

罗汉松新叶蚜 *Neophyllaphis podocarpi* Takahashi

**分类地位：**半翅目 Hemiptera 斑蚜科 Drepanosiphidae 新叶蚜属 *Neophyllaphis*。

**分布：**国内分布于吉林、上海、江苏、浙江、湖南、广西、香港、台湾等地；省内分布于广州、河源、江门等地。

**寄主：**罗汉松。

**危害状：**以成、若蚜群集于罗汉松嫩梢，嫩叶正面和背面吸食汁液，使叶片变小，叶色发黄，嫩梢生长不良（见图 178-1）。

**形态特征：**无翅孤雌蚜体红褐色或赤紫色，椭圆形。长约 1.3mm，宽约 0.6mm，触角第 3 节等于前足胫节，有 30~45 个次生感觉圈。腹管截断形，位于褐色的圆锥体上。尾片乳突状，明显突出腹端（见

图 178-2）。有翅雌性蚜：头、胸部黑褐色，腹部淡色，无斑纹，腹部末节有明显横斑（见图 178-3）

　　**生物学特性**：以卵在枝条上越冬。翌年 4 月越冬卵孵化为若蚜，若蚜集于新梢上危害，成熟后产生雌虫，雌虫在其上连续繁殖若干代后，至 5~6 月达繁殖盛期，危害最重。7 月以后由于气温高，虫口密度明显下降，秋凉后虫口又再度回升。10 月产生雌性蚜和雄性蚜，交尾后产卵，后即以此卵越冬。

图 178-1　罗汉松新叶　图 178-2　若虫及无翅　　　图 178-3　有翅成虫
蚜危害状（陈瑞屏 摄）　雌成虫（侯清柏 摄）　　　　（李琨渊 摄）

### 朴绵叶蚜 *Shivaphis celti* Das

　　**分类地位**：半翅目 Hemiptera 斑蚜科 Drepanosiphidae 绵叶蚜属 *Shivaphis*。

　　**分布**：国外分布于日本、朝鲜、韩国等国；国内分布于北京、河北、江苏、浙江、福建、山东、湖南、广西、四川、贵州、云南、香港、台湾等地；省内分布于广州、深圳、江门等地。

　　**寄主**：朴属。

　　**危害状**：常在叶反面叶脉附近分散危害，大量发生时可盖满叶面和嫩梢，严重时可使幼枝枯黄，影响生长。

　　**形态特征**：蚜体、触角和足为蜡粉蜡丝厚覆，很像小棉球。前翅径脉分脉明显；腹管环状；触角末节鞭部为基部的 0.2 倍；触角第 3 节有 8~13 个次生感觉圈，集中排列在中部；尾片大，中部不溢缩；体蜡片发达（见图 179-1、图 179-2）。

图 179-1　成虫（李琨渊 摄）

　　**生物学特性**：遇震动容易落地或飞走。以 4~6 月为害较重。在北京以卵在朴属植物枝上越冬，10 月间出现有翅雄蚜及无翅雌性蚜。雌性蚜交配后，在枝条的绒毛上及粗糙表面产卵越冬。次春 3 月间朴树发芽，越冬卵孵化。有时钻入一种木虱形成的塔形虫瘿中与之共栖。亦有双带盘瓢虫等天敌捕食其成虫和若虫。

图 179-2　若虫（李琨渊 摄）

紫薇长斑蚜 *Tinocallis kahawaluokalani*（Kirkaldy）

中文别名：紫薇棘尾蚜。

分类地位：半翅目 Hemiptera 斑蚜科 Drepanosiphidae 长斑蚜属 *Tinocallis*。

分布：国内分布于东北以外的各地；省内分布于紫薇种植区。

寄主：紫薇、大叶紫薇等。

危害状：常年危害紫薇，常盖满幼叶反面，使新梢扭曲，嫩叶卷缩，凹凸不平，影响花芽形成，并使花序缩短，甚至无花，同时还会诱发煤污病，传播病毒病（见图180-1、图180-2）。

形态特征：有翅胎生雌蚜长卵圆形，体长2.5mm左右，黄绿色；腹部背面中部有一黑色横斑；前翅沿前缘及顶端有较大的灰绿色斑块。无翅胎生雌蚜长椭圆形，体长3mm左右，体表有黄绿色斑点（见图180-3）。若蚜与成蚜相似，但个体较小（见图180-4）。

生物学特性：1年可发生10多代。孤雌胎生与两性生殖交替。正常条件下成蚜都是有翅蚜，当紫薇进入落叶休眠期，气温明显下降时，可产生无翅成蚜，并以此为越冬虫态。也可以卵在芽腋、芽缝、枝杈等处越冬，翌春当紫薇萌发新梢抽长时，发生无翅胎生蚜，当天羽化的成蚜当天即可胎生产若虫。至6月以后虫口不断不升，并随着气温的增高而不断产生有翅蚜，有翅蚜再迁飞扩散。

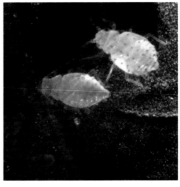

图180-1 紫薇长斑蚜危害状（杨晓 摄） 　 图180-2 成虫及危害状（杨晓 摄） 　 图180-3 成虫（杨晓 摄） 　 图180-4 若虫（杨晓 摄）

图181-1 马尾松大蚜危害状（葛振泰 摄）

马尾松大蚜 *Cinara pinitabulaeformis* Zhang et Zhang

中文别名：松大蚜。

分类地位：半翅目 Hemiptera 大蚜科 Lachnidae 长足大蚜属 *Cinara*。

分布：国内分布于福建、江西、湖南、广西、云南、台湾等地；省内分布于广州、梅州、江门、清远等地。

寄主：马尾松、赤松、红松、华山松、油松等。

危害状：从1年生幼树到几百年的过熟林均可受害。吸食1~2年生的嫩梢或幼树枝干，影响林木生长，严重时嫩梢呈枯萎状态，受害部分的针叶上常有松脂块，后期被害树皮的表面留有一层黑色分泌物（见图181-1）。

形态特征：卵黑色，长椭圆形，长 1.8~2.0mm，宽 1~1.2mm。若虫体态与无翅成虫相似，由于母胎生出的若虫为淡棕褐色，体长为 1mm，4~5 天后变为黑褐色。成蚜体型较大。触角 6 节，第 3 节最长。复眼黑色，突出于头侧。有翅孤雌蚜体长 2.8~3mm，全体黑褐色，有黑色刚毛，足上尤多，腹部末端稍尖。翅膜质透明，前缘黑褐色。无翅孤雌蚜体较有翅型成虫粗壮；腹部散生黑色颗粒状物，被有白蜡质粉，末端钝圆。雄成虫与无翅孤雌蚜极相似，仅仅体型略小，腹部稍尖（见图 181-2）。

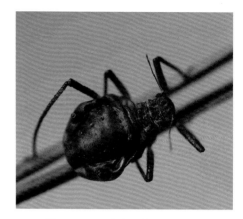

图 181-2 成虫（李琨渊 摄）

生物学特性：以卵在松针上越冬。无翅雌成虫（干母）进行孤雌胎生繁殖。5 月中旬出现干母，一头干母能胎生 30 多头雌性若虫，若虫长成后继续胎生繁殖。到 6 月中旬，出现有翅侨蚜，进行扩散。10 月中旬，出现性蚜（有翅雄、雌成虫）。性蚜交配后，雌虫产卵越冬，常 8 粒卵，偶有 9 粒、10 粒，最多 22 粒，排在松针上。若虫共 4 龄。若虫长成后，3~4 天即可进行繁殖，因此，繁殖力很强。

**竹舞蚜** *Astegopteryx bambusifoliae*（Takahashi）

中文别名：竹叶扁蚜。

分类地位：半翅目 Hemiptera 扁蚜科 Hormahididae 舞蚜属 *Astegopteryx*。

分布：省内分布于广州、汕头、惠州、揭阳、云浮等地。

寄主：牡竹属的麻竹、苏麻竹属、刺竹属等。

危害状：在竹叶上沿中脉取食，少数危害竹子嫩杆。种群数量大，3~5 月发生严重。寄主受害部位有白色斑点，竹叶发黄萎蔫，甚至落叶，同时引起煤污病（见图 182-1）。

形态特征：成虫：无翅孤雌蚜体扁平卵圆形，黄绿色，背中线两侧有深绿色中断纵带，略被白粉及少数长蜡毛。头部与前胸背片相愈合。体表光滑，体缘有皱纹。腹管后几节微有横纹。触角 4~5 节，细而短，有微瓦纹。胸、腹部每节背板缘片有 4~6 个圆形蜡孔，彼此分离，排成一纵行。腹管位于有毛的圆锥体上，围绕腹管有长硬毛 8~11 根（见图 182-2）。

图 182-1 竹舞蚜危害状（李琨渊 摄）

图 182-2 雌成虫及若虫（李琨渊 摄）

居竹伪角蚜 *Pseudoregma bambusicola*（Takahashi）

**中文别名：**竹茎扁蚜、竹大角蚜、竹笋蚜。

**分类地位：**半翅目 Hemiptera 扁蚜科 Hormaphididae 角扁蚜属 *Pseudoregma*。

**分布：**国内分布于福建、广西等地；省内分布于广州、江门、清远等地。

**寄主：**凤凰竹（孝顺竹）等丛生竹。

**危害状：**成蚜、若蚜用口针刺吸竹嫩枝和茎竿上汁液，嫩枝受害后萎缩变褐色，诱发严重煤污病，致使整株嫩枝，茎竿上形成厚层黑色煤污，地面也一片污黑，并散发出一股浓烈臭味，重者造成竹子枯死（见图183-1）。

**形态特征：**无翅孤雌成虫体椭圆形，长3.3mm，宽2mm左右。黑褐色，体被白色蜡粉。触角4~5节。喙粗短，不达中足基部，腹管位于有毛的圆锥体上，环状，围绕腹管有长毛4~9根。尾片半月状，微有刺突，有长毛6~16根。尾板分裂为两片，有长毛16~34根。有翅孤雌成虫体长椭圆形，体长约3mm，宽1.6mm左右，触角5节。腹管退化为一圆孔；前翅中脉分2叉，基段消失，2肘脉共柄（见图183-2）。

**生物学特性：**以孤雌蚜在竹笋的基段越冬。翌年2月开始活动，到4月上、中旬竹笋枝芽开始萌发，无翅型孤雌蚜也开始迁移、扩散，爬到嫩芽，枝上危害；到5月上、中旬蚜量达顶峰；5月下旬至7月上旬蚜量下降，7月中旬开始出新笋，又迁移到新笋上危害，9月，新笋一般长高达30cm以上，蚜量大增，达全年第二次高峰。成虫不善活动，基本上固定危害，以1龄若蚜迁移扩散。在平均室温为17℃条件下，世代历期为25.5天。

图 183-1　居竹伪角蚜危害状　　　　图 183-2　若虫及雌成虫（李琨渊 摄）
　　　　（秦长生 摄）

丽绵蚜 *Formosaphis micheliae* Takahashi，1925

**中文别名：**白兰台湾蚜、白兰台湾绵蚜、白兰丽绵蚜。

**分类地位：**半翅目 Hemiptera 蚜科 Aphididae 丽绵蚜属 *Formosaphis*。

**分布：**国内分布于福建、广西、台湾等地；省内分布于广州、江门等地。

**寄主：**白兰、黄兰、含笑、火力楠等。

**危害状：**以口针刺吸寄主枝干汁液，并分泌白色的蜡质物，大发生时植株枝干表面像涂上一层灰白色粉末，树势明显减弱，枯枝增多，甚至死亡，是广州白兰树的主要害虫（见图184-1）。

形态特征：有翅孤雌胎生蚜体黑色，体长 2.2~2.8mm，头黑色，复眼发达。触角 5 节，各节生有刺毛。胸部黑色。前翅中脉不分叉；后翅几条脉相交呈三指状。腹部深灰色，尾片呈三角形，上生 3~4 根刺毛。无翅孤雌胎生蚜，体长 1.6~2.0mm，初生蚜淡黄色，以后各龄逐渐变为淡橘黄色或淡青色。头褐色，头壳中部有一近方形深色斑。无复眼。触角 4 节，上生有刺毛。腹部淡青色，其上有蜡孔，能分泌大量白色绵状蜡质物。尾片具 2 根刺毛。无论有翅蚜和无翅蚜的腹管均退化，这也是该虫的主要形态特征之一（见图 184-2）。

生物学特性：在广州地区 3 月初开始危害，4~5 月最为严重，6~7 月减轻，8 9 月危害复发。11 月以后较少，即每年春，秋季危害较严重。初生的无翅孤雌胎生蚜行动活泼，常拖着细长的口器到处活动，找到适宜的地方后，即将口器插入植株内吸取汁液，固定后基本不动。蜡质物随虫龄增加而分泌增多。有翅孤雌胎生蚜很少活动，常与无翅蚜群集在一处，天气晴暖时才活动。

图 184-1　丽绵蚜危害状（杨晓 摄）

图 184-2　若虫（杨晓 摄）

**螺旋粉虱** *Aleurodicus disperses* Russell，1905

分类地位：半翅目 Hemiptera 粉虱科 Aleurodidae 复孔粉虱属 *Aleurodicus*。

分布：原产于中美洲和加勒比海地区，在亚洲、欧洲、非洲、美洲和大洋洲的约 50 个国家和地区有分布。1988 年传入中国台湾，2006 年首次在海南发现。国内分布于广西、海南、台湾等地。

寄主：已报道的有 90 科 295 属 481 种植物。我国记录了包括番石榴、番荔枝、辣椒、木薯等 64 科 144 种果树、蔬菜、园艺作物等。

危害状：螺旋粉虱以成虫和若虫群集于寄主植物叶片背面为害，成虫和若虫直接吸食植物汁液，导致植株褪绿枯萎、叶片提前脱落。若虫分泌大量白色蜡粉和蜜露易诱发煤烟病。成虫还可传播黄化病毒（见图 185-1）。

形态特征：成虫翅展 3.5~4.7mm，雌雄个体均具有两种形态，即前翅有翅斑型和前翅无翅斑型。前翅有翅斑的个体明显较前翅无翅斑的大，雌性体长分别为 1.6mm 和 1.8mm，雄性体长分别为 1.6 和 2.5mm。初羽化的成虫浅黄色、近透明，随成虫的发育不断分泌蜡粉，之后在前翅末端有一具金属光泽的斑，但亦有部分个体前翅无斑。成虫腹部两侧具有蜡粉分泌器，初羽化时不分泌蜡粉，随成虫日龄的增加蜡粉分泌量增多。雄性形态与雌性相似，但腹部末端有 1 对铗状交尾握器（见图 185-2）。卵长椭圆形，0.3mm×0.1mm，表面光滑，一端有一柄状物用于固定。散产，多覆盖有白色蜡粉。初产时白色透明，随后逐渐发育变为黄色。若虫共 4 个龄期。1 龄若虫为 0.33mm×0.2mm，触角 2 节，足 3 节；初孵若虫虫体

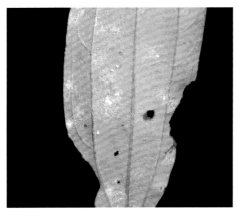
图 185-1　螺旋粉虱危害状（王兴民 摄）

图 185-2　成虫（李琨渊 摄）

透明、扁平状，随虫体发育逐渐变为半透明至淡黄色或黄色，背面隆起，体背分泌少量絮状蜡粉。复眼红色，足发达。1龄若虫转移至叶脉两侧固定取食。2龄若虫为0.5mm×0.3mm，足、触角退化，分节不明显；拟蛹（4龄若虫）为1.0mm×0.7mm，足、触角和复眼完全退化，虫体上的蜡粉逐渐增多、蜡丝加长，体背有很多形态各异的蜡孔，分泌絮状蜡粉；在虫体胸部和腹部分别有1对和4对复合孔，分泌丝状蜡粉，是螺旋粉虱区别于其他粉虱的主要特征。

**生物学特性**：螺旋粉虱可进行孤殖产雄生殖亦可进行两性生殖，产卵范围分别为0~433粒/雌和0~174粒/雌，平均产卵量分别为42.4粒/雌和62.0粒/雌。大部分个体在3日龄或3日龄后才开始产卵，单雌日产卵量为0~46粒。卵多产于寄主植物叶片背面，部分产于叶片正面；成虫产卵时，边产卵边移动并分泌蜡粉，其移动轨迹多为产卵轨迹，典型的产卵轨迹为螺旋状，该虫亦因此得名。

**黑刺粉虱** *Aleurocanthus spiniferus*（Quaintance）

**中文别名**：桔刺粉虱、刺粉虱、黑蛹有刺粉虱。

**分类地位**：半翅目 Hemiptera 粉虱科 Aleurodidae 刺粉虱属 *Aleurocanthus*。

**分布**：省内分布于广州、深圳、梅州、汕尾、湛江、肇庆、潮州等地。

**寄主**：月季、榕树、阴香、樟树、假槟榔、散尾葵、茶、油茶、柑橘、枇杷、柿、栗、龙眼等。

**危害状**：主要为害当年生春梢、夏梢和早秋梢。以幼虫聚集叶片背面刺吸汁液，形成黄斑，严重发生时，每片叶上有数百头虫，其排泄物能诱发煤烟病，使枝叶发黑，枯死脱落，严重影响植株生长发育（见图186-1）。

**形态特征**：成虫体长0.1~1.3mm，橙黄色，薄敷白粉。复眼肾形，红色。前翅紫褐色，上有7个白斑；后翅小，淡紫褐色。卵新月形，长0.3mm，基部钝圆，具1小柄，直立附着在叶上，初乳白后变淡黄，孵化前灰黑色。若虫体长0.7mm，黑色，体背上具刺毛14对，体周缘泌有明显的白蜡圈；共3龄，初龄椭圆形淡黄色，体背生6根浅色刺毛，体渐变为灰至黑色，有光泽，体周缘分泌1圈白蜡质物；2龄黄黑色，体背具9对刺毛，体周缘白蜡圈明显。蛹椭圆形，初乳黄色渐变黑色。蛹壳椭圆形，长0.7~1.1mm，漆黑有光泽，壳边锯齿状，周缘有较宽的白蜡边，背面显著隆起，胸部具9对长刺，腹部有10对长刺，两侧边缘雌有长刺11对，雄有10对（见图186-2）。

**生物学特性**：在广州1年5代，以老熟幼虫在叶背越冬，翌年3月化蛹，4月上、中旬成虫开始羽化。

第一代幼虫于4月下旬开始发生，各代幼虫发生盛期分别在5月下旬、7月中旬、8月下旬以及9月下旬至10月上旬。在广州夏秋发生较多。雌虫在叶背面产卵，叶正面以及果皮也发现有卵。成虫晴天特别活跃，有趋光性；幼虫孵化后作短距离爬行吸食。蜕皮后将皮留在体背上，以后每蜕一次皮均将上一次蜕的皮往上推而留于体背上。一生共蜕皮3次，2~3龄幼虫固定为害，并由肛门分泌出大量蜜汁，呈透明的液珠滴落在液面上，严重时导致煤烟病严重。

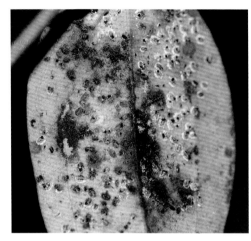

图 186-1 黑刺粉虱危害状（张世军 摄）

图 186-2 成虫及若虫（王兴民 摄）

湿地松粉蚧 *Oracella acuta*（Lobdell）

**中文别名：**火炬松粉蚧。

**分类地位：**半翅目 Hemiptera 粉蚧科 Pseudococcidae 松粉蚧属 *Oracella*。

**分布：**国外分布于美国；国内分布于江西、福建、湖南、广西等地；省内广泛分布栽种区。

**寄主：**湿地松、火炬松、加勒比松和马尾松等松属树种，目前主要危害湿地松。

**危害状：**外来林业有害生物。主要寄生在松树的嫩梢，以若虫和雌成虫刺吸汁液，部分寄生于嫩枝和新鲜的球果上，造成新梢及针叶缩短，不能伸展，甚至形成丛枝，老针叶提前枯黄脱落，严重时会出现枝稍弯曲、萎缩、流脂，使松树生长量下降，球果发育不良，小而弯曲。此外，湿地松粉蚧还分泌蜜露，导致煤污病的发生，影响林木光合作用，也影响林木的生长，削弱树势（见图187-1、图187-2）。

**形态特征：**雄成虫体长0.9~1.1mm，翅展1.5~1.7mm，粉红色，触角基部和复眼朱红色。中胸大，黄色；第7腹节

图 187-1 幼树受害状（徐家雄 摄）

两侧各具1条0.7mm长的白色蜡丝。有翅型雄虫具1对白色的翅，软弱，翅脉简单。雌成虫体长1.5~1.9mm，浅红色，梨形，中后胸最宽。在蜡包中腹部向后尖削。复眼明显，半球状（见图187-3）。口针长度为体

长的1.5倍。触角7节,其上具有细毛,端节较长,为基节2倍,并有数根感觉毛刺。气门2对。胸足3对,发育正常,爪下侧无小齿。体背面前后有1对背裂唇,腹面在第3、4腹节交界的中线处横跨1个较大的脐斑。肛孔在第8腹节末端的背面,肛环有许多小孔纹环列,肛环刚毛6根。阴孔在第7、8腹节间交界处。在腹部后几个腹节的两侧各有1个腺堆,从腹末往前数共有腺堆4~7对,腺堆在愈向前的腹节上愈不清楚,每个腺堆由2根粗短的刺和为数不多的三孔腺组成,并杂有少数短刚毛。全身背腹两面除散布稀疏的短刚毛外,还有许多三孔腺分布。在头胸部外侧边缘附近和腹部背腹两面有大量具有泌蜡功能的多孔腺分布。卵长椭圆形,0.32~0.36mm×0.17~0.19mm,浅红色至红褐色。若虫椭圆形,体长0.4~1.5mm,浅黄色至粉红色,足3对,中龄若虫体分泌白粒状蜡质物,腹末有3条白色蜡丝,高龄若虫营固定生活,分泌蜡质物形成蜡包覆盖虫体(见图187-4)。雄蛹为离蛹,体长约1mm,粉红色。触角可活动,复眼圆形,朱红色。足3对,浅黄色。在头、胸、腹部有分泌出白色粒状蜡质和2~3倍于体长的灰白色蜡丝,并逐渐覆盖蛹体。

**生物学特性:** 在广东1年4~5代,以4代为主,世代重叠,以1龄若虫聚集在老针叶的叶鞘内或叶鞘层之间越冬。湿地松粉蚧完成1代的发育起点温度为7.8±1.0℃,有效积温为1042.9±88.4日度。湿地松粉蚧入侵后的第1年从零分布至越冬代时形成一定种群密度,第2年越冬代种群密度最大,第3~5年越冬代种群密度明显下降。湿地松粉蚧上半年虫态整齐,种群密度大,下半年世代重叠,种群密度小,全年湿地松粉蚧种群密度呈单峰型。通过该虫生命表的组建和分析表明,温度和寄主是影响虫口数量变动的主要因素,夏季高温和被害松树营养成分下降是种群数量回落的主要原因,捕食性天敌对该虫作用不明显。

图187-2 松梢受害状
(蔡卫群 摄)

图187-3 成虫玻片标本
(黄少彬 摄)

图187-4 若虫(李琨渊 摄)

**扶桑绵粉蚧** *Phenacoccus solenopsis* Tinsley,1989

**分类地位:** 半翅目 Hemiptera 粉蚧科 Pseudococcidae 绵粉蚧属 *Phenacoccus*。

**分布:** 属外来林业有害生物。原产于北美洲,分布于墨西哥、美国、古巴、牙买加、危地马拉、多米尼加、厄瓜多尔、巴拿马、巴西、智利、阿根廷、尼日利亚、贝宁、喀麦隆、新喀里多尼亚、巴基斯坦、印度、泰国等国;国内分布于河北、上海、浙江、福建、江西、湖南、广西、海南、重庆、四川、云南、台湾等地;省内分布于广州、深圳、佛山、韶关、梅州、汕尾、东莞、阳江、肇庆、云浮等地。

寄主：锦葵科、茄科、菊科、豆科等。

危害状：外来林业有害生物。以若虫和成虫的口针刺吸寄主植株的叶、嫩茎、苞片汁液，致使叶片萎蔫和嫩茎干枯，植株生长矮小。为害部位常排泄有蜜露，引诱蚂蚁的剧烈活动，滋生黑色霉菌，影响植株光合作用（见图 188-1）。

形态特征：雌成虫呈椭圆形，初蜕皮时淡黄色，触角 9 节，体长 4.2mm，体宽 2.2mm；胸、腹背面的黑色条斑明显；随蜡质物的覆盖，体缘现 18 对明显蜡突，其中腹部末端 2 对较长；足发达，呈暗红色，可爬动为害（见图 188-2）。雄成虫体红褐色，较小；复眼突出，呈暗红色；口器退化；触角较长，丝状，10 节；具 1 对发达透明前翅，其上覆盖一层薄白色蜡粉，后翅退化为平衡棒；足发达，红褐色；腹部细长，呈圆筒状，腹末端具有 2 对白色细长蜡丝，交配器呈锥状突出。卵长椭圆形，橙黄色略为透明，长约 0.4mm，宽约 0.2mm。1 龄若虫长椭圆形，头部钝圆，腹末稍尖，触角 6 节，体长约 0.6mm，宽约 0.3mm。爬动能力强，从卵囊爬出后短时间内可取食为害。雄虫体表蜡质加厚，停止取食，寻找庇护场所等待化蛹，虫体将分泌絮状蜡质物包裹自身；而雌虫则继续取食发育，体表形态特征无明显变化。3 龄雌若虫较 2 龄若虫体缘突起明显，尾瓣突出，触角 7 节，体长 1.6mm，体宽 0.8mm。前、中胸背面亚中区和腹部第 1~4 节背面清晰可见 2 条黑斑，胸背 2 条斑较短，几乎呈点状，末期 3 若虫外表和雌成虫相似。蛹仅见于雄虫，相当于雌虫的 3 龄阶段，细分为预蛹期和蛹期。蛹包裹于松软的白色丝茧中，剥去丝茧，可见蛹态为离蛹，浅棕褐色，单眼发达，头、胸、腹区分明显，在中胸背板近边缘区可见 1 对细长翅芽，此阶段体长约 1.4mm，宽 0.6mm。

生物学特性：雌成虫羽化后需经历 2~4 天的成熟过程后，雌雄成虫才能顺利交配。交配完成后，雄虫继续寻找其他雌虫进行交配，雌虫则放下抬起的腹部，等待下一次交配。雌虫有明显的产卵前期，若未经交配则不产生卵囊，也不能产卵。产卵前，雌虫腹部下方末端分泌蜡质卷曲细丝形成白色囊状物，卵产于白色卵囊中，产卵过程中，大多数卵同时孵化为 1 龄若虫，连同卵皮一起产出，或产出的卵在极短时间内（不超过 0.5 小时）即在卵囊中孵化。在室内条件下，雌虫产卵期为 8~21 天，平均 12 天，单头雌虫产卵量为 130~1187 头，平均 469 头。1 龄若虫爬动能力较强，趋性十分明显。2 龄雄虫末期停止进食，

图 188-1　扶桑绵粉蚧危害状（李琨渊 摄）　　　　图 188-2　雌虫（李琨渊 摄）

向下爬动选择合适庇护所，如岩石或土壤缝隙等进行化蛹前准备，这应该是野外难以在植株上找到蛹的直接原因。若虫有聚集取食的习性，蜕皮前，同 1 龄期若虫种群聚集取食，每经历一次蜕皮，若虫种群向周围叶片及枝条扩散一次。

**木瓜秀粉蚧** *Paracoccus marginatus* Williams et Granara de Willink，1992

**分类地位：** 半翅目 Hemiptera 粉蚧科 Pseudococcidae 秀粉蚧属 *Paracoccus*。

**分布：** 属外来林业有害生物。原产中美洲。国外分布于南亚及东南亚、加勒比海地区等；国内分布于海南、云南、台湾等地；省内分布于广州、江门等地。

**寄主：** 番木瓜、鸡蛋花、木棉、朱槿、柚木、桑、椰子、柑橘、杧果等逾 68 科 264 种。

**危害状：** 以若虫和雌成虫寄生在叶片、嫩枝和果实上刺吸汁液危害，造成受害植株叶片失绿、脱落、生长受阻。被严重寄生的植株，地上部分可被棉絮状蜡质包裹（见图 189-1）。

**形态特征：** 雌成虫黄色，触角 8 节，长 2.2mm，宽 1.4mm，虫体表面覆盖白色棉絮状蜡质，虫体两侧具 15~17 对蜡丝，体背边缘具有蕈状管腺，后足基节密布半透明孔，后足胫节无半透明孔。具腹脐（见图 189-2）。雄成虫体长椭圆形，长约 1.0mm，宽约 0.3mm。触角 10 节，布满肉质刚毛。头和胸高度骨化，翅发育良好。卵黄绿色，产在由蜡丝形成的卵囊里，每卵囊由卵 100~600 粒。

**生物学特性：** 雌虫 4 龄，雄虫 5 龄，大约 30 天完成 1 代。在实验室条件下（25~30℃；40%~60% RH），一般 4 天孵化；在 18~30℃温度下，雌雄完成一个世代分别需要 294.1 日度和 303.0 日度；卵孵化后，雌雄若虫移动和生长迅速，雌成虫可爬行或借助气流短距离移动（见图 189-3）。

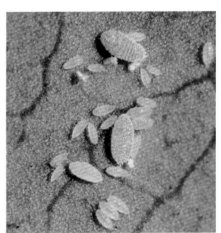

图 189-1　木瓜秀粉蚧危害状　　　　图 189-2　雌成虫（李琨渊 摄）　　　　图 189-3　若虫（李琨渊 摄）
（李琨渊 摄）

**南洋臀纹粉蚧** *Planococcus lilacinus*（Cockerell）

**中文别名：** 紫粉蚧、紫臀纹粉蚧、南洋刺粉蚧。

**分类地位：** 半翅目 Hemiptera 粉蚧科 Pseudococcidae 臀纹粉蚧属 *Planococcus*。

**分布：** 国外分布于日本、孟加拉国、柬埔寨、缅甸、菲律宾、印度尼西亚、马来西亚、越南、也门、肯尼亚、毛里求斯、南非等地；国内分布于台湾等地；省内分布于广州、深圳、韶关、东莞等地。

寄主：秋枫、羊蹄甲、榕树、降香黄檀、台湾相思、柚木、刺桐、杧果、柑橘、银叶树等逾35科植物。

危害状：可在植株的枝梢部、干部甚至根部寄生吸汁，引起花或果实掉落和枝条顶部干死；还能分泌蜜露诱发煤烟病，影响植株生长。

形态特征：雌成虫多呈紫红色或紫褐色，外被有白色蜡粉状分泌物。年轻雌虫具有互相靠近的白色蜡块，体缘约有蜡块36个。老熟雌成虫头胸部的蜡块彼此分离或呈短棒状。虫体呈宽卵形。体长1.3~2.5mm、宽0.8~1.8mm。腹部背面分节比较明显。年轻雌成虫头胸部具有3对椭圆形的白粉斑，而老熟雌成虫除此3对白粉斑外，在靠近体缘一侧又增加2对。触角共8节，第8节较长且常有分节痕迹，仿佛有9节触角。体毛长于50μm；足强壮，后足腿节长为宽的2.4倍（2.1~2.8倍）（见图190-1）。

生物学特性：在印度尼西亚爪哇一个世代约40天，雄虫在叶的背面化蛹。据记载可与红火蚁等多种蚂蚁共生（见图190-2）。

图190-1　雌虫与若虫（李琨渊 摄）

图190-2　雌虫与举腹蚁共生（李琨渊 摄）

**堆蜡粉蚧 *Nipaecoccus viridis*（Newstead）**

中文别名：橘鳞粉蚧、柑橘堆粉蚧。

分类地位：半翅目 Hemiptera 粉蚧科 Pseudococcidae 堆粉蚧属 *Nipaecoccus*。

分布：国内分布于河北的局部地区，浙江、福建、江西、山东、湖北、湖南、广西、四川、贵州、云南、陕西、台湾等地；省内分布于广州、汕头、河源、惠州、东莞、湛江等地。

寄主：扶桑、夹竹桃、冬青、柑橘等。

危害状：常群集在寄主植物的嫩梢，叶腋和叶片基部危害，以若虫、成虫刺吸枝干、叶的汁液，使叶片皱缩，枝叶扭曲、畸形，新梢停止发芽，重者叶干枯卷缩，削弱树势甚至枯死。此外，诱发煤烟病，严重影响植株生长。

形态特征：雌成虫体椭圆形，暗紫色；覆披白色蜡粉物，每体节上的蜡粉有4点较增厚，呈4堆横列；体周缘的蜡丝粗而短，末对蜡丝较粗长。雄成虫体紫褐色，翅1对；腹端有白色蜡质长尾刺1对。卵椭圆形，卵囊蜡质绵团状，黄白色。若虫体形与雌成虫相似，紫色，初孵时体表无蜡粉，固定取食后，开始分泌白色粉状物覆盖在体背与周缘（见图191-1、图191-2）。

生物学特性：广东 1 年 5~6 代，世代重叠，以成虫和若虫在寄主枝条上或卷叶内越冬。翌年 3 月初开始活动危害。各代若虫发生盛期分别为 4 月上旬、5 月中旬、7 月中旬、9 月上旬、10 月上旬、11 月上旬。一年中发生数量最大、危害最严重的时期为 4~5 月和 10~11 月。雄虫少见。雌成虫多行孤雌生殖，卵产于白色蜡质绵状卵囊中，每头产卵 200~500 粒。

图 191-1　雌成虫（李琨渊 摄）

图 191-2　低龄若虫（李琨渊 摄）

**日本龟蜡蚧** *Ceroplastes japonicus* Green

中文别名：日本蜡蚧、枣龟蜡蚧、龟蜡蚧。

分类地位：半翅目 Hemiptera 蜡蚧科 Coccidae 蜡蚧属 *Ceroplastes*。

分布：国内分布于河北、山西、江苏、浙江、福建、江西、山东、河南、湖北、湖南、广西、四川、贵州、云南、陕西、甘肃等地；省内广泛分布。

寄主：木兰科、樟科、茶科、柿科、桑科、罗汉松科、蔷薇科、鼠李科在内的多达 36 科 71 种乔灌木。

危害状：若虫和雌成虫刺吸植物汁液，排泄物常诱致煤污病发生，削弱树势，重者枝条枯死（见图 192-1）。

形态特征：雌虫体背有较厚的白蜡壳，呈椭圆形，长 4~5mm，背面隆起似半球形，中央隆起较高，表面具龟甲状凹纹，边缘蜡层厚且弯卷，由 8 块组成（见图 192-2）。活虫蜡壳背面淡红，边缘乳白，体淡褐至紫红色。雄体长 1~1.4mm，淡红至紫红色，眼黑色，触角丝状，翅 1 对白色透明，具 2 条粗脉，足细小，腹末略细，性刺色淡。卵椭圆形，长 0.2~0.3mm，初淡橙黄后紫红色。初孵若虫体长 0.4mm，椭圆形扁平，淡红褐色，触角和足发达，灰白色，腹末有 1 对长毛。固定 1 天后开始分泌蜡丝，7~10 天形成蜡壳，周边有 12~15 个蜡角。后期蜡壳加厚，雌雄形态分化，雄成虫与雌成虫相似，雄蜡壳长椭圆形，周围有 13 个蜡角似星芒状。雄蛹梭形，长约 1mm，棕色，性刺笔尖状。

生物学特性：1 年 1 代，以受精雌虫在寄主植物上越冬，5 月下旬至 7 月上旬为产卵期，6 月中至 7 月中幼虫孵化，8 月上旬出现 3 龄幼虫，11 月为雌成虫期。雄幼虫出现于 8 月，11 月羽化。初孵化的幼虫，虫体很小，体长月 0.3~0.5mm。随着生长发育，虫体背面开始出现 2 列白蜡点，10 天左右虫体背面则全部披蜡。

图 192-1　日本龟蜡蚧危害状（黄焕华 摄）　　　　　图 192-2　雌介壳背面（李琨渊 摄）

**红蜡蚧** *Ceroplastes rubens* Maskell

**中文别名：**脐状红蜡蚧、枣红蜡蚧、柑橘红蜡蚧、樟红蜡蚧。

**分类地位：**半翅目 Hemiptera 蜡蚧科 Coccidae 蜡蚧属 *Ceroplastes*。

**分布：**国外分布于日本、印度、美国等国；国内分布于河北、江苏、浙江、安徽、福建、江西、湖北、湖南、台湾、广西、四川、贵州、云南、陕西、青海等地；省内广泛分布。

**寄主：**马尾松、樟树、竹节树、荔枝、杉木、鹅掌楸等。

**危害状：**成虫、若虫群聚集生在寄主枝条上，被寄生的植株常常发生煤污病，枝叶尽呈黑色，短则 1~2 年，长则 3 年树势即衰，渐至枝叶枯黄，甚至全株枯死（见图 193-1）。

**形态特征：**雌成虫体上盖有厚蜡壳，老熟时背面中央隆重起呈半球形，长 3.2~4.2mm，高 2.3~2.6mm，顶部凹陷成脐状，两侧边缘四角各有 1 条上狭下宽弯曲的白色蜡带。蜡壳最初为深玫瑰色，随着虫体的老熟，蜡壳变为红褐色（见图 193-2）。雌虫体紫红色，半球形，长 2.5mm，触角 6 节，等于 4、5、6 节之和；雄虫蜡壳长椭圆形，暗紫红色，长 3mm，宽 1.2mm。成虫体长 1mm，翅长 2.4mm，体暗红色，口器及单眼黑色。触角淡黄色，细长，共 10 节，顶端有 3~4 根长毛，翅 1 对，白色透明。足及交尾器淡黄色。初孵若虫扁平，椭圆形，长 0.4mm，前端略阔，红褐色。腹部末端有 2 根长毛。第 3、5 节各有 1 根长毛，单眼紫褐色，触角 6 节。卵椭圆形，两端稍长，长 0.3mm，宽 0.7mm，淡紫红色。2 龄体广椭圆形，稍凸起，紫红色，周缘有细毛。3 龄老熟若虫体长椭圆形，长 0.9mm，宽 0.6mm，红褐色至紫红色，触角增长。2 龄老熟雄若虫体长椭圆形。蛹的触角、足、翅均紧贴于体上，尾针较长，紫红色，近纺锤形，长约 1mm。

图 193-1　红蜡蚧危害状（李琨渊 摄）

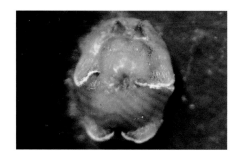

**生物学特性：**1 年 1 代，以受精雌虫在寄主 1~2 年生枝条上越冬。产卵量因寄主和寄主被害程度不同有异，一般 200 粒，最

图 193-2　雌介壳背面（李琨渊 摄）

多可达 3000 余粒。卵经 15~20 天孵化，孵化后在母体下停留 1~2 天，于晴天的 10 时左右爬出母体。初脱离母体的若虫活泼善爬，都爬向光线较强的外侧枝叶固定。雌若虫大都固定在嫩枝和叶正面，雄若虫固定于叶柄和叶背面，在叶片上固定的雌、雄若虫，大都沿叶柄两侧分布。

**泰国白轮盾蚧** *Aulacaspis yasumatsui* Takagi

**中文别名**：苏铁白轮盾蚧。

**分类地位**：半翅目 Hemiptera 盾蚧科 Diaspididae 白轮盾蚧属 *Aulacaspis*。

**分布**：国外分布于泰国、马来西亚、美国等国；国内分布于贵州、台湾等地；省内分布于深圳、梅州、肇庆、云浮等地。

**寄主**：多种苏铁。

**危害状**：成虫、若虫从叶柄部开始刺吸为害，并逐渐向叶片、球茎、根部发展。在叶片上最初危害状为褪绿斑点，随种群数量加大越发明显，导致光合作用能力减弱，最后受害叶变黄褐色直至干枯；严重危害时，整个叶片覆盖数层厚厚的介壳（含有死亡或活体蚧虫）。如所有羽片都受害，整株苏铁将很快干枯死亡（见图 194-1）。

**形态特征**：雌成虫介壳白色，梨形或椭圆形，长 1.5~2.2mm，宽 1.2~2.0mm，壳点 2 个，凸出于介壳前端，第 1 壳点通常浅黄褐色，第 2 壳点黄褐色或浅黄褐色（见图 194-2）。雌成虫体黄色，长梨形，长 0.9~1.0mm，宽 0.5~0.6mm，头胸部宽圆，尾部略细，臀板凹较为明显。雄成虫体橙红色，口器退化，具 1 对白色半透明的翅，腹末有 1 条细长的针状交尾器。卵橙黄色或橙红色，长椭圆形，长约 0.2mm，接近孵化的卵可见 2 个黑色眼点。初孵若虫长椭圆形，体扁平，颜色和卵相近，有 1 对复眼，足 3 对，腹部有 2 根很细的尾毛。固定取食后体色变为浅黄色，体型开始增大，由长椭圆形变为卵圆形，由扁平变为背部隆起。2 龄若虫时，触角和足都已经退化，在头部还能见到 1 对眼点。2 龄雌蚧，体浅黄色，形态上和雌成虫相似。雄若虫介壳白色，长条形，两侧几乎平行，背面有 1 条纵脊，长约 0.9mm，宽约 0.4mm，前端具 1 个前黄褐色的壳点。

**生物学特性**：广东 1 年发生 7~8 代，世代重叠现象明显，由于冬季低温天气时间比较短，该虫没有明显的越冬现象，全年各个月份都能见到卵、若虫和成虫。繁殖速度受到温度影响，在一定的温度范围内，温度越高，繁殖速度越快，在气温较高的夏季，1 个月就能完成 1 代，而在冬季完成 1 代则要超过 2 个月时间。

图 194-1 泰国白轮盾蚧危害状（李琨渊 摄）

图 194-2 雌介壳（李琨渊 摄）

松突圆蚧 *Hemiberlesia pitysophila* Takagi

**中文别名**：松栉圆盾蚧。

**分类地位**：半翅目 Hemiptera 盾蚧科 Diaspididae 栉圆盾蚧属 *Hemiberlesia*。

**分布**：松突圆蚧的原产地是日本的冲绳群岛和先岛群岛。在 20 世纪 80 年代前后传入广东省，我国大陆于 1982 年 5 月首次在广东省珠海市发现该虫；国内分布于福建、江西、广西、香港、澳门、台湾等地；省内广泛分布。

**寄主**：马尾松、湿地松等。

**危害状**：属外来林业有害生物。以成虫和雌若虫群栖于较老针叶基部叶鞘内，雄若虫则栖于叶鞘外部或鲜球果的鳞片上，少数在嫩叶的中、下部。吸取汁液，致使松针受害处变褐、发黑、缢缩或腐烂，继而针叶上部枯黄卷曲或脱落，枝梢萎缩，抽梢短而少，严重影响松树生长，使马尾松等松树树势衰弱。有些地方松林遭受松突圆蚧危害后，若遭遇干旱等灾害，相继会发生较严重的蛀干性害虫及其他病害，出现松树枯死现象。

**形态特征**：雌成虫介壳大，多为蚌形或近椭圆形或稍有不规则变化，大小约为 1.0mm×1.2mm。在 1 龄的红黄色蜕外再增加一个大小约为 0.6mm×0.7mm 的红黄色椭圆形 2 龄若虫蜕。1 龄蜕与 2 龄蜕重叠，但偏于 2 龄蜕的一边，有时稍凸出一部分于 2 龄蜕之外。雌成虫孕卵前介壳略呈圆形，扁平，中心略高，壳点位于中心或略偏，橘黄色，周围一圈淡褐色，介壳其余部分灰白色。孕卵后介壳变厚，并偏向尾部伸展，成为雪梨状。虫体宽梨形，淡黄色，膜质，臀板硬化。体长 0.7~1.1mm；头胸部最宽，0.5~0.9mm。第 2~4 腹节侧缘稍突出，臀板较宽。触角疣状，上有毛 1 根。口器发达。臀叶 2 对，中臀叶突出，宽略大于长，顶端圆，每侧有 1 凹刻。基部的硬化部分深入臀板中，第 2 臀叶小，不两分。在中臀叶和第 2 臀叶间有 1 对顶端膨大的硬化棒；缘鬃细而短，其长度不超过中臀叶，中臀叶间有 1 对，在第 2 臀叶与中臀叶间各 1 对，第 2 臀叶前各 3 对。肛孔位于臀板基部。臀背管腺细长，中臀叶间有 1 个，中臀叶和第 2 臀叶间有 3 个，在第 2 臀叶前 2 纵列，分别为 4~8 个、5~7 个。另外，在后胸到第 5 腹节的边缘均有管腺分布。腹面的管腺细小，分布在头胸部和第 1~5 腹节的边缘，在前后胸门间呈横带，口器前面近体边缘处的背面有 1 圆形突起；雄成虫体橘黄色，长 0.8mm 左右，翅展 1.1mm。触角 10 节，长约 0.3mm，每节有数根毛。单眼 2 对。胸足发达。前翅膜质，翅脉 2 条。后翅退化为平衡棒，端部有毛 1 根。体末端的交尾器发达，长而稍弯曲。卵椭圆，淡黄，长约 0.3mm，宽约 0.1mm。初孵若虫介壳白色，近圆形，直径 0.2~0.4mm，外缘宽 0.05mm~0.1mm 的边色稍淡并略显透明。剥开介壳，下有淡黄色，椭圆，大小约为 0.1mm×0.2mm 的 1 龄若虫。2 龄初期若虫近圆形，淡黄，长约 0.4mm，宽约 0.3mm，形态和雌成虫大体相似。性分化已开始，雄若虫比雌若虫身体稍窄，身体后端更明显（见图 195-1）；2 龄后期若虫性分化明显，雄性个体的介壳主要向一端延伸，除蜕皮区外，介壳蜡黄色。整个介壳呈长椭圆形，长 0.8~0.9mm 宽约 0.50mm。蜕上方近中央的浅白色椭圆形分泌物偏于延伸的蜡黄色介壳的一边。虫体体型与 2 龄初期雄性相似，但进一步向预蛹形态发展。体长约 0.6mm，宽 0.4mm。雌性介壳近圆形，除蜕皮区外，介壳主要为白色，大小约为 0.7mm×0.8mm。蜕上的白色椭圆形分泌物偏于介壳增加较少的一边。虫体近似雌成虫，体长约 0.6mm，宽约 0.5mm。蛹椭圆形，淡黄，长约 0.8mm，宽约 0.4mm。复眼黑色，触角、足、翅及交尾器淡黄而稍显透明（见图 195-2、图 195-3）。

**生物学特性**：在广东南部 1 年发生 5 代，世代重叠，无明显的越冬期。各世代雌蚧完成 1 代的历期分别为 52.9~62.5 天、47.5~50.2 天、46.3~46.7 天、49.4~51.0 天、114.0~118.3 天。初孵若虫出现的高峰期是 3 月中旬至 4 月中旬、6 月初至 6 月中旬、7 月底至 8 月上旬、9 月底至 11 月中旬。松突圆蚧的卵期短暂，多数卵在雌虫体内即发育成熟，产卵和孵化几乎同时进行；少数卵还可以在体内孵化后直接产出体外。初孵若虫一般先在介壳内滞留一段时间，待环境适宜时再从母体介壳边缘的裂缝爬出。刚出壳的若虫很活跃，常沿针叶来回爬动，寻找合适的寄生场所。经 1~2h 后即把口针插入针叶内固定吸食，5~19h 开始泌蜡。蜡丝首先缠盖住体缘，然后逐渐延至背面中央，经 20~32h 可封盖全身。再经 1~2 天蜡被增厚变白，形成圆形介壳。固定在叶鞘内的多发育为雌虫，而固定在叶鞘外针叶上的及球果上的多发育为雄虫。雄成虫羽化后一般在介壳内蛰伏 1~3 天，出壳时，尾端先从介壳较低的一端露出，继而运足力量，使整个身躯退出介壳，而且翅呈 180° 倒折，覆盖住头部，出壳后经数分钟，翅恢复正常状态。刚羽化的雄虫十分活跃，爬动或飞翔，寻找合适的雌蚧，然后腹部朝下弯曲，从雌蚧介壳缝中插入交尾器，进行交尾。1 头雄虫可多次交尾，交尾后数小时即死去。雌成虫交尾后 10~15 天开始产卵。产卵量以越冬代（第五代）和第一代最多，64~78 粒；雄蚧虫比例一般为 1.5~2.0 : 1，1 年中季节不同性比也略有不同。松突圆蚧寄生幼龄、中龄、老龄，疏、密或混交的各种松树以及幼苗。

图 195-1　雄成虫（李琨渊 摄）　　图 195-2　若虫及雌介壳　　图 195-3　若虫（李琨渊 摄）
（李琨渊 摄）

**考氏白盾蚧 *Pseudaulacaspis cockerelli*（Cooley）**

**中文别名：**贝形白盾蚧、广菲白盾蚧、考氏齐盾蚧、臀凹盾蚧。

**分类地位：**半翅目 Hemiptera 盾蚧科 Diaspididae 白盾蚧属 *Pseudaulacaspis*。

**分布：**国内分布于上海、江苏、浙江、安徽、福建、江西、山东、湖北、台湾、广西、四川、贵州、云南，以及北方哈尔滨、山西、北京、河北等地的温室。省内广泛分布。

**寄主：**羊蹄甲、含笑、油茶、白兰、秋枫、秋茄、桂花、蒲葵、夹竹桃、柑橘、杧果、垂柏等。

**危害状：**有两个型，即食叶型、食干型。以成虫和若虫固着于叶片或树干上吸汁，叶受害后，出现黄斑，严重时叶片布满白色介壳，致使叶大量脱落（见图 196-1）。枝干受害后，枯萎；严重的布满白色蚧，树势减弱甚至诱发煤污病，严重影响植株生长、发育，降低观赏价值。

**形态特征：**雌成虫介壳白色，长 2.0~4.0mm，宽 2.5~3.0mm，梨形或卵圆形微隆，表面光滑（见图 196-2）。雌成虫橙黄色，体长 1.1~1.4mm，纺锤形。中胸至腹部第 8 腹节每节各有一腺刺。雄成虫介壳白色，长 1.2~1.5mm，宽 0.6~0.8mm；长形，表面粗糙，背面具一浅中脊。雄成虫体长 0.8~1.1mm，翅展 1.5mm。体黄褐色，复眼黑褐色，具半透明翅 1 对，腹末具长的交尾器。卵长约 0.2mm，长椭圆形，初产时淡黄色，后变橘黄色。若虫初孵淡黄色，扁椭圆形，长 0.3mm，眼、触角、足均存在，两眼间具腺孔，分泌蜡丝覆盖身体，腹末有 2 根长尾毛。2 龄长 0.5~0.8mm，椭圆形，眼、触角、足及尾毛均退化，橙黄色。

生物学特性：广东、福建、台湾等地 1 年可发生 5~6 代；以受精和孕卵雌成虫在寄主枝条、叶上越冬。越冬受精雌成虫在翌年 3 月下旬开始产卵，一般在 4~12 月均可见到各虫态，以 7~10 月为严重危害期。雌成虫产卵在介壳下，每头雌虫可产卵 46~114 粒。初孵若虫爬行能力强，固定后才分泌蜡丝形成介壳。若虫分群居型和分散型两类，群居型多分布在叶背，一般数十至百头群集在一起，经 2 龄若虫、前蛹、蛹而发育为雄成虫；散居型主要在叶片中脉和侧脉附近发育为雌成虫。

图 196-1　考氏白盾蚧危害状（杨晓 摄）

图 196-2　雌虫介壳（李琨渊 摄）

**桑白盾蚧 *Pseudaulacaspis pentagona*（Tagioni Tozzetti）**

**中文别名：**桑盾蚧、桑白蚧、桑介壳虫、桃介壳虫、桃白蚧。

**分类地位：**半翅目 Hemiptera 盾蚧科 Diaspididae 白盾蚧属 *Pseudaulacaspis*。

**分布：**除西藏外，国内广泛分布。

**寄主：**黄蝉、山茶、苏铁、散尾葵、白兰、桑树、茶叶、丹桂等。

**危害状：**若虫和雌成虫以刺吸式口器主要在枝干上群集为害，严重发生时，介壳密集重叠，呈一片白色，被刺吸的枝条发育受阻，严重时，枝条衰弱而致枯死，如不防治，3~5 年即可使树木枯死（见图 197-1）。

**形态特征：**雌成虫体长 0.9~1.2mm，淡黄色至橙黄色，介壳灰白色至黄褐色，近圆形，长 2~2.5mm，略隆起，有螺旋形纹，壳点黄褐色，偏生一方。雄体长 0.6~0.7mm，翅展 1.8mm，橙黄色至橘红色。触角 10 节，念珠状，有毛。前翅卵形，灰白色，被细毛；后翅特化为平衡棒。性刺针刺状。介壳细长，1.2~1.5mm，白色，背面有 3 条纵脊，壳点橙黄色位于前端（见图 197-2、图 197-3）。卵椭圆形，长约 0.3mm，初粉红色后变黄褐色，孵化前为橘红色。若虫初孵淡黄褐色，扁椭圆形，长 0.3mm 左右，眼、触角、足俱全，腹末有 2 根尾毛。两眼间具 2 个腺孔，分泌棉毛状蜡丝覆盖身体，2 龄眼、触角、足及尾毛均退化。蛹橙黄色，长椭圆形，仅雄虫有蛹。

**生物学特性：**广东 1 年 5 代，浙江 3 代，北方 2 代。2 代区以第 2 代受精雌虫于枝条上越冬。寄主萌动时开始吸食，虫体迅速膨大，4 月下旬开始产卵，5 月上中旬为盛期，卵期 9~15 天，5 月间孵化，中、下旬为盛期，初孵若虫多分散到 2~5 年生枝上固着取食，以分杈处和阴面较多，6~7 天开始分泌棉毛状蜡丝，渐形成介壳。第 1 代若虫期 40~50 天，6 月下旬开始羽化，盛期为 7 月上中旬。卵期 10 天左右，第二代若虫8月上旬盛发，若虫期30~40天，9月间羽化交配后雄虫死亡，雌虫为害至9月下旬开始越冬。3代区，第1代若虫发生期为5月至6月中旬；第2代为6月下旬至7月中旬；第三代为8月下旬至9月中旬。以受精雌成虫越冬。

图197-1　桑白盾蚧危害状（李琨渊 摄）　　图197-2　雌虫及若虫介壳　　图197-3　雌虫介壳
　　　　　　　　　　　　　　　　　　　　　　　　　（李琨渊 摄）　　　　　（李琨渊 摄）

**草履蚧 *Drosicha corpulenta*（Kuwana）**

**中文别名：** 日本草履蚧、日本履绵蚧。

**分类地位：** 半翅目 Hemiptera 绵蚧科 Monophlebidae 履绵蚧属 *Drosicha*。

**分布：** 国外分布于俄罗斯、韩国、朝鲜、日本等国；国内从内蒙古到云南广泛分布。

**寄主：** 松科、樟科、芸香科、木兰科、蔷薇科、锦葵科、桑科、木樨科、壳斗科、葡萄科等多科数十种植物。

**危害状：** 以雌成虫和若虫群集于嫩枝，幼芽等处吸食汁液，影响植物生长，危害轻者造成树势衰弱，重者可造成枯枝甚至整株死亡。

**形态特征：** 雌成虫体长11mm，宽6mm，无翅，扁平椭圆形，形似草鞋底状，虫体淡灰紫色，周缘淡黄、肥大，腹部有横皱褶和纵沟，体上被一层厚厚的白色蜡质分泌物（见图198-1）。头部呈龟甲状，口器黑色，位于第1对与第2对足之间，触角鞭状，8~9节，足黑色。雄成虫紫红色，体长5~6mm，翅展约11mm。触角24节，黑色，鞭状，各节均生细长毛，似羽毛状，腹部紫色，末端有4根枝刺。有翅1对，淡黑色，上有两条白色条纹（见图198-2）。卵扁圆形，初产时黄白色，后变黄赤色，卵产于卵囊内，卵囊为白色棉絮物。若虫与成虫相似，但较小，色较深。雄蛹裸蛹，圆筒形，长约5mm，褐色，外被白色绵状物。

**生物学特性：** 1年1代，以卵在树木附近的缝隙处过冬。翌年2月若虫开始孵化活动，3月中、下旬为孵化盛期，5月中、下旬雄虫羽化，6月上旬交配后的雌虫开始下树，到越冬场所产卵。一般每雌产卵40~50粒。

图198　雌成虫（陆千乐 摄）　图198-2　雄成虫（李琨渊 摄）

**捷氏吹绵蚧** *Icerya jacobsoni*（Green）

**分类地位**：半翅目 Hemiptera 绵蚧科 Monophlebidae 吹绵蚧属 *Icerya*。

**分布**：国外分布于印度尼西亚、缅甸、菲律宾等国；国内分布于广东、海南、香港、台湾等地；省内广泛分布。

**寄主**：樟树、木姜子、乌桕、山乌桕、白兰、番石榴、桉树、鳄梨、银合欢等数林木。

**危害状**：雌成虫和若虫常群聚于寄主植物的叶背及枝干缝隙处，以刺吸寄主汁液。被害部位初始时呈黄绿色斑点，然后叶片逐渐枯黄、萎蔫。严重时枝梢枯萎，致使全株枯死；其排泄的蜜露诱发煤污病，使叶、枝发黑，影响光合作用和植株观赏价值。

**形态特征**：雌成虫体长约 6mm，宽约 4mm，橙黄色，椭圆形，腹面平坦，背面隆起，上下扁平，体背有白色蜡质分泌物覆盖，体四周有 10 对触须状蜡质分泌物，腹末附有白色絮状物构成的卵囊。卵长椭圆形，0.8mm，初产时橙黄色，后变橘红色，体扁平，表面附有白色蜡粉及蜡丝。若虫足，触角及体上的毛均非常发达，2 龄若虫体长 1.2~2.0mm，3 龄若虫长 2.0~3.0mm，宽 1.2~2.0mm（见图 199-1、图 199-2）。

图 199-1　雌虫及若虫（李琨渊 摄）　　　　图 199-2　雌虫（李琨渊 摄）

**生物学特性**：在广州地区 1 年 3~4 代，并以各种虫态越冬。每年有两个发生高峰期，即 4 月中下旬至 7 月上旬、9 月上旬至 11 月中旬，发生严重。而在 7 月中旬至 8 月下旬、12 月至翌年 4 月之间由于温度等环境因素制约，发生较轻。若虫孵化后便可以爬行，1 龄若虫固定危害，2 龄开始分散危害，多定居于新叶叶背主脉两侧，吸食叶片汁液。雌虫成熟后固定取食并不再移动，随后形成卵囊并在其中产卵。产卵期较长，为 23~30 天，每一雌虫产卵数百至上千粒不等，雌虫寿命约为 60 天。适宜发育温度为 23~27℃，高温和低温不利于其发育、存活和繁殖。

**澳洲吹绵蚧** *Icerya purchasi* Maskell

**中文别名**：吹绵蚧、黑毛吹绵蚧、绵团蚧、国槐吹绵蚧、棉籽蚧、白条蚧。

**分类地位**：半翅目 Hemiptera 绵蚧科 Monophlebidae 吹绵蚧属 *Icerya*。

**分布**：国内分布于福建、江西、湖南、广西、香港等地；省内广泛分布。

**寄主**：木麻黄、台湾相思、海桐、桂花、梅花、牡丹、广玉兰、芍药、含笑、玉兰、夹竹桃、扶桑、月季、蔷薇、玫瑰、米兰、石榴、南天竹、鸡冠花、金橘、常春藤、蒲葵等 80 科 250 余种。

**危害状**：在叶反面及枝梢寄生为害，被害林木常发生煤污病（见图 200-1）。

形态特征：雌成虫体椭圆或长椭圆形，长5~10mm，宽4~6mm，橘红或暗红色，体表生有黑色短毛，背被向上隆起的白色蜡带（见图200-2）。雄成虫体长约3mm，胸部红紫色，腹部橘红色；前翅狭长，暗褐色，基角处有1个囊状突起，后翅退化成匙形的拟平衡棒；腹末有肉质短尾瘤2个，其端有长刚毛3~4根。卵长椭圆形，长0.7mm，初产时橙黄色，后橘红色。卵囊白色，半卵形或长形，囊表有明显的纵脊14~16条。若虫雌性3龄，雄性2龄，各龄均椭圆形，眼、触角及足均黑色；1龄橘红色，触角端部膨大，有长毛4根，腹末有与体等长的尾毛3对；2龄体背红褐色，上覆黄色蜡粉，散生黑毛，雄性体较长，体表蜡粉及银白色细长蜡丝均较少，行动较活泼；3龄均属雌性，体红褐色，表面布满蜡粉及蜡丝，黑毛发达。雄蛹长3.5mm，橘红色，被有白色薄蜡粉。茧长椭圆形，白色，茧质疏松，由白蜡丝组成。

生物学特性：发生世代各地不一，世代重叠，该虫在广东1年3~4代，以各种虫态过冬；常孤雌生殖。雌成虫初无卵囊，成熟后到产卵期才渐渐形成。发生4代时各代卵和若虫发生盛期分别为4~5月、6~7月、8~9月、10~11月，其中以4~6月发生的数量最多，秋凉以后则逐渐减少，温暖高湿有利于吹绵蚧大发生。初孵若虫颇活跃，1、2龄向树冠外层迁移，2龄后渐向大枝和主干爬行。成虫喜集居于主梢向阴面及树杈处，或枝条或叶上，吸取营养并营囊产卵，不再移动。由于其若虫和成虫均分泌蜜露。雄虫数量极少，且飞翔力弱，仅能飞0.3~0.7m远。适宜活动的温度为22~28℃，干热则不利，高于39℃容易死亡。

图200-1 澳洲吹绵蚧危害状（冯铭 摄）

图200-2 雌虫（李琨渊 摄）

图201-1 银毛吹绵蚧危害状（李奕震 摄）

银毛吹绵蚧 *Icerya seychellarum*（Westwood）

中文别名：茶绵介壳虫、桔叶绵介壳虫。

分类地位：半翅目 Hemiptera 绵蚧科 Monophlebidae 吹绵蚧属 *Icerya*。

分布：国内分布于福建、江西、湖南、广西等地；省内分布于广州、深圳、河源、惠州、东莞、江门等地。

寄主：秋枫、蒲葵等。

危害状：以雌成虫和若虫聚集刺吸寄主植物叶片汁液，并排泄蜜露，诱致煤污病，影响植物的光合作用，使受害树木树势衰弱（见图201-1）。

形态特征：雌虫体长4~6mm，橘红或暗黄色，椭圆或卵圆形，后端宽，背面隆起，被块状白色棉毛状蜡粉，呈5纵行：背中线1行，腹部两侧各2行，块间杂有许多白色细长蜡丝，体缘蜡质突起较大，长条状淡黄色。产卵期腹末分泌出卵囊，约与虫体等长，卵囊上有许多长管状蜡条排在一起，致使卵囊成瓣状。整个虫体背面有许多呈放射状排列的银白色细长蜡丝，故名银毛吹绵蚧。触角丝状黑色11节，各节均生细毛。足3对发达黑褐色。雄虫体长3mm，紫红色，触角10节，念珠状，球部环生黑刚毛。前翅色暗，腹末丛生黑色长毛。卵椭圆形，长1mm，暗红色。若虫宽椭圆形，瓦红色，体背具许多短而不齐的毛，体边缘有无色毛状分泌物遮盖；触角6节，端节膨大呈棒状；足细长。雄蛹长椭圆形，长3.3mm，橘红色（见图201-2）。

图201-2 雌虫及若虫（李琨渊 摄）

生物学特性：1年1代，以受精雌虫越冬，翌春继续为害，成熟后分泌卵囊产卵，7月上旬开始孵化，分散转移到枝干、叶和果实上为害，9月雌虫多转移到枝干上群集为害，交配后雄虫死亡，雌为害至11月陆续越冬。

篱盲蝽 *Mystilus priamus* Distant，1904

分类地位：半翅目 Hemiptera 盲蝽科 Miridae 篱盲蝽属 *Mystilus*。

分布：国外分布于缅甸、菲律宾、斯里兰卡、印度尼西亚等国；国内分布于广西、海南、云南、台湾等地；省内分布于广州、深圳、阳江、肇庆、清远、惠州、河源、潮州等地。

寄主：毛竹、绿竹等。

危害状：若虫、成虫在竹叶上吸汁，致使形成大小不一的白色条斑，叶斑随受害加重转为橙黄或紫褐色，大量发生时导致全株叶片失绿、花白甚至整叶干枯（见图202-1）。

图202-1 篱盲蝽危害状（李琨渊 摄）

形态特征：成虫体长10~15mm。触角约与身体等长。爪片端半及革片透明。喙伸达腹部前数节，明显超过后足基节端部。雌虫产卵管长，可达体长一半并伸出翅端（见图202-2）。卵长椭圆形，长约1.5mm，7~14个排列成卵块，初期呈乳白色，后转为淡红色，至孵化前透明。若虫体黄绿色，半透明，状似成虫。

生物学特性：广东1年6~7代。卵期约7天，多产于嫩叶叶面靠近叶尖之边缘处。若虫期18天左右，常群集于叶背面，受惊即四散逃窜，行动敏捷。成虫平均寿命16~19天，常在竹株附近徘徊飞行，飞翔姿态与大蚊及姬蜂等昆虫相似。

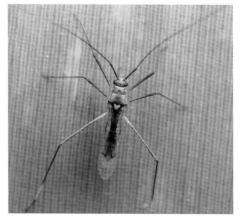

图202-2 成虫（李琨渊 摄）

黄胫伙缘蝽 *Mictis serina* Dallas

分类地位：半翅目 Hemiptera 缘蝽科 Coreidae 伙缘蝽属 *Mictis*。

分布：国内分布于浙江、福建、江西、湖南、广西、香港等地；省内分布于广州、河源、梅州、惠州、湛江、清远、云浮等地。

寄主：木荷、茶、油茶、桉树、黄葛榕、潺槁木姜子、九节、鸭脚木等。

危害状：若虫及成虫群聚在寄主植物的枝梢，嫩叶取食，由于世代重叠严重，发生数量大时影响受害寄主枝梢生长，造成嫩叶萎蔫等。

形态特征：成虫体长 23~30mm，宽 9~12mm，长椭圆形，黄褐色，密被短毛。头小、触角褐色，第 4 节棕黄。喙褐，伸达中胸腹板后缘。前胸背板具稀疏小颗粒，中央有 1 纵走的小刻纹，侧角稍向外扩展，并微上翘。小盾片三角形，两侧角处具 1 小凹陷。前翅膜片深褐色，长及腹末。侧接缘褐，两节交界处棕黄。足较长，各足腿节棒状，后足腿节长于胫节，各足胫节污黄色。体下黄褐。雌雄异型，雌虫异型，雌虫后足腿节正常，雄虫该节较粗大，其基部较弯曲，后足胫节端腹面具 1 刺，第 3 腹板后缘两侧各具 1 短刺突，第 3、4 节腹板相交处并形成 1 分叉状巨突（见图 203-1）。卵椭圆形，长 3.5mm，深褐色，盖有一层灰色的粉状物。若虫 1 龄体长 4.5~5.0mm，长椭圆形，淡黄褐色，触角比体长，基部 3 节具毛，第 4 节端部淡色。2 龄体长 7mm，腹部较宽圆，呈球形。3 龄体长约 9mm，翅芽出现。4 龄体长 12.5~17mm，翅芽伸达第 1 腹节。5 龄体长约 20mm，翅芽伸达第 3 腹节（见图 203-2）。

生物学特性：广东 1 年 3~4 代，以成虫越冬。7、8 月若虫期为 1 个月左右，卵聚产于叶背面或小枝上，成虫、若虫喜在嫩叶上吸食。

图 203-1　成虫（李琨渊 摄）　　　　图 203-2　若虫（李琨渊 摄）

黑竹缘蝽 *Notobitus meleagris*（Fabricius）

分类地位：半翅目 Hemiptera 缘蝽科 Coreidae 竹缘蝽属 *Notobitus*。

分布：国内分布于浙江、福建、江西、广西、四川、云南、贵州、台湾、香港等地；省内分布于广州、深圳、梅州、惠州、汕尾、江门、湛江、潮州、云浮等地。

寄主：毛竹、粉箪竹、淡竹等。

危害状：若虫及成虫取食丛生竹的竹笋汁液，影响笋期的生。成虫还吸食竹节新芽，由于世代数多且重叠，发生数量大，对受害植株竹材质量造成影响。

形态特征：成虫体长 18~25mm，体宽 6.5~7.0mm。略呈棱形，体黑褐色，被黄褐色短毛，密布粗刻点。头短，长宽比约 2∶3，触角第 1 节长于头的宽度，基部 3 节几乎等长，第 4 节端半浅色，其余黑色。喙黑褐色，伸达中足基节间，第 1 节伸过前胸腹板中央。前胸背板具浅色横皱纹及领。前翅革片黑褐色，膜片烟褐色，超过腹末。侧接缘之外缘及各节端缘黑色，其余浅色。腹部中央及侧缘，气门周围及第 4、5 节腹节后缘，前、中足胫节及各足跗节浅色。雄虫后足股节较粗壮，腹侧有数枚刺，其中近中部的 1 枚最为粗长，胫节稍外弯曲。雄虫生殖节末端中央呈角状突出，两侧突起约与中央突起等长，成宽山字形（见图 204-1）。若虫 5 龄，第 1、2 龄黑褐色，触角长于身体，腹部上翘与身体纵轴略呈 40° 左右，似蚁。卵椭圆形，侧扁，长 1.6mm，宽 1.2~1.3mm，具金属光泽，初产时金黄色，逐渐变成棕色，孵化前成棕褐色（见图 204-2）。

生物学特性：6 月上旬至 10 月上旬竹园中可见到各虫态，越冬成虫于 4 月上旬吸食竹节间长出的嫩枝，经补充营养后交尾产卵。卵聚产于竹叶背面或笋尖上，多呈"人"字形排成 2 列，每块多数 15 粒。若虫群栖于竹笋的上部，1 龄时只吸水滴、蜜露，2 龄开始取食。

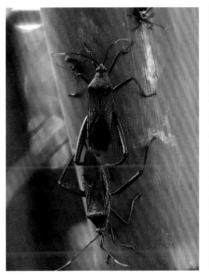
图 204-1 雌、雄成虫（李琨渊 摄）

图 204-2 若虫（李琨渊 摄）

异足竹缘蝽 *Notobitus sexguttatus*（Westwood）

中文别名：异竹缘蝽。

分类地位：半翅目 Hemiptera 缘蝽科 Coreidase 竹缘蝽属 *Notobitus*。

分布：国内分布于福建、广西、香港等地；省内分布于广州、惠州、江门、清远等地。

寄主：青皮竹、刚竹、水竹等。

危害状：若虫、成虫取食丛生竹的竹笋汁液，影响笋期的生长。成虫还吸食竹节新芽，由于世代数多且重叠，发生数量大，对受害植株竹材质量造成影响。

形态特征：成虫体长 19~20mm，宽 5.7~6.2mm。头、触角、前胸背板及小盾片深绿色，触角第 4 节褐色，基部黄色。小颊及复眼周围的区域亦为黄褐色。喙褐色，伸达中足基节。前胸背板刻点密，前缘具淡黄色"领"。翅长超过腹部末端，前翅红色，膜片烟黑色。身体腹面黑褐，具浓密白毛。前足和中足淡红褐色，后足黑褐。雄虫后足腿节粗大，端半具 3~4 枚大刺，近中部 1 枚最长；胫节基半均匀弯曲，近中部具 3 个显著的小齿，腹部侧接缘黄褐，后端黑色。雄虫生殖节末端中部凸出，中央凹陷，两侧内面 2 个突起很小（见图 205-1）。老熟若虫体长 15~18mm，翅芽已明显（见图 205-2）。卵椭圆形，长约 1.8mm，宽约 1.2mm。

生物学特性：卵聚产于竹叶背面或笋尖上，若虫群栖与竹笋的上部，2 龄开始取食，常与黑竹缘蝽 *N.meleagris* 在丛生竹园中同时发生。

图 205-1　成虫（徐家雄 摄）

图 205-2　若虫（李琨渊 摄）

## 棉红蝽 *Dysdercus cingutatus*（Fabricius）

中文别名：离斑棉红蝽。

分类地位：半翅目 Hemiptera 红蝽科 Pyrrhocoridae 棉红蝽属 *Dysdercus*。

分布：省内分布于广州、深圳、河源、惠州、茂名等地。

寄主：木棉、木槿、朱槿、野棉花、木芙蓉、玫瑰茄、鱼尾葵等。

危害状：危害时，成虫、若虫群集在寄主植物叶片及未开放的花苞上吸汁。被害叶片出现褐色斑点，并可引起病菌寄生，严重影响寄主植物生长（见图 206-1）。

形态特征：成虫体长 13~16mm，宽 4~5.5mm，长椭圆形，橙红色，雄虫色稍淡。头三角形，复眼黑色，触角黑色，第 1 节最长，基部橙红色，第 3 节最短，约为第 2 节的一半，喙橙红色，最末 2 节黑色。前胸背板前缘有 1 新月形白斑，侧缘具狭边，上卷；侧角钝圆，靠近前缘有 1 深凹横沟。小盾片黑色。前翅革片中央有 1 略呈椭圆形的黑斑，膜片黑色，长过腹末。胸部腹面靠近头基部有白色宽环带，两侧各有 3 条白横带。足基节、转节、腿节基部橙红色，其余均为黑色。腹下各节间有 1 白色宽横带，各条中段较细，第 1 横带中央线形，雄虫第 5 条白斑中段较宽，故呈八字形（见图 206-2）。卵椭圆形，长约 1.5mm，黄色。若虫 1 龄体长 2.5~3.5mm，宽 0.8~1mm，初孵时淡黄色，复眼及腹部红色，以后复眼逐渐变赤黑。腹背中央有 3 个深色斑，其上各有臭腺孔 1 对。5 龄体长 10~12mm，宽 4~5mm，红色，触角及足黑色。前胸背板靠近前，后缘处各有 1 条凹陷横沟，前缘星月形白斑明显。翅芽伸达第 3 腹节，末端色深；腹背两侧具白斑。体下白斑显现。

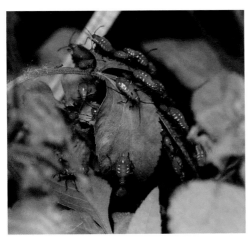

图 206-1　若虫危害状（陆千乐 摄）

图 206-2　成虫（陆千乐 摄）

**生物学特性**：1 年 6 代，以若虫或成虫在野生植物或树木间越冬；成虫喜在寄主植物上缓慢爬行活动，交配时间较长，常历时 1 天，少数长达 12 天，故在发生季节，常见交配的成虫在棉株上爬行。每雌产卵 30~100 粒，多产在棉田土表缝隙间，长数十粒堆集，也有产在地面落叶下或杂草根际附近的。初孵幼虫群集与土缝隙内，稍吸水液，经 2~3 天后进入 2 龄，才爬出土面，群集在植株上，3 龄去逐渐分散，并昼夜活动。

**麻皮蝽** *Erthesina fullo*（Thunberg）

**中文别名**：黄霜蝽、黄斑蝽。

**分类地位**：半翅目 Hemiptera 蝽科 Pentatomidae 麻皮蝽属 *Erthesina*。

**分布**：国内分布于内蒙古、辽宁、上海、江苏、浙江、安徽、福建、江西、山东、海南、四川、云南、陕西、香港、澳门、台湾等地；省内分布于各地。

**寄主**：板栗、李、梅、桃、石榴、柿、龙眼、柑橘等及林木植物。

**危害状**：刺吸枝干、茎、叶及果实汁液，枝干出现干枯枝条；茎、叶受害出现黄褐色斑点，严重时叶片提前脱落；果实被害后，出现畸形或猴头果，被害部位常木栓化，对产量及品质造成损失。

**形态特征**：成虫体长 18~24.5mm，宽 8~11.5mm，密布黑色点刻，背部棕黑褐色，由头端至小盾片中部具 1 条黄白色或黄色细纵脊；前胸背板、小盾片、前翅革质部布有不规则细碎黄色凸起斑纹；腹部侧接缘节间具小黄斑；触角 5 节，黑色，丝状，第 5 节基部 1/3 淡黄白或黄色；喙 4 节，淡黄色，末节黑色，喙缝暗褐色；足基节间褐黑色，跗节端部黑褐色，具 1 对爪；后足基节旁有挥发性臭腺的开口。卵近鼓状，顶端具盖，周缘有齿，灰白色，不规则块状，数粒或数十粒粘在一起。老熟若虫与成虫相似，头端至小盾片具 1 条黄色或微现黄红色细纵线；前胸背板中部具 4 个横排淡红色斑点；腹部背面中央具纵裂暗色大斑 3 个，每个斑上有横排淡红色臭腺孔 2 个（见图 207-1）。

**生物学特性**：1 年 1 代，以成虫于草丛或树洞、树皮裂缝及枯枝落叶下及墙缝、屋檐下越冬，翌春开始活动，5~7 月交配产卵（见图 207-2），卵多产于叶背（见图 207-3），卵期 10 多天，5 月中下旬可见初孵若虫，7~8 月羽化为成虫为害至深秋，10 月开始越冬。成虫飞行力强，有假死性，受惊扰时分泌臭液。有弱趋光性和群集性，初龄若虫常群集叶背，2、3 龄才分散活动。

图207-1　若虫（李琨渊 摄）

图207-2　成虫交配
（李琨渊 摄）

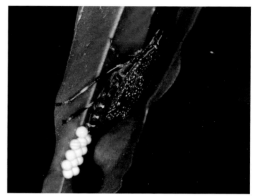
图207-3　雌成虫产卵（陆千乐 摄）

茶翅蝽 *Halyomorpha halys*（Stål）

中文别名：臭木蝽象、臭木蝽、茶色蝽。

分类地位：半翅目 Hemiptera 蝽科 Pentatomidae 茶翅蝽属 *Halyomorpha*。

分布：国外分布于朝鲜、韩国、日本、美国、加拿大、欧洲等地区；国内广泛分布。

寄主：桉树、油茶、梨、苹果、桃、黄牛木、蒲桃、木荷等。

危害状：成虫、若虫吸食叶、嫩梢及果实汁液，果实被害严重时形成畸形。

形态特征：成虫体长 12~16mm，宽 6.5~9mm。椭圆形略扁平，淡褐色至褐红色，具黑色刻点；有的个体具有金绿色闪光刻点或紫绿色光泽。触角黄褐色，第 3 节端部、第 4 节中部、第 5 节大部为黑褐色。前胸背板前缘有 4 个黄褐色横列的斑点，小盾片基缘常具 5 个隐约可辨的淡黄色小斑点。翅褐色，基部色较深，端部翅脉的颜色亦较深。侧接缘黄黑相间，腹部腹面淡黄白色（见图208-1）。卵长约 1mm，短圆筒形，灰白色。具假卵盖，中央微隆，假卵盖周缘生有短小刺毛。若虫 1 龄体长约 4mm。淡黄褐色，头部黑色。触角第 3、4、5 节隐约见白色环斑。2 龄体长 5mm 左右，淡褐色，头部黑褐色。胸腹部背面具黑斑。前胸背板两侧缘生有不等长的刺突 6 对。腹部背面中央具有 2 个明显可见的臭腺孔。3 龄体长 8mm 左右，棕褐色，前胸背板两侧具刺突 4 对，腹部各节背板侧缘各具 1 黑斑，腹部背面具臭腺孔 3 对，翅芽出现（见图208-2）。4 龄长约 11mm，茶褐色，翅芽增大。5 龄长约 12mm，翅芽伸达腹部第 3 节后缘（见图208-3）。

图208-1　成虫（陆千乐 摄）

图208-2　低龄若虫（李琨渊 摄）

图208-3　高龄若虫（陆千乐 摄）

**生物学特性：**以成虫越冬，在房檐、屋角、墙缝、石块下以及其他比较向阳背风处，有群集性，常几个或十几个聚在一起。卵可产于叶两面，20~28粒粘连成块，卵期4~5日，有时可达1周。初孵若虫常伏在卵壳上或其附近，一天后始逐渐分散危害。成虫一般在中午气温较高，阳光充足时活动，飞翔或交尾，清晨及夜间多静伏。

### 大臭蝽 *Metonymia glandulosa*（Wolff）

**分类地位：**半翅目 Hemiptera 蝽科 Tessaratomidae 臭蝽属 *Metonymia*。

**分布：**国外分布于印度、越南、缅甸、泰国、斯里兰卡、印度尼西亚等国；国内分布于辽宁、江苏、浙江、安徽、福建、江西、山东、河南、湖南、海南、广西、四川、贵州、云南、甘肃、香港、澳门、台湾等地；省内分布于广州、深圳、韶关、河源、清远等地。

**寄主：**木荷、栎类、油桐、泡桐、板栗、柑橘等。

**危害状：**若虫和成虫刺吸寄主的嫩芽，造成枝梢及树叶发黄、萎蔫。

**形态特征：**成虫体长24~28mm，体宽12~15.5mm。体淡黄褐色略带红。头侧叶长于中叶，并在中叶前回合。触角第1、2节暗红褐色，第3~5节暗褐色，前胸背板及小盾片红褐色，上具稀疏小黑点。前胸背板前侧缘锯齿状，侧角稍伸出，末端钝，略后指。小盾片两基角处各1块近椭圆形的暗绿色大斑，具和光泽。前翅膜片淡黄，透明，稍长过腹末。侧接缘外露。足黄褐或棕褐色。腹部腹面暗红褐色。卵灰绿色，近孵化时可见2个红色小眼点。若虫共5龄，体色变化较大。1龄初淡黄绿色，第2天起渐变红褐色乃至红色，后变淡黄色，斑改红色。2龄初褪皮时草绿色，后变淡黄绿色。3龄黄绿色至淡草绿色，侧缘稍显红色，翅芽初显。4龄初为草绿色，后变淡黄绿色，有红斑，侧缘红色，翅芽伸达第2腹节背面。5龄初为红黄色，后变黄绿色至淡绿色，翅芽伸达第3腹节背面。（见图209-1、图209-2）。

图 209-1 成虫（陆千乐 摄）

图 209-2 若虫（陆千乐 摄）

### 硕蝽 *Eurostus validus* Dallas

**中文别名：**台湾大椿象。

**分类地位：**半翅目 Hemiptera 荔蝽科 Tessaratomidae 硕蝽属 *Eurostus*。

**分布：**国外分布于越南、缅甸等国；国内分布于河北、江苏、浙江、安徽、福建、江西、山东、湖北、湖南、广西、四川、贵州、云南、陕西、香港、澳门、台湾等地；省内分布于广州、深圳、韶关、河源、清远等地。

**寄主：**板栗、白栎、苦槠、麻栎、梨树、梧桐、油桐、乌桕等。

**危害状：**若虫和成虫刺吸新萌发的嫩芽，造成顶梢枯死，严重影响果树的开花结果。

　　**形态特征**：成虫体长 25~34mm，体宽 11.5~17mm。椭圆形，大型。酱褐色，具金属光泽。头和前胸背板前半，小盾片两侧及侧接缘大部均位近绿色，小盾片上有较强的皱纹。侧接缘各节最基部淡褐色。腹下近绿色或紫铜色。触角基部 3 节黑。足同体色。第 1 腹节背面近前椽处有对发音器，梨形，由硬骨片与相连接的膜组成（见图 210-1）。卵球形，灰绿色，直径 2.5~3.0mm，破卵器"T"字形，成块。若虫体长 5~30mm，1~4 龄若虫形态比较整齐，5 龄若虫因越冬大小差异较大，越冬若虫出蛰前体色几乎全为白色（见图 210-2）。

　　**生物学特性**：各地 1 年均发生 1 代，共 5 龄。以 4 龄若虫在寄主植物附近的草丛蛰伏过冬，翌年 5 月间活动。若虫期脱皮 4 次，共 5 龄，通过鼓膜振动能发出"叽，叽"的声音，用来驱敌和寻偶。

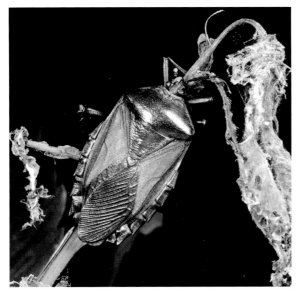 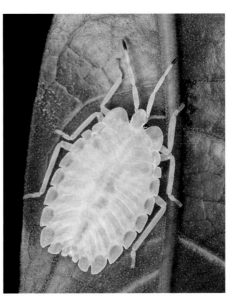

图 210-1　成虫（陈文伟 摄）　　　　图 210-2　若虫（李琨渊 摄）

**斑缘巨蝽** *Eusthenes femoralis* Zia

**中文别名**：斑缘巨荔蝽。

**分类地位**：半翅目 Hemiptera 荔蝽科 Tessaratomidae 巨蝽属 *Eusthenes*。

**分布**：国内分布于浙江、福建、江西、湖南、湖北、广西、四川、贵州、云南、香港、台湾等地；省内分布于广州、深圳、韶关、河源、梅州、肇庆、清远等地。

**寄主**：油茶、冬青、板栗、白栎等。

**危害状**：成虫、若虫吸食枝梢、花序的汁液，影响树势生长。

　　**形态特征**：成虫体长 30~38mm，宽 18~23mm。体椭圆形，紫褐、棕红、深绿或红褐色，略带草绿色光泽。头具皱纹，侧叶在中叶之前会合；触角黑，基节及第 4 节端部黄褐色。前胸背板横皱，前侧缘稍弓，边缘上翘，前角尖，侧角钝圆。小盾片横皱，端部黄褐，呈匙状。前翅膜片淡黄褐，略短于腹末。侧接缘基半黄褐，端半同体色。足淡黄褐，后足腿节近端处有 2 枚小刺，雄虫在其近基处还有 1 枚大刺，爪黑。腹部腹面淡黄褐色（见图 211）。

　　**生物学特性**：广东 1 年大致 1 代，以成虫越冬。3 月、4 月恢复活动，5 月交尾产卵。多在嫩梢或花序上取食，尤其在田边，山边的板栗树上，数量较多，7 月、8 月待板栗果实结成，即转移他处。

图211　成虫（李琨渊 摄）

荔蝽 *Tessaratoma papillosa*（Drury）

**中文别名：**荔枝蝽。

**分类地位：**半翅目 Hemiptera 荔蝽科 Pentatomidae 荔蝽属 *Tessaratoma*。

**分布：**国外分布于菲律宾，越南、缅甸、印度、泰国、马来西亚、斯里兰卡、印度尼西亚等国；国内分布于福建、江西、广西、海南、贵州、云南、香港、澳门、台湾等地。

**寄主：**荔枝、龙眼、柑橘、黄皮、番石榴、桉树、枇杷等。

**危害状：**成虫和若虫均刺吸嫩枝、花穗、幼果的汁液，导致落花落果。其分泌的臭液触及花蕊、嫩叶及幼果等可导致接触部位枯死，大发生时严重影响产量，甚至颗粒无收。

**形态特征：**成虫体长24~28mm，盾形，黄褐色，胸部有腹面被白色蜡粉。触角4节，黑褐色；前胸向前下方倾斜；臭腺开口于后胸侧板近前方处。腹部背面红色，雌虫腹部第7节腹面中央有一纵缝而分成两片，应用这一特征可以鉴别雌雄（见图212-1）。卵近圆球形，初产时淡绿色，少数淡黄色，近孵化时紫红色，常14粒相聚成块（见图212-2）。若虫共5龄，长椭圆形，体色自红色至深蓝色，腹部中央及外缘深蓝色，臭腺开口于腹部背面；2~5龄体呈长方形；将羽化时，全体被白色蜡粉（见图212-3、图212-4、图212-5、图212-6）。

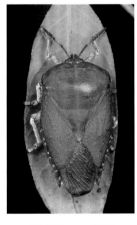

图212-1　成虫　　　　图212-2　卵（李琨渊 摄）　　　图212-3　初孵若虫
　　（李琨渊 摄）　　　　　　　　　　　　　　　　　　　　（徐海明 摄）

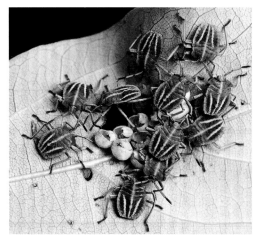

图 212-4    1 龄若虫（李琨渊 摄）

图 212-5    3 龄若虫
（李琨渊 摄）

图 212-6    老熟若虫
（李琨渊 摄）

**生物学特性：** 1 年 1 代，以成虫在树上浓郁的叶丛或老叶背面越冬。翌年 3 月、4 月开始活动，卵产于叶背。5 月、6 月若虫盛发为害。若虫历时约 2 个月，有假死习性，多数在 7 月间羽化为成虫，天寒后进入越冬期。如遇惊扰，常射出臭液自卫，沾及嫩梢、幼果局部会变焦褐色。

**丽盾蝽** *Chrysocoris grandis*（Thunberg）

**中文别名：** 苦楝椿象、大盾椿象。

**分类地位：** 半翅目 Hemiptera 盾蝽科 Scutelleridae 丽盾蝽属 *Chrysocoris*。

**分布：** 国外分布于日本、越南、印度、不丹、泰国、印度尼西亚等国；国内分布于福建、江西、广西、贵州、云南、香港、澳门、台湾等地；省内分布于广州、深圳、汕头、韶关、河源、惠州、东莞、中山、清远、潮州、云浮等地。

**寄主：** 樟树、油桐、油茶、木棉、润楠、瓜栗、银柴、土密树、番石榴、枇杷、苦楝等。

**危害状：** 以若虫及成虫群集刺吸叶片及花、果汁液，造成受害叶片出现斑点与萎蔫。

**形态特征：** 成虫体长 18~25mm，宽 8~12mm。椭圆形，通常体色乳白至黄褐，部分个体橘红色至紫红色，且体表有淡紫色闪光（见图 213-1、图 213-2）。头三角形基部与中叶黑色，中叶长于侧叶。触角黑色，

图 213-1    成虫（陆千乐 摄）

图 213-2    成虫（李琨渊 摄）

第2节甚短。喙黑，伸达腹部中央。前胸背板前半有1黑斑，小盾片基缘处黑色，前半中央有1黑斑，中央两侧各有1短黑横斑。前翅膜片稍长于腹末。足黑，胫节背面有纵沟。侧接缘黄黑相间。胸部下方、腹基部、每腹节下方的后半及第7腹板中央黑色。雌虫前胸背板前半中央的黑斑与头基部黑斑分离，而雄虫则此两斑互相连接。

**生物学特性：**广东以成虫在浓荫密蔽的树叶背面越冬，翌年3月、4月外出活动，取食寄主花序及嫩梢、叶片。多分散危害，越冬前后则较为集中。

紫蓝丽盾蝽 *Chrysocoris stolii*（Wolff）

**分类地位：**半翅目 Hemiptera 盾蝽科 Scutelleridae 丽盾蝽属 *Chrysocoris*。

**分布：**国外分布于越南、缅甸、印度、斯里兰卡等国；国内分布于福建、湖南、广西、四川、云南、西藏、甘肃、香港、澳门、台湾等地；省内分布于广州、深圳、韶关、河源、惠州、东莞等地。

**寄主：**木荷、茶树、木棉、桤木、算盘子属等。

**危害状：**以若虫及成虫刺吸叶片汁液，造成受害叶片出现斑点与萎蔫。

**形态特征：**成虫体长11~14.5mm，宽6~8mm。艳丽的紫蓝色、紫红色或蓝绿色，有强烈金属光泽，体色可随光线反射角不同而变化。头部金绿色，基部紫蓝更暗；复眼褐红，单眼玉红；中叶长于侧叶，侧缘在复眼之前内凹；触角黑色，第2节甚短，约为第3节的1/4~1/5，第3节稍扁，第4、5节更扁。前胸背板上有8块黑斑；小盾片宽大，完全覆盖腹部背面，其上有黑斑7个。各足基节及腿节褐黄色，胫节紫蓝色，亦有时全足蓝黑色。体下黄褐色或黄红色（见图214-1、图214-2）。若虫共5龄，5龄若虫金蓝绿色有金紫光泽，近于球形。触角4节全黑，复眼红褐色，内侧有暗蓝色圆斑。前胸背板前缘至小盾片末端有1中纵线。小盾片基角处各有2个黑色小斑，中央有1金蓝色椭圆斑，向小盾片末端渐细缩。翅芽中央靠外侧处各有1近三角形的蓝黑色版。足除基节和腿节基部外皆蓝绿具金属光泽，跗节黑。腹部第1、2节仅在小盾片与翅芽间隙处可见，第3节缩在第4节之下，只有褶皱可见，第4节呈哑铃状，其前缘盖住小盾片末端，第5、6两节显著而突出，为腹背面的主要部分；第8、9节腹板中央有蓝绿色横斑，每节侧缘区都有1金蓝色斑块。腹下黄褐色，腹板侧缘有半圆形黑斑。

图214-1 成虫背面观（陆千乐 摄）

图214-2 成虫侧面观（陆千乐 摄）

油茶宽盾蝽 *Poecilocoris latus* Dallas

**分类地位**：半翅目 Hemiptera 盾蝽科 Scutelleridae 宽盾蝽属 *Poecilocoris*。

**分布**：国外分布于印度、越南、缅甸等国；国内分布于浙江、福建、江西、湖南、广西、贵州、云南、香港、澳门、台湾等地；省内分布于广州、汕头、佛山、韶关、梅州、惠州、汕尾、湛江、茂名、肇庆、潮州、云浮等地。

**寄主**：茶、油茶等。

**危害状**：危害茶、油茶。成虫若虫在茶果上吸食汁液，影响果实发育，降低产量和出油率；此外，还由于吸食造成的伤口，不仅能诱发出油茶炭疽病，而且也会引起落果。

**形态特征**：成虫体长 16~20mm，宽 10.5~14mm。宽椭圆形，黄色、橙黄或黄褐色，具蓝或蓝黑色斑。头、触角蓝黑色。前胸背板有 4 块黑斑（前 2 块近圆形，后 2 块更大）。小盾片上有 7~8 块黑斑，排成 2 横列（基部 3~4 块：1~2 块在中央，较大，2 块在基角，稍小；近中部 4 块：2 块在中央，较大，2 块在侧缘，稍小），这些黑斑周围常具橙红色边。体腹面橙黄色，足蓝黑色（见图 215-1、图 215-2）。卵直径 1.8~2.0mm，近圆形，初产时淡黄绿色，数日后呈现 2 条紫色长斑，孵化前为橙黄色。若虫共 5 龄，1 龄长约 3mm，近圆形，橙黄色，具金属光泽。头及前、中胸背板深蓝色（2、3 龄同），复眼不突出，后胸背板宽于中胸背板（2 龄同）。腹部背面第 4、5 节及第 5、6 节之间各有 1 对臭腺孔，孔周围具有深蓝色大形斑（以后各龄同）。2 龄长约 5mm，椭圆形，橙黄色，复眼突出。3 龄长约 8mm，椭圆形，橙黄色，翅芽稍伸展。4 龄长约 11mm，宽椭圆形。橙黄色。翅芽伸过腹面背面第 2 节前缘，小盾片隐现。头、前胸背板中纵带及小盾片深蓝色（见图 215-3）。5 龄长约 15mm 左右，宽椭圆形，橙黄色。翅芽伸过腹部背面第 3 节前缘，小盾片显现。前胸背板橙黄色，翅芽及小盾片大部靛蓝色。

**生物学特性**：1 年 1 代，以末龄若虫在落叶下或土缝中越冬。越冬代若虫在翌年 4 月上旬开始活动取食，6 月上旬至 7 月中旬羽化，7 月中旬至 9 月下旬产卵，10 月上旬成虫全死。若虫于 7 月下旬至 9 月下旬孵化，10 月下旬至 11 月中旬越冬。各态历期较稳定，卵期为 7~10 天，若虫期约 7 个月，产卵前期 51~57 天，成虫寿命 2 个月或再长些。卵产在叶背，聚生平铺，每处 10~15 粒。多为 14 粒。若虫初孵是群集叶片表面，3 龄起分散于叶背及果、枝上。成虫喜栖于较郁闭的树丛中。

图 215-1　成虫（郭健玲 摄）

图 215-2　成虫（侯清柏 摄）

图 215-3　4 龄若虫
（李琨渊 摄）

红带滑胸针蓟马 *Selenothrips rubrocinctus*（Giard）

**中文别名**：红带网纹蓟马、荔枝网纹蓟马、红腰带蓟马、红带月蓟马。

**分类地位**：缨翅目 Thysanoptera 蓟马科 Thripidae 滑胸针蓟马属 *Selenothrips*。

**寄主**：秋枫、杧果、乌桕、珊瑚树、高山杜鹃、海棠、蔷薇、板栗、梧桐、荔枝、龙眼、枫香、悬铃木、油桐、金合欢等。

**分布**：国外分布于印度等地；国内分布于浙江、江西、湖南、四川、贵州、云南、香港、澳门、台湾等地；省内分布于广州、佛山、江门等地。

**危害状**：刺吸式口器的取食，叶绿素被破坏，叶片变灰白色。被害树叶出现成片白色斑点，并间有黑褐色块状排泄物，嫩叶受害则萎蔫卷曲，影响生长（见图216-1）。

**形态特征**：雌成虫体长 1.0~1.4mm，黑色。体表密布网状花纹。头矩形。复眼黑色，大而突出；3个单眼呈等腰三角形排列于两复眼间。触角8节，第1~6节的中部环生刚毛，第4、5节还生有"U"形或锥形感觉器。前胸矩形，中、后胸愈合，背中央有1个倒三角形背板。翅灰色，缘毛极长。前翅上脉鬃11条，下脉鬃8~9条。足短，除胫节端半部及跗节为淡褐色外，其余为黑褐色。跗节1节，末端有透明的泡。腹部10节。第8节后缘有1列栉状毛。雄虫与雌虫的主要区别在于体形稍小，腹部瘦长，末端呈三叉状突出（见图216-2）。卵圆形，略向一侧弯曲，白色透明，长约0.2mm，宽约0.1mm。预蛹形似老熟若虫，触角前伸，翅芽伸达腹部第2节。腹部第1、2节及末节红色，腹末的长刚毛消失。蛹和预蛹不同者为触角弯向背面，伸达前胸后缘，翅芽伸达腹部第5节。

**生物学特性**：1年可发生6~8代。以成虫越冬。翌年5月越冬成虫飞到叶背面取食，产卵。卵产于叶肉中，并分泌褐色水状物盖于其上，干涸后呈铁锈色鳞片状，并稍隆起。室温24℃时卵期14天；28℃时10~12天；20.6℃时21~23天。初孵若虫白色，经1天后腹基部出现红带，尾部上举，把褐色排泄物拖举于尾端6根刚毛之中（见图216-3）。体色渐趋橙黄色。老熟若虫脱皮变预蛹，在脱皮变蛹。室温29.2℃时若虫期5~8天，预蛹1~2天，蛹期1.5~2天。6~9月完成1代需20~30天。7~9天雌虫寿命平均18.8天；雄虫平均16.4天。每雌产卵平均54.8粒。6~10月种群数量不断上升，9~10月为迅速增殖期，也是危害最严重的时期，导致叶色变褐且脆，严重者早期落叶。

图216-1 红带滑胸针蓟马危害状　　　图216-2 成虫　　　图216-3 若虫（杨晓 摄）
（颜正 摄）　　　　　　　　　　　（李琨渊 摄）

榕管蓟马 *Gynaikothrips uzeli*（Zierman）

分类地位：缨翅目 Thysanoptera 管蓟马科 Phlaeothripidae 母管蓟马属 *Gynaikothrips*。

分布：国外分布于日本、印度、印度尼西亚、西班牙、墨西哥、埃及、阿尔及利亚等地；国内分布于河北、内蒙古、辽宁、黑龙江、上海、福建、江西、山东、河南、广西、海南、贵州、香港、澳门、台湾等地；省内广泛分布。

寄主：主要取食垂叶榕，也可取食细叶榕。

危害状：主要为害嫩叶、当年生的老叶。成虫、若虫锉吸嫩芽、叶片，致使芽梢凋萎，形成红褐色斑点，受害叶片变脆并折成饺子状虫瘿（见图217-1）。

图217-1　榕管蓟马危害状（李琨渊 摄）

形态特征：雌成虫体长2.6mm，雄成虫2.2mm。头部黑色。触角8节，第1、2节棕黑色，第3~6节基半部黄色，第7、8节色较暗。头长大于宽度，且大于前胸长。翅透明，前翅边缘直不在中部收缩。前足腿节膨大。前足胫节、中足和后足胫节端部及附节均黄色。产卵管锯状。卵椭圆形，白色透明，长约0.02mm（见图217-2）。若虫共4龄。1龄虫体长约0.2mm，2龄虫体长约0.3mm，3~5龄虫体长为0.6~0.7mm（见图217-3）。

生物学特性：1年8~9代。越冬成虫于3月上旬榕树新叶长出时转叶危害，形成虫瘿，3月下旬越冬成虫于虫瘿内产卵，4月上旬第1代卵开始孵化，世代历期30天左右，4月下旬第2代卵出现，至5月中旬老叶上的成虫全部转移到新叶上；每年5月份为害严重，有世代重叠现象。雌成虫羽化后7天开始分批产卵。卵多产于成虫形成的饺子状虫瘿内。有的成虫出虫瘿将卵产于树皮裂缝内。

图217-2　成虫及卵
（李琨渊 摄）

图217-3　若虫（张世军 摄）

嘴壶夜蛾 *Oraesia emarginata*（Fabricius）

**分类地位：**鳞翅目 Lepidoptera 夜蛾科 Noctuidae 嘴壶夜蛾属 *Oraesia*。

**分布：**国外分布于亚洲、非洲、美洲、大洋洲许多国家和地区；国内分布于北京、天津、河北、山西、内蒙古、辽宁、吉林、黑龙江、江苏、浙江、福建、山东、湖南、湖北、广西、海南、四川、云南、香港、台湾等地；省内分布于广州、深圳等地。

**寄主：**成虫危害柑橘果实，另外取食枇杷、杨梅、桃、杏等植物的果实，幼虫以防己科等植物为寄主。

**危害状：**成虫吸取汁液，造成大量落果及烂果。

**形态特征：**翅展 34~40mm，雌蛾触角丝状，雄蛾触角栉状；前翅棕褐色，基线、内线及中线黑棕色，基线、内线波浪状，肾纹不明显，外线暗褐色，在 $M_1$ 脉弯曲，亚端线暗褐色锯齿形内斜，后翅灰褐色，端区与翅脉暗褐色（见图 218-1）。卵扁球形，顶端隆起，有纵棱 20 余条直达底部，中部分叉，纵棱间有模格。1 龄幼虫为半透明，体表各节有多个黑色毛点。3 龄幼虫黑色，腹部各节亚背线处均有 1 个大黄斑。老熟时长 30~52mm。全体黑色，各体节有 1 大黄斑和数目不等的小黄斑组成亚背线，另有不连续的小黄斑及黄点组成的气门上线（见图 218-2）。

**生物学特性：**在广州 1 年 5~6 代，无真正的越冬期。林间发生极不整齐，幼虫全年可见，但以 9~10 月发生量较多。成虫略具假死性，对光和芳香味有显著趋性。白天分散在杂草、间作物、篱笆、墙洞和树干等处潜伏，夜间进行取食和产卵等活动。幼虫的寄主有木防己和汉防己。幼虫老熟后在枝叶间吐丝黏合叶片化蛹。成虫为害果实的时期主要受果实成熟度和温度的影响，果实要有一定的成熟度才会受害，温度在 16℃以上时为害严重，13℃时显著减少，10℃时就难以发现。常年开始为害柑橘果实的时间各地稍有不同，在浙江黄岩为 8 月下旬，广州为 9 月上旬，四川为 9 月下旬。为害的高峰期基本上都在 10 月上旬至 11 月上旬，以后随着温度的下降和果实的采摘，为害减少和终止。成虫为害果实时以尖锐的口器刺入果皮，吸取果汁。以早熟和薄皮品种（如温州蜜柑、甜橙、本地早等）受害严重。被害果实外观有针头状大小的刺孔，然后果实逐渐腐烂或略有凹陷呈黑色干腐。

图 218-1 成虫（李琨渊 摄）

图 218-2 幼虫（李琨渊 摄）

艳叶夜蛾 *Eudocima salaminia* Cramer

**分类地位：** 鳞翅目 Lepidoptera 夜蛾科 Noctuidae 艳叶夜蛾属 *Eudocima*。

**分布：** 国内分布于北京、天津、河北、山西、内蒙古、辽宁、吉林、黑龙江、江苏、浙江、福建、江西、湖北、湖南、广西、四川、云南、香港、澳门、台湾等地；省内广泛分布。

**寄主：** 成虫取食葡萄、枇杷、杨梅、番茄、梨、桃、杏、柿等植物的果实。幼虫主要以千金藤等防己科植物为寄主。

**危害状：** 成虫吸食果实汁液，尤其近成熟或成熟果实。

**形态特征：** 翅展 76~80mm，前翅顶角中央至翅后缘基部为一斜行分界线，线前内方白色，布有暗棕色细纹，近翅外缘有一内斜分界线，线外方白色，布有暗棕色细纹，其余部分金绿色，前缘脉附近有绿色，翅脉纹紫红色，亚中褶有一紫红色纵纹，臀角后凸，其内侧的翅后缘稍凹；后翅橘黄色，端区有一黑带，前宽后窄，自前缘至 $Cu_{A1}$ 脉，其内缘微曲，外区臀脉和肘脉之间有一肾形黑斑，其外缘中凹，缘毛在 $Cu_{A1}$ 脉之前黑白相间（见图 219-1）。老熟时体长约 50mm，体宽约 7mm。胸足 3 对，腹足 4 对，尾足 1 对，头部及身体均为棕色，腹足和胸足为黑色，第 1 对腹足退化，外形很小（见图 219-2）。

图 219-1　成虫（李琨渊 摄）

图 219-2　幼虫（李琨渊 摄）

柑橘小实蝇 *Bactrocera dorsalis*（Hendel）

**中文别名：** 果蛆、东方果实蝇、黄苍蝇。

**分类地位：** 双翅目 Diptera 实蝇科 Tephritidae 果实蝇属 *Bactrocera*。

**分布：** 从非洲跨越亚洲直到太平洋地区都有分布，广泛分布于印度和东南亚地区。2007 年被列入我国进境检疫性有害生物。国内分布于上海、江苏、浙江、安徽、福建、江西、湖南、广西、海南、四川、云南、香港、澳门、台湾等地；省内广泛分布。

**寄主：** 柑橘、橙、杧果、桃、梨、木瓜、番石榴、阳桃、三华李等。

**危害状：** 主要以幼虫为害作物果实，形成蛆柑，造成腐烂，引起果实早期脱落。

**形态特征：** 成虫头黄色或黄褐色，中颜板具圆形黑色颜面板 1 对，中胸背板大部黑色，缝后黄色侧纵条 1 对，伸达内后翅上鬃之后；肩胛、背侧胛完全黄色。小盾片除基部一黑色狭缝带外，余均黄色。头、胸部鬃序：侧额鬃为 1：2，颊鬃、内顶鬃、外顶鬃、中侧鬃、前翅上鬃、小盾前鬃及小盾鬃各 1 对，肩板鬃、背侧鬃、后翅上鬃各 2 对。翅前缘带褐色，伸达翅尖，较狭窄，其宽度不超过 $R_{2+3}$ 脉；臀条褐色，不达后缘。

足大部分黄色，后胫节通常为褐色至黑色，中足胫节具一红褐色端距。腹部棕黄色至锈褐色。第2背板的前缘有一黑色狭纵色，自第3背板的前缘直达腹部末端。组成"T"形斑。第5背板具腺斑1对。雄虫第3背板具栉毛。雌虫 产卵管基节棕黄色，其长度略短于第5背板。卵乳白色，菱形，长约1mm，宽约0.1mm，精孔一端稍尖，尾端较钝圆（见图220-1）。3龄老熟幼虫长7~11mm，头咽骨黑色，前气门具9~10个指状突，肛门隆起明显突出，全部伸到侧区的下缘，形成一个长椭圆形的后端（见图220-2）。蛹椭圆形，长4~5mm，宽1.5~2.5mm，淡黄色。初化蛹时呈乳白色，逐渐变为淡黄色，羽化时呈棕黄色。前端有气门残留的突起，后端气门处稍收缩。

生物学特性：1年3~5代，在有明显冬季的地区，以蛹越冬，而在冬季较暖和的地区则无严格越冬过程，冬季也有活动。生活史不整齐，各虫态常同时存在。广东全年均有成虫出现，5~10月发生量大。柑橘园如不留夏花果和夏橙成熟果，附近也无杧果、桃、梨、木瓜、番石榴等果树时，在果实着色前柑橘园内小实蝇成虫不会太多，但柑橘果实着色时便大量飞来柑橘园产卵。产卵前期需取食蚧、蚜、粉虱等害虫的 排泄物以补充蛋白质，才能使卵巢发育成熟。成虫可多次交尾，多次产卵。卵产于果实的瓢瓣与果皮之间，喜在成熟果实上产卵。果实上的产卵孔针头大小，常有胶状液排出，凝成乳状突起。用1%的红色素、伊红、甲基绿可将产卵痕染色。在卵未孵化即采摘的橘果上，产卵孔常呈褐色的小斑点，继而变成灰褐色、黄褐色的圆纹。卵孵化后则呈灰色或红褐色的斑点，内部果肉腐烂。幼虫群集于果实中吸食瓢瓣中的汁液，被害果外表虽色泽尚鲜，但瓢瓣干瘪收缩，呈灰褐色，常未熟先落。幼虫老熟时穿孔而出，脱果后边跳边转移，然后入疏松表土化蛹。适应当地寄主能力强。其天敌有实蝇茧蜂、跳小蜂、金小蜂和多种蚂蚁。

图220-1　成虫（陈刘生 摄）

图220-2　幼虫（李琨渊 摄）

中国荔枝瘿蚊 *Litchiomyia chinensis* Yang et Luo，1999

分类地位：双翅目 Diptera 瘿蚊科 Cecidomyiidae 荔枝瘿蚊属 *Litchiomyia*。

分布：国外入侵到大洋洲；国内分布于广西、海南、香港、台湾等地；省内在荔枝产区普遍分布。

寄主：荔枝。

危害状：以幼虫危害荔枝叶片，初期被害叶片形成疱状突起的虫瘿，后期叶片穿孔、脱落，降低光合作用效能，影响幼龄树生长和成龄树结果，造成大害（见图221-1）。

形态特征：成虫体长 1.5~2.5mm，橙红色密生黑色微毛。触角长 0.6~1.4mm，13 节，雄虫亚鞭节具长颈，雌虫的亚鞭节的颈极短。雄虫尾器发达，骨化，呈钳状；雌虫产卵器短，有 2 对长的刚毛（见图 221-2）。卵微小，淡黄色，透明，镶嵌于嫩叶表面。幼虫蛆式，13 节，低龄时白色，高龄时橙红色，体长 1.3~2.5mm，胸骨片 Y 形，红褐色。蛹为被蛹，圆筒形，长 1.8~2.0mm，初期橙红色，后期红棕色，复眼、翅芽、触角、足均黑色；部分蛹具薄茧。

生物学特性：1 年 6 代，以幼虫在叶片的虫瘿内越冬。2 月中下旬在瘿内发育至高龄的幼虫开始离瘿坠地入土化蛹。3 月中下旬始见越冬代成虫羽化出土。由于越冬代幼虫发育的时间参差不齐，所以以幼虫坠地及成虫羽化的时间延续很长。广东每年 3 月中旬和 4 月中旬分别为越冬幼虫坠地的两个高峰期，而 4 月上中旬和 5 月上旬则为越冬代成虫羽化的两个高峰期。成虫寿命仅 1~2 天，交尾后的雌虫多选择长 1.5~2.5 cm 的古铜色荔枝嫩叶背面产卵，卵散产，同一叶片有可能受多头雌虫的多次产卵，故一片小叶上通常可见几粒到 100 多粒卵。卵期 2~4 天。幼虫孵出后即侵入叶肉。叶片受害部位初见针头褐色小点，周围呈黄绿色的水渍状晕斑。随着幼虫发育，受害的叶片组织因受刺激增长而逐渐向两面隆起形成小疱状突起的虫瘿。瘿内幼虫经 14~39 天发育至老熟后自行钻孔弹跳坠地入土，入土深度仅 1~3 cm。春天，入土幼虫 9~11 天化蛹，蛹期 11~14 天。

图 221-1　中国荔枝瘿蚊危害状（李琨渊 摄）

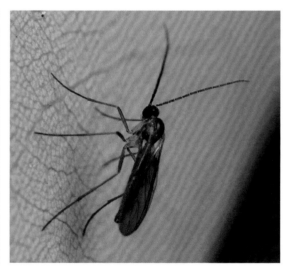
图 221-2　成虫（李琨渊 摄）

栗瘿蜂 *Dryocosmus kuriphilus* Yasumatsu

分类地位：膜翅目 Hymenoptera 瘿蜂科 Cynipidae 树瘿蜂属 *Dryocosmus*。

分布：国外分布于日本；国内分布于各板栗产区。

寄主：板栗、锥栗、茅栗。

危害状：幼虫危害芽和叶片，膨大形成各种各样的虫瘿。虫瘿呈球形或不规则形，在虫瘿上有时长出畸形小叶。在叶片主脉上形成的虫瘿称为叶瘿，瘿形较扁平。春季影响新梢生长和开花结实，虫瘿呈绿色或紫红色，到秋季变成枯黄色，每个虫瘿上留下一个或数个圆形出蜂孔。自然干枯的虫瘿在一两年内不脱落。栗树受害严重时，虫瘿比比皆是，很少长出新梢，不能结实，树势衰弱，枝条枯死（见图 222-1、图 222-2）。

形态特征：成虫体长 2.5~3.0mm。体黄褐色至黑褐色，有金属光泽。头横阔，与胸幅等宽。胸部膨大、黑色，前胸背板有 4 条纵隆起线。前后翅透明，前翅脉黑色。腹部侧扁形，黑褐色。雌虫腹部下面近尾端有黑色产卵管，管端与尾端齐。足 3 对，褐色（见图 222-3）。卵椭圆形，乳白色，表面光滑。长 0.1~0.2mm，一端有细柄，呈丝状，长约 0.6mm。幼虫老熟时体长 2.5~3.0mm，并变为黑色。幼龄时乳白色，无足，全身光滑，两端略尖，口器淡棕色（见图 222-4）。蛹离蛹，体长 2.5~3.0mm。初为白色，渐变黄，羽化时为黑褐色。复眼红色，羽化前变为黑色。

生物学特性：1 年 1 代，以初孵幼虫在被害芽内越冬。翌年栗芽萌动时开始取食为害，被害芽不能长出枝条而逐渐膨大形成坚硬的木质化虫瘿。1 个虫瘿内一般有幼虫 1 头，也有 2~3 头，但均隔离寄居，1 虫 1 室。成虫多在 12：00~18：00 羽化，出瘿后即可产卵，营孤雌生殖。成虫白天活动，飞行力弱，喜欢在枝条顶端的饱满芽上产卵，一般从顶芽开始，向下可连续产卵 5~6 个芽。每个芽内产卵 1~10 粒，一般为 2~3 粒。卵期 15 天左右。于 9 月中旬开始进入越冬状态。各虫态发育很不整齐，从 6 月~9 月常见到成虫、卵、幼虫、蛹各个虫态。在广东中部，翌年 3 月底或 4 月初在新梢枝叶上长出小型瘿瘤；5 月上旬至 6 月下旬幼虫在瘿瘤内化蛹，5 月下旬为成虫羽化盛期；幼虫孵化后在芽内为害一段时间，至 9 月下旬开始越冬。此虫在阴坡、纯林、密林内发生比较严重，大树较小树严重，树冠下部较中、上部严重。

图 222-1　板栗芽受害状
（陈炳旭 摄）

图 222-2　板栗枝受害状（陈炳旭 摄）

图 222-3　成虫（陈炳旭 摄）

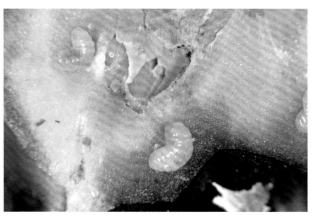

图 222-4　幼虫（陈炳旭 摄）

刺桐姬小蜂 *Quadrastichus erythrinae* Kim

**中文别名**：刺桐釉小蜂。

**分类地位**：膜翅目 Hymenoptera 姬小蜂科 Eulophidae 胯姬小蜂属 *Quadrastichus*。

**分布**：属外来林业害虫。国外分布于新加坡、留尼汪岛、毛里求斯、美国、印度、泰国、日本、塞舌尔、越南、菲律宾、马来西亚等地；国内分布于福建、广西、海南、香港、澳门、台湾等地；省内分布于刺桐属植物种植区。

**寄主**：刺桐、鸡冠刺桐、龙牙花（珊瑚刺桐）、鹦哥花、金脉刺桐、毛刺桐、马提罗亚刺桐等。

**危害状**：受害植株的嫩枝、叶柄、嫩芽、花蕾出现肿大、畸形、坏死、虫瘿等，严重时引起植物大量落叶，植株死亡（见图 223-1）。

**形态特征**：雌成虫体较雄成虫大，体长 1.5~1.6mm，黑褐色，间有黄色斑。单眼 3 个，红色，略呈三角形排列。复眼棕红色，近圆形。触角浅棕色，柄节柱状，高超过头顶；梗节长约为宽的 1.3~1.6 倍；环状节 1 节；索节 3 节，各节大小相等，侧面观每节具 1~2 根长与索节相近的感觉器，每根感觉器与下一索节相接；棒节 3 节，较索节粗，长度与第 2、3 索节之和相等，第 1 棒节长宽相当，第 2 棒节横宽，第 3 棒节收缩呈圆锥状，末端具 1 乳头状突。前胸背板黑褐色，有 3~5 根短刚毛，中间具一凹形浅黄色横斑。小盾片棕黄色，具 2 对刚毛，少数 3 对，中间有 2 条浅黄色纵线。翅无色透明，翅面纤毛黑褐色，翅脉褐色，亚前缘带基部到中部具刚毛 1 根，翅室无刚毛，后缘脉几乎退化，前缘脉：痣脉：后缘脉为 3.9~4.1 : 2.8~3.1 : 0.1~0.3。腹部背面第 1 节浅黄色，第 2 节浅黄色斑从两侧斜向中线，止于第 4 节。前、后足基节黄色，中足基节浅白色，腿节棕色。雄成虫体长 1.0~1.15mm，头和触角浅黄白色，头部具 3 个红色单眼，略呈三角形排列。复眼棕红色，近圆形。触角柄节柱状，高超过头顶；梗节长约为宽的 1.5 倍；索节 4 节，第 1 节小于其他各节，无轮生刚毛；棒节 3 节，较索节粗，长度与第 2、3 索节之和相等，第 1 棒节长宽相当，第 2 棒节横宽，第 3 棒节收缩呈圆锥状，末端具 1 乳头状突。前胸背板中部有浅黄白色斑。小盾片浅黄色，中间有 2 条浅黄白色纵线。腹部上半部浅黄色，背面第 1、2 节浅黄白色。足全部黄白色。

**生物学特性**：成虫产卵于刺桐嫩叶和叶柄组织内，幼虫在植物组织内生长发育，植物组织因受到幼虫唾液分泌物刺激而增生，呈水泡状膨大，并在叶片背面和叶柄形成瘤状虫瘿（见图 223-2）。该虫繁

图 223-1 危害状及羽化孔（黄焕华 摄）

图 223-2 瘿及成虫（黄焕华 摄）

殖能力强，成虫羽化不久即能交配，雌虫产卵前先用产卵器刺破寄主表皮，将卵产于寄主新叶、叶柄、嫩枝或幼芽表皮组织内，幼虫孵出后取食叶肉组织，叶片上大多数虫瘿内只有 1 头幼虫，少数虫瘿内有 2 头幼虫；茎、叶柄和新枝组织内幼虫数量可达 5 头以上。幼虫在虫瘿内完成发育并在其内化蛹，成虫从羽化孔内爬出。该虫生活周期短，1 个世代大约 1 个月，1 年可发生多个世代，世代重叠严重。

**桉树枝瘿姬小蜂** *Leptocybe invasa* Fisher et LaSalle

**分类地位**：膜翅目 Hymenoptera 姬小蜂科 Eulophidae 枝瘿姬小蜂属 *Leptocybe*。

**分布**：2000 年首次被记述于中东地区。国外分布于欧洲、非洲、亚洲和大洋洲等 25 个国家；国内已分布于江西、湖南、广西、海南、四川、云南等地；省内仍分布于桉树种植区。属外来林业害虫。

**寄主**：桉属树种。

**危害状**：主要危害桉树苗木及幼林，感虫树种典型的受害状是在嫩枝、叶柄、叶片主脉可形成虫瘿，部分桉树无性系的嫩梢形成丛枝状（花序状）（见图 224-1、图 224-2）。受害严重的幼苗不能正常生长，甚至枯死，幼林无法成林或生长迟缓。桉树的抗虫性分化极大，高抗品种基本不受害。

**形态特征**：雌成虫体长 1.2~1.4mm；体褐色带蓝绿色金属光泽；头扁平，复眼暗红色；各足腿节和跗节黄色；触角柄节黄色，顶端黑色，索节褐色，棒节褐色，索节 3 节，棒节 3 节。翅透明，脉淡褐色；单眼 3 个。前胸背板短，并胸腹节长。产卵器鞘没有延伸至腹部末。雄成虫体长 0.9~1.2mm；体色似雌虫。足浅黄色，具金属光泽；触角黄色，索节 4 节，棒节 3 节；翅透明，脉黄色；胸部与腹部等长（见图 224-3）。卵乳白色，棒状，由卵体和卵柄 2 部分组成，卵柄略呈弓形弯曲。卵长为 0.3~0.6mm。幼虫蛆形且近球形。乳白色，体略透明。老熟幼虫体长 0.5~0.8mm（见图 224-4）。蛹为离蛹，卷曲呈近球形。初化蛹体透明，后逐渐加深，老熟时体色与成虫相近。蛹体长为 1.5~0.6mm（见图 224-5）。

**生物学特性**：在广州 1 年可发生 4 代且世代重叠严重。以成虫在虫瘿内越冬，翌年 2~3 月始羽化。在人工饲养条件下，平均 132.6 天完成 1 个世代，雌性成虫平均寿命 6.5 天。该虫孤雌生殖，繁殖力强，种群密度大，既可以随风飘散、成虫迁飞进行自然传播，也可通过寄主植物上的卵或虫瘿里的卵、幼虫或蛹进行远距离调运传播。由于该虫适应能力强，发育适宜温度范围较广，因而侵入新地区时较易建立种群和定居。

图 224-1　虫瘿状（黄焕华 摄）

图 224-2　丛枝状（黄焕华 摄）

图224-3　成虫（黄焕华 摄）

图224-4　幼虫（黄焕华 摄）

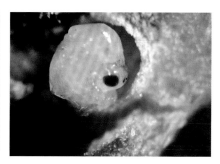
图224-5　蛹（贾薪玉 摄）

## 2.3　钻蛀性害虫

钻蛀性害虫是指蛀干、蛀茎、蛀梢以及蛀蕾、花、果、种子等的害虫，其对林木的生长发育造成较大程度的危害，可导致单株以至成片林木枯死。部分钻蛀性害虫为次期性害虫，危害树势衰弱或濒临死亡的林木，以幼虫钻蛀树干、枝条，被称为心腹之患。

常见的钻蛀性害虫有：鞘翅目的天牛类、象甲类、吉丁虫类、小蠹类，鳞翅目的蝙蝠蛾类、织蛾类、卷蛾类、木蠹蛾类、螟蛾类等。

### 日本松脊吉丁 *Chalcophora japonica* Gory

**别名：**日本吉丁虫。

**分类地位：**鞘翅目 Coleoptera 吉丁虫科 Buprestidae 脊吉丁属 *Chalcophora*。

图225　成虫（赵丹阳 摄）

**分布：**国外分布于朝鲜、日本等国；国内分布于福建、江西、湖南、重庆、云南等地；省内广泛分布。

**寄主：**马尾松。

**危害状：**幼虫蛀害马尾松衰弱木、伐根及伐倒木，也能侵害活立木，在边材和心材纵向钻蛀虫道，影响材质。

**形态特征：**成虫纺锤形，体长30~40mm；全体赤铜色至金铜色，新鲜个体全面覆盖黄灰色粉状物。前胸背板、鞘翅上的纵隆线（4条）铜黑色，其间具粗大刻点，两后缘角有不定形凹陷。通常缺小盾片（见图225）。老熟幼虫长47mm，黄白色，前胸背、腹板两面均骨化呈盾状，并具粗糙颗粒。

**生物学特性：**在广州1年1代，以幼虫在蛀道中越冬，成虫4~10月皆可见。成虫白天活动，飞翔能力强，喜欢阳光，通常栖息在树干的向阳部分。

### 松丽叩甲 *Campsosternus auratus*（Drury）

**别名：**丽叩甲。

**分类地位：**鞘翅目 Coleoptera 叩甲科 Elateridae 丽叩甲属 *Campsosternus*。

**分布**：国外分布于越南、老挝、柬埔寨、日本等国；国内分布于浙江、福建、江西、湖北、广西、海南、四川、贵州、云南、海南、台湾等地；省内广泛分布。

**寄主**：马尾松、杉木、香榧。

**危害状**：幼虫钻蛀松树树干，也为害刚发芽的种子或刚出土的幼苗根和嫩茎。

**形态特征**：成虫体长 36~44mm，体色深绿色、绿褐色、蓝绿色不等，具明显的金属光泽；前胸背板和鞘翅周缘具有金色和紫铜色闪光；触角和跗节黑色；爪暗栗色。头宽，额向前呈三角形凹陷，两侧高凸，凹陷内刻点粗密，向后渐疏（见图 226）。

图 226　成虫（赵丹阳 摄）

双钩异翅长蠹 *Heterobostrychus aequalis*（Waterhouse）

**别名**：细长蠹虫。

**分类地位**：鞘翅目 Coleoptera 长蠹科 Eostrychidae 异翅长蠹属 *Heterobostrychus*。

**分布**：外来林业有害生物。原产东南亚，国外分布于印度、印度尼西亚、马来西亚、泰国、斯里兰卡、越南、以色列、缅甸、菲律宾、日本、巴布亚新几内亚、美国、古巴、苏里南、马达加斯加等国；国内分布于江西、广西、海南、云南、香港、台湾等地；省内分布于广州、惠州、东莞等地。

**寄主**：合欢、凤凰木、海南苹婆、杧果、黄檀、柚木、榄仁、黄牛木、橄榄属、木棉属。

**危害状**：既可危害活立木，也可危害木材及制品。受害寄主（木制品）外表虫孔密布，内部蛀道交错，严重的几乎全部蛀成粉状，一触即破，完全丧失使用价值。

**形态特征**：成虫圆柱形，赤褐色；雌虫体长 6~9mm，宽 2~3mm；雄虫体长 7~9mm，宽约 3mm。头部具细粒状突起，头背中央具 1 条纵向脊线；触角 10 节，柄节粗壮；前胸背板两侧各有 1 个较大的齿状突起；小盾片四边形，微隆起。鞘翅刻点清晰，条状排列，两侧缘自基缘向后延伸至后部 1/4 处急剧收尾呈明显斜面；雄虫斜面两侧有 2 对钩状突起，上面的 1 对较大，向上并向中线弯曲呈强钩状，下面 1 对较小，仅略隆起；雌虫两侧的突起无尖钩形成（见图 227）。卵乳白色，长约 1mm，宽 0.2mm，似米粒，前方突尖。幼虫乳白色，老熟幼虫长 8~10mm，宽约 4mm，肥胖，多褶皱，12 节。背面中央有 1 条白色中线穿越整个头背，胸部特别粗大，胸部正面轮廓似一支钉，侧轮廓似茶匙。蛹长 7~10mm，前蛹期乳白色，可见触角轮廓，锤状部 3 节明显，中胸背中央明显具 1 个瘤突；后蛹期体浅黄色，触角可见柄节和鞭节 6

节及锤状部 3 节，成虫轮廓基本可见。

生物学特性：该虫寄主广，钻蛀能力强，食性杂，甚至可蛀穿玻璃密封胶。广东 1 年 2~3 代，以老熟幼虫或成虫在寄主内越冬，翌年 3 月中、下旬化蛹，蛹期 9~12 天，3 月下旬至 4 月下旬为羽化盛期。当年第 1 代成虫最早在 6 月下旬至 7 月上旬出现，需 100 天左右。第 2 成虫羽化期最早在 10 月上、中旬，其中部分幼虫期延长，以老熟幼虫越冬，最后一批成虫期延至 3 月中、下旬，和第 3 代（越冬代）成虫期重叠。第 3 代自 10 月上旬以幼虫越冬，至翌年 3 月中旬化蛹，下旬羽化，其中部分幼虫延迟至 4~5 月化蛹，成虫期和第 1 代重叠。成虫期正常寿命 2 个月左右，越冬代寿命可达 5 个月。成虫喜在傍晚至夜间活动，具弱趋光性和较强的飞行能力。雌虫不做母坑道，卵散产，产卵量 25~37 粒，卵期 10~15 天。初孵幼虫在树木导管内取食，由树皮到边材，形成和导管平行的子坑道，弯曲并互相交错。幼虫的排泄物及蛀屑不排出坑道外；幼虫期 2 个月左右。

图 227　成虫（林伟 摄）

二突异翅长蠹 *Heterobostrychus hamatipennis*（Lesne）

分类地位：鞘翅目 Coleoptera 长蠹科 Eostrychidae 异翅长蠹属 *Heterobostrychus*。

分布：检疫性有害生物。国外分布于亚洲的印度、不丹、斯里兰卡、越南、缅甸、老挝、马来西亚、印度尼西亚、菲律宾、泰国、日本、韩国，非洲的马达加斯加、毛里求斯、科摩罗，大洋洲的密克罗尼西亚，以及北美洲的美国夏威夷州和佛罗里达州；国内分布于浙江、安徽、江西、福建、广东、广西、云南、四川、贵州、河南、山东、辽宁、台湾等地；省内分布于东莞等地。

寄主：杞柳、合欢、橡胶树、木棉、杧果、桑、紫檀、橄榄、柚木、竹等。

危害状：以成虫、若虫在长势衰弱的枝干或原木上钻蛀为害。害虫蛀入后在枝条内形成纵形和环形 2 种虫道，阻碍水分、养分的输送，影响正常生长，导致枝条极易折断甚至枯死（见图 228-1）。

形态特征：成虫赤褐色至黑褐色，圆筒形，体表被黄褐色贴伏短柔毛；前胸背板发达，前缘呈弧状凹入，覆盖住头部，前缘两侧倒向着生 5~6 个齿锯齿状突起，中间齿较小；后半部密布颗粒状突起。鞘翅肩角明显，两侧缘自基缘向后渐扩展，至翅前 2/5 处向后略平行延伸，然后急剧收尾，尾端圆；雄虫鞘翅斜面仅有 1 对略向内弯的钩形突，端钝，齿向后略平行延伸；雌虫的钩形突较短且稍内弯（见图 228-2、图 228-3）。卵椭圆形，略扁，表面光滑，有光泽；初产乳白色，近孵化时淡黄色。老龄幼虫乳白色至淡黄色，蛴螬型，体肥厚而圆润。蛹初期乳白色，后变暗红色至黑色；腹部末节狭小，末端呈半圆形突出。

生物学特性：在江浙、安徽及四川等地区一年发生 1~2 代，以老熟幼虫在枝条及木材蛀道内越冬。成虫可耐高温和干旱环境，常于傍晚至夜间钻出蛀孔转移寄主为害，稍有趋光性，具较强的飞行能力，钻蛀性强，多在 2 级及以上分枝的叶痕和枝杈处为害，并由枝条上部开始向下为害，被害枝条表面可见明显的圆形蛀孔，直径 5mm 左右。

图 228-1　受害状
（黄焕华 摄）

图 228-2　雌成虫
（黄焕华 摄）

图 228-3　雄成虫（黄少彬 摄）

**小圆胸小蠹** *Euwallacea fornicatus*（Eichhoff）

别名：茶材小蠹、茶枝小蠹。

分类地位：鞘翅目 Coleoptera 象虫科 Curculionidae 方胸小蠹属 *Euwallacea*。

分布：东南亚的本地种，也是一种国际性的重大林木害虫。国外分布于东南亚、非洲、美洲、大洋洲等等地；我国分布于广西、海南、四川、云南、台湾等地；省内主要分布于广州以南的荔枝、龙眼产地。

寄主：荔枝、龙眼、三角枫、茶树、铁刀木、法国梧桐以及合欢属、樟属、杨属、栎属、柳属等林木。

危害状：成、幼虫在长势差的寄主植物上钻蛀为害，形成直径 2mm 的小圆孔，孔口处常有细碎木屑，湿度大时，孔口四周有水渍。蛀道多成环状坑道，影响养分运输，使树势削弱，受害重时寄主植物成片毁灭（见图 229-1）。

形态特征：雌成虫黑褐色，体长 2.0~2.8mm，体长约为体宽的 2 倍。触角 5 节，棒状短缩。背板前半部强烈弓曲，背板分布在瘤区；背面观鞘翅两侧缘直线后伸。鞘翅表面覆有茸毛，排列成纵列。雄成虫黄褐色，体长 1.5~1.67mm。前胸背板长小于宽。背面观鞘翅基缘横直，轮廓为钝圆形。翅长度为前胸背板长度的 1.6 倍，为两翅合宽的 1.3 倍，鞘翅表面由基部至端部一直下倾（见图 229-2）。卵长椭圆形，长约 0.5mm，白色，略透明（见图 229-3）。老熟幼虫体长约 2mm，白色，略弓形（见图 229-4）。蛹长约 3mm，乳白色至淡黄色。

生物学特性：广东 1 年发生 6 个世代，世代重叠；主要以成虫在原蛀道内越冬，也有部分幼虫和蛹越冬。翌年 2 月中、下旬气温回升后，越冬成虫外出活动，并钻蛀为害，形成新的蛀道。4 月上旬开始产卵。每代成虫羽化后在原坑道内栖息 7 天左右即钻出蛀道，尤其晴天午后出孔活动较活跃。出孔后的成虫多在

1~2 年生枝条的叶痕和分叉处蛀入，形成蛀道，蛀孔圆形，直径约 2mm，孔口常有木屑堆积。蛀道可深达木质部，呈缺环状水平坑道。卵产在坑道内，卵历期约 6 天，幼虫生活在母坑道中，老熟幼虫在原坑道中化蛹，蛹历期 4~5 天。一般于 11 月中、下旬开始越冬。

图 229-1　小圆胸小蠹危害状（林伟 摄）

图 229-2　成虫（林伟 摄）

图 229-3　卵（林伟 摄）

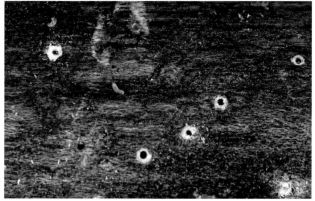

图 229-4　幼虫（林伟 摄）

**纵坑切梢小蠹 *Tomicus piniperda*（Linnaeus）**

**分类地位：**鞘翅目 Coleoptera 象虫科 Curculionidae 切梢小蠹属 *Tomicus*。

**分布：**国内分布于辽宁、江苏、浙江、河南、湖南、四川、云南、陕西等地；省内松树种植区广泛分布。

**寄主：**马尾松等松属树种。

**危害状：**成虫和幼虫在皮下钻蛀，取食寄主的干部韧皮组织和梢头的髓部组织。成虫蛀食树干及大侧枝，蛀食韧皮部及木质部形成单纵坑母坑道产卵繁殖。幼虫沿母坑道四周取食形成放射状的子坑道 10~15 条。切断树内水分和养分输导组织，可使松树衰弱、枯萎，最终死亡。小蠹在树梢及树干上的侵入孔外有粉白色的喇叭状凝脂及蛀屑，可作为识别危害的依据。

**形态特征：**成虫体长 3~5mm。头、前胸背板黑色，鞘翅红褐至黑褐色，有强光泽。前胸背板的长与背板基部的宽之比为 0.8。鞘翅长为前胸背板长的 2.6 倍，为两翅合宽的 1.8 倍；鞘翅基部的横向瘤起较多；翅中部以后各沟间部有 1 列小颗瘤，颗瘤后面各有 1 根竖立的茸毛；鞘翅斜面第 2 沟间部凹陷且平滑，只有细小刻点，没有颗粒和竖立的茸毛（见图 230-1、图 230-2）。卵淡白色，椭圆形。幼虫体长

5~6mm，头黄色，口器褐色，体乳白色，粗而多皱纹，微弯曲。蛹长 4~5mm，白色，腹面末端有 1 对针突，向两侧伸出。

生物学特性：广东 1 年 1 代。以幼虫、成虫在树皮下越冬。3 月下旬成虫开始飞出，取食马尾松梢头补充营养，然后在衰弱立木或采伐后的干枝内筑繁殖坑道，交尾产卵。4 月中旬幼虫孵化，幼虫期约 1 个月，5 月中旬开始化蛹。5 月下旬至 6 月上旬新成虫出现，开始蛀食新枝梢头；8 月底至 9 月初成虫越冬。

图 230-1　成虫背面观（林伟 摄）　　　　图 230-2　成虫侧面观（林伟 摄）

### 横坑切梢小蠹 *Tomicus minor*（Hartig）

**分类地位**：鞘翅目 Coleoptera 象虫科 Curculionidae 切梢小蠹属 *Tomicus*。

**分布**：国内分布于河南、湖南、四川、陕西、云南、广东等地；省内松树种植区广泛分布。

**寄主**：马尾松等松属树种。

**危害状**：补充营养危害期成虫蛀食寄主植物嫩梢髓部组织补充营养，使梢头逐渐褪绿、枯死、脱落；转干危害期成虫在寄主主干下韧皮部修筑交配室和母坑道，使林木主干疏导组织遭到破坏而枯死。

**形态特征**：成虫体长 3~5mm，椭圆形。头、前胸背板黑色，鞘翅红褐色至黑褐色。前胸背板前缘平直。鞘翅长度为前胸背板长度的 2.6 倍左右；鞘翅基缘升起且有缺刻，近小盾片处缺刻中断；鞘翅刻点沟凹陷，沟间部的刻点较稀疏，自翅中部起各沟间部有一列竖毛；鞘翅斜面第 2 沟间部不凹陷，上面的颗粒和竖毛依然存在直至翅端（见图 231-1、图 231-2）。卵椭圆形，淡白色。幼虫头黄白色，体乳白色；粗壮而多皱纹，微弯曲。蛹白色。

**生物学特性**：广东 1 年 1 代，前后两代在冬春两季有部分重叠。以成虫在被害树干基部落叶层中或土下 0~10cm 处树皮内越冬。4 月下旬成虫开始羽化，5 月上旬为羽化盛期，先蛀食枝梢补充营养，秋季性成熟的成虫转移到树干部，钻蛀坑道，交配产卵。

图 231-1　成虫背面观（黄焕华 摄）　　　　图 231-2　成虫侧面观（黄焕华 摄）

材小蠹属 *Xyleborus* spp.

分类地位：鞘翅目 Coleoptera 象虫科 Curculionidae 材小蠹属 *Xyleborus*。

分布：国内分布于广西、海南、四川、云南、台湾等地；省内广泛分布。

寄主：茶树、桉树等。

危害状：成虫、幼虫蛀食树干，受害外部为一直径约 2mm 的小圆孔，孔口常有木屑堆积，呈香柱状；阻碍水分、养分的输送，削弱树势，严重时导致植株枯死。

形态特征：雌虫多有强光泽，体表茸毛疏少，一般没有鳞片。眼肾形，眼前缘中部有角形缺刻。触角柄节正常，鞭节 5 节；锤状部侧面扁平，正面近圆形，分为基节、中节、端节 3 节。额部平隆，表面有圆粒状或线条状印纹。前胸背板背面观轮廓呈盾形或方形，侧面观自前向后弓曲上升。背板表面前半部鳞状瘤区，后半部刻点区。鞘翅平坦，沟中与沟间无高下之分。雄虫体型远较雌虫弱小扁薄，形状弓曲，体表刻点、粒瘤等结构均较雌虫浅弱疏少，而茸毛缺常较雌虫长密。前胸背板变化较大（见图 232）。

图 232　材小蠹属（林伟 摄）

桉嗜木天牛 *Phoracantha semipunctata*（Fabricius）

分类地位：鞘翅目 Coleoptera 天牛科 Cerambycidae 弗天牛属 *Phoracantha*。

分布：亚洲、欧洲、非洲、大洋洲、美洲均有分布；国内仅在广东省有发现；省内仅广州、韶关、东莞有发现。

图 233　成虫（李琨渊 摄）

寄主：桉属植物。

危害状：为害桉属植物的检疫性蛀干害虫，幼虫在树皮内部和形成层之间沿着茎干钻蛀形成坑道，被害树出现枯枝，随着危害的加重，有时整个树冠出现黄叶和萎蔫，甚至死亡。

形态特征：成虫呈光亮的暗红褐色，鞘翅有一浅黄色带穿过上半部，基部具一黄斑和明显的刺；前胸背板略伸长，两侧具瘤状突起和刺突；雌虫触角约与体等长，雄虫触角可达体长的 1.5~2 倍，第 3~8 节内侧端角具刺（见图 233）。卵纺锤形，浅黄色。幼虫体圆柱形，稍扁平，黄白色；前胸背板侧区具明显的黑色斑点，具光泽，后区具细纵纹。蛹微黄到白色，附肢与身体分离。

**生物学特性**：以幼虫在寄主树干内越冬。成虫有夜出习性，雄成虫沿树干爬行，通过触角发现雌成虫后进行交配；卵聚产在松弛的树皮下；初孵幼虫沿树皮取食一小段，形成明显的黑色痕迹，然后钻入树皮的形成层直至老熟。

## 狭胸天牛 *Philus antennatus*（Gyllenhal，1817）

**别名**：松狭胸天牛。

**分类地位**：鞘翅目 Coleoptera 天牛科 Cerambycidae 狭胸天牛属 *Philus*。

**分布**：国外分布于日本；国内分布于福建、广西、四川、台湾等地；省内广泛分布。

**寄主**：马尾松、湿地松等。

**危害状**：钻蛀为害，在地下取食寄主植物树根。

**形态特征**：成虫棕褐色，被灰黄色短毛；头部略下垂，与前胸节几乎等宽，分布细密刻点，两眼极大；触角着生于上颚基部，柄节粗壮，短于其余各节，第3节较长；前胸背板短小，呈梯形，两侧边缘明显，包围前胸侧板，边缘达前足基节窝，无齿具毛，表面具细密刻点；鞘翅宽于前胸节，被黄褐色毛，4条纵脊，末端圆形；腹面光滑，刻点细密（见图234）。卵未成熟时乳白色，成熟时呈黄色，梭形，一端稍细。幼虫体中型，肥硕，乳黄色，全身密被均匀的金黄色短绒毛，体形近似长方体形，向尾端渐细。幼虫胸足发达，明显4节，尾节短小，有长绒毛。蛹奶油色，体毛和端刺黄褐色。

图234　成虫（李琨渊　摄）

## 家茸天牛 *Trichoferus campestris*（Faldermann）

**分类地位**：鞘翅目 Coleoptera 天牛科 Cerambycidae 茸天牛属 *Trichoferus*。

**分布**：国外分布于日本、朝鲜、苏联、蒙古等国；国内分布于各省（自治区、直辖市）；省内广泛分布。

**寄主**：杉木、木麻黄、刺槐、柳树等。也是房屋和仓库的严重害虫。

**危害状**：以木材的纤维为食，幼虫在木材内蛀成坑道，老熟后在坑道末端成蛹，成虫羽化后向外咬一椭圆形孔飞出。

**形态特征**：成虫体中型，体长9~22mm，体宽3~7mm。扁平，黑褐至棕褐色，全体密被褐灰色细毛。小盾片和肩部着生较浓密的淡黄色毛。触角基瘤微突，雄虫额中央有1条细纵沟。前胸背板宽胜于长，前端略宽于后端，两侧缘弧形；胸面刻点细密，粗刻点之间着生细小刻点，雌虫无细刻点。鞘翅外端角弧形，缝角垂直，翅面有中等刻点，端部刻点较小（见图235）。卵长圆形，乳白色，头端较尖，尾端较钝。幼虫体圆柱形，略扁，胸部较膨大，尾端较细，老熟幼虫头部较尖，黑褐色，体黄白色，前胸背板有2个黄褐色横斑，腹板及侧片具有细且密的弯毛。

图235　成虫（董伟　摄）

生物学特性：广东1年1代，以幼虫在寄主内越冬。越冬期100~120天，翌年3月开始为害，多在4月下旬至5月中旬化蛹，蛹期9~12天，羽化后成虫在靠近树皮的一侧咬孔爬出，羽化盛期在5月下旬至6月中旬，卵期5~9天。

橘光绿天牛 *Chelidonium argentatum*（Dalman）

别名：桔光绿天牛。

分类地位：鞘翅目 Coleoptera 天牛科 Cerambycidae 绿天牛属 *Chelidonium*。

分布：国外分布于印度、越南、缅甸、老挝等国；国内分布于江苏、浙江、安徽、福建、江西、湖南、广西、海南、四川、云南、陕西、香港等地；省内分布于广州、惠州、肇庆等柑橘栽种区。

寄主：柑橘、柠檬、九里香等。

危害状：主要以幼虫为害枝条，初孵幼虫先蛀入嫩梢，为害梢端，造成枝枯。后转向下钻蛀，蛀道沿枝而下，相隔一段距离往外蛀排粪孔1个。随虫龄增长，危害由小枝、大枝到主干，主干可达1~3个虫道，导致枝条及主干呈空筒状，造成植株长势衰弱，易被风折（见图236-1）。

形态特征：成虫墨绿色，有金属光泽。幼虫淡黄色，老熟时体长46~51mm，前胸背板前缘横列4块褐色斑纹，后缘有1长形、乳白色的皮质硬块（见图236-2）。

生物学特性：广东1年1代，以幼虫在寄主蛀道中越冬。成虫于4月中旬至5月上旬开始出现，盛发于5~6月。成虫羽化出洞后，取食寄主嫩叶补充营养，交尾后多选择寄主嫩绿细枝的分叉口、或叶柄与嫩枝的分叉口上产卵，每处产卵1粒。卵期18~19天。幼虫孵出后从卵壳下蛀入小枝条，枝条中幼虫蛀道每隔一定距离向外蛀一洞孔，尤如箫孔状，用作排泄物之出口，故俗称"吹箫虫"。洞孔的大小与数目则随幼虫的成长而渐增。在最后1个洞孔下方的不远处，即为幼虫潜居处所，据此可以追踪幼虫之所在。幼虫期290~320天。翌年1月，幼虫进入越冬休眠期。越冬幼虫在4月于蛀道内化蛹，蛹期23~25天。

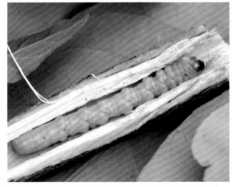

图236-1　柑橘受害状（赵丹阳 摄）　　　　　图236-2　幼虫（赵丹阳 摄）

竹绿虎天牛 *Chlorophorus annularis*（Fabricius）

分类地位：鞘翅目 Coleoptera 天牛科 Cerambycidae 绿虎天牛属 *Chlorophorus*。

分布：国外分布于日本、印度、老挝、缅甸、泰国、越南、马来西亚、印度尼西亚等国；国内分布于河北、辽宁、江苏、浙江、福建、广西、海南、贵州、云南、陕西、台湾等地；省内广泛分布。

寄主：竹亚科植物、柑橘、葡萄、柚木等。

危害状：幼虫孵化后钻入竹竿及充分干燥的竹材，蛀食形成纵向坑道，坑道内充满虫粪，但不排出竹材表面（见图 237-1）。

形态特征：成虫体长9~17mm，宽2~5mm。棕色至棕黑色，头部及背面被硫黄绿色绒毛，腹面被白色绒毛；触角较短，约为体长的1/3，可伸达鞘翅中部，柄节与第3节等长，第3~6节为淡褐色，其余为深色；前胸背板呈近球形，中央具有1分叉的黑色纵纹，左右各有2个圆形黑斑，黑斑部分粗糙；鞘翅基部有1卵圆形黑色环纹，中部1黑横带外端也向前延伸与环纹后端相连接，端部有1黑色圆斑；足淡褐色，仅后足腿节为深色（见图 237-2）。

生物学特性：广东1年1代。以幼虫在竹干中越冬。幼虫次年春化蛹。4月始有成虫出现。卵产于竹干粗糙的截面或裂缝处。

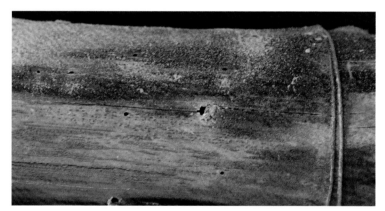

图 237-1　竹绿虎天牛危害状（黄焕华　摄）

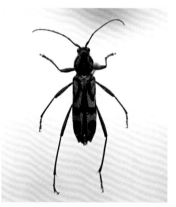

图 237-2　成虫（黄焕华　摄）

## 弧纹绿虎天牛 *Chlorophorus miwai* Gressitt

分类地位：鞘翅目 Coleoptera 天牛科 Cerambycidae 绿虎天牛属 *Chlorophorus*。

分布：国内分布于安徽、浙江、江西、湖南、福建、台湾、广东、广西、四川等地。

寄主：柏、松、杨、油茶等。

危害状：以幼虫严重破坏树木的表皮输导组织，使树木衰弱至枯死。

形态特征：成虫体黑色，被黄色绒毛，无绒毛处形成黑色斑纹。前胸背板，中区有2个黑斑在前端相接，两侧各有1圆形黑斑（见图238）。幼虫初孵时为白色，老熟时为黄白色。前胸背板近梯形，上有细波纹，腹部末端有细刚毛。

生物学特性：河南地区1年发生1代，以2~3龄时在木质部表面的虫道内越冬。成虫多产卵在树干基部的翘皮下、伤痕处、皮缝内等。幼虫孵出约2天后开始蛀入皮层，再由皮层虫道蛀入木质部表面。翌年3月下旬越冬幼虫开始取食活动，在木质部表层蛀多条不规则的弯曲虫道，虫道内充满黄白色粪屑。

图 238　成虫（赵丹阳　摄）

图 239-1　幼虫危害状
（黄焕华 摄）

星天牛 *Anoplophora chinensis*（Förster）

别名：铁牯牛、钻心虫、盘根虫、水牛郎、锯木虫。

分类地位：鞘翅目 Coleoptera 天牛科 Cerambycidae 星天牛属 *Anoplophora*。

分布：国外主要分布于日本、缅甸、朝鲜、菲律宾、印度尼西亚、马来西亚、越南等国；国内除西北以外，各省（自治区、直辖市）都有分布；省内广泛分布。

寄主：柑橘属、木麻黄、无瓣海桑、荔枝、龙眼、枣等 100 多种植物。

危害状：主要以幼虫蛀食为害，在根部和主干造成坑道，严重时导致植物枯死、风折（见图 239-1）；成虫啃食枝干韧皮部乃至叶片，造成缺刻（见图 239-2）。

形态特征：成虫体翅亮黑色，具金属光泽。体长 50mm，头宽 20mm。翅鞘散生许多白点。雌成触角超出身体一、二节，雄成触角超身体四、五节，触角第 1~2 节黑色，其余各节基部 1/3 处有淡蓝色毛环，其余部分黑色；前胸背板中溜明显，两侧具尖锐粗大的侧刺突；鞘翅基部密布黑色小颗粒，每鞘翅具大小白斑 15~20 个，排成 5 横行，变异很大（见图 239-3）。卵长椭圆形，一端稍大，长 4~6mm，宽约 2.5mm；初产时为白色，以后渐变为乳白色。老熟幼虫呈长圆筒形，略扁，体长 40~70mm，前胸宽约 13mm，乳白色至淡黄色。前胸背板前缘部分色淡，其后为 1 对形似飞鸟的黄褐色斑纹，前缘密生粗短刚毛，前胸背板的后区有 1 个明显的较深色的"凸"字纹；前胸腹板中前腹片分界明显。腹部背步泡突微隆，具 2 横沟及 4 列念珠状瘤突。蛹纺锤形，初化之蛹淡黄色，羽化前各部分逐渐变为黄褐色至黑色，翅芽超过腹部第 3 节后缘（见图 239-4）。本种与光肩星天牛的区别就在于光肩星天牛鞘翅毛斑纯白色，鞘翅肩区有较明显的刻点，肩角较粗糙。

生物学特性：在广东 1 年 1 代，以幼虫在树干木质部虫道内越冬，翌年 2 月下旬开始活动，3 月中旬化蛹，3 月下旬开始羽化，5 月中旬达羽化高峰。羽化后需要补充营养，1~2 周后才交尾。6 月中、下旬为幼虫孵化高峰期，幼虫孵化后约 1 个月开始入侵木质部。

图 239-2　成虫危害状（黄焕华 摄）

图 239-3　成虫交配（黄焕华 摄）

图 239-4　蛹
（黄焕华 摄）

松褐天牛 *Monochamus alternatus* Hope

**别名**：松墨天牛、松天牛。

**分类地位**：鞘翅目 Coleoptera 天牛科 Cerambycidae 墨天牛属 *Monochamus*。

**分布**：国外分布于朝鲜、韩国、日本、越南、老挝等地；国内分布于辽宁以南，西藏以东；省内广泛分布。

**寄主**：马尾松等松科植物。

**危害状**：幼虫为害衰弱松树输导组织的韧皮部及木质部，破坏水分和营养物质的运输，加速松树枯死（见图 240-1）。成虫取嫩梢树皮补充营养，可造成枝梢枯死、传播松材线虫病。成虫产卵时挖咬的刻槽呈眼状，流脂量与松树衰弱程度成反比，高泌脂树种流脂量较大（见图 240-2）。1 龄幼虫在皮层蛀食，粪屑褐色粉状；2 龄幼虫在皮层和边材之间蛀食，粪屑白色和褐色，坑道不规则（见图 240-1）。3~4 龄幼虫在木质部蛀成扁圆形的侵入孔，进入木质部 3~4cm 后，向上或向下蛀纵坑道；纵坑道长 5~10cm，然后向外蛀食至边材，在坑道末端筑蛹室化蛹，整个坑道近似"U"字形。蛹室附近留下少许木丝外，大部分堆集在树皮下，坑道内很干净。成虫若携带松材线虫，其选择树势较旺的松树啃食嫩枝补充营养时，体内携带松材线虫借此侵入松树，感病松树可出现急性萎蔫枯死，刻导致松材线虫病蔓延扩散。

**形态特征**：成虫体长 13~28mm，宽 4~10mm，橙黄色到赤褐色。触角栗色；雄虫触角第 1、2 节全部和第 3 节基部具稀疏灰绒毛，长为体长 2~2.5 倍，雌虫触角为体长的 1.4~1.6 倍，仅超出体长的 1/3。前胸宽大于长，多皱纹，侧刺突较大。前胸背板有两条相当宽的橙黄色纵纹，与 3 条黑色绒纹相间。小盾片密被橙黄色绒毛。每一鞘翅具 5 条纵纹，由方形或长方形黑色及灰白色绒毛斑点相间组成。腹面及足杂有灰白色绒毛（见图 240-3）。卵长约 4mm，乳白色，略呈镰刀形（见图 240-4）。幼虫乳白色，扁圆筒形，老熟时体长达 38~43mm。头部黑褐色，前胸背板褐色，中央有波状纵纹（见图 240-5）。蛹乳白色，圆筒形，体长 20~26mm（见图 240-6）。

**生物学特性**：在我国大部分地区为 1 年 1 代。在广东 1 年 1~3 代（如北部 1 代，中部的广州 2 代为主，南部茂名可完成 3 代）。以广州地区生活史为例，该虫以老熟幼虫在木质部坑道中越冬，12.5℃以上开始发育，当温度高于 16℃时进行蛀食，越冬幼虫次年 2~3 月在虫道末端蛹室中化蛹。3 月中旬即有少数成虫开始羽化。第 1 代卵期 5~7 天，幼虫期 47~67 天，蛹期 7~11 天，成虫寿命 34~117 天。日平均温度达 20℃左右时开始羽化，在蛹室内约停留 1 周，咬一直径 8~10mm 近圆形羽化孔出木，23~26℃为羽化出木高峰期，以 20~24℃时羽化出木数量最多，占 48.2%。刚羽化出木的天牛有向上爬行或短暂飞翔及假死的习性，性未成熟的天牛喜食 1 年生松枝皮，性成熟者喜食 1~2 年生的松枝皮补充营养。多数需补充营养后才交尾，交尾多在夜间进行，雌雄虫均可交尾多次。雌虫交尾后 5~6 天开始产卵，一般 1 个刻槽内产卵 1 粒，有 40%~50% 刻槽内无卵，有时产在树皮裂缝和树皮表面，产卵期长达 12~102 天，每产 1 粒卵需 5~10min，产卵与补充营养交替进行，每个雌虫一生产卵 40~240 粒（见图 240-7）。一般雌虫寿命比雄虫长，取食量也比雄虫多。第一代成虫始见于 7 月上、中旬。松褐天牛成虫主要通过人为传播或自然扩散传播松材线虫。成虫从木质部中钻出后，体表即有松材线虫附着，但大部分松材线虫在体内，并以头、胸部最多，可分布在整个气管系统内，1 头松褐天牛成虫携带线虫数最高可达 289000 条，一般在成虫羽化外出后 14~21 天，线虫脱离虫体，脱出率 43%~70%，脱离的松材线虫能侵入树干为害。松褐天牛的主要天敌有花绒寄甲 *Dastarcus helophoroides*、松褐天牛肿腿蜂 *Sclerodermus alternatusi* Yang、天牛霉纹斑叩甲 *Cryptalaus berus*（Candeze）等。

图 240-1 松褐天牛幼虫危害状（黄焕华 摄）

图 240-2 成虫危害嫩梢（李琨渊 摄）

图 240-3 雌雄成虫（黄焕华 摄）

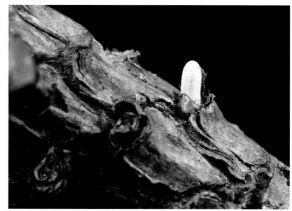

图 240-4 卵（李琨渊 摄）

图 240-5 幼虫（李琨渊 摄）

图 240-6 蛹（黄焕华 摄）

图 240-7 刻槽（黄焕华 摄）

南方锦天牛 *Acalolepta speciosa*（Gahan，1888）

**分类地位**：鞘翅目 Coleoptera 天牛科 Cerambycidae 锦天牛属 *Acalolepta*。

**分布**：国外分布于越南，老挝等国；国内分布于安徽、江苏、浙江、江西、福建、台湾、广东、香港、海南、广西、贵州、四川等地。

**寄主**：木荷、橡树、马尾松、油茶、葡萄。

**危害状**：幼虫蛀入寄主主干及枝干蛀食危害，枝干被害部位肿胀成结节，虫口密度大时，一个枝干上有多个结节。小枝受害后造成枯死或折断，大枝被害后，结节破坏寄主植物养分的正常输导，导致树势衰弱、枝叶失绿（见图 241-1）。

**形态特征**：成虫：体长 17.5~24.5mm。黑褐色，密被红棕色、金琥珀色至银灰绿色鹅绒装毛。前胸暗褐色，小盾片黄褐色；鞘翅暗棕色，背面近中缝内半侧淡红金黄色，外侧缘棕灰色，在两者之间的近外侧部分自肩部至端部有一银灰色纵条纹（见图 241-2）。卵：白黄色，梭形。幼虫：初孵幼虫黄色，老龄幼虫奶黄色（见图 241-3）。蛹：初化蛹时乳黄色，后变橙黄色。

**生物学特性**：2 年发生 1 代，以幼虫在树干蛀道内越冬。成虫不善飞翔、畏光，产卵前，用上颚在树干上翘起树皮，将卵产在树皮下，每个树皮下只产 1 粒卵。幼虫孵化后蛀入皮层旋绕蛀食一圈，再蛀入木质部和髓部。

图 241-1　南方锦天牛危害状　　　　图 241-2　成虫（赵丹阳 摄）　　　　图 241-3　幼虫（赵丹阳 摄）
（赵丹阳 摄）

皱胸粒肩天牛 *Apriona rugicollis* Chevrolat

**别名**：桑天牛。

**分类地位**：鞘翅目 Coleoptera 天牛科 Cerambycidae 粒肩天牛属 *Apriona*。

**分布**：国外分布于日本、朝鲜、老挝、越南、缅甸、印度、尼泊尔等国；国内分布于浙江、安徽、江西、湖北、广西、海南、四川、贵州、云南、西藏、香港、台湾等地；省内分布于广州、汕头、韶关、惠州、清远等地。

**寄主**：柳、桑、枇杷、构树、柑橘等多种林木。

**危害状**：成虫啮食嫩梢树皮后，被害伤疤呈不规则条块状，伤疤边缘残留绒毛状纤维物（见图 242-1）。

形态特征：成虫体长 34~46mm；体和鞘翅黑色，被黄褐色短毛，头顶隆起，中央有 1 条纵沟；触角比体稍长，柄节和梗节黑色，以后各节前半黑褐，后半灰白；前胸背面有横的皱纹，两侧中间各具 1 个刺状突起；鞘翅基部密生颗粒状小黑点；足黑色，密生灰白短毛；雌虫腹末 2 节下弯（见图 242-2）。卵长椭圆形，长 5~7mm，前端较细，略弯曲，黄白色。幼虫圆筒形，高龄幼虫长 45~60mm，头小，隐入前胸内；前胸特大，前胸背板后半部密生赤褐色颗粒状小点，向前伸展成 3 对尖叶状纹；后胸至第 7 腹节背面各有扁圆形突起，其上密生赤褐色粒点。蛹纺锤形，长约 50mm，黄白色；翅达第 3 腹节。

生物学特性：广东 1 年 1 代，成虫有假死性，取食 10~15 天后，交尾产卵。产卵前先用上颚咬破皮层和木质部，呈"U"字形刻槽，卵即产于刻槽中，槽深达木质部，每槽产卵 1 粒。产后用黏液封闭槽口，以护卵粒。初孵幼虫先向上蛀食 10mm 左右，即回头沿枝干木质部的一边往下蛀食，逐渐深入心材。幼虫在蛀道内，每隔一定距离向外咬 1 圆形排泄孔，粪便即由虫孔向外排出。幼虫老熟后，即沿蛀道上移，超过 1~3 个排泄孔，先咬羽化孔的雏形，向外达树皮边缘，使树皮出现臃肿或断裂，常见树汁外流。此后，幼虫又回到蛀道内选择适当位置做成蛹室，化蛹其中。

图 242-1　成虫啃食构树树皮危害状（赵丹阳 摄）　　　　图 242-2　成虫（赵丹阳 摄）

**黑跗眼天牛 *Bacchisa atritarsis*（Pic）**

别名：蓝翅眼天牛、茶红颈天牛、枫杨黑跗眼天牛。

分类地位：鞘翅目 Coleoptera 天牛科 Cerambycidae 眼天牛属 *Bacchisa*。

分布：国内分布于辽宁、浙江、安徽、福建、江西、山东、河南、湖北、湖南、广西、四川、贵州、陕西、台湾等地；省内广泛分布。

寄主：油茶、茶、柳等。

危害状：幼虫蛀害枝干，常绕食茶树皮层一周，然后蛀入干心为害。被害外形成多个肿瘤，轻则生长不良，重者易折断或枯死，对油茶树势及产量影响很大。

形态特征：成虫体长 9~13mm。头部酱红色，其上被深棕色竖毛。复眼黑色。触角柄节基部酱红色，第 2 节最短，基部 1/4 处黄色，第 3、4、5 节的基部 2/3 左右为橙黄色，其他部分和以后各节皆黑色。前胸背板及小盾片酱红色，被黄色竖毛。鞘翅紫蓝色，被黑色竖毛，各足胫节端部和跗节黑色（见图 243-1）。卵圆形，长 2~3mm，黄色。幼虫体长 18~22mm，扁筒形，头和前胸棕黄色，上颚黑，上唇及唇基密生细毛，胸、腹节皆黄色，腹部第 9、10 节末端有细毛丛生（见图 243-2）。蛹体长 15mm，体色橙黄，翅芽和复眼黑色。

图243-1　成虫（赵丹阳　摄）

图243-2　幼虫（赵丹阳　摄）

**生物学特性**：该种在南方2年1代，分别以上年和当年的幼虫在茶树枝干内越冬。越冬后当年幼虫继续在虫道内取食，上年幼虫于4月中旬起陆续化蛹，5月下旬起成虫陆续羽化，5月中旬起产卵，5月下旬起幼虫陆续孵化。

### 眉斑并脊天牛 *Glenea cantor*（Fabricius）

**别名**：眉斑楔天牛。

**分类地位**：鞘翅目 Coleoptera 天牛科 Cerambycidae 并脊天牛属 *Glenea*。

**分布**：国外分布于越南、老挝、菲律宾等国；国内分布于江西、湖北、湖南、海南、贵州、云南等地；省内分布于广州、深圳等地。

**寄主**：木棉、蚬木、苦楝、桂花等多种林木。

**危害状**：以幼虫蛀食枝条和主干，在枝条和主干内形成坑道，严重时导致植株枯死（见图244-1）。

**形态特征**：成虫雄虫腹部末节的腹面中央有1细纵凹沟。鞘翅淡黄褐色，肩角黑色，小盾片黑色，后缘灰白，每个鞘翅端部有2个黑斑，被灰白色绒毛所隔开。鞘翅肩部最宽，肩以后收窄，略似楔形，鞘翅外端角刺状，翅面刻点较细致。头、胸被覆浓密乳白色至乳黄色绒毛，头顶有3条黑色纵斑，中央1条较细长，额区有2个较大黑斑，前胸背板共有12个黑斑，前6个、后6个呈横排列，中、后胸侧面也具有黑斑。前、中足棕红色，后足黑色。体腹面被灰白色或灰黄色绒毛。腹部每节两侧也各有1个黑斑。触角柄节外侧具显著的纵脊（见图244-2）。

图244-1　眉斑并脊天牛危害状（李琨渊　摄）

图244-2　成虫（李琨渊　摄）

生物学特性：1 年 1 代，在广州和深圳 4~7 月可见成虫出现，成虫在此期间仍能啃嫩叶柄作补充营养。幼虫孵出后先在树木韧皮部处取食，后蛀食茎干木质部，往往导致树木生长严重受阻。

**暗翅筒天牛** *Oberea fuscipennis*（Chevrolat，1852）

**分类地位：**鞘翅目 Coleoptera 天牛科 Cerambycidae 筒天牛属 *Oberea*。

**分布：**国内分布于广东、江苏、湖南、浙江、广西、江西、河北、河南、西藏、四川、福建、台湾等地。

**寄主：**樟树、桑树、构树、黄桷树、无花果、野梨、苎麻、长叶水麻等。

**危害状：**成虫产卵为害枝条端部和幼虫蛀食枝条，一经产卵就可能造成较大的损失。

图 245　成虫（赵丹阳 摄）

**形态特征：**成虫体长 14~18mm，体宽 2.7~3.0mm，近圆柱形，体被淡黄色的绒毛，鞘翅淡褐色，两侧和末端黑色，第 5 腹节末端暗黑色，中后足胫节和跗节常呈褐色，触角黑色（见图 245）。卵椭圆形，中间一边稍凹陷，乳白色、淡黄色或深黄色。幼虫蛋黄色，圆筒形，口器框和上颚基部红黑色，上颚端部黑色；上唇淡黄色，端半部多刚毛，其间夹杂数支长毛。蛹身体蛋黄色，圆筒形，刺突与毛褐色，羽化前，复眼和后翅芽端部先变为黑色，上颚和爪变为褐色。

**生物学特性：**在广东等多数地区 1 年 1 代，以老熟幼虫在被害枝条的孔道内越冬。成虫发生于 4 月下旬至 7 月上旬，产卵于寄主植物的新梢端部，孵化的幼虫依靠蛀食寄主枝条获得营养，先向上蛀食产卵槽上部的枝条，至一定距离后再掉头向下蛀食产卵槽以下的枝条，且在向下蛀食过程中多次掉头向上蛀食侧枝。

**顶斑瘤筒天牛** *Linda fratema*（Chevrolat）

**别名：**苹枝天牛、苹果枝天牛。

**分类地位：**鞘翅目 Coleoptera 天牛科 Cerambycidae 瘤筒天牛属 *Linda*。

**分布：**国内分布于辽宁、河北、河南、山西、山东、江苏、江西、浙江、福建、广东、广西、四川、云南、台湾等地。

**寄主：**樟树、桑树、构树、石楠、红叶李、楞木和臭椿等。

**危害状：**成虫可食害枝条皮层及叶，幼虫在枝条内蛀食，隔一定距离咬一圆孔，排出黄褐色颗粒状粪便，虫道直而无虫粪，被害枝梢枯黄，越冬前在枝顶端以丝状木屑堵塞。被害枝梢枯萎，影响新梢生长（见图 246-1）。

**形态特征：成虫：**雄虫体长 14~15mm，雌虫体长 16~18mm；长圆筒形，橘红色，体表被有绒毛，鞘翅黑色；触角基瘤黑斑明显，第 4、6 节基端橘红色，其余均为黑色，表面密被灰白色绒毛及较稀疏粗长的黑褐色刚毛。中胸小盾片橘红色，后胸侧板上具黑色纵带。鞘翅外缘中部向内凹陷，肩角突起；每鞘翅除小盾沟外，有 6 行排列不整齐的刻点，刻点列向端部逐渐散乱且不清晰；鞘翅末端斜向内凹呈弧形截断状；鞘翅不完全遮盖腹末（见图 246-2）。卵长卵形，两端大小不等；初产时乳白色，略带红色，渐变为橘黄色，近孵化时呈橘红色。幼虫体圆筒状，细长，橘黄色，表面光滑。头壳橘红，额前缘呈棕褐色；前胸背板红棕色，后端中部有密集棕褐色刻点，排成元宝形，两侧各有一条较深的凹槽。臀板上有较多刚毛；气门黄白色（见图246-3）。蛹棕红色，圆筒形，腹部末端锥形。

生物学特性：1年1代，以老熟幼虫于被害枝条内越冬。卵产于生长旺盛的当年生新枝上，先在离枝条端部4~5片叶处将枝条树皮环形咬食一圈，再在环圈上部紧接环圈将树皮纵向咬开，掀开一侧树皮，将卵产于掀开的树皮下，每刻槽产卵1粒。初孵幼虫蛀入枝条木质部后，先向上蛀食，待刻槽上部的新梢完全失水枯黄后，转向下行。被蛀枝条每隔一段可见一缀有丝状虫粪的虫孔。

图246-1　顶斑瘤筒天牛　　　　　　图246-2　成虫（赵丹阳 摄）　　　　　图246-3　幼虫
危害状（赵丹阳 摄）　　　　　　　　　　　　　　　　　　　　　　　　　　　　　（赵丹阳 摄）

**苎麻双脊天牛** *Paraglenea fortunei*（Saunders）

别名：赤短梗天牛。

分类地位：鞘翅目 Coleoptera 天牛科 Cerambycidae 双脊天牛属 *Paraglenea*。

分布：国外分布于日本、越南等国；国内分布于河北、河南、陕西、江苏、安徽、浙江、江西、湖南、福建、台湾、广西、广东、湖北、四川、贵州、云南等地；省内广泛分布。

寄主：樟树、苎麻、桑白皮、木槿和乌桕等。

危害状：以成虫食害嫩枝皮和叶片，造成枝叶枯黄；幼虫蛀食枝干木质部，呈孔洞状，造成树势衰弱，危害严重者枯死。

形态特征：成虫体长9.5~17.0mm。体被极厚密的淡色绒毛，从淡草绿色到淡蓝色，并饰有黑色斑纹，由体底色和黑绒毛所组成。淡黑两色的变异很大，形成不同的花斑型，特别是鞘翅。前胸背板淡色，中区两侧各有1圆形黑斑。每一鞘翅上有3个大黑斑，第1个处于基部外侧，包括肩部在内；第2个稍下，处于中部之前；向内伸展较宽，但亦不达中缝；第3个处于端部1/3处，显然由两个斑点所合并而成，中间常留出淡色小斑，处于靠外侧部分；第2、3两个斑点在沿缘折处由1条黑色纵斑使之相连；翅端淡色；这是本种鞘翅花斑的基本类型（见图247）。

图247　成虫（赵丹阳 摄）

生物学特性：以幼虫或成虫在树干内越冬。初孵幼虫多蛀食 2~4 年生枝干，先向上蛀食 10cm，再回头沿枝干木质部蛀食，隧道内无粪屑。幼虫在蛀道中，每隔一定距离向外咬 1 个圆形通气排粪屑孔，从枝干被害表面看，枝干上有一个个排粪孔。粪屑向外排出，孔内无虫粪。成虫在树枝上的产卵刻槽呈 "U" 字形。

云斑白条天牛 *Batocera lineolata*（Chevrolat）

别名：密点白条天牛。

分类地位：鞘翅目 Coleoptera 天牛科 Cerambycidae 白条天牛属 *Batocera*。

分布：国外分布于日本、朝鲜、老挝、越南、印度等国；国内分布于河北、辽宁、吉林、上海、江苏、浙江、安徽、福建、江西、湖北、广西、海南、四川、贵州、云南、陕西、台湾等地；省内分布于广州、韶关、河源、肇庆、清远等地。

寄主：桉树、红锥、榕、乌桕、白蜡、木荷、桑、柳、油桐等。

危害状：成虫啃食被害树新枝嫩皮，幼虫钻蛀树干、主枝木质部，在其内取食蛀道，造成大量蛀洞，严重时导致树木枯死（见图 248-1）。

形态特征：成虫体长 32~65mm，黑褐至黑色，体密被灰白色至灰褐色绒毛。雄虫触角超过体长 1/3，雌虫者略长于体，每节下沿都有许多细齿，雄虫从第 3 节起，每节的内端角并不特别膨大或突出。前胸背板中央有 1 对肾形白色或浅黄色毛斑，小盾片被白毛。鞘翅上具不规则云片状斑纹，延至翅端部。鞘翅基部 1/4 处有大小不等的瘤状颗粒，肩刺大而尖端微指向后上方。身体两侧由复眼后方至腹部末节有 1 条由白色绒毛组成的纵带（见图 248-2）。卵长椭圆形，乳白色至黄白色，长 6~10mm。幼虫粗肥多皱，淡黄白色，长 70~80mm，略呈方形，前方近中线处有 2 个黄白色小点（见图 248-3）。蛹淡黄白色，腹末锥状，尖端斜向后上方。

生物学特性：广东 1 年 1 代，每年都有幼虫活动取食危害，越冬幼虫从 5 月开始取食危害，直至 8~9 月老熟幼虫开始化蛹停止危害。新孵化的幼虫 5~6 月开始危害，虫体小，取食量不大，危害较轻；7~9 月为其大量取食阶段，危害严重。

图 248-1　云斑白条天牛危害状
（黄焕华 摄）

图 248-2　成虫
（李琨渊 摄）

图 248-3　幼虫
（赵丹阳 摄）

**榕八星天牛 *Batocera rubus*（Linnaeus）**

别名：黄八星白条天牛。

分类地位：鞘翅目 Coleoptera 天牛科 Cerambycidae 白条天牛属 *Batocera*。

分布：国外分布于越南、老挝、印度、菲律宾、朝鲜等国；国内分布于福建、江西、广西、海南、四川、贵州、云南、香港、台湾等地；省内广泛分布。

寄主：榕、柳、木棉、重阳木、刺桐。

危害状：以幼虫在树干内部蛀食危害，危害部位多于树干基部。

形态特征：成虫体长 30~46mm。黑褐色；密被灰褐色毛；体侧缘有自头部连续至腹部的白色宽纵纹。雄虫触角第 3~10 节内端显著膨大具刺。前胸背板具 1 对橙色括弧形斑；鞘翅具 4 个白色圆斑排成 1 纵列，第二个白斑特别大，外侧有 1~2 个小白斑；鞘翅平截缝角具刺（见图 249）。卵长椭圆形，乳白色。幼虫黄白色，头部棕黑色；前胸背板后方的褶具 5~6 排钝齿形颗粒。蛹初为黄白色，后为黑褐色，密生绒毛。

生物学特性：在广州 1 年 1 代，以幼虫在蛀道内越冬，翌年 4 月下旬成虫羽化、交配、产卵。幼虫孵化后在皮下取食危害。以幼虫和成虫在树干内越冬，越冬成虫翌年 4 月中旬开始飞出，5 月成虫大量出现。雌虫喜在直径 10~20cm 的主干上产卵，刻槽圆形，大小如指头，中央有 1 小孔，每个雌虫可产卵 40 粒左右，初孵幼虫蛀食韧皮部，受害处变黑胀裂，排出树液和虫粪，约 1 月左右蛀入木质部为害，虫道长 250mm 左右。至 8 月中旬化蛹，9 月中、下旬羽化为成虫，即在蛹室内越冬。

图 249　成虫（黄焕华 摄）

**龟背簇天牛 *Aristobia testudo*（Voet）**

别名：龟背天牛。

分类地位：鞘翅目 Coleoptera 天牛科 Cerambycidae 簇天牛属 *Aristobia*。

分布：国外分布于朝鲜；国内分布于山西、江苏、浙江、安徽、福建、江西、广西、海南、四川、贵州、云南、香港、台湾等地；省内分布于广州、韶关、惠州、湛江、肇庆等地。

寄主：荔枝、龙眼、橄榄、樟等。

形态特征：成虫体长 20~35mm，体背生有黑色和虎皮色的绒毛斑纹。头部、触角第 1、2 节和腹面及足均生稀疏的黑色绒毛；触角第 3 节端部有黑簇毛。每个鞘翅上具 10 多个黑色条纹构成的龟壳状斑块（见图 250-2）。卵长椭圆形，白色或黄色。幼虫末龄体长 60mm 左右，扁圆筒形，乳白色。全体均被稀疏细长毛，前胸背板黄褐色，有明显的侧沟，中央具白纵纹，前缘深黄褐色，后半部具深褐色"山"字盾状隆起，隆起两侧各具陷斑 1 个。蛹为离蛹，乳白色，近羽化时黑色。

生物学特性：广东 1 年 1 代，以幼虫在龙眼、荔枝等枝干内越冬。从 6 月上旬至 11 月下旬，林间均可见到成虫，7~9 月最多。成虫羽化后先在荔枝、龙眼、葡萄等的嫩梢皮层取食，嫩梢枯死，多把卵产在枝干或枝丫杈口的皮层下。初孵幼虫先在树皮下蛀食，后逐渐蛀入枝干的木质部，形成扁圆形纵向蛀道（见图 250-2）。幼虫从上向下蛀害。老熟幼虫在蛀道的宽敞处用分泌物和粪便堵住两头作茧室化蛹。

图 250-1　成虫（陈刘生 摄）

图 250-2　树干受害状（黄焕华 摄）

**毛角天牛** *Aegolipton marginale*（Fabricius）

分类地位：鞘翅目 Coleoptera 天牛科 Cerambycidae 毛角天牛属 *Aegolipton*。

分布：国外分布于马来西亚、印度尼西亚、泰国、老挝等国；国内分布于福建、广西、海南、云南、香港、台湾等地；省内分布于广州市。

寄主：松、桑、泡桐、木麻黄、橡胶、咖啡、可可等。

图 251　成虫（李琨渊 摄）

形态特征：成虫体棕红色，头黑褐色，复眼肾形，黑色。雌成虫体长 38mm，末腹节有管状产卵器，长 6~12mm，有伸缩活动习性；雄成虫体长 34mm，翅展 62mm，末腹节无管状物。后翅为一对薄膜翅，翅脉红茶色，脉间膜质白色透明（见图 251）。卵椭圆形，长 3mm，宽 1mm，初产呈乳白色，约 10 分钟后变黄，呈污白色。老熟幼虫长 40mm，胸宽 12mm，黄白色，每腔节侧面各有 1 对气孔，无足。裸蛹，乳黄色，雄蛹长 34mm，后胸宽 9mm；雌蛹长 52mm，后胸宽 13mm。

生物学特性：不详。

樟密缨天牛 *Mimothestus annulicornis*（Pic）

**分类地位：** 鞘翅目 Coleoptera 天牛科 Cerambycidae 密缨天牛属 *Mimothestus*。

**分布：** 国内分布于北京、辽宁、吉林、黑龙江、河南，以及樟树栽种区；省内有分布。

**寄主：** 樟、肉桂、荔枝、相思、枣。

**危害状：** 以幼虫蛀食主干、枝条，受害枝条折断，断口聚集长条形木屑，被害枝条上有数个小圆孔，圆孔对应地面有细木屑。受害植株出现枯枝，树势衰弱（见图252-1）。

**形态特征：** 成虫体长 33~39mm。黑色，被锈褐色绒毛；触角内侧具黑色缨毛，自第3节起各节端部黑色，自第4节起各节基部被白色绒毛，鞘翅基部 4/5 散布许多不规则的黑色斑点；鞘翅基部密布颗粒，翅端合成圆形（见图252-2）。成熟幼虫体长 55~74mm，胸部宽 9~10mm，乳白色，被稀疏的褐色毛，各节间内缩，端部呈圆锥形。

**生物学特性：** 广西南宁 1 年 1 代，以幼虫越冬，越冬幼虫 3~4 月化蛹，4~5 月出现成虫。南宁郊区的樟树以及十万大山（上思）的肉桂树干均严重受害。

图 252-1　樟密缨天牛危害状（徐家雄 摄）

图 252-2　成虫（陆千乐 摄）

樟彤天牛 *Eupromus ruber*（Dalman）

**分类地位：** 鞘翅目 Coleoptera 天牛科 Cerambycidae 彤天牛属 *Eupromus*。

**分布：** 国内分布于江苏、浙江、福建、台湾、四川、广东、广西等地。

**寄主：** 樟树类、楠木类。

**危害状：** 以幼虫蛀食寄主植物树干、枝条，使被害处膨胀，植株疏导组织受破坏，使树势衰弱，造成枯枝（见图253-1）。

**形态特征：** 体长 21~25mm，宽 6.5~8.0mm。红色，鞘翅上有黑色绒毛斑点，大小不等，每翅上有 10~12 个，但也有较多或较少的。小盾片灰色，具 2 个红色小斑。触角自第 3 节起，各节基部下缘有灰白色绒毛。前胸背板中央有一条无毛纵纹。中胸侧片、后胸腹板两侧、腹板各节两侧及前、中足腿节下面，各具或大或小的朱红色毛斑（见图253-2）。

**生物学特性：**2 年 1 代，于第 3 年的 4 月下旬开始羽化，成虫于 4 月下旬至 7 月下旬出现；5 月下旬至 6 月中旬，成虫环割树枝并产卵于环割处；7 月上旬可见虫粪从环割处向外排泄，以后虫粪量逐渐增多。被天牛蛀食的树枝顶端从 8 月上旬开始逐渐枯萎，至 8 月下旬树枝被环割以上部分全部枯萎，枝条变黑而干枯死亡。

图 253-1　幼虫（赵丹阳 摄）

图 253-2　成虫（赵丹阳 摄）

### 笋横锥大象 *Cyrtotrachelus buqueti* Guérin-Méneville

**别名：**竹大象、竹横锥大象、缝刺弯颈象。

**分类地位：**鞘翅目 Coleptera 象虫科 Curculionidae 弯颈象属 *Cyrtotrachelus*。

**分布：**国外分布于越南、老挝、缅甸、泰国等东南亚地区；国内分布于福建、重庆、四川、广西、贵州、云南等地；省内分布于广州、韶关、汕头、惠州、肇庆、清远等地。

**寄主：**青皮竹、水竹、绿竹、崖州竹、山竹、慈竹等。

**形态特征：**体色为橙黄色、黄褐色或黑褐色。鞘翅上有 9 条纵沟、外缘圆，臀角有 1 尖刺，两翅合并时，尖刺相靠成 90° 角外突（与笋直锥大象 *C.longimanus* 区分的特征）。头管自头部前方伸出，10~12mm。触角膝状，着生于头管后方两侧沟槽中。前胸背板呈圆形隆起，前缘有约 1mm 宽的黑色边，后缘有 1 箭头状的黑斑。前足胫节内侧密生 1 列棕色毛（见图 254-1、图 254-2）。卵长椭圆形，长径 4~5mm，初为乳白色，后变为乳黄色。卵壳表面光滑无斑纹。老熟幼虫体长 46~55mm，前胸背板有黄色大斑，斑上有 1 "八" 字形褐斑（见图 254-3）。蛹体长 35~51mm，蛹初为橙黄色，后渐变为土黄色。外有 1 个泥土结成的长椭圆形茧。

**生物学特性：**广东 1 年 1 代，以成虫在土中蛹室内越冬。翌年 5 月下旬、6 月上旬成虫出土，8 月为出土盛期。成虫寿命 50~70 天。成虫出土后取食幼嫩竹笋补充营养。受害孔 1~2cm 长，外层竹纤维外翻 1~3cm，成虫喙完全伸入内部，身体前后轻微移动配合喙铲食竹腔内层幼嫩组织，可引起竹腔变黑、腐烂。雌虫多产卵于（距笋尖）30~50cm 的一段，产于箨鞘与竹竿之间，卵期 3~6 天，孵化成幼虫后即向上取食，随着幼虫的生长，取食量越来越大，直至取食到笋尖无笋肉处，大约 15 天，幼虫老熟从白色变为棕黄色，然后咬破笋壳下地。

图 254-1　成虫正面观　　　　　　图 254-2　成虫侧面观　　　　　图 254-3　幼虫（赵丹阳 摄）

（赵丹阳 摄）　　　　　　　　（赵丹阳 摄）

**笋直锥大象** *Cyrtotrachelus longimanus* Fabricius

**别名**：长足竹大象、长足弯颈象。

**分类地位**：鞘翅目 Coleptera 象虫科 Curculionidae 弯颈象属 *Cyrtotrachelus*。

**分布**：国内分布于浙江、福建、湖南、广西、四川、贵州等地；省内分布于广州、韶关、茂名、肇庆、清远等地。

**寄主**：毛竹、青皮竹、粉箪竹、甜竹、绿竹、水竹、茶竹等。

**危害状**：以幼虫蛀食竹笋，使笋枯死，还会蛀食 1m 多高的嫩竹，使其生长不良，节间缩短，拦腰折断，造成顶端小枝丛生以及嫩竹纵裂成沟等畸形现象，结果使嫩竹腐败（见图 255-1）。成虫在笋外铲食幼嫩笋肉作为补充营养，造成生长畸形、断头；幼虫在笋内取食笋肉，造成退笋。

**形态特征**：成虫体呈梭形，红棕色有光泽，鞘翅上各有点刻成纵横 9 条，臀角无尖刺，两翅合并时，中间凹陷（与笋横锥大象 *C.buqueti* 区分的特征）。头管黑色，可自由转动；前足腿节和胫节有利刺，胫节镰刀状，如同螳螂；每翅具有纵纹九条。前胸后缘中央有 1 大黑斑，肩部各有 1 个黑斑（见图 255-2、图 255-3）。卵椭圆形，长 3mm，光滑无色透明（见图 255-4）。幼虫乳黄色，长 20~45mm，头棕色，体胖多皱纹，有淡灰色背线 1 条（见图 255-5）。蛹初为乳白色；后渐变为土黄色。

图 255-1　笋直锥大象危害状（黄焕华 摄）　　　　　　图 255-2　成虫交配（黄焕华 摄）

**生物学特性**：广东1年1代，以成虫在土中越冬。次年6~7月新笋长强后，成虫出土在竹笋上取食、交尾和产卵。卵多产于笋梢部，产卵前成虫在笋梢咬孔，将卵产入其中，每孔产卵1~2粒，孔口湿或有纤维状突出物，卵经3~7天孵化。幼虫期15~19天。老熟幼虫在被害部位咬孔落地，然后钻入土内深8~10cm深处筑土室化蛹，成虫羽化后在土中越冬。从卵至成虫历时为1个月。每年5~10月均可为害，尤其以7~8月最盛。

图 255-3　成虫不同颜色个体
（赵丹阳 摄）

图 255-4　卵
（黄焕华 摄）

图 255-5　幼虫
（赵丹阳 摄）

**萧氏松茎象** *Hylobitelus xiaoi*（Zhang）

**分类地位**：鞘翅目 Coleptera 象虫科 Curculionidae 松茎象属 *Hylobitelus*。

**分布**：国内分布于湖北、湖南、福建、江西、广西、贵州等地；省内分布于韶关、河源、梅州、肇庆、清远等地。

**寄主**：主要危害湿地松、火炬松，以及高产脂马尾松等松科植物。

**危害状**：以幼虫侵入树干基部或根颈部蛀害韧皮组织为害，造成湿地松大量流脂，不同的寄主其幼虫排出的粪便的形状、颜色以及残留的部位不同。湿地松上的排泄物稀酱状，紫红色或花白色，从根茎的地面上溢出或流淌在树皮的表面；火炬松、马尾松上的排泄物呈粉状或条块状，白色或黄褐色，多落在树根茎处的地面上（见图256-1）。

**形态特征**：成虫体壁暗黑色，胫节端部、跗节和触角暗褐色。雌成虫体长14~18mm，雄成虫体长12~14mm。前胸背板被覆赭色毛状鳞片，这些鳞片在前胸背板的前缘和小盾片上部较密。鞘翅上的毛状鳞片形成2行斑点。鞘翅的其他部分被覆同样的鳞片。足和身体腹面被覆黄白色毛状鳞片（见图256-2）。卵椭圆形，长约3mm，宽约2mm。初产时为乳白色，近孵化时为深黄色。幼虫体白色略黄，头黄棕色，口器黑色，前胸背板具浅黄色斑纹，体柔软弯曲呈"C"形，节间多皱褶（见图256-3）。蛹乳白色，长15~18mm，头顶和腹部各节有稀疏的黄褐色茸毛，腹末两侧有1对刺突。

**生物学特性**：萧氏松茎象在江西赣南地区2年1代，以高龄幼虫（5、6龄为主）在蛀道、成虫在蛹室或土中越冬。2月下旬越冬成虫出孔或出土活动，5月上旬开始产卵。卵期12~15天。5月中旬幼虫开始孵化，11月下旬停止取食进入越冬，翌年3月重新取食，8月中旬幼虫陆续化蛹。9月上旬成虫开始羽化。11月份部分成虫出孔活动，然后在土中越冬，其余成虫在蛹室中越冬。成虫在林间活动的高峰期为128.9天。对湿地松，萧氏松茎象幼虫主要在树干基部和根颈部危害。其中49.7%和12.7%的比例分别分布在树干基部1~10cm和11~20cm的树干树皮内，22.1%的幼虫分布在土下根颈部，极少数（0.1%）还分布在土下11~20cm范围内。在高度60cm以上的树干幼虫很少分布。对火炬松，幼虫钻入根颈部和基部树干皮层取食韧皮组织，但危害一般在30cm以下。对高产脂马尾松幼树，危害状与湿地松相似（见图256-4）。

图256-1　湿地松受害状（黄焕华 摄）

图256-2　成虫（腹面、背面）　　图256-3　幼虫（黄焕华 摄）　　图256-4　蛀道
　　　　（黄焕华 摄）　　　　　　　　　　　　　　　　　　　　　　（黄焕华 摄）

松瘤象 *Sipalinus gigas*（Fabricius）

别名：松大象。

分类地位：鞘翅目Coleptera象虫科Curculionidae松瘤象属*Sipalinus*。

分布：国外分布于朝鲜、日本等国；国内分布于江苏、福建、江西、湖南等地；省内各松树种植区广泛分布。

寄主：马尾松等松属树种。

危害状：主要集中在树干下面 1m 范围内的树干基部危害，有明显蛀孔和蛀屑，在马尾松林内呈团状危害（见图 257-1）。

形态特征：成虫体长 12~25mm。体壁坚硬，具黑褐色斑纹。头部呈小半球状，散布稀疏刻点；喙较长，向下弯曲，基部 1/3 较粗；端部 2/3 平滑。触角沟位于喙的腹面，基部位于喙基部 1/3 处。前胸背板长大于宽，具粗大的瘤状突起，中央有 1 条光滑纵纹。小盾片极小。鞘翅基部比前胸基部宽，鞘翅行间具稀疏，交互着生的小瘤突。足胫节末端有 1 个锐钩（见图 257-2、图 257-3）。卵长 3~4mm，白色，产于树皮裂缝中。幼虫：老熟时体长 8~27mm，乳白色，肥大肉质；足退化，腹末有棘状突 3 对（见图 257-4）。蛹体长 15~25mm，乳白色，腹末有 2 向下尾状突。

生物学特性：广东 1 年 1 代，以中、老熟幼虫越冬。羽化后成虫先待在树干蛀道内，经 1~2 天后飞出树干蛀道啃食嫩枝取食以补充营养。成虫具假死性和较强的趋光性。成虫羽化后 5~8 天进行交尾，10~12 天开始产卵。以幼虫在木质部坑道内越冬。翌年 4 月下旬开始化蛹，4 月上旬为化蛹盛期，蛹期 15~25 天，5 月下旬为羽化盛期。卵期 12 天左右，在 6 月中旬始见初孵幼虫，6 月下旬为幼虫孵化高峰期。幼虫孵化后即蛀食韧皮部和木质部表层，以后逐渐向木质部危害，可穿蛀于心材部分，蛀屑白色颗粒状，排出堆积在被害材外面。

图 257-1 松瘤象危害状（黄焕华 摄）

图 257-2 木质部内的成虫（黄焕华 摄）

图 257-3 成虫（徐家雄 摄）

图 257-4 幼虫及蛀道（黄焕华 摄）

香樟长足象 *Cylindralcides takahashii* Kôno

**分类地位：**鞘翅目 Coleptera 象虫科 Curculionidae 长足象属 *Cylindralcides*。

**分布：**国外分布于日本；国内分布于广东、福建、台湾等地。

**寄主：**香樟。

**危害状：**幼虫蛀食樟树嫩梢，形成蛀道，偶见蛀穿的蛀孔，树枝受害后，局部膨大，在枝条上形成木质化的结节状蛹室化蛹，结节以上枝条逐渐干枯（见图 258-1）。

**形态特征：**成虫体细长，6~7mm；黑色，体表常覆盖棕红色粉末状分泌物。喙细长、不弯曲，与前足腿节等长，基部 2/3 两侧平行，之后向端部渐扩宽；触角着生于喙中部。前胸背板端部 1/4 端部缩窄成领状，颗粒不明显；基部 3/4 膨大，具粗大颗粒。鞘翅与前胸背板等宽，基部特别向前突出，形成二叶状，遮盖前胸背板基部；肩不突出，两侧近平行；背面鳞片稀疏、不密集成带或条纹；行间规则，一样高低；行纹刻点较小，具一行颗粒；翅坡略隆起，行间 1 末端隆起成 1 瘤突；雄成虫体小于雌虫，体棕褐色；鞘翅基部与端部各有一条黄白色横波纹（见图 258-2、图 258-3）。卵长椭圆形，乳白色（见图 258-4）。

**幼虫：**低龄乳白色，后逐渐变为浅红褐色，肥胖，弯曲，多皱纹，气孔明显可见（见图 258-5）。蛹淡黄白色，长椭圆形。蛹背有小刺，腹末有臀刺 1 对。

图 258-1 香樟长足象危害状（赵丹阳 摄）

图 258-2 初羽化成虫（赵丹阳 摄）　　　　图 258-3 成熟成虫（赵丹阳 摄）

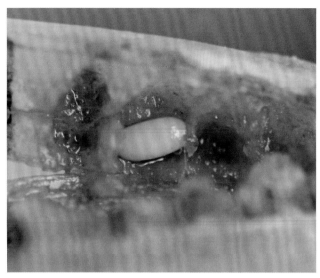

图 258-4　卵（赵丹阳 摄）　　　　　　　　图 258-5　幼虫（赵丹阳 摄）

　　**生物学特性**：广东地区 1 年 1 代，生活史不整齐，卵、幼虫、成虫均可越冬，但以幼虫、成虫为主。成虫有假死习性，落地后形似鸟粪。成虫产卵前先咬 1 长形产卵坑，同时在产卵坑中咬 1~7 个排成 1 列的产卵孔，然后在孔中产卵 1 粒。产卵坑多分布在枝干阴面。幼虫在枝干内向下蛀食，蛀食期可见条状粪便从危害孔排出。

　　**油茶象甲** *Curculio chinensis*（Chevrolat）

　　**别名**：油茶象甲、山茶象。

　　**分类地位**：鞘翅目 Coleptera 象虫科 Curculionidae 象虫属 *Curculio*。

　　**分布**：国内分布于江苏、浙江、安徽、福建、江西、湖北、湖南、广西、四川、贵州、云南等地；省内分布于广州、韶关、肇庆、清远等地。

　　**寄主**：油茶、山茶。

　　**危害状**：幼虫在茶果内蛀食种仁，引起果实中空，幼果脱落；成虫取食时管状喙大部或全部插入茶果，摄取种仁汁液，被害茶果表面留有小黑点，影响茶果质量和产量，受害重者引起落果。

　　**形态特征**：成虫体长 7~8mm。黑色，覆盖白色和黑褐色鳞片。前胸背板后角和小盾片的白色鳞片密集成白斑；鞘翅的白色鳞片呈不规则斑点，中间之后有 1 横带。腹面完全散布白毛。触角仅为体长的 2/3。前胸背板有环形皱隆线。鞘翅三角形，臀板外露，被密毛，腿节有 1 个三角形齿（见图 259-1）。卵长椭圆形，长 1mm，宽 0.3mm，黄白色。老熟幼虫体长 10~12mm，体肥，多皱，背拱腹凹略呈 "C" 形弯曲，无足（见图 259-2）。蛹长椭圆形，长 7~11mm，黄白色。腹末有短刺 1 对。

　　**生物学特性**：广东 2 年 1 代。以老熟幼虫在土内越过第 1 个冬天、以初羽化的成虫在土内越过第 2 个冬天，4 月上中旬开始出土，5~6 月为出土盛期。成虫喜荫蔽，常集中在四周有树木遮阴或向阴坡地茶丛的茶果上，具假死性。成虫交配盛期多被发现在油茶果实上；油茶果实一般以果皮厚度 4~6mm 着卵量最多，林间每果一般只有 1 粒卵或 1 头幼虫。

图259-1　成虫（赵丹阳 摄）　　　　　　图259-2　幼虫（赵丹阳 摄）

桉蝙蛾 *Endoclita signifer*（Walker）

**分类地位：**鳞翅目 Lepidoptera 蝙蝠蛾科 Hepialidae 蝙蛾属 *Endoclita*。

**分布：**国外分布于朝鲜、缅甸、泰国和印度东部；国内分布于上海、湖南、广西等地；省内分布于广州、肇庆、茂名等地。

**寄主：**桉属、野桐属、山麻黄属等。

**危害状：**幼虫蛀入桉树主干取食危害，喜从蛀道口沿树干周径环状蛀食韧皮部，吐丝结织木屑和分泌排泄物形成木屑包覆盖蛀道口和取食部位，严重的引起风折或整株枯死（见图260-1）。

**形态特征：**成虫可明显地分为黑色和黄色2种色型，不同色型成虫身体上的毛和翅膀上的鳞片颜色不同，黑色型头部和前翅灰黑色或黑褐色，黄色型头部和前翅棕褐色或黄褐色。雌蛾体长50~61mm，翅展81~110mm；雄蛾体长41~51mm，翅展71~101mm。触角很短5~6mm；翅狭长，前缘有6个不规则黑色斑；中室斑大，基部常与前缘，内有白色斑，末端斜向外缘，中室端部有1连续或断开的白色短斑；后缘斑黑褐色，自基部至臀角。卵圆形或近圆形，直径0.5mm。初孵幼虫为乳白色，1~2龄幼虫由于生活在地表枯枝落叶层，体色变为浅灰或灰褐色（见图260-2）。老熟幼虫体长72~111mm，具12只单眼，每侧6只，排成2行，第5只单眼与触角相连，触角有3节，上具刚毛1根。腹足5对，第3~6节和臀部各有1对腹足，趾钩呈弯钩状，双环单序，1对臀足缺环双序。雌蛹第8节中间有"人"状的纹，与第9节一突起连接，雄蛹在腹部中线两侧有2个小点突起，第9节有1个生殖孔；腹部第3~7节上面各有倒刺组成的波浪状横带2条，第1条比第2条突出，第8、9节上面有瘤状突末端无臀棘（见图260-3）。

**生物学特性：**在华南地区数个体为1年1代，少数为2年1代。当年羽化的幼虫均以老熟幼虫在树干中越冬，而当年不羽化的幼虫则越冬虫龄不整齐，虫体较小体色较深。成虫4月上旬羽化、交尾，4月上旬至中旬产卵。幼虫4月中旬至5月上旬孵化，4月下旬至6月下旬在地表泥土、枯枝落叶层和腐朽植物缝隙内生长发育，6月中旬至次年2月上旬上树危害。1月下旬虫苞隆起，2月上中旬虫苞穿孔、幼虫吐丝封洞。2月上中旬出现预蛹，蛹期2月上旬至4月上旬，2月至次年2月未能化蛹的7~8龄幼虫休眠后继续危害。幼虫上树后主要从树杈、创口或藤条缠绕处取食入蛀，喜从蛀道口沿树干周径环状蛀食韧皮部，蛀食部位常达树干围径1/3~2/3，严重的蛀食树干1周，蛀道直径可达1.2 cm，深度可达30~50cm。影响速生期桉树的营养输送和林木生长，严重的引起风折或整株枯死。

图 260-1 桉蝙蛾危害状（赵丹阳 摄）

图 260-2 被白僵菌侵染的幼虫（赵丹阳 摄）　　　　图 260-3 蛹壳（赵丹阳 摄）

**蔗扁蛾 Opogona sacchari（Bojer）**

**分类地位：** 鳞翅目 Lepidoptera 谷蛾科 Tineidae 扁蛾属 Opogona。

**分布：** 外来林业有害生物。国外分布于意大利、葡萄牙、西班牙、美国、巴西、马达加斯加、毛里求斯等国；国内分布于北京、上海、江苏、浙江、福建、河南、四川、海南、新疆等地；省内广泛分布。

**寄主：** 寄主植物 28 科 87 种作物、园林绿化植物；主要危害巴西木、光瓜栗、木棉等。

**危害状：** 幼虫在皮层内上下蛀食韧皮部，将内皮层食空剩下表皮层，其间充满粪屑，幼虫咬破树身表皮成为排粪通气孔，可加速被害株的水分丧失（见图 261-1）。

**形态特征：** 成虫体黄褐色，体长 8~10mm，翅展 22~26mm。前翅深棕色，中室端部和后缘各有 1 黑色斑点。前翅后缘有毛束，雌虫前翅基部有 1 黑色细线，可达翅中部。卵淡黄色，卵圆形，约 1mm。幼虫乳白色透明。老熟幼虫长 30mm，头红棕色，胴部各节背面有 4 个毛片，矩形，前 2 后 2 排成 2 排，各节侧面亦有 4 各小毛片。第 3~6 节的腹足趾钩呈二横带，趾钩单序密集有 40 余根。第 10 节的 1 对臀足则趾钩呈单横带排列（见图 261-2）。蛹棕色，长约 10mm，触角、翅芽、后足相互紧贴与蛹体分离。头顶具三角形粗壮而坚硬的"钻头"，蛹尾端 1 对向上钩弯的粗大臀棘。茧长 14~20mm，由白色丝织成，外表粘以木丝碎片和粪粒等杂物。

生物学特性：广州地区 1 年 5~6 代，世代重叠。成虫羽化后外露的蛹壳经久不落。不同寄主对雌成虫平均产卵量有明显差异。主要以老熟幼虫在土表下越冬。幼虫孵化后吐丝下垂，有食土习性，甚至可取食母体本身、卵或相互取食，亦可取食腐朽的物质。

图 261-1　蔗扁蛾危害状（赵丹阳 摄）　　　　　图 262-2　幼虫（赵丹阳 摄）

**油茶织蛾 *Casmara patrona* Meyrick**

**别名：**茶蛀梗虫、茶枝蛀蛾、茶枝镰蛾、油茶蛀茎虫、茶织叶蛾。

**分类地位：**鳞翅目 Lepidoptera 织蛾科 Oecophoridae。

**分布：**国外分布于印度、日本等国；国内分布于浙江、安徽、福建、江西、湖北、湖南、广西、贵州、台湾等地；省内分布于各油茶产区。

**寄主：**油茶、茶树。

**危害状：**以幼虫从上而下蛀食茶枝，受害枝干中空枯死，一般老茶园和密度大的油茶林发生较多（见图 262-1）。

**形态特征：**成虫体长 12~16mm，翅展 32~40mm。触角丝状，灰白色，基部膨大，褐色。前翅黑褐色，有 6 丛红棕色和黑褐色竖鳞，在基部 1/3 内有 3 丛，在中部弯曲的白纹中有 2 丛，另 1 丛在此白纹的外侧；后翅灰黄褐色。卵有花纹，中间略凹。老熟幼虫体长 25~30mm，乳黄白色。头部黄褐色，前胸背板淡黄褐色，腹末 2 节背板骨化，黑褐色。趾钩三序缺环，臀足趾钩三序半环（见图 262-2）。

**生物学特性：**广东地区 1 年 1 代，以 3~5 龄幼虫过冬。翌年气温回升到 5℃后幼虫开始取食，4 月下旬老熟幼虫化蛹，5 月下旬到 6 月下旬为成虫羽化期，羽化期持续 30 天左右。成虫羽化后次日便可交尾，且多发生在羽化后第 2 天。交尾后当晚或隔日傍晚产卵，产卵期一般在 6 月下旬到 7 月上旬，7 月上旬卵陆续孵化，直至 7 月中旬孵化期结束，初孵幼虫即蛀入枝干内危害，直至翌年 5 月。

图 262-1 枝条受害状（赵丹阳 摄）

图 262-2 幼虫

（赵丹阳 摄）

**荔枝蒂蛀虫 *Conopomorpha sinensis* Bradley**

**别名：**荔枝蛀蒂虫、荔枝尖细蛾、爻纹细蛾。

**分类地位：**鳞翅目 Lepidoptera 细蛾科 Gracilariidae 尖细蛾属 *Conopomorpha*。

**分布：**国外分布于印度、泰国、南非等国；国内分布于各荔枝产区。

**寄主：**荔枝、龙眼。

**危害状：**幼虫为害果实、花穗、嫩梢和嫩叶，蛀食果蒂和种仁，粪便留于果内，降低果实品质，甚至造成落果。为害新梢使叶尖部分干枯死亡（见图 263-1）。

**形态特征：**成虫体长 4~5mm，翅展约 10mm；触角约为前翅长的 1.4 倍；在翅的中部有 1 由 5 条相间的白色横线构成的"W"形纹，两翅相并构成"爻"字纹，并在其上方有 1 横纹，是该成虫的最明显特征（见图 263-2）。卵壳上有三角形至六边形不等刻纹，纵向排列成约 10 列。初产下的卵淡黄色，后转为橙黄色（见图 263-3）。老熟幼虫圆筒形，黄白色，长 8~9mm，仅具 4 对腹足，腹足趾钩二横式，臀足趾钩单序横带，臀板三角形（见图 263-4）。蛹初蛹淡绿色，后转为黄褐色，近羽化时为灰黑色（见图 263-5）。

**生物学特性：**在不同地区发生的世代数不一致，在广东 1 年 10~12 代，广西 10~11 代，福建闽南地区 1 年 9~10 代，海南 10~11 代，世代重叠。在广东、福建地区 2~6 代为主要为害代，主要在荔枝、龙眼的花期至果期为害，尤其是 4~5 代与果实成熟期重叠，危害特别严重。

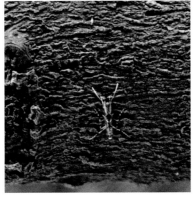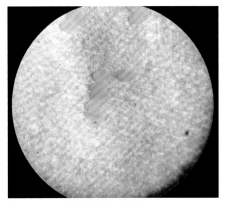

图 263-1 荔枝蒂蛀虫危害状

（董易之 摄）

图 263-2 成虫（董易之 摄）

图 263-3 卵（董易之 摄）

图 263-4　幼虫（董易之 摄）

图 263-5　蛹（董易之 摄）

**荔枝异形小卷蛾** *Cryptophlebia ombrodelta*（Lower）

**分类地位**：鳞翅目 Lepidoptera 卷蛾科 Tortricidae 异形小卷蛾属 *Cryptophlebia*。

**分布**：国外分布于印度、马来西亚、日本、大洋洲等地；国内分布于江苏、河南、广西、海南、四川、云南、台湾等地；省内广泛分布。

**寄主**：荔枝、龙眼、橙、羊蹄甲、金合欢、洋蒲桃、皂荚、无忧树、东京油楠、短萼仪花、仪花、腊肠树、野扁豆、害木榄、桐花树等植物。

**危害状**：幼虫为害寄主植物嫩梢和种实。为害格木以嫩梢为主（见图 264-1），影响也更为严重，高发期也可取食复叶或羽叶基部，可导致嫩梢死亡、落叶，使其丧失顶端生长。初孵幼虫咬食果实表皮，2 龄后蛀入果内食害果核，导致果实腐烂或脱落。

**形态特征**：成虫雌雄异形，体长 6~8mm。雌蛾翅展 20mm 左右，翅肩片及前翅褐色，最显著的特征是近臀角处后缘上有 1 半圆形的紫褐色斑；雄蛾翅展 17mm 左右，翅肩片及前翅淡黄棕色，顶角有褐色斜斑，后缘亦有褐色长条斑（见图 264-2）。卵呈椭圆形，略带扁平形，长约 1mm，卵粒外表呈鱼鳞状，单个或者数个重叠排列。老熟幼虫体长 12~20mm，背面粉红色，腹面黄白色，头部和前胸背板褐色；毛片灰色；肛上板灰黑色。蛹长约 10mm。腹部第 2~7 节背面的前、后缘各有 1 列刺状突，蛹第 8、9 节刺突较粗大。

图 264-1　幼虫为害格木（赵丹阳 摄）

图 264-2　成虫（赵丹阳 摄）

生物学特性：在广州地区 1 年 4~5 代，以幼虫在果实或枝干表皮缝隙中结茧越冬，翌年 3 月上中旬开始化蛹，3 月下旬至 4 月初羽化。成虫具有趋光性。卵产在叶片或果皮上。初孵幼虫分散后啮食果实表皮，2 龄后蛀入嫩梢或果核，蛀孔外有小颗粒状褐色虫粪和丝状物，虫孔外部有黄白色碎屑，其沿着嫩梢髓心部位向上或向下钻蛀。随着虫龄的增长取食量不断地增人，髓心被幼虫完全取食，虫孔外和部分孔道内有黑褐色胶状物，并且孔道内底部有褐色的虫粪及水分。老熟幼虫一般在化蛹前会向外吐丝形成一个严密的小苞，在苞内叶丝结成薄茧，并在茧中化蛹。一般在 5 月大量为害荔枝早熟品种。幼虫除蛀果外，也蛀食嫩茎。在广州地区，8 月、9 月为害阳桃，10 月以后多以幼虫在苏木科的牛角树等嫩茎中越冬。

**肉桂双瓣卷蛾** *Polylopha cassiicola* Liu & Kawabe

**分类地位**：鳞翅目 Lepidoptera 卷蛾科 Tortricidae 双瓣卷蛾属 *Polylopha*。

**分布**：国内分布于福建、广西等地；省内分布于佛山、韶关、梅州、汕尾、茂名、肇庆、潮州、揭阳、云浮等地。

**寄主**：肉桂、樟、黄樟。

**危害状**：幼虫大量钻食肉桂嫩梢，造成新梢大量死亡，主梢不断枯死，侧枝丛生（见图 265-1）。

**形态特征**：雌蛾体长 4~9mm，翅展 11~12mm。雄蛾体长 4~5mm，翅展 9~10mm；前翅长椭圆形，前缘弯曲，外缘倾斜，底色灰褐色，有闪光，部分夹杂橘红褐色，特别是在前缘和基角；基斑比较明显，翅面上有 3~4 排成丛的竖鳞。后翅呈亚四边形，无栉毛老熟幼虫体长 7~10mm，头部黑褐色，前胸背板黑褐色呈半圆形但中央等分间断。第 9 节背面有 1 半椭圆形黑褐色斑块。腹足趾钩呈全环单序，臂足半环单序。卵初产时乳白色，圆形，直径约 0.1mm，近孵化时变黑褐色。老熟幼虫体长 7~10mm，头部黑褐色，前胸背板黑褐色呈半圆形但中央等分间断。第 9 节背面有一半椭圆形黑褐色斑块。腹足趾钩呈全环单序，臂足半环单序（见图 265-2）。蛹长 4~9mm，黄褐色，近羽化前变黑色。背面腹节第 2、9 节有 1 横列黑褐色短突刺，第 3~8 节各节有两横列黑褐色短突，横列黑褐色短突刺，前列粗而短呈圆锥状，后列小而密。腹部味端有钩状臂棘 4 根。

图 265-1　肉桂双瓣卷蛾危害状（赵丹阳 摄）　　图 265-2　幼虫（赵丹阳 摄）

**生物学特性**：广东 1 年 6~7 代，世代重叠。第 1 代幼虫于 5 月下旬开始出现，6 月上旬大量发生；第 2~4 代世代重叠明显，至 8 月下旬 9 月上旬结束；9 月下旬幼虫数量减少。成虫无趋光性；只选择在新抽嫩梢上产卵，嫩梢长达 2cm 以上时是其大量产卵危害期，尤其是 6~8 月，危害最为严重。成虫产卵于叶背面。低龄幼虫钻蛀嫩梢，蛀道在 2cm 左右时嫩梢有萎蔫状变化；3 龄以后蛀道 4~7cm 时梢部完全枯萎；老熟幼虫掉头回到嫩梢上方咬 1 小孔吐丝下垂落地，寻找合适的地方化蛹。

**松实小卷蛾** *Retinia cristata*（Walsingham）

**分类地位**：鳞翅目 Lepidoptera 卷蛾科 Tortricidae 实小卷蛾属 *Retinia*。

**分布**：国外分布于日本；国内分布于北京、河北、山西、辽宁、黑龙江、河南、江苏、安徽、浙江、江西、山东、湖南、广东、广西、四川、云南等地；省内分布于松树种植区。

**寄主**：马尾松、湿地松、火炬松、思茅松等松类植物和侧柏。

**危害状**：第 1 代幼虫蛀食当年生的松树芽梢，新梢被害后枯黄，甚至枯死，弯曲成钩状（见图 266-1）；第 2 代以后的幼虫钻蛀球果，可造成球果枯死（见图 266-2）。

**形态特征**：成虫体长 5~9mm，雌蛾翅展 12~20mm；雄蛾翅展 10~13mm。触角丝状，前翅黄褐色，中央 1 条较宽的银色横斑；靠臀部处有 1 个肾形银色斑，斑内有 3 个小黑点；在翅基 1/3 处有银色横纹 3~4 条；翅顶角处有短银色横纹 3~4 条。后翅暗灰色，无翅斑。卵椭圆形，长约 0.8mm，黄白色，孵化前变为樱桃红色。老熟幼虫体长 9~15mm，头部黄色。前胸背板黄褐色，胸部淡黄色或黄白色。趾钩单序环（见图 266-3）。蛹纺锤形，茶褐色，长 6~11mm，腹端有 3 个明显的小齿突，臀刺 6 根（见图 266-4）。

**生物学特性**：1 年 2~4 代，以蛹在枯梢和被害球果的薄茧中越冬。初龄幼虫爬行迅速，爬到当年生嫩梢上即开始蛀食，蛀前先吐丝，并啃食梢皮，剩余碎屑附于丝网上，随即蛀入髓心。坑道的平均长度为 7 cm，蛀孔以上被害梢萎黄呈钩状弯曲。5 月初，部分第 1 代幼虫从梢转至球果，从球果中上部蛀入，蛀孔外具流脂并黏附大量虫粪和蛀屑，蛀口有松脂凝结呈漏斗状，坑道内充塞黄褐色虫粪和白色凝脂，3~4 天后，球果萎蔫变成棕褐色枯果。球果局部被蛀，虽不枯死，也扭曲畸形；蛀果率达 26.8%。幼虫还具有转梢、转果危害的习性。

图 266-1　枝条危害状（赵丹阳 摄）

图 266-2　果实危害状（赵丹阳 摄）

图 266-3 幼虫（赵丹阳 摄）

图 266-4 蛹（赵丹阳 摄）

**杉梢小卷蛾** *Polychrosis cunninhamiacola* Liu& Pai

**分类地位**：鳞翅目 Lepidoptera 卷蛾科 Tortricidae 梢小卷蛾属 *Polychrosis*。

**分布**：国内分布于江苏、浙江、安徽、福建、江西、湖北、湖南、广西、贵州、四川等地；省内分布于杉木栽种区。

**寄主**：杉木、油杉、云杉。

**危害状**：以幼虫危害杉木嫩梢，主梢被害后，枯黄、火红色。造成树冠秃顶长出侧芽、多头、无头或偏冠等现象，可使干形扭曲（见图 267-1）。

**形态特征**：成虫体长 5~7mm，翅展 12~15mm，前翅深黑褐色，基部有 2 条平行条斑，向外有 × 形条斑。沿外缘还有 1 条斑，在顶角和前缘处分为三叉状。条斑都呈杏黄色，中间有银条。雄性无前缘褶。后翅浅黑褐色，无斑纹。卵长约 1mm，乳白色，胶汁状，孵化时色变深。幼虫体长 8~10mm。头、前胸背板及肛上板棕褐色。身体紫红褐色，每节中间有白色环。头部侧面有两块深色斑；腹足趾钩呈单序环

图 267-1 杉梢小卷蛾危害状（赵丹阳 摄）

（见图 267-2）。蛹体长约 7mm，褐色，腹部各节背面有 2 排大小不同的刺，前排大，后排小。腹末具大小、粗细相等的 8 根钩状臀棘（见图 267-3）。

生物学特性：1 年 2~5 代，以蛹越冬，均以第 1、2 代为害重。卵散产于嫩梢叶背主脉边。3~4 龄幼虫有转移习性，每代幼虫一生需转移 2~3 次。幼虫一生可为害 2~3 个嫩梢，在梢中蛀道中长 2cm。幼虫老熟后于离梢尖 6mm 处吐丝结 8mm 薄茧化蛹。多发生于海拔 300m 以下平原丘陵、4~5 年生幼树、3~5m 高的杉木林；海拔 500m 以上、10 年生以上杉木林为害少。

图 267-2 幼虫（赵丹阳 摄）

图 267-3 蛹（赵丹阳 摄）

**相思拟木蠹蛾** *Indarbela baibarana*（Matsumura）

分类地位：鳞翅目 Lepidoptera 拟木蠹蛾科 Metarbelidae 根蠹属 *Indarbela*。

分布：国内分布于福建、广西、云南、台湾等地；省内分布广泛。

寄主：油茶、木麻黄、台湾相思、柳树、紫荆、团花树、母生、樟、大叶合欢、重阳木、悬铃木、木荷、南岭黄檀、柑橘、枇杷、荔枝、龙眼、石榴等。

危害状：以幼虫钻蛀枝干成坑道，咬食枝干外部时，常吐丝缀连虫粪和树皮屑形成隧道，为害严重时，可致使枝干干枯，幼树死亡（见图 268-1）。

形态特征：雌蛾体长 7~12mm，翅展 22~25mm；雄蛾体长 7~11mm，翅展 20~24mm。体灰褐色，两性成虫颜色相仿，前翅近长方形，灰白色，中室中部具 1 个黑色斑块。黑斑的外侧有 6 个近长方形的褐斑，连续横列呈弧形。前缘具 11 个褐斑，外缘及后缘各有 5~6 个灰褐色斑块，沿翅缘分列。后翅近四方形，外缘有 8 个灰褐色斑。卵约 1mm，椭圆形，乳白色，近透明，表面光滑。卵粒排列成鱼鳞状卵块，外被黑褐色胶状物。老熟幼虫体长 18~27mm，体漆黑色；体壁大部分骨化。头部赤褐色，上唇基部中央色较淡，具许多不规则皱纹，唇基长度为头长 1/3（见图 268-2）。前胸背板漆黑色，背中线色淡。腹部各节大部分骨化。蛹长 12~16mm，赭黄色，触角内上方有 1 对粗大突起。腹端部浑圆，有粗短棘。

生物学特性：广东 1 年 1 代，以近老熟幼虫在虫道中越冬，4~5 月化蛹，每头雌虫平均产卵量为 100

粒左右。幼虫 5 月中旬出现，多在树枝分叉、树皮粗糙和伤口等处钻蛀虫道，白天匿居其中。虫道不深，外面有由虫粪，蜕皮头壳及树皮碎屑组成的隧道，幼虫在傍晚从隧道外出啃树皮。

图 268-1　相思拟木蠹蛾危害状（赵丹阳 摄）

图 268-2　幼虫（赵丹阳 摄）

**斜纹拟木蠹蛾** *Indarbela obliquifasciata* Mell

**分类地位：** 鳞翅目 Lepidoptera 拟木蠹蛾科 Metarbelidae 根蠹属 *Indarbela*。

**分布：** 国内分布于广西、香港等地；省内分布于广州等地。

**寄主：** 宫粉紫荆、杜英、大叶紫薇、水石榕、美丽异木棉等 18 种树木。

**危害状：** 低龄幼虫仅以树皮为食，吐丝缀连虫粪和枝干皮屑做成虫道，沿取食部位栖身于虫道或树皮缝隙内；3 龄以后钻蛀树干木质部（见图 269-1）。

**形态特征：** 成虫体长 18~20mm，翅展 38~41mm。触角双栉齿状，体灰褐色，刚羽化的虫体披浓密长柄状扇形鳞片，端部宽扁；胸背和前翅近前内缘灰褐色，腹末端被浅褐色长鳞片。前翅具灰褐色斑纹，中部具 1 较大的长条状黑色斑。卵扁圆形，乳白色，表面饰花纹，约 1mm。卵块鳞片状排列。幼虫头部及体节黑色，老熟幼虫体长 36~42mm。蛹长 15~18mm，黑褐色（见图 269-2）。腹部各节具锯齿状齿环，用于蛹体在虫道内扭动前行。头部表面具粗糙颗粒，顶部两侧各具 1 个粗大突起。

**生物学特性：** 在广州 1 年 1 代，以幼虫在树干蛀道内越冬；老熟幼虫化蛹前在虫洞开口处虫粪堆积加厚，羽化时头胸部蛹壳裸露坑道外。2 月下旬开始化蛹，3 月为化蛹高峰期，成虫多在 3~6 月羽化，4~5 月为羽化高峰期，6 月上旬全部羽化完毕。成虫有趋光性。成虫一般把卵产在树皮裂缝、伤口或腐烂的树洞边沿及伤口部位。

图 269-1　斜纹拟木蠹蛾危害状（黄焕华 摄）　　　　　图 269-2　幼虫（黄焕华 摄）

**咖啡豹蠹蛾 *Zeuzera coffeae* Nietner**

**分类地位：**鳞翅目 Lepidoptera 豹蠹蛾科 Zeuzeridae 豹蠹蛾属 *Zeuzera*。

**分布：**国外分布于印度、斯里兰卡、印度尼西亚、新几内亚等地；国内分布于河北、山西、江苏、浙江、江西、山东、河南、湖北、湖南、广西、云南、贵州、陕西、香港、台湾等地；省内广泛分布。

**寄主：**核桃、乌桕、荔枝、龙眼、杧果、柑橘、番石榴、桃、茶树、可可、台湾相思等。

**危害状：**幼虫蛀入枝条，在皮层与木质部间先钻蛀一蛀环，后深入木质部，幼虫沿髓心向上蛀食成一纵直隧道，隔不远处向外蛀一排粪孔，并经常将粪粒排出孔外。幼虫经多次转移为害后虫体增大，隧道加粗，蛀道孔的距离越来越远。受害枝上部变黄枯萎，树势生长衰弱甚至枯死，遇风易折断（见图 270-1）。

**形态特征：**雌成虫体长 21~26mm，翅展 42~58mm；雄成虫体长 13~23mm，翅展 26~47mm，体具青蓝色斑点。触角雌蛾丝状，雄虫基半部双栉齿状，端半部丝状。中胸部板的侧有 3 对由青蓝色鳞片组成的圆斑；翅灰白色，翅脉间密布大小不等的青蓝色短斜斑点，外缘有 8 个近圆形青蓝色斑点。腹部，第 3~7 腹节背面及侧面有 5 个青蓝色毛斑组成的横列。卵圆形，初产时淡黄色，近孵化时棕褐色。幼虫初孵幼虫紫红色，老熟幼虫 17~35mm。胸背部淡黄褐色。以前胸最大，前缘有 4 个小缺，背面中央有 1 条浅色纵纹；背板前半部有黑褐色翼状纹伸向两侧，后半部近后缘处有 4 行齿突。腹足趾钩双序环状，臀足为单序横带（见图 272-2）。蛹长 25~28mm。腹部 2~7 节各有二横带，第 8 节有一横隆起带，带上有锯齿状刺列，末端有 6 对臀刺。

图 270-1　咖啡豹蠹蛾危害状（赵丹阳 摄）　　　　　图 270-2　幼虫（赵丹阳 摄）

生物学特性：广东 1 年 1 代。幼虫在被害枝条内越冬，翌年 2 月下旬，越冬幼虫开始在枝干内活动取食，粪便排出洞外，3 月开始陆续化蛹，4 月上旬与 5 月中旬为化蛹盛期。成虫于 4 月中旬开始羽化，5 月中旬至 7 月中旬为羽化盛期。成虫产卵始于 4 月下旬，5 月下旬至 6 月上旬为盛期。初孵幼虫于 5 月上旬钻蛀树干为害，6 月上旬至 10 月下旬为危害盛期。雄蛾飞翔力较强，但趋光性较弱。

**肉桂木蛾** *Thymiatris loureiriicola* Liu，1992

分类地位：鳞翅目 Lepidoptera 木蛾科 Xyloryctidae。

分布：国内分布于上海、浙江、福建、江西、海南、广东等地。

寄主：樟树、肉桂、楠木等。

危害状：初孵幼虫取食嫩叶或嫩树皮，随即在 2~3 年生小枝条吐丝结网，在网下蛀入茎内木质部为害，深达髓心，形成坑道，洞外的虫粪以丝和木屑黏合成堆，堵住洞口。洞口周围的树皮被剥食呈环状，木质部裸露，上下两端树皮成瘤状（见图 271-1）。

形态特征：雌成虫翅展 43~50mm，雄成虫翅展 36~42mm。体银灰色，前翅近长方形，前缘有 1 约占翅宽 1/3 的黑带，前缘和外缘交界处有 6~8 个黄褐色斑点。卵长椭圆形，淡绿色或红色，表面有网格纹。幼虫体漆黑，体壁大部分骨化，体表有长白毛（见图 271-2）。蛹黄褐色，头部顶端有 1 对小突起。

生物学特性：以老熟幼虫在蛀道内越冬。成虫具趋光性，昼伏夜出，产卵于枝条分叉处、叶柄基部及树皮裂缝内。少数高龄幼虫危害大树主干的木质部，在蛀道内将洞口附近的叶片拖至洞边取食。

图 271-1　樟树危害状（赵丹阳 摄）　　　　图 271-2　幼虫（赵丹阳 摄）

**茶木蛾** *Linoclostis gonatias* Meyrick

别名：茶谷蛾、茶堆砂蛀蛾、茶枝木掘蛾、茶食皮虫。

分类地位：鳞翅目 Lepidoptera 木蛾科 Xyloryctidae。

分布：国内分布于安徽、湖南、江苏、浙江、四川、广东、广西、云南、贵州、台湾等地。

寄主：茶树、油茶、相思等。

**危害状**：初孵幼虫吐丝缀 2 个叶片潜居咀食表皮和叶肉，3 龄后开始蛀害枝梢并吐丝黏合木屑、虫粪，形成黄褐色沙堆网袋。有的蛀入茎干分叉处，破坏输导组织（见图 272-1）。

**形态特征**：成虫体长 8~10mm，翅展 19mm；体白色，具光泽；头部及颜面棕色，前翅白色，后翅银白色；翅上有银白色放光泽的鳞片，无花纹，前翅、后翅缘毛银白色。卵球形，乳黄色。老熟幼虫头红褐色，前胸背板黑褐色，中胸背板红褐色，后胸背板和腹部白色；各腹节有红褐色和黄褐色斑纹，并前后断续连成纵线。腹部各节具黑色小点 6 对，前列 4 对，后列 2 对，黑点上着生 1 根细毛（见图 272-2）。蛹圆筒形，红褐色或黄褐色，腹末有 1 对三角形刺突。

**生物学特性**：广东地区 1 年 2 代，以老熟幼虫在受害枝内越冬，世代重叠。翌年 5 月化蛹，6 月羽化，成虫具趋光性，雌成虫产卵在嫩叶背面。幼虫畏光，吐丝粘缀虫粪、木屑等形成虫巢，似堆砂状，隐居在虫道内取食，有的把老叶搬入巢内取食；虫巢一端较粗黏在树皮上，另一端与蛀孔相通，幼虫取食时爬出，遇有惊扰时立即缩入巢内。幼虫期 300 多天，老熟后在虫道里吐丝作茧化蛹。

图 272-1　茶木蛾危害状（赵丹阳 摄）　　　图 272-2　幼虫（赵丹阳 摄）

**桃蛀螟** *Conogethes punctiferalis*（Guenée）

**别名**：桃多斑野螟、桃蛀野螟。

**分类地位**：鳞翅目 Lepidoptera 草螟科 Crambidae 多斑野螟属 *Conogethes*。

**分布**：国内广泛分布；省内广泛分布。

**寄主**：已知寄主植物有 40 余种，主要有桃、李、杏、梨、无花果、梅、石榴、山楂、柿、核桃、板栗、柑橘、荔枝、龙眼、枇杷、杧果、松、杉等林木。

**危害状**：初孵幼虫从上部钻入茎，危害花蕾、嫩茎、果实等。植物受害后，茎易折断，严重时全株枯萎，或造成大量落果、虫果。桃蛀野螟也在松树和杉树等针叶树上危害，以幼虫吐丝把嫩梢的针叶、虫粪、碎屑缀合成虫苞，其内有 2~8 头幼虫匿居其中取食针叶，使嫩梢枯萎，甚至整枝枯死，也有少量幼虫危害这些针叶树的球果（见图 273-1）。

　　**形态特征**：成虫体长 12mm 左右，翅展 22~25mm，黄至橙黄色，体、翅表面具许多黑斑点似豹纹：胸背有 7 个；腹背第 1 和 3~6 节各有 3 个横列，第 7 节有时只有 1 个，第 2、8 节无黑点，前翅 25~28 个，后翅 15~16 个，雄虫第 9 节末端黑色，雌虫不明显。卵椭圆形，约 0.5mm，表面粗糙布细微圆点，初乳白渐变橘黄色、红褐色。幼虫体长 22mm，体色多变，有淡褐、浅灰、浅灰蓝、暗红等色，腹面多为淡绿色。头暗褐，前胸盾片褐色，臀板灰褐，各体节毛片明显，灰褐至黑褐色，背面的毛片较大，第 1~8 腹节气门以上各具 6 个，成 2 横列，前 4 后 2。腹足趾钩不规则的三序环（见图 273-2）。蛹长 13mm，初淡黄绿后变褐色，臀棘细长，末端有曲刺 6 根。茧长椭圆形，灰白色。

　　**生物学特性**：在广东 1 年 4~5 代。越冬代幼虫 3 月上旬为活动盛期。各代幼虫盛发期：第一代 4 月下旬至 5 月上旬，第二代 5 月下旬至 6 月上旬，第三代 7 月上、下旬，第四代 9 月上、中旬。少数第 4 龄幼虫进入越冬，其他大部分能化蛹。第五代幼虫始于 9 月中旬，以 4 龄幼虫于 10 月下旬在松梢被害虫苞内越冬。

图 273-1　幼虫危害状　　　　　　　　　图 273-2　幼虫（赵丹阳 摄）
（赵丹阳 摄）

**松蛀螟** *Conogethes pinicolalis* Inoue and Yamanaka，2006
　　**分类地位**：鳞翅目 Lepidoptera 草螟科 Crambidae 多斑野螟属 *Conogethes*。
　　**分布**：国外分布于韩国和日本；国内分布于长江中下游流域地区及其以南地区。
　　**寄主**：马尾松、湿地松、湿加松等松科植物。
　　**危害状**：以幼虫取食马尾松等松科植物的幼嫩松针（见图 274-1）。
　　**形态特征**：成虫前后翅上斑点较大，斑点边缘颜色变浅，特别是后翅后中部分的斑点连在一起。卵长椭圆形，初产时白色，后渐变为红色。幼虫共 5 龄，体前半段墨绿色，靠近尾部呈现淡绿色（见图 274-2）。蛹纺锤形，末端有 1 层倒刺。蛹被虫茧包裹，蛹室为黑褐色。

　　**生物学特性**：广东地区 1 年 4~5 代，成虫将卵产于松针的缝隙内，卵孵化后，幼虫迁入松梢内吐丝将针叶缀合并在内部取食，通过外部观察发现松梢形成了缀织成的纺锤形。通常一个被害的松梢中会发现低龄幼虫 25~30 头不等，高龄幼虫则仅有 3~8 头。幼虫取食后将粪便排出并与缀合的松针形成倒伞形状的虫苞，且喜欢在树顶部的新梢上为害。

图 274-1　松蛀螟危害状（赵丹阳 摄）　　　图 274-2　幼虫（赵丹阳 摄）

松梢螟 *Dioryctria rubella* Hampson

**别名**：微红梢斑螟。

**分类地位**：鳞翅目 Lepidoptera 螟蛾科 Pyralidae 梢斑螟属 *Dioryctria*。

**分布**：国外分布于日本、朝鲜半岛、俄罗斯、菲律宾、欧洲等地；国内广泛分布；省内广泛分布。

**寄主**：马尾松、油松、红松等松属树种。

**危害状**：幼虫蛀害大树主梢，引起侧梢丛生，使树冠形成畸形，不能成材。还蛀食幼树枝干，在韧皮部及边材上蛀成孔道，影响幼树生长（见图 275-1）。球果受害畸形扭曲，或干缩枯死（见图 275-2）。

**形态特征**：成虫体长 10~14mm，翅展 22~30mm。体灰褐色。前翅灰褐色夹杂深浅不同玫瑰红褐色。中室具 1 肾形灰白斑。内横线灰白弯曲呈波状，向翅中室 1 侧有 1 白斑。外横线浅灰白色，近翅前、后缘两侧直伸。外缘浅灰色，内侧有排黑点。后翅浅灰色。卵椭圆形，长约 1mm。初产黄白色，孵化前呈樱桃红色。幼虫体长 19~27mm。头部及前胸背板红褐色，胸、腹部灰褐色。体表有较多褐色毛片。腹部各节具 4 对毛片，背面两对较大，腹面两对较小。腹足趾钩双序环（见图 275-3）。蛹长椭圆形，长 10~17mm。黄褐色。腹末具一块深褐色骨化狭条，上着 6 根钩状臀棘，中央 2 根较长，两侧 4 根较短。

图 275-1　枝条危害状　　　　图 275-2　球果危害状　　　图 275-3　幼虫（赵丹阳 摄）
　　　（赵丹阳 摄）　　　　　　　（赵丹阳 摄）

生物学特性：在广东1年4~5代，以高龄幼虫和蛹越冬，翌年1月中旬40%高龄幼虫化蛹，3月下旬后85%羽化为成虫。世代重叠，虫龄不整齐。在5月上旬开始为害球果，9月中旬为害最严重。成虫具有趋光、趋糖酒醋液的习性；卵为单产，每次产卵多为1粒，亦有3粒的。老熟幼虫移至被危害枝梢尖端，化蛹前先咬1个圆形羽化孔。在羽化孔稍下做1个蛹室，吐丝粘连木屑封闭孔口，然后织成薄丝网堵塞蛹室两端。在丝状薄网的蛹室内静伏，不食不动地进入预蛹期，预蛹后脱皮进入蛹期。

图276-1 茶秆竹林受害状（黄焕华 摄）

**淡竹笋夜蛾 Kumasia kumaso（Sugi）**

别名：淡竹禾夜蛾、基夜蛾。

分类地位：鳞翅目 Lepidoptera 夜蛾科 Noctuidae 基夜蛾属 Kumasia。

分布：国内广泛分布于散生竹、混生竹产区；省内分布于韶关、肇庆、清远等地。

寄主：茶秆竹、淡竹、白哺鸡竹、乌哺鸡竹、红壳竹竹笋。

危害状：幼虫蛀食竹笋，如大量竹笋被害，不能成竹，即使成竹，亦断头折梢（见图276-1、图276-2）。

形态特征：雌成虫体长17.4~20.4mm，翅展40~44mm；雄成虫体长14.4~18.4mm，翅展38~41mm。体淡黄褐色，触角丝状，复眼黑褐色；前翅浅褐色，缘毛波状，端线浅灰白色，内为一列三角形黑色小斑，亚端线波状，剑状纹深褐色；肾状纹浅褐色，纹内边为深褐色，纹外边为灰白色；环状缘椭圆形横置，有一明显的黑边；楔状纹明显置于环状纹下。卵扁椭圆形，长径约1mm，初产乳白色，后变为淡黄色。初孵幼虫体长1.4mm，淡紫褐色。老熟幼虫体长34~48mm，体淡灰紫色，头橘黄色，体光滑，有隐隐浅色背线，前胸背盾板黄褐色，气门黑色，趾单序单行（见图276-3）。蛹体长16~22mm。红褐色，臀棘4根，中间2根粗长，长于两侧2根的3~4倍，先端并弯曲成钩。

图276-2 幼虫危害状（黄焕华 摄）

图276-3 幼虫

（黄焕华 摄）

生物学特性：在广东怀集县为 1 年 1 代，以卵越冬。3 月中下旬越冬卵孵化，3 月下旬至 4 月上中旬幼虫蛀入竹笋中取食，4 月上中旬幼虫老熟落地，4 月下旬化蛹，6 月上中旬羽化产卵越冬。蛹经 14~22 天，约于 6 月上中旬羽化成虫，羽化期较为集中。夜晚活动，有弱趋光性，活动 2 次、时间为 19：30~20：30 和 4：00，以第一次活动为甚。雌成虫交尾后当晚即可产卵，以次日产卵为多，卵多产于竹子中下层枯竹叶叶鞘内、地面禾本科杂草枯叶内，卵为单行条产，卵下有胶质物将卵粘于叶鞘或枯草叶边缘，每条有卵 24 粒左右，最多可达 40 余粒，每雌一生平均产卵 300 多粒。幼虫下年春天当气温上升后，于 3 月中下旬、晴天中午卵孵化。初孵幼虫咬破卵壳、先升出头、再蠕动虫体爬出后，并回转头取食卵壳。初龄幼虫大多在竹枝上爬行，寻找已萌动的竹子叶芽，钻入芽内取食危害；少数幼虫坠落地面、在地面爬行，寻找已萌芽的禾本科杂草，蛀入草茎中取食，竹子叶芽或草茎被蛀食空，幼虫需爬出另寻生长健壮的叶芽或杂草蛀入危害（见图 277）。幼虫取食 7~14 天脱皮，2 龄幼虫即隐蔽在原取食处停食休息，竹上幼虫还往往爬出叶芽，潜于叶鞘处吐丝裹体停息。4 月上中旬，竹笋出土后、当高生长达 20~30cm 时，幼虫在原停息场所脱皮、再爬出落地，于竹林内寻觅到竹笋，从笋稍侧面蛀入，笋稍蛀入处留有蛀屑。幼虫入笋后，多在笋的上部取食。1 株竹笋中一般有幼虫 1 条，而在较粗大的竹笋中、亦可有幼虫 2~3 条；幼虫在笋中取食 18~24 天老熟，向笋外蛀食，咬破笋箨，爬出被害竹笋，坠落地面爬行，在平地竹林，幼虫多笋根基周围 40cm 处、在有坡度的竹林内，一般多在被害笋的下方 30~40cm，寻松软土壤，钻入土下 2cm，吐丝黏土、或缀落叶结薄茧，在内化蛹。

图 277　低龄幼虫在茶秆竹嫩芽危害（黄焕华 摄）

**竹笋禾夜蛾** *Oligia vulgaris*（Butler）

分类地位：鳞翅目 Lepidoptera 夜蛾科 Noctuidae 禾夜蛾属 *Oligia*。

分布：国内广泛分布于散生竹、混生竹产区；省内分布于韶关、肇庆、清远等地。

寄主：淡竹、刚竹、桂竹、哺鸡竹、茶秆竹等竹类及禾本科、莎草科杂草等。

危害状：幼虫蛀食竹笋，如大量竹笋被害，不能成竹，即使成竹，亦断头折梢。

形态特征：雌蛾体长 17~24mm，翅展 36~44mm，雄蛾 14~22mm，翅展 32~40mm，触角丝状，雌虫翅褐色，缘毛锯齿状，外缘黑色，内有 1 列 7~8 个黑点；雄虫翅灰白色，外缘线由 7~8 个黑点组成。雌虫亚外缘、楔状纹与外缘线在顶角处组成灰黄色斑；雄虫斑灰白色，后翅灰褐色，翅基色浅，无斑纹。卵近圆球形，

图 278-1 幼虫
（黄焕华 摄）

图 278-2 低龄幼虫寄生于
杂草中（黄焕华 摄）

长约 1mm，老熟幼虫体长 36~50mm，体紫褐色，具 5 条淡色纵线。背线、亚背线白色，背线细、亚背线较宽。前胸背板及臀板黑色，被背线分成块状。第 9 腹节背面臀板前方有 6 个小黑斑，在背线两侧呈三角形排列，近背线的 2 个斑特大。趾钩单序中带（见图 278-1）。

生物学特性：在广东 1 年 1 代，以卵在竹林的禾本科杂草中越冬，翌年 2 月中旬开始孵化，3 月中旬全部孵化完毕。3 月下旬至 4 月下旬为幼虫危害猖獗期，5 月上旬老熟幼虫开始化蛹，6 月上、中旬成虫开始陆续羽化。成虫有趋光性。雌蛾将卵产在近枯死杂草叶片边缘，卵排成行，草叶枯死自然卷曲，将卵裹卷包起。幼虫先钻蛀杂草，待竹笋出土后，蛀入竹笋（见图 278-2）。幼虫老熟后，从笋中坠落地面寻找疏松土面筑土室化蛹；若林地土硬，则吐丝把地面枯叶、松土黏结成茧，在其中化蛹。竹笋禾夜蛾危害轻重，主要与林地禾本科及莎草科杂草的多寡有关。地面杂草多的，竹笋的被害率可高达 90% 以上；杂草少则被害率低；没有杂草的竹林，竹笋均不被害。

## 笋秀夜蛾 *Apamea apameoides*（Draudt）

别名：笋秀禾夜蛾、竹秀笋夜蛾。

分类地位：鳞翅目 Lepidoptera 夜蛾科 Noctuidae 秀夜蛾属 *Apamea*。

分布：国内分布于河南、陕西以南各省；省内分布于韶关、肇庆、清远等地。

寄主：茶秆竹、刚竹属各竹种的竹笋及禾本科、莎草科杂草。

危害状：幼虫蛀食竹笋，如大量竹笋被害，不能成竹，即使成竹，亦断头折梢。

形态特征：雌成虫体长 14~20mm，翅展 36~48mm；雄成虫体长 11~16mm，翅展 30~39mm。体褐色。触角丝状，灰黄色。肾状纹黄白色，外线、内线为黑色双纹波状；亚端线、环状纹为浅黄色，不甚明显，后翅灰黑色，翅基色浅（见图 279-1）。卵扁圆形，长径 0.7mm，顶端略凹陷，从凹陷中心至底部均匀发出较密的网纹。初产乳白色，后渐变为淡黄色。老熟幼虫体长 26~40mm，淡紫褐色或紫灰色。头橙红色。背线很细、亚背线较粗，均为污白色；亚背线有多处中断，并有多处向上似山样突出部分。前胸盾板及臀板漆黑色，常被白色背线从正中分开或不分开，臀板前方有 6 块黑斑，中间两块较大（见图 279-2）。蛹体长 12~21mm，雌蛹较长。红褐色，臀棘 4 根，中间 2 根较粗长，长于两侧 2 根的 2 倍。

生物学特性：在广东怀集县为 1 年 1 代，以卵越冬。在 1 月底、2 月初卵开始孵化，3 月上旬为孵化盛期。初孵幼虫蛀入杂草中取食，竹笋出土后，钻出杂草，蛀入笋中危害，幼虫在笋 20~24 天，于 4 月中下旬化蛹，蛹经 16~31 天，于 6 月中旬羽化成虫，7 月中旬羽化结束，6 月下旬至 7 月上旬产卵越冬。蛹经过 20~24 天，于 6 月上中旬羽化成虫，羽化时间多集中在 20：00~22：00 时。雌成虫每次产卵 24~40 粒，一生可产卵 144~264 粒。卵产于杂草叶上、叶鞘及落地枯叶上。初孵幼虫寻找已萌芽的杂草，从禾本科杂草的叶鞘处或莎草科杂草的基部蛀入，在草茎中取食10~14天，爬出转移到较大的杂草中取食，被害的禾本科杂草会出现白穗枯心症状。在4月上中旬，当竹笋出土10cm左右，幼虫从杂草茎中咬孔爬出落地，在地面爬行寻找竹笋，由于笋箨薄，从竹笋稍、中部甚至基部侧面咬孔蛀入。在毛竹林，幼虫爬上竹笋笋梢，从笋顶端箨叶缝中蛀入，在竹笋中幼虫危害先似块状，随后纵横取食，并咬穿竹笋节隔，向上取食，直至危害到笋梢。一般1株笋中有幼虫1条，竹林中虫口密度大时，1株笋中最多有幼虫9条。幼虫在笋中取食20~24天老熟，大多老熟幼虫咬穿竹笋节隔，向下爬行，直到竹笋地下部分，在此化蛹。

图 279-1　成虫
（徐天森 摄）

图 279-2　幼虫
（黄焕华 摄）

## 2.4　地下害虫

地下害虫亦称根部害虫，危害种苗或近土表主茎的杂食性昆虫。

我国已知地下害虫达320余种。地下害虫主要种类有红火蚁、白蚁、蝼蛄、蛴螬、金针虫、地老虎、蟋蟀、根蛆、根蟥、根蚜、拟地甲、根蚧、根叶甲、根天牛和根象甲等。

广东省的主要地下害虫是红火蚁、黑翅土白蚁，苗圃地的主要地下害虫有蛴螬、蝼蛄、地老虎、蟋蟀等类群。

**南方油葫芦** *Teleogryllus mitratus*（Burmeister，1838）

**别名：** 竹蟋、蛮凶头。

**分类地位：** 直翅目 Orthoptera 蟋蟀科 Gryllidae 油葫芦属 *Teleogryllus*。

**分布：** 国外分布于越南、柬埔寨、缅甸、泰国、马来西亚、新加坡、印度尼西亚、菲律宾、印度、斯里兰卡、尼泊尔等国；国内分布于广西、海南、贵州、云南等地；省内均有分布。

**寄主：** 一生或一生中某个阶段生活在土壤中危害植物地下部分、种子、幼苗或近土表主茎。

**危害状：** 主要以幼虫危害，取食萌发的种子或咬断幼苗的根茎等，使其不能发芽，生长受到抑制甚至死亡，断口整齐平截；或者在地下咬食植物的根和嫩茎，把茎秆咬断或扒成乱麻状，由于它们来往窜行，造成纵横隧道，一窜一大片，造成地上部分萎蔫或枯死。

**形态特征：** 一般成虫体长雄 24.2~28.7mm，雌 22.5~25.5mm。属大型，个体粗壮，体长腰身长，个体比其他几种油葫芦都大。多为通体紫红色，尤其6条腿及须突出长而且大，腿色浅，呈淡土黄色，为南方油葫芦的明显特点。其胸腹面亦色浅，头大项阔而且长。头项均为红褐色有光泽，复眼周围及沿面为黄褐色，两触角窝之间有一对褐色小斑，少数个体不明显。前胸背板盘区红褐色，侧叶上半部与盘区同色或色略深，下半部黄褐色。足粗壮，后腔节有 6 对亚端距。雄虫前翅红褐色，长达尾端，翅色足油润且有光泽，斜脉 3~4 条，发音镜前圆后方，内有一曲脉分镜为 2 室，端区发达，呈规则网状。雌虫前翅有斜纵脉 13~15 条，纵脉间有小横脉相连，形成规则小室。产卵管约与体长相等（见图 280-1、图 280-2）。

**生物学特性：**体大腿长，勇猛好斗。多栖息在砖石下或落叶中。鸣叫声音响亮有些像北京油葫芦之声，但断断续续无头无尾，鸣声不如北京油葫芦优美。

图 280-1　成虫（李琨渊 摄）　　　　　　　　　图 280-2　若虫（李琨渊 摄）

**小棺头蟋** *Loxoblemmus aomoriensis* Shiraki，1930

**别名：**石首棺头蟋、棺头蟋、小扁头蟋。

**分类地位：**直翅目 Orthoptera 蟋蟀科 Gryllidae 棺头蟋属 *Loxoblemmus*。

**分布：**国内主要分布在上海、江苏、浙江、安徽、福建、山东等地；省内广泛分布。

**寄主：**一生或一生中某个阶段生活在土壤中危害植物地下部分、种子、幼苗或近土表主茎。

**危害状：**主要以幼虫危害，取食萌发的种子或咬断幼苗的根茎等，使其不能发芽，生长受到抑制甚至死亡，断口整齐平截；或者在地下咬食植物的根和嫩茎。

**形态特征：**体长 12~16mm，大小不等，体宽一般为 5mm，触角长 20mm 左右。体色黑褐，雄虫头顶向前突出，前缘呈圆弧形，后缘略扁平。额腹面有一近似圆形的黄斑，由头顶向前胸背板倾斜，具 6 条淡黄色短纵纹。颜面宽而扁平，且明显倾斜。口器为黄褐色，前翅发达，后翅或发达或退化。前腿、中腿较细，有大小不一的黑斑；后腿粗壮、宽阔而长大，显得特别有力。2 根尾须向两边叉开，长度约为体长的 1/3，端部很尖（见图 281）。

**生物学特性：**喜欢生活在林荫下的浮土、败叶中和稍微湿润的田园中。有一定的趋光性，后翅发达的个体有时会飞翔起来，扑向灯火。它身体比较小巧，行动也较快捷，遇有惊动时就蹦跳着迅速逃跑，所以捕捉这种虫困难些。石首棺头蟋一般在立秋前开始鸣叫，鸣声为"志、志、志、志、志"，5 声一循环，声音稍显低沉，但韵味极浓，很受鸣虫爱好者欢迎。早秋发生的第 1 代体型较大，数量较少。第 2 代身体稍小些，但发生的数量则比第 1 代多得多。

图281　成虫（李琨渊 摄）

东方蝼蛄 *Gryllotalpa orientalis* Burmeister，1838

**别名**：南方蝼蛄、小蝼蛄、拉拉蛄、地拉蛄、土狗子、地狗子、水狗。

**分类地位**：直翅目 Orthoptera 蝼蛄科 Gryllotapidae 蝼蛄属 *Gryllotalpa*。

**分布**：国外分布于菲律宾、印度尼西亚等地；国内广泛分布。

**寄主**：杂食性，危害林木、茶树、农作物幼苗。

**危害状**：成虫和若虫在土中取食播入苗床的种子、新发芽和幼苗嫩茎，严重时将嫩茎咬断，根茎部被咬成乱麻状，使全苗枯死。此外蝼蛄在土壤中钻成的隧道，使苗根与土壤分离，幼苗因失水而枯死。

**形态特征**：成虫体长 30~35mm，淡灰褐色，全身密生细毛。头圆锥形，暗黑色，触角丝状，黄褐色，复眼红褐色，椭圆形，有单眼 3 个。前胸背板卵圆形，长约 8mm，宽约 6mm，中央有 1 个心脏形凹陷。前翅长 12mm，覆盖腹部达一半，雄虫右翅音齿数 30~45 个，每 mm 音锉有 16~23 个音齿，音齿间距在音锉两端和中部较均匀。后翅卷缩呈尾状，超过腹部末端。前足发达，特化为开掘足，后足胫节背侧内缘有刺 3~4 个。腹部较宽大，背面黑褐色，腹面灰黄色，尾毛 2 根较长，伸向体外两侧（见图282）。卵椭圆球形，长约 4mm，宽约 2.3mm，初产乳白色，渐变黄褐色，孵化前呈暗紫色。初孵若虫体长约 4mm，老熟若虫长约 25mm，初孵化时乳白色，复眼淡红色，数小时后，头、胸、足转为暗褐色；腹部淡黄色，纺锤形，后足胫节有 3~4 刺。

**生物学特性**：广东省 1 年 1 代，以成虫或若虫在地下越冬。清明后上升到地表活动，在洞口可顶起 1 个小虚土堆。5 月上旬至 6 月中旬是蝼蛄最活跃的时期，是全年第 1 次危害高峰，6 月下旬至 8 月下旬，天气炎热，转入地下活动。6~7 月为产卵盛期。9 月份气温下降，再次上升到地表，形成第

图282　成虫（李琨渊 摄）

2次危害高峰。蝼蛄昼伏夜出，以 21：00~23：00 最盛，尤在气温高、湿度大、闷热的夜晚，大量出土活动，对光和香甜物有趋性。成、若虫均喜松软潮湿的壤土或沙壤土，以 20cm 深表土层含水量 20% 以上最宜，小于 15% 时活动减弱。当气温在 12.5~19.8℃，20cm 土温为 15.2~19.9℃ 时，对蝼蛄最适，温度过高或过低时，则潜入深层土中。

黑翅土白蚁 *Odontotermes formosanus*（Shiraki）

**别名**：黑翅大白蚁、台湾黑翅螱。

**分类地位**：等翅目 Isoptera 白蚁科 Termitidae 土白蚁属 *Odontotermes*。

**分布**：分布于我国黄河、长江以南各地；省内广泛分布。

**寄主**：各种林木。

**危害状**：主要以工蚁危害树皮及浅木质层，以及根部，造成被害树干外形成大块蚁路，长势衰退。当侵入木质部后，则树干枯萎；尤其对幼苗，极易造成死亡。采食危害时做泥被和泥线，严重时泥被环绕整个干体周围而形成泥套，其特征很明显（见图283-1）。

**形态特征**：有翅成虫体长 12~14mm，翅展 45~50mm，头、胸、腹部背面黑褐色，腹面为棕黄色。翅黑褐色，全身覆有浓密的毛。触角 19 节。前胸背板略狭于头，兵蚁体长 5~6mm。头暗深黄色，被稀毛。胸腹部淡黄至灰白，有较密集的毛。上颚镰刀形，左上颚中间的前方有一显著的齿，右上颚的齿极小而不明显。工蚁体长 4.6~4.9mm，头黄色，胸腹部灰白色。蚁后无翅，腹部特别膨大。蚁王头呈淡红色，全体色泽较深，胸部残留翅鳞（见图283-2、图283-3）。卵长椭圆形，长约 0.8mm，白色。

**生物学特性**：土栖、"社会性"多形态昆虫，每个蚁巢内有蚁王、蚁后、工蚁、兵蚁和生殖蚁等（其中生殖蚁是由有翅型发育而成）。有翅繁殖蚁 3 月份开始出现于巢内，在气温达到 22℃ 以上，空气相对湿度达 95% 以上的闷热暴雨前夕、傍晚前后从羽化孔（圆锥形高出地面的开口）成群爬出，经外飞、脱翅，雌雄配对钻入土中建立新巢。兵蚁保卫蚁巢，工蚁外出采食活动。工蚁担负扩筑蚁巢、采食和喂饲幼蚁、蚁王、蚁后。工蚁采食时，在树干上做成泥线、泥被或泥套，隐藏其内进行采食树皮及木纤维。当日平均气温达 12℃ 时，工蚁开始离巢采食，最高气温 25℃，最低气温 15℃，平均气温 20℃ 左右，工蚁采食

图283-1 泥被线
（李琨渊 摄）

图283-2 幼虫（李琨渊 摄）

图283-3 成虫
（李琨渊 摄）

达到高峰，故在整个出土取食期中，4~5月和9~10月（尤其在4月中下旬和8月下旬至9月初）为全年2次外出采食为害高峰。进入盛夏后，工蚁一般不进行外出活动。由此可见，黑翅土白蚁取食活动的适宜温度范围在25~27℃，相对湿度在85%左右，而高温（32℃以上）和低湿（湿度在70%以下）均不利于黑翅土白蚁的取食活动。11月底后工蚁停止外出采食，回巢越冬。

### 红角直缝叩甲 Hemicrepidius rufangulus Kishii et Jiang

**分类地位：**鞘翅目 Coleoptera 叩甲科 Elaterida 直缝叩甲属 *Hemicrepidius*。

**分布：**国内分布于浙江、四川、台湾等地；省内分布于惠州、茂名等地。

**寄主：**沉香等。

**危害状：**幼虫为害寄主植物地下部分。

**形态特征：**成虫体长 15.6~16.6mm，宽 4.4~4.7mm。体长形，头、触角、前胸背板中央、小盾片黑色；前胸背板两侧红色，无光泽；鞘翅及缘折金绿，有铜色闪光。前胸背板长明显大于宽，两侧向前极缓慢变狭，几乎平行，前部肘弯，变狭明显；背面相当隆凸，刻点密，筛孔状，有光滑的中纵线；后角短，三角形，伸向后方，表面有一条与侧缘平行的锐脊；后缘基沟相当短，明显，呈齿刻状。小盾片盾形，前缘平直，端部圆形拱出。鞘翅与前胸等宽，两侧平行，端部 1/3 开始变狭，端部完全；表面有明显的刻点凹纹，两侧凹纹中刻点较中央凹纹中的强烈，狭长形，相互连接（见图 284）。

**生物学特性：**不详。

### 黄带根叩甲 Procraerus ligatus（Candeze）

**分类地位：**鞘翅目 Coleoptera 叩甲科 Elateridae 根叩甲属 *Procraerus*。

**分布：**国外分布于中南半岛、缅甸、印度尼西亚等地；国内分布于浙江、江西、福建、台湾、等地；省内广泛分布。

**寄主：**相思等。

**危害状：**幼虫为害寄主植物地下部分。

图 284　成虫（赵丹阳 摄）

**形态特征：**成虫体长 10mm，宽 3mm。体狭长，黑色；鞘翅基部黄色，左右鞘翅自基部向后有 1 条黄色纵中带；触角和足赤褐色。全身密被黄褐色绒毛。头顶平坦，前部低凹；刻点粗，不太密。前胸背板长大于宽，基部最宽，向前逐渐变狭；背面不太凸，刻点粗密，基部有浅中纵沟；后角尖、分叉，背面有一条明显的脊。小盾片狭椭圆形，表面有粗刻点。鞘翅等宽于前胸后角，向后逐渐变狭，端部完全；背面有强烈的刻点条纹，条纹间隙中刻点较弱（见图 285）。

**生物学特性：**不详。

图 285　成虫（赵丹阳 摄）

图 286　成虫（赵丹阳 摄）

筛胸梳爪叩甲 *Melanotus cribricollis*（Faldermann）

分类地位：鞘翅目 Coleoptera 叩甲科 Elaterida 梳爪叩甲属 *Melanotus*。

分布：国外分布于日本；国内分布于河北、内蒙古、浙江、江西、福建、山东、湖北、广西、四川等地；省内广泛分布。

寄主：油茶、竹子、相思等。

危害状：幼虫为害寄主植物地下部分。

形态特征：成虫体长 16~18mm，宽 4.5~5mm。体黑色，也有栗黑色个体；被有灰白色短细毛。头紧嵌入前胸，额平，前缘平截或略凸，前缘后部两侧略凹，密布有明显的筛孔状刻点。前胸布有孔状刻点，两侧的大而强烈、更密，中间从前向后变稀变弱变小。前胸长大于宽，向前逐渐变狭；后角伸向后方，上有锐脊；后缘基侧沟明显，直。鞘翅等宽于前胸，两侧平行，后部变狭，两鞘翅切合，端部完全，常露出腹部末端，表面具有明显的刻点线，其线间略凸，不平，略有横皱，分布有明显的小刻点。小盾片长略大于宽，近正方形，无沟，被有小刻点（见图 286）。幼虫体细长，扁圆筒形，暗红色或红褐色。头扁平梯形，上有纵沟 4 条，大颚漆黑色；体背线位置有较浅细的凹陷沟，气门在各节前缘，黑色，扁椭圆形；各体节前后缘有边，上有纵细纹。从中胸节到第 8 腹节，在亚背线位置的前缘有较小的半月形斑，斑上有纵细纹。尾节圆锥形，较长，末端有 3 个突起，以中间 1 个为长，呈"山"字形，向前两侧各有 1 个突起，共 5 个明显突起。初化蛹乳白色，洁白光亮，后渐变淡黄色，羽化前为灰黑色；头向前倾斜，触角锯齿状明显，触角上方有 1 棕色刚毛；前胸后缘近小盾片处有 1 对棕色刚毛；翅芽达第 3 节腹节后缘；后足跗节末端达第 4 腹节后缘。

生物学特性：在浙江 4~5 年 1 代，以成虫及各龄幼虫越冬。成虫出土期较长，出土期在 4~7 月，长达 3 个多月。具有明显的趋光性，夜晚于土中产卵。产卵后，成虫会在卵粒周围粘满土粒，以尽量减少卵粒脱水的可能。初孵幼虫孵化后，很快就能够自由活动并取食，且活动灵活，野外一般在土层 30 cm 以下才能见到初龄幼虫。

小地老虎 *Agrotis ipsilon*（Hufnagel，1766）

分类地位：鳞翅目 Lepidoptera 夜蛾科 Noctuidae 地老虎属 *Agrotis*。

分布：国外、国内广泛分布。

寄主：桉树、马尾松、杉木、桑、茶等百余种植物。

危害状：1~3 龄幼虫取食叶片（特别是心叶）成孔洞或缺刻，到 4 龄以后，取食时就在齐土面部位，把幼苗咬断倒伏在地，造成大量缺苗断垄。

形态特征：翅展 50mm 左右，前翅前缘区颜色较深，基线、内线及外线均双线黑色，中线黑色，亚端线灰白色锯齿形，内侧 $M_1$~$M_2$ 脉间有 2 个楔形黑纹，外侧 2 黑点，环、肾纹暗灰色，后者外方有一楔形黑纹；后翅白色半透明（见图 287）。幼虫头部暗褐色，侧面有黑褐斑纹，体黑褐色稍带黄色，密布黑色小圆突，腹部末端肛上板有一对明显黑纹，背线、亚背线及气门线均黑褐色，不很明显，气门长卵形，黑色。

**生物学特性：** 长江以南年 4~5 代，南亚热带地区年 6~7 代。无论年发生代数多少，在生产上造成严重危害的均为第 1 代幼虫。南方越冬代成虫 2 月份出现，全国大部分地区羽化盛期在 3 月下旬至 4 月上、中旬。成虫的产卵量和卵期在各地有所不同，卵期随分布地区及世代不同的主要原因是温度高低不同所致。

图 287　成虫（左方海鹏 摄，右李琨渊 摄）

**红火蚁** *Solenopsis invicta* Buren，1972

**别名：** 入侵红火蚁。

**分类地位：** 膜翅目 Hymenoptera 蚁科 Formicidae 火蚁属 *Solenopsis*。

**分布：** 原分布于南美洲巴拉那河流域（包括巴西、巴拉圭与阿根廷）；国外分布于美洲的热带和亚热带地区，印度、非洲、太平洋岛屿等地；国内分布于福建、江西、湖北、湖南、广西、海南、重庆、四川、贵州、云南、香港、澳门、台湾等地；省内广泛分布。

**寄主：** 植物的种子、根部、果实等，为害幼苗，造成产量下降。

**危害状：** 红火蚁对野生动植物有严重的影响。它可攻击海龟、蜥蜴、鸟类等的卵，对小型哺乳动物的密度和无脊椎动物群落有负面的影响。侵袭牲畜，造成农业上的损失。红火蚁主要以螯针叮刺和口器咬伤植物、动物、人体。人体被其叮螯后，会有火灼伤般疼痛感，其后会出现如灼伤般的水泡，8~24 h 后，叮螯处化脓形成脓疱。如遭受大量红火蚁叮螯，部分人除立即产生破坏性的伤害与剧痛外，毒液中的毒蛋白往往会造成被攻击者产生过敏而有休克死亡的危险，若脓疱破掉，则容易引起二次感染。此外，它还可损坏灌溉系统。

**形态特征：** 红火蚁除雌、雄繁殖蚁外，工蚁（非生殖型）分为大型工蚁（兵蚁）和小型工蚁（工蚁），其体型大小呈连续性多态型。生殖型雌蚁有翅型雌蚁体长 8~10mm，头及胸部棕褐色，腹部黑褐色，着生翅 2 对，头部细小，胸部发达，前胸背板显著隆起。雌蚁婚飞交配后落地，将翅脱落结巢成为蚁后。蚁后体形（特别是腹部）可随寿命的增长不断增大。雄蚁体长 7~8mm，体黑色，着生翅 2 对，头部细小，触角呈丝状，胸部发达，前胸背板显著隆起。大型工蚁（兵蚁）体长 6~7mm，形态与小型工蚁相似，体橘红色，腹部背板色呈深褐。卵为卵圆形，大小为 0.23~0.30mm，乳白色。幼虫共 4 龄，各龄均乳白色，各龄长度为：1龄0.27~0.42mm；2龄0.42mm；3龄0.59~0.76mm；发育为工蚁的4龄幼虫0.79~1.20mm，而将发育为有性生殖蚁的4龄幼虫体长可达4~5mm。1~2龄体表较光滑，3~4龄体表被有短毛，4龄上颚骨化较深，略呈褐色。蛹为裸蛹，乳白色，工蚁蛹体长0.70~0.80mm，有性生殖蚁蛹体长5~7mm，触角、足均外露。

生物学特性：①社会体系。红火蚁真社会性的生活结构，蚁巢中除专负责生殖的蚁后与生殖入侵红火蚁时期才会出现负责交配的雄蚁外，绝大多数的个体都是有无生殖能力的雌性个体（职蚁）。无生殖能力的职蚁可分为工蚁与兵蚁亚阶级，阶级结构变化为连续性多态型。红火蚁有"单蚁后"及"多蚁后"两种社会形态，是透过约600个"锁"在一起的"超级基因"调控来决定红火蚁是"单蚁后"及"多蚁后"族群。单蚁后族群是由一个交尾蚁后通过飞行而播散建立。这种播散方式可使交尾的蚁后播散到1km或更远的地方定植。因它们有领地意识，单蚁后的族群密度比多蚁后的族群密度低，蚁丘密度为200个/hm²。多蚁后族群是在一个族群中有2个至数百个具有繁殖能力的蚁后，它们由1个或几个蚁后通过爬行到一个新的地点而建立，这种形式的播散速度慢。多蚁后族群没有领地，所以，单位面积上的族群密度比单蚁后族群的密度高4倍，超过1000个/hm²。这两类族群都可以通过流水而播散。当水面上升，它们形成一团而浮在水面上，能存活数周直到水位落下或漂流直到岸上。

②生存繁殖。红火蚁自然繁殖中以生殖蚁的婚飞扩散较为持续和有规律。红火蚁没有特定的婚飞时期（交配期），成熟蚁巢全年都可以有新的生殖蚁形成。雌、雄蚁飞到90~300m高的空中进行婚飞配对与交配，雌蚁交尾后飞行3~5km降落寻觅筑新巢的地点，如有风力助飞则可扩散更远。红火蚁的生活史有卵、幼虫、蛹和成虫4个阶段，共8~10周。蚁后终生产卵。工蚁是做工的雌蚁；兵蚁较大，保卫蚁群。每年一定时期，许多种产生有翅的雄蚁和蚁后，飞往空中交配。雄蚁不久死去，受精的蚁后建立新巢，交配后24h内，蚁后产下10~15只卵，在8~10天时孵化。第一批卵孵化后，蚁后将产下75~125只卵。一般幼虫期6~12天，蛹期9~16天。第一批工蚁大多个体较小。这些工蚁挖掘蚁道，并为蚁后和新生幼虫寻找食物，还开始修建蚁丘。一个月内，较大工蚁产生，蚁丘的规模扩大。6个月后，族群发展到有几千只工蚁，蚁丘在土壤或草坪上凸显出来。红火蚁是一种营社会性生活昆虫，每个成熟蚁巢，有5万~50万只红火蚁。红火蚁虫体包括负责做工的工蚁、负责保卫和作战的兵蚁和负责繁殖后代的生殖蚁。生殖蚁包括蚁巢中的蚁后和长有翅膀的雌、雄蚁。一个蚁巢中包括1个或数个可以生殖的蚁后，其他所有的工蚁和兵蚁都是不能繁殖的（见图288-1）。红火蚁的寿命与体型有关，一般小型工蚁寿命在30~60天，中型工蚁寿命在60~90天，大工蚁在90~180天。蚁后寿命在2~6年。红火蚁由卵到羽化为成虫需要22~38天。蚁后每天可最高产卵800枚（IUCN数据，另有论文称为1500枚），一个几只蚁后的巢穴每天共可以产生2000~3000枚卵。当食物充足时产卵量即可达到最大，一个成熟的蚁巢可以达到24万头工蚁，典型蚁巢为8万头。

③食物类型。红火蚁食性杂，觅食能力强，食物包括149种野生花草的种子，57种农作物，昆虫和其他节肢动物、无脊椎动物、脊椎动物、植物和腐肉等，它们有在植物上"放牧"蚜虫、介壳虫的行为。红火蚁群体生存、发展需要大量的糖分，蜜汁、糖、蛋白质、脂肪等食物也在红火蚁的食谱上。红火蚁幼虫在某龄以前只吃液质食物，而后能够消化固体食物。工蚁带来富含蛋白质的固体食物放置在幼虫的嘴前。幼虫分泌消化酶分解固体食物并反刍给工蚁。蚁后靠取食一些消化过的蛋白质来维持产卵的需要。

只要有足够的食物，蚁后就能够发挥其最大产卵效率。通常在凉爽季节的白天或炎热时期的傍晚和夜间工蚁觅食活动最积极。觅食蚁通过地表下的水平蚁道离巢去觅食，一个大型蚁巢的觅食蚁道可从蚁丘负外延伸几十米远，沿路有通向地面的开口。

④蚁巢特征。红火蚁为完全地栖型蚁巢的蚂蚁种类，成熟蚁巢是以土壤堆成高10~30cm，直径30~50cm的蚁丘，有时为大面积蜂窝状，内部结构呈蜂窝状（见图288-2）。新形成的蚁巢在4~9个月后出现明显的小土丘状的蚁丘。新建的蚁丘表面土壤颗粒细碎、均匀。随着蚁巢内的蚁群数量不断增加，露出土面的蚁丘不断增大。当蚁巢受到干扰时，蚂蚁会迅速出巢攻击入侵者。红火蚁在蚁丘四围有明确的领地意识，而蚁丘的特点及主动攻击入侵者的行为，可以作为迅速判断是否为红火蚁的方法之一。

⑤温度影响。红火蚁对热的耐受性最低温度为3.6℃，最高温度为40.7℃。红火蚁在土壤表层温度10℃以上时开始觅食，在土壤温度达19℃时才会不间断地觅食，觅食的土壤表层温度范围为12~51℃。当土壤表层下2cm处的温度在15~43℃时，工蚁开始觅食，最大觅食率发生在22~36℃时。低温度比高温度更能限制红火蚁的觅食。春天土壤周平均土壤温度（表层下5cm深处）升高到10℃以上，红火蚁开始产卵。工蚁和繁殖蚁化蛹和羽化分别发生在20℃和22.5℃。土壤平均温度24℃时新蚁后可以成功地建立族群。当土壤很湿或很干时则活动减少。干旱后的一场雨会刺激它们2~3天的筑巢活动并增加觅食活

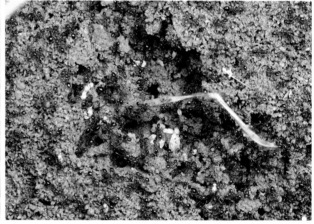

图288-1 繁殖蚁（李琨渊 摄）

图288-2 蚁巢（李琨渊 摄）

动。从土壤表面到 10cm 深处的温度低于 18.8℃时，全天不会发生交尾飞行。在气温在 24~32℃，相对湿度 80% 的条件下，交尾飞行在上、下午均可发生。新建立族群 89% 处于侵扰区域的下风向。交配飞行通常发生在雨后晴朗、温暖的中午时分。一旦雌性有翅繁殖蚁完成交配后，会从翅基缝处折断双翅，并寻找一个合适的场所建立一个新的族群。这些场所一般在岩石或树叶下，也可以是沟缝或石缝中，甚至在人行道、公路或街道的边沿处。蚁后在土中挖掘通道和小室，并密封开口，以免捕食者入侵。

# 3　林业有害植物

森林有害植物是指已经或可能使本地经济、环境和生物多样性受到伤害（尤其是对特定的森林生态系统造成较大危害），或危及人类生产与身体健康的植物。

薇甘菊 *Mikania micrantha* Kunth

**别名**：小花蔓泽兰、小花假泽兰。

**分类地位**：桔梗目 Campanulales 菊科 Asteraceae 假泽兰属 *Mikania*。

**分布**：原产于南美洲和中美洲，现已广泛传播到亚洲热带地区、中南美洲各国、美国南部，成为当今世界热带、亚热带地区危害最严重的杂草之一，是世界上最具危险性的有害植物之一。香港约在 1919 年发现薇甘菊。广东于 1984 年在深圳首次发现薇甘菊。国内现分布于福建、江西、湖南、广西、四川、贵州、云南、西藏、香港、澳门、台湾等地。省内各地级市都有分布，但主要在北回归线以南造成灾害。

**危害状**：在其适生地攀缘、缠绕并覆盖附主植物，阻碍植物的光合作用，导致寄主树衰弱，甚至死亡。由于薇甘菊的快速生长，茎节随时可以生根并繁殖，快速覆盖生境，且有大量的种子，通过竞争或他感作用，抑制自然植被和作物的生长，不断扩展形成单优群落，排斥和取代了原有植物物种，2008 年来已广泛分布在珠江三角洲地区，主要危害天然次生林、人工林，严重影响林木生长、更新和生物多样性。在广东内伶仃岛，发育典型的白桂木 – 刺葵 – 油椎群落常绿阔叶林，几乎被薇甘菊覆盖，除较高大的白桂木外，刺葵以下灌木全被覆盖，长势受到严重影响，群落中灌丛、草本的种类组成明显减少。疏林树木、林缘木被薇甘菊缠绕，出现枝枯、茎枯现象，呈现明显的逆行演替趋势（见图 289-1、图 289-2）。

**形态特征**：薇甘菊为多年生草质或木质藤本，茎细长，匍匐或攀缘，多分枝，被短柔毛或近无毛，幼时绿色，近圆柱形，老茎淡褐色，具多条肋纹。茎中部叶三角状卵形至卵形，长 4.0~13.0cm，宽 2.0~9.0cm，基部心形，偶近戟形，先端渐尖，边缘具数个粗齿或浅波状圆锯齿，

图 289-1　薇甘菊攀缘、缠绕危害桉树林（黄焕华 摄）

两面无毛，基出 3~7 脉；叶柄长 2.0~8.0 cm；上部的叶渐小，叶柄亦短。头状花序多数，在枝端常排成复伞房花序状，花序渐纤细，头状花序长 4.5~6.0mm，含小花 4 朵，全为结实的两性花，总苞片 4 枚，长圆形，顶端渐尖，绿色，长 2~4.5mm，总苞基部有一线状椭圆形的小苞叶（外苞片），长 1~2mm，花具香气；花冠白色，脊状，长 3~4mm，檐部钟状，5 齿裂，瘦果长 1.5~2.0mm，黑色，被毛，具 5 棱，被腺体，冠毛有 32~40 条刺毛组成，白色，长 2~4mm（见图 289-3、图 289-4、图 289-5）。

生物学特性：薇甘菊在光照充足、水分充沛、土壤肥沃的生长环境下，生长迅速，但不耐荫。主要分布在年平均气温 >1℃，有霜日数 <5 天，日最低气温 ≤ 5℃的日数在 10 天以内，寒潮较轻，露风较轻的地区。种子、茎、根均能繁殖。薇甘菊种子细小而轻，且基部有冠毛，易借风力、水流，动物以及人类的活动而远距离传播，也可随带有种子、藤茎的载体，交通工具传播。薇甘菊茎上的节点极易生根，进行无性繁殖，甚至形成宿根，是人工清除营养体而不能根除薇甘菊的主要原因。薇甘菊从花蕾到盛花约 5 天，开花后 5 天完成受粉，再过 5~7 天种子成熟，然后种子开始新一轮传播。开花数量很大，0.25m² 面积内，计有头状花序达 2 万 ~5 万个，合小花 8 万 ~20 万朵，花生物量占地上部分生物量的 38.4%~42.8%。薇甘

图 289-2　薇甘菊覆盖林木（陈瑞屏 摄）

图 289-3　薇甘菊的花（黄焕华 摄）

图 289-4　嫩芽互相缠绕
（黄焕华 摄）

图 289-5　薇甘菊的根（黄焕华 摄）

菊瘦果细小，长椭圆形，亮黑色，具5"脊"，先端（底部）一圈冠毛25~35条，长2.5~3.0mm，种子细小，长1.2~2.2mm，宽0.2~0.5mm，千粒重0.089 g。在实验室控制条件下，薇甘菊种子在25~30℃萌发率83.3%，在15℃萌发率42.3%，低于5℃、高于40℃条件下萌发极差。光照条件下有利于种子萌发，黑暗条件下很难萌发。种子在萌发前可能有一个10天左右的"后熟期"，种子成熟后自然储存10~60d，萌发率较高，贮存时间越长，萌发率越低。薇甘菊幼苗初期生长缓慢，在1个月内苗高仅为11cm，单株叶面积0.33cm²。但随着苗龄的增长，其生长随之加快，其茎节极易出根，伸入土壤吸取营养，故其营养茎可进行旺盛的营养繁殖，而且较种子苗生长要快得多，薇甘菊一个节1天生长近20cm。在内伶仃岛，薇甘菊的一个节在1年中所分枝出来的所有节的生长总长度为1007 m。由于其蔓延速度极快，故有些学者称其为"一分钟一英里的杂草"。

### 白花鬼针草 *Bidens pilosa* Linnaeus

**别名：**鬼钗草、虾钳草、蟹钳草、对叉草、粘人草、粘连子、豆渣草。

**分类地位：**桔梗目 Campanulales 菊科 Asteraceae 鬼针草属 *Bidens*。

**分布：**广泛分布于亚洲和美洲的热带和亚热带地区；在我国华东、华中、华南、西南等地有分布；省内广泛分布。

**危害状：**在农林业上属于有害杂草，会与农作物争夺水分、养分，降低农作物的产量和品质；鬼针草种子的顶端有三四枚芒刺，有人路过便会粘在人的裤脚上，所以又叫粘人草。

**形态特征：**一年生草本植物，茎直立，钝四棱形，无毛或上部被极稀疏的柔毛。茎下部叶较小，3裂或不分裂，通常在开花前枯萎；中部叶具长1.5~5cm无翅的柄，三出，小叶3枚，两侧小叶椭圆形或卵状椭圆形，先端锐尖，基部近圆形或阔楔形，顶生小叶较大，长椭圆形或卵状长圆形；上部叶小，3裂或不分裂，条状披针形（见图290-1）。头状花序，有长1~6（果时长3~10）cm的花序梗；总苞基部被短柔毛，苞片7~8枚，条状匙形；无舌状花，盘花筒状，长约4.5mm，冠檐5齿裂（见图290-2）。花果期8~10月（见图290-3）。

**生物学特性：**喜长于温暖湿润气候区，以疏松肥沃、富含腐殖质的砂质壤土及黏壤土为宜。

图290-1　白花鬼针草叶片
（陈刘生 摄）

图290-2　白花鬼针草花（陈刘生 摄）

图 290-3 白花鬼针草种子（陈刘生 摄）

豚草 *Ambrosia artemisiifolia* L.

**分类地位**：桔梗目 Campanulales 菊科 Asteraceae 豚草属 *Ambrosia*。

**分布**：原产北美洲，现在分布于欧洲、亚洲、北美洲、非洲、中南美和大洋洲。自 20 世纪 30 年代初传入我国，已经形成了沈阳、北京、天津、上海、武汉等 5 个豚草繁殖传播中心，现已分布于全国各地。省内分布于广州、韶关、清远、肇庆、梅州等地。

**危害状**：遮盖和压抑土生植物，消耗土地中的水分和营养，侵入裸地后一年即可成为优势种，对生态环境造成较大威胁（见图 291-1）。花粉中含有水溶性蛋白，与人接触后可迅速释放。空气中豚草花粉粒的密度达到 40~50 粒 /m³，人群就能感染"枯草热症"（秋季花粉症），引起过敏性变态反应，患者的临床表现为眼、耳、鼻奇痒、阵发性喷嚏、流鼻涕、头痛和疲劳；有的胸闷、憋气、咳嗽、呼吸困难。病轻引起咳嗽、哮喘；病重可引起肺气肿，而且感染以后会年年复发，且一年比一年加重。豚草植株和花粉还可使某些人患过敏性皮炎。

**形态特征**：一年生草本，高 20~150cm；茎直立，上部有圆锥状分枝，有棱，被疏生密糙毛。下部叶对生，具短叶柄，二次羽状分裂，裂片狭小，长圆形至倒披针形，全缘，有明显的中脉，上面深绿色，被细短伏毛或近无毛，背面灰绿色，被密短糙毛；上部叶互生，无柄，羽状分裂（见图 291-2）。雄头状花序半球形或卵形，径 4~5mm，具短梗，下垂，在枝端密集成总状花序（见图 291-3）。总苞宽半球形或碟形；总苞片全部结合，无肋，边缘具波状圆齿，稍被糙伏毛。花托具刚毛状托片；每个头状花序有 10~15 个不育的小花；花冠淡黄色，长 2mm，有短管部，上部钟状，有宽裂片；花药卵圆形；花柱不分裂，顶端膨大呈画笔状。雌头状花序无花序梗，在雄头花序下面或在下部叶腋单生，或 2~3 个密集成团伞状，有 1 个无被能育的雌花，总苞闭合，具结合的总苞片，倒卵形或卵状长圆形，长 4~5mm，宽约 2mm，顶端有围裹花柱的圆锥状嘴部，在顶部以下有 4~6 个尖刺，稍被糙毛；花柱 2 深裂，丝状，伸出总苞的嘴部。瘦果倒卵形，无毛，藏于坚硬的总苞中。花期 8~9 月，果期 9~10 月。

**生物学特性**：豚草再生力极强。一般单株结籽量为 800~1200 粒，多达 1.5 万 ~3 万粒，少的在 500 粒以下。种子随风飘扬 100km，可随人的鞋底、水流、交通工具等四处传播，无论是荒郊野外还是城区甚至是硬化土壤，豚草都能够生长。茎、节、枝、根都可长出不定根，扦插压条后能形成新的植株，经铲除、切割

图 291-1　豚草危害状（左黄久香 摄，右教忠意 摄）

图 291-2　豚草植株（教忠意 摄）

图 291-3　豚草花序（教忠意 摄）

后剩下的地上残条部分，仍可迅速地重发新技。豚草喜湿怕旱，是浅根系植物，不能吸取土壤深层的水分，深秋旱季普遍出现萎蔫枯凋现象，而长在潮湿处的豚草生长繁茂。种子（果实）的发芽率为 91.49%。从 4 月下旬至 7 月下旬末是分枝期，枝、叶形成时期，以株高（纵向）生长为主，当株高生长趋于停滞时，枝叶的形成也就结束。6 月、7 月进入开花期（雄花为 65~70 天，雌花为 50~55 天），雄花序能产生大量致病的花粉，摇曳植株就能看见黄雾般的花粉散落。果实大量成熟的时间是在 10 月上、中旬，成熟期为 20 天左右。

山葛 *Pueraria montana*（Loureiro）Merrill

**别名：**越南葛、越南野葛、葛麻姆。

**分类地位：**豆目 Fabales 豆科 Fabaceae 葛属 *Pueraria*。

**分布：**国外分布于日本、越南、老挝、泰国和菲律宾等国；国内分布于北京、天津、河北、山西、内蒙古、辽宁、吉林、黑龙江、上海、江苏、浙江、安徽、福建、江西、山东、河南、湖北、湖南、广西、海南、重庆、四川、贵州、云南、西藏、陕西、甘肃、宁夏、香港、澳门、台湾等地；省内广泛分布。

　　**危害状：** 攀附、缠绕林木后，覆盖了树冠，遮挡阳光，影响林木的正常发育（见图292）。

　　**形态特征：** 原变种粗壮藤本，长可达8m，全体被黄色长硬毛，茎基部木质，有粗厚的块状根。羽状复叶具3小叶；托叶背着，卵状长圆形，具线条；小托叶线状披针形，与小叶柄等长或较长；小叶3裂，偶尔全缘，顶生小叶宽卵形或斜卵形，长7~19cm，宽5~18cm，先端长渐尖，侧生小叶斜卵形，稍小，上面被淡黄色、平伏的疏柔毛。下面较密；小叶柄被黄褐色绒毛。总状花序长15~30cm，中部以上有颇密集的花；苞片线状披针形至线形，远比小苞片长，早落；小苞片卵形，长不及2mm；花2~3朵聚生于花序轴的节上；花萼钟形，长8~10mm，被黄褐色柔毛，裂片披针形，渐尖，比萼管略长；花冠长10~12mm，紫色，旗瓣倒卵形，基部有2耳及一黄色硬痂状附属体，具短瓣柄，翼瓣镰状，较龙骨瓣为狭，基部有线形、向下的耳，龙骨瓣镰状长圆形，基部有极小、急尖的耳；对旗瓣的1枚雄蕊仅上部离生；子房线形，被毛。荚果长椭圆形，长5~9cm，宽8~11mm，扁平，被褐色长硬毛。花期9~10月，果期11~12月。

图292-2　山葛危害状（黄焕华　摄）

本变种与原变种之区别在于顶生小叶宽卵形,长大于宽,长9~18cm,宽6~12cm,先端渐尖,基部近圆形,通常全缘,侧生小叶略小而偏斜,两面均被长柔毛,下面毛较密;花冠长12~15mm,旗瓣圆形。花期7~9月,果期10~12月。

**生物学特性**:适应性广,具有强大的根系,耐寒、抗旱、耐贫瘠的特点,喜温暖、潮湿的环境。海拔100~2000m的高山均有分布。生长于向阳湿润的山坡、旷野灌丛或山地疏林。对土壤适应性强,疏松肥沃、排水良好的壤土或砂壤土长势较好,荒山石砾、悬崖峭壁缝隙上,只要有30 cm深的土层即可扎根生长。

### 光荚含羞草 *Mimosa bimucronata*(Candolle)O.Kuntze

**别名**:簕仔树。

**分类地位**:豆目 Fabales 豆科 Fabaceae 含羞草属 *Mimosa*。

**分布**:原产热带美洲。国内分布于福建、江西、湖南、广西、海南、云南、香港、澳门等地;省内广泛分布。

**危害状**:常作为篱笆植物被引进或逸生于疏林下,能够在较短时间内形成单优群落,排挤本地种(见图293-1)。

**形态特征**:落叶灌木,高3~6 m;小枝无刺,密被黄色茸毛。二回羽状复叶,羽片6~7对,长2~6 cm,叶轴无刺,被短柔毛,小叶12~16对,线形,长5~7mm,宽1~1.5mm,革质,先端具小尖头,除边缘疏具缘毛外,余无毛,中脉略偏上缘。头状花序球形;花白色;花萼杯状,极小;花瓣长圆形,长约2mm,仅基部连合;雄蕊8枚,花丝长4~5mm(见图293-2)。荚果带状,劲直,长3.5~4.5cm,宽约6mm,无刺毛,褐色,通常有5~7个荚节,成熟时荚节脱落而残留荚缘(见图293-3)。

**生物学特性**:喜光、喜湿的植物。适应性极强,可在多种土质条件下生长,且耐热、耐涝、耐旱。有种子繁殖和营养繁殖2种繁殖模式,繁殖体数量大,传播范围广,生长迅速,繁殖能力强,能够在较短时间内形成单优群落,排挤本地种,再生能力很强,生长迅速,栽后当年就能长到2m左右。种子可在较广的温度范围内(15~40℃)发芽。

图293-1　光荚含羞草危害状(王瑞江 摄)

图 293-2　光荚含羞草的花（王瑞江 摄）　　　图 293-3　光荚含羞草的果（王瑞江 摄）

**广寄生 Taxillus chinensis（DC.）Danser**

**别名**：桑寄生、桃树寄生、寄生茶。

**分类地位**：檀香目 Santalales 桑寄生科 Loranthaceae 钝果寄生属 *Taxillus*。

**分布**：国外分布于越南、老挝、柬埔寨、泰国、马来西亚、印度尼西亚、菲律宾等国；国内分布于广西、广东、福建南部等地；省内各地都有分布。

**危害状**：侵入林木后在木质部内生长延伸，分生出许多细小的吸根与寄主的输导组织相连，从林木中吸取水分和养分；此外，逐步挤占树冠，影响寄主树的光合作用和正常生长。林木被侵害后，生长势逐渐减弱，严重的枝干逐渐萎缩干枯，甚至导致整株死亡（见图 294）。

**形态特征**：灌木，高 0.5~1m；嫩枝、叶密被锈色星状毛，有时具疏生叠生星状毛，稍后绒毛呈粉状脱落，枝、叶变无毛；小枝灰褐色，具细小皮孔。叶对生或近对生，厚纸质，卵形至长卵形，长 2.5~6cm，宽 1.5~4cm，顶端圆钝，基部楔形或阔楔形；侧脉 3~4 对，略明显；叶柄长 8~10mm。伞形花序，1~2 个腋生或生于小枝已落叶腋部，具花 1~4 朵，通常 2 朵，花序和花被星状毛，总花梗长 2~4mm；花梗长 6~7mm；苞片鳞片状，

图 294　广寄生危害状（黄焕华 摄）

长约 0.5mm；花褐色，花托椭圆状或卵球形，长 2mm；副萼环状；花冠花蕾时管状，长 2.5~2.7cm，稍弯，下半部膨胀，顶部卵球形，裂片 4 枚，匙形，长约 6mm，反折；花丝长约 1mm，花药长 3mm，药室具横隔；花盘环状；花柱线状，柱头头状。果椭圆状或近球形，果皮密生小瘤体，具疏毛，成熟果浅黄色，长 8~10mm，直径 5~6mm，果皮变平滑。花果期 4 月至翌年 1 月。

生物学特性：分布于海拔 20~400m 平原或低山常绿阔叶林中，寄生于多种林木上。种子随鸟粪排出后即黏附于林木枝干上，在适宜条件下萌发长出胚根，先端形成吸盘，然后生出吸根，从伤口、芽眼或幼枝皮层直接侵入林木后，在木质部内生长延伸，分生出许多细小的吸根与寄主的输导组织相连，从中吸取水分和养分。

### 棱枝槲寄生 *Viscum diospyrosicolum* Hayata

别名：柿寄生（广东、福建、台湾）、桐木寄生（广西）。

分类地位：檀香目 Santalales 桑寄生科 Loranthaceae 槲寄生属 *Viscum*。

分布：国内分布于浙江、安徽、福建、江西、湖北、湖南、广西、海南、重庆、四川、贵州、云南、陕西、甘肃、西藏、台湾等地；省内各地均有分布。

图 295　梨树棱枝槲寄生（雷斌 摄）

危害状：寄生于南洋楹等林木树冠内。槲寄生枝条柔软下垂，呈密集着生，越长越多，抢占树冠中部水分和矿质元素，影响光合作用，使顶部成为最先干枯死亡的部分（见图 295）。一旦遇到暴风雨，容易造成树冠大量的枝枯断枝。

形态特征：亚灌木，高 0.3~0.5m，直立或披散，枝交叉对生或二歧分枝，位于茎基部或中部以下的节间近圆柱状，小枝的节间稍扁平，长 1.5~3.5cm，宽 2~2.5mm，干后具明显的纵肋 2~3 条。幼苗期具叶 2~3 对，叶片薄革质，椭圆形或长卵形，长 1~2cm，宽 3.5~6mm，顶端钝，基部狭楔形；基出脉 3 条；成长植株的叶退化呈鳞片状。聚伞花序，1~3 个腋生，总花梗几无；总苞舟形，长 1~1.5mm，3 朵花时中央 1 朵为雌花，侧生的为雄花，通常仅具 1 朵雌花或雄花；雄花：花蕾时卵球形，长 1~1.5mm，萼片 4 枚，三角形；花药圆形，贴生于萼片下半部；雌花：花蕾时椭圆状，长 1.5~2mm，基部具环状苞片或无；花托椭圆状；萼片 4 枚，三角形，长约 0.5mm；柱头乳头状。果椭圆状或卵球形，长 4~5mm，直径 3~4mm，黄色或橙色，果皮平滑。花果期 4~12 月。本种植株淡绿色或黄绿色，其茎由扁平变圆柱状，但不呈四棱状；小枝节间长度可随寄主种类而有变化，稀可长达 4~5cm。

生物学特性：通常分布于海拔 20~400m 平原或低山常绿阔叶林中，寄生于多种林木上。当种子落到寄主植物的枝干上，遇到适宜条件萌发便长出吸根，侵入寄主树，寄生于南洋楹等林木树冠内，抢占树冠中部水分和矿质元素，影响光合作用。受害严重的寄主树顶部最先干枯死亡，一旦遇到暴风雨，容易造成树冠大量的枝枯断枝。

无根藤 *Cassytha filiformis* L.

别名：无头草、无爷藤、罗网藤。

分类地位：毛茛目 Ranales 樟科 Lauraceae 无根藤属 *Cassytha*。

分布：全球热带地区均有分布；国内分布于浙江、福建、江西、湖南、广西、海南、四川、贵州、云南、香港、台湾等地；省内各地均有分布。

危害状：借盘状吸根攀附、缠绕于林木上，吸取寄主的水分和养分，影响林木光合作用。受害林木轻者长势不良，重者导致树势衰弱、枯梢等，甚至死亡（见图 296-1）。

图 296-1 无根藤危害状（黄焕华 摄）

形态特征：寄生缠绕草本，借盘状吸根攀附于寄主植物上。茎线形，绿色或绿褐色，稍木质，幼嫩部分被锈色短柔毛，老时毛被稀疏或变无毛。叶退化为微小的鳞片。穗状花序长 2~5cm，密被锈色短柔毛；苞片和小苞片微小，宽卵圆形，长约 1mm，褐色，被缘毛。花小，白色，长不及 2mm，无梗。花被裂片 6，排成 2 轮，外轮 3 枚小，圆形，有缘毛，内轮 3 枚较大，卵形，外面有短柔毛，内面几无毛。能育雄蕊 9，第 1 轮雄蕊花丝近花瓣状，其余的为线状，第 1、2 轮雄蕊花丝无腺体，花药 2 室，室内向，第 3 轮雄蕊花丝基部有一对无柄腺体，花药 2 室，室外向。退化雄蕊 3，位于最内轮，三角形，具柄。子房卵珠形，几无毛，花柱短，略具棱，柱头小，头状（见图 296-2）。果小，卵球形，包藏于花后增大的肉质果托内，但彼此分离，顶端有宿存的花被片。花、果期 5~12 月。

生物学特性：生于山坡灌木丛或疏林中，海拔 980~1600m。借盘状吸根攀附、缠绕、寄生于林木上。借缠绕茎的不断生长、分枝而蔓延，以及种子传播。

图 296-2 花蕾（李琨渊 摄）

金钟藤 *Merremia boisiana*（Gagnep.）V.Ooststr

别名：假白薯。

分类地位：管状花目 Tubiflorae 旋花科 Convolvulaceae 鱼黄草属 *Merremia*。

分布：国外分布于印度尼西亚、马来西亚、越南和老挝等国。国内分布于广西、海南、贵州、云南等地，其北部界线达北回归线附近。省内分布于广州、汕头、惠州、阳江等地。

危害状：蔓延和攀爬生长速度较快，在其缠绕和覆盖下，可致幼树扭曲变形，成树被其遮盖不能正常地进行光合作用，使得树木生长受滞，甚至枯死（见图297-1）。

图297-1　金钟藤危害状（蔡卫群 摄）

形态特征：大型缠绕草本或亚灌木。茎圆柱形，无毛，具不明显的细棱，幼枝中空。叶近于圆形，偶为卵形，长9.5~15.5cm，宽7~14cm，顶端渐尖或骤尖，基部心形，全缘，两面近无毛或背面沿中脉及侧脉疏被微柔毛，侧脉7~10对，与中脉在叶面微凹，背面突起，第三次脉近于平行；叶柄长4.5~12cm，无毛或近上部被微柔毛（见图297-2）。花序腋生，为多花的伞房状聚伞花序，有时为复伞房状聚伞花序，总花序梗长5~35cm，稍粗壮，下部圆柱形，灰褐色，无毛，向上稍扁平，连同花序梗和花梗被锈黄色短柔毛；苞片小，长1.5~2mm，狭三角形，外面密被锈黄色短柔毛，早落；花梗长1~2cm，结果时伸长增粗；外萼片宽卵形，长6~7mm，外面被锈黄色短柔毛，内萼片近圆形，长7mm，无毛，顶端钝；蒴果圆锥状球形，长1~1.2cm，4瓣裂，外面褐色，无毛，内面银白色（见图297-3）。种子三棱状宽卵形，长约5mm，沿棱密被褐色糠秕状毛。

图297-2　嫩梢（蔡卫群 摄）　　　　　　　图297-3　花序（蔡卫群 摄）

生物学特性：具有广幅的生态适应性，虽属阳性植物，但对光的适应幅度亦广；虽多生长于土壤潮湿的地方，但亦耐一定的干旱；对温度变化也具有较强的适应力。缠绕方式具有长期适应周围环境影响而产生的进化稳定性，呈逆时针方向，其幼枝在未接触到支持物时已呈多次逆时针方向旋转，一旦接触到支持物即可迅速缠绕攀缘生长。生长最快季节是每年 5~9 月，生长速度为 0.5~1.0cm/ 天。当年生侧枝长可达 8~12cm，最长可达 14cm，藤茎粗达 1cm 左右。根具有极强的生命力和萌芽力，可萌生许多不定根，藤茎也可落地生根，因而能迅速蔓延扩散，连片生长可"独株成片"。

菟丝子 *Cuscuta chinensis* Lam.

别名：中国菟丝子、黄丝、黄丝藤、金丝藤等。

分类地位：管状花目 Tubiflorae 旋花科 Convolvulaceae 菟丝子属 *Cuscuta*。

分布：国外分布于伊朗、阿富汗向东至日本、朝鲜，南至斯里兰卡、马达加斯加、澳大利亚。国内分布于全国各地；省内各地都有分布。

危害状：碰到寄主就缠绕其上，在接触处形成吸根，吸取寄主的养分和水分。轻则影响植物生长和观赏效果，重则致植物死亡（见图 298）。

图 298　菟丝子危害状（左上罗峰 摄，右上杨晓 摄，左下右下黄焕华 摄）

形态特征：一年生寄生草本。茎缠绕，黄色，纤细，直径约 1mm，无叶。花序侧生，少花或多花簇生成小伞形或小团伞花序，近于无总花序梗；苞片及小苞片小，鳞片状；花梗稍粗壮，长仅 1mm 许；花萼杯状，中部以下连合，裂片三角状，长约 1.5mm，顶端钝；花冠白色，壶形，长约 3mm，裂片三角状卵形，顶端锐尖或钝，向外反折，宿存；雄蕊着生花冠裂片弯缺微下处；鳞片长圆形，边缘长流苏状；子房近球形，花柱 2，等长或不等长，柱头球形。蒴果球形，直径约 3mm，几乎全为宿存的花冠所包围，成熟时整齐的周裂。种子 2~49 粒，淡褐色，卵形，长约 1mm，表面粗糙。

生物学特性：生于海拔 200~3000m 的田边、山坡阳处、路边灌丛或海边沙丘，通常寄生于豆科、菊科、藜科等多种植物上。一年生攀缘性的草本寄生性种子植物。种子萌发时幼芽无色，丝状，附着在土粒上，另一端形成丝状的菟丝，在空中旋转，碰到寄主就缠绕其上，在接触处形成吸根，进入寄主组织后，部分细胞组织分化为导管和筛管，与寄主的导管和筛管相连，吸取寄主的养分和水分。此时初生菟丝死亡，上部茎继续伸长，再次形成吸根，茎不断分枝伸长形成吸根，再向四周不断扩大蔓延，严重时将整株寄主布满菟丝子，使受害植株生长不良，也有寄主因营养不良加上菟丝子缠绕引起全株死亡。

**南方菟丝子** *Cuscuta australis* R.Br.

**别名**：欧洲菟丝子、女萝、金线藤。

**分类地位**：管状花目 Tubiflorae 旋花科 Convolvulaceae 菟丝子属 *Cuscuta*。

**分布**：国外分布自亚洲的中、南、东部，向南经马来西亚、印度尼西亚以至大洋洲。国内分布于全国各地；省内各地都有分布。

图 299　南方菟丝子危害状（李琨渊 摄）

**危害状**：利用攀缘性的茎攀附在其他植物上，并且从接触宿主的部位发育为特化的吸器，吸取养分和水分，轻则影响植物生长和观赏效果，重则致植物死亡。此外，还是一些植物病原的中间寄主。

**形态特征**：茎缠绕，金黄色，纤细，直径 1mm 左右，无叶（见图 299）。花序侧生，少花或多花簇生成小伞形或小团伞花序，总花序梗近无；苞片及小苞片均小，鳞片状；花梗稍粗壮，长 1~2.5mm；花萼杯状，基部连合，裂片 3~5，长圆形或近圆形，通常不等大，长 0.8~1.8mm，顶端圆；花冠乳白色或淡黄色，杯状，长约 2mm，裂片卵形或长圆形，顶端圆，约与花冠管近等长，直立，

宿存；雄蕊着生于花冠裂片弯缺处，比花冠裂片稍短；鳞片小，边缘短流苏状；子房扁球形，花柱 2，等长或稍不等长，柱头球形。蒴果扁球形，直径 3~4mm，下半部为宿存花冠所包，成熟时不规则开裂，不为周裂。通常有 4 种子，淡褐色，卵形，长约 1.5mm，表面粗糙。

**生物学特性**：喜高温湿润气候，通常寄生于田边、路旁植物上，海拔 50~2000m 适生。一年生寄生草本，主要是以种子进行远距离传播扩散。缠绕在寄主上的菟丝子片段也能随寄主远征，蔓延繁殖。主要

在环境条件不适宜萌发时，种子休眠，在土壤中多年，仍有生活力。菟丝子种子萌发后，长出细长的茎缠绕寄主，自种子萌发出土到缠绕上寄主约需 3 天。缠绕上寄主以后与寄主建立起寄生关系约需 7 天，此时下部即自然干枯而与土壤分离，从长出新苗到现蕾需 30 天以上，现蕾到开花约 10 天，自开花到果实成熟约需要 20 天。菟丝子也能进行营养繁殖，一般离体的活菟丝子茎再与寄主植物接触，仍能缠绕，长出吸器，再次与寄主植物建立寄生关系，吸收寄主的营养，继续迅速蔓生。

阔叶丰花草 *Borreria latifolia*（Aubl.K.Schum）

别名：四方骨草。

分类地位：龙胆目 Gentianales 茜草科 Rubiaceae 丰花草属 *Borreria*。

分布：原产南美洲。约 1937 年引进广东等地繁殖做军马饲料。国内分布于浙江、江西、福建、湖南、广西、海南、香港、澳门、台湾等地；省内分布于南部。

危害状：入侵林地、茶园、桑园、果园，以及旱地。具有惊人的繁殖能力，其幼苗一旦长出即迅速生长，并很快形成很大的种群，对林木幼苗等造成很大的危害。同时，它还能在其生长的环境中分泌一种有毒物质，抑制其他种类植物的生长，从而达到快速扩张和群集生长的目的，因此，一些植物学者或专家形象地将其称之为"草中鲨鱼"或"绿色植物癌症"，是华南地区常见杂草（见图 300-1）。

图 300-1　阔叶丰花草危害状（王瑞江 摄）

图 300-2　阔叶丰花草的茎（王瑞江 摄）

形态特征：披散、粗壮草本，被毛；茎和枝均为明显的四棱柱形，棱上具狭翅（见图 300-2）。叶椭圆形或卵状长圆形，长度变化大，长 2~7.5cm，宽 1~4cm，顶端锐尖或钝，基部阔楔形而下延，边缘波浪形，鲜时黄绿色，叶面平滑；侧脉每边 5~6 条，略明显；叶柄长 4~10mm，扁平；托叶膜质，被粗毛，顶部有数条长于鞘的刺毛。花数朵丛生于托叶鞘内，无梗；小苞片略长于花萼；萼管圆筒形，长约 1mm，被粗毛，萼檐 4 裂，裂片长 2mm；花冠漏斗形，浅紫色，罕有白色，长 3~6mm，里面被疏散柔毛，基部具 1 毛环，顶部 4 裂，裂片外面被毛或无毛；花柱长 5~7mm，柱头 2，裂片线形。蒴果椭圆形，长约 3mm，直径约 2mm，被毛，成熟时从顶部纵裂至基部，隔膜不脱落或 1 个分果爿的隔膜脱落；种子近椭圆形，两端钝，长约 2mm，直径约 1mm，干后浅褐色或黑褐色，无光泽，有小颗粒。花果期 5~7 月。

生物学特性：喜生于阳光充足或有散射光的地方，常生于红壤上，见于海拔 1000m 以下林地、荒地、沟渠边、山坡路旁或为田园杂草。全年均可发生，一般于 4 月底至 5 月初开始萌发，并初显群集生长的势头。阔叶丰花草在 5 月后进入生长盛期，大部分 6 月开始至 10 月陆续开花结果，部分花期可延伸到 12 月份。在一年的发生消长过程中，很大一部分发生阔叶丰花草的林地会随着林中抚育封行而有所回落，但是由于其具有很强的营养繁殖能力，斩断的茎节仍能长成新的植株，一旦条件适宜，便又可再次发生为害，因此，阔叶丰花草在部分林地的发生呈现出逐年扩张的趋势。

# 4　林木鼠害

林木鼠害是指林木的根部、干部、枝条或种实遭受老鼠等兽类的啃咬，影响林木正常生长甚至死亡的现象。

**板齿鼠** *Bandicota indica*（Bechstein）

分类地位：啮齿目 Rodentia 鼠科 Muridae 板齿鼠属 *Bandicota*。

分布：国外分布于孟加拉国、柬埔寨、印度、老挝、马来西亚、缅甸、尼泊尔、斯里兰卡、泰国、越南等国；国内分布于福建、广西、海南、四川、贵州、云南、台湾等地；省内广泛分布。

危害状：以植物性食物为主，特别喜欢甘蔗、甘薯和营养价值较高的植物种子。至于以哪种作物为主食，则与所在地区农林作物类型有关，且有季节性的差异。如果田间没有吃的作物时，它们就吃草籽、草根、嫩茎和小浆果等。

形态特征：板齿鼠体型较大，体长一般为 280mm 左右，成鼠体重 450~480g，最大体重可达 750g。头小嘴尖，吻短而钝，耳大而圆，前折不达眼部。尾长等于或略短于体长，尾上鳞环明显，似暗烟灰色，上有褐色刚毛。背腹毛皆为黑褐色，前后足的背面均呈暗褐色。板齿鼠的臼齿构造很特殊，臼齿咀嚼面上的齿突愈合呈板状，是其重要的分类特征（见图 301）。

生活习性：板齿鼠是夜行性动物，喜欢在土质较疏松而又较潮湿的池沼边缘或是在杂草丛生的堤围、田基中营洞穴生活。常将洞穴筑在水塘旁边的小型竹林中和一些野草混生的较偏僻之处，大多数洞穴有2~4个洞口，最多达七八个，洞径大，洞口的直径约13 cm。在食物缺乏的季节，板齿鼠也啃食蕉树球茎。

图301 板齿鼠（冯志勇 摄）

**小家鼠 Mus musculus（Linnaeus）**

**分类地位：**啮齿目 Rodentia 鼠科 Muridae 鼠属 Mus。

**分布：**小家鼠原本是古北界种类，但通过它与人类的密切关系得到在全球范围内广泛的分布。

**危害状：**一是与人类竞争食物。二是传播疾病。鼠类可以直接把疾病传播给人类或通过体外寄生虫间传播给人畜。鼠可传播高达35种以上疾病，如鼠疫、流行性出血热、斑疹伤寒等。

**形态特征：**体型小，体重12~30g不等，体长60~90mm，尾长等于或短于体长，后足长小于17mm，耳短，前折达不到眼部。乳头5对，胸部3对，鼠蹊部2对。小家鼠上颌门齿内侧，从侧面看有一明显的缺刻。毛色变化很大，背毛由灰褐色至黑灰色，腹毛由纯白色到灰黄色。前后足的背面为暗褐色或灰白色；尾毛上面的颜色较下面深（见图302）。

**生活习性：**凡是有人居住的地方，都有小家鼠的踪迹。每年3~4月天气变暖，开始春播时，从住房、库房等处迁往农田，秋季集中于作物成熟的农田中。小家鼠为杂食动物，但主要以植物性食物为主，最喜食各种粮食和油料种子，初春也啃食麦苗、树皮等。以夜间活动为主，尤其在晨昏活动最频繁，形成两个明显的活动高峰。

图302 小家鼠（黄宝平 摄）

**褐家鼠 Rattus norvegicus（Berkenhout）**

**分类地位：**啮齿目 Rodentia 鼠科 Muridae 大鼠属 Rattus。

**分布：**国外分布于日本和俄罗斯等国；国内分布于北京、天津、河北、内蒙古、辽宁、吉林、黑龙江、上海、江苏、浙江、安徽、福建、山东、海南、陕西、青海、宁夏、澳门等地；省内广泛分布。

**危害特点：**大量盗食、糟蹋和污染各种粮食及食品，毁坏家具、箱柜、衣物、书籍、仪器、设备和建筑物。

咬伤咬死家禽和幼畜，影响畜禽生产。此外，它们还传播流行性出血热、鼠疫、恙虫病、钩端螺旋体病、血吸虫病、弓形虫病、斑疹伤寒、Q热、蜱媒回归热等多种疾病。

形态特征：中型鼠类，体粗壮，雄性体重133g左右，体长133~238mm，雌性体重106g左右，体长127~188mm，尾长明显短于体长。尾毛稀疏，尾上环状鳞片清晰可见。耳短而厚，向前翻不到眼睛。后足长35~45mm。雌鼠乳头6对。背毛棕褐色或灰褐色，年龄愈老的个体，背毛棕色色调愈深。背部白色，头顶至尾端中央有一些黑色长毛，故中央颜色较暗。腹毛灰色，略带污白色。老年个体毛尖略带棕黄色调。尾2色，上面灰褐色，下面灰白色。尾部鳞环明显，尾背部生有一些褐色细长毛，故尾背部色调较深。前后足背面毛白色。头骨较粗大，脑颅较狭窄，颧弓较粗壮，是家栖鼠中较大的一种，眶上嵴发达，左右颞嵴向后平行延伸而不向外扩展。门齿孔较短，后缘接近臼齿前缘连接线。听泡较小。第一上臼齿第1横嵴外齿突不发达，中齿突、内齿突发育正常，第2横嵴齿突正常，第3横嵴中齿突发达，内外齿突均不发达。第2上臼齿第1横嵴只有1内齿突，中外齿突退化，第2横嵴正常，第3横嵴中齿突发达，内外齿突不明显。第3上臼齿第1横嵴只有内齿突，2、3横嵴连成一环状（见图303）。

图303　褐家鼠（李琨渊　摄）

生活习性：褐家鼠属昼夜活动型，以夜间活动为主。在不同季节，褐家鼠一天内的活动高峰相近，即16：00~20：00与黎明前。褐家鼠行动敏捷，嗅觉与触觉都很灵敏，但视力差。记忆力强，警惕性高，多沿墙根、壁角行走，行动小心谨慎，对环境改变十分敏感，遇见异物即起疑心，遇到干扰立即隐蔽。褐家鼠在一年中活动受气候和食物的影响，一般在春、秋季出洞较频繁，盛夏和严冬相对偏少，但无冬眠现象。啃咬能力极强，可咬坏铅板、铝板、塑料、橡胶、质量差的混凝土、沥青等建筑材料，对木质门窗、家具及电线、电缆等极易咬破损坏。但对钢铁制品及坚实混凝土建筑物都无能为力。该鼠门齿锋利如凿，咬肌发达。适应性很强，可在-20℃左右的冷库中繁殖后代，也能在40℃以上热带生活，甚至还能爬上火车、轮船、飞机旅行。食谱广而杂，几乎所有的食物，以及饲料、工业用油乃至某些润滑油，甚至垃圾、粪便、蜡烛、肥皂等都可作为它的食物。但它对食物有选择性，嗜食含脂肪和含水量充足的食物，其选择食物随栖息场所不同而异。在居民区室内，喜吃肉类、蔬菜、水果、糕点、糖类等，还咬食雏禽、幼畜等；在野外，以作物种子、果实等为食，也食植物绿色部分和草籽，常以动物性食物为主要食料，捕食小鱼、虾、蟹、大型昆虫、蛙类等，甚至捕食小鸡、小鸭等家禽。

# 5　天敌资源

林业有害生物天敌资源是制约林业害虫、促进昆虫群落相互稳定的重要成员，丰富的天敌种类和数量能够抑制虫害，维护生物链平衡，保护林木的正常生长。根据2015—2016年广东林业有害生物普查中采集到的林业有害生物天敌资源种类整理，现将广东天敌资源的主要种类、捕食对象或寄主等情况叙述如下。

中华大刀螳 *Tenodera sinensis* Saussure，1871

分类地位：螳螂目 Mantodea 螳螂科 Mantidae 大刀螳螂属 *Tenodera*。

捕食对象：各类小型昆虫。

形态特征：雌成虫体长 74~110mm；雄成虫体长 68~94mm。前胸背板后半部稍长于前足基节长度。后翅黑褐色，具透明斑纹。体色从草绿色到褐色及各种程度的中间过渡色型都有，前半部中纵沟两侧排列有许多小颗粒，侧缘齿列明显，后半部中隆起线两侧小颗粒不明显，侧缘齿列不显著。干燥成虫可入药（见图 304-1）。卵黄色，4.5mm×1.2mm。卵蛸称桑螵蛸，具有很高的药用价值（见图 304-2）。卵鞘楔形，沙土色到暗沙土色。表面粗糙，孵化区稍突出。每层卵室排列呈长圆形，卵室不与背腹面垂直。若虫 8 龄。孵化时若虫借助第 10 节腹板吐丝突吐出的细丝连接虫体，或悬挂在卵鞘上。1~2 龄若虫行动敏捷，老龄若虫行动迟钝。

生物学特性：我国分布广泛的大型螳螂。中华大刀螳 1 年 1 代，有拟色现象。卵产在雌成虫腹部末端分泌的由泡沫状物质组成的卵囊内越冬，每个卵囊内有卵 100~200 粒，10~20 粒辐射状排列为一层，约 10 层包被于泡沫状的灰褐色卵囊内。成虫和若虫的活动都有向阳性，成虫和若虫在缺乏寄主的情况下都有相互蚕食的现象。

图 304-1 成虫（左陆千乐 摄，右李琨渊 摄）　　图 304-2 桑螵蛸（李琨渊 摄）

广斧螳 *Hierodula patellifera* Serville，1839

分类地位：螳螂目 Mantodea 螳螂科 Mantidae 斧螳属 *Hierodula*。

捕食对象：各类小型昆虫。

形态特征：雌成虫体长 43~71mm，雄成虫体长 42~61mm。身体粉绿色至草绿色。前足基节宽大，具 3~5 枚明显疣突。成虫平均寿命雌虫 69.9 天，雄虫 41.7 天。生殖方式分为孤雌生殖和两性生殖两种。孤雌生殖所产的卵块不能孵化，有雌吃雄现象（见图 305-1）。卵以卵鞘在树干、枝或石块上越冬（见图 305-2）。若虫刚孵化的虫体呈乳黄色。脱皮 5 天后即可飞翔。1~5 龄若虫很活跃，而 6~10 龄若虫行动迟缓，具有向上习性，耐饥饿力较强。若虫期有互相残杀习性（见图 305-3）。

生物学特性：我国常见的大型斧螳种类。广斧螳存在孤雌生殖和两性生殖两种生殖方式。其中，孤雌生殖所产的卵块不能孵化。雌成虫一生能多次交尾、产卵。每雌成虫一生一般可产卵 1~3 块，雌成虫也可经 1 次交尾连续产几块卵。1~5 龄若虫很活跃，而 6~10 龄若虫行动迟缓，具有向上习性，耐饥饿力较强。螳螂之间会相互残杀。螳螂成虫、若虫都不吃死猎物，吃饱后有静伏的习性。

图 305-1　成虫（李琨渊 摄）　　　　图 305-2　螵蛸　　　　图 305-3　若虫（陆千乐 摄）
　　　　　　　　　　　　　　　　　　　　　（李琨渊 摄）

**狭叶素菌瓢虫 *Illeis confuse* lablokoff-Khnzorian，1943**

**分类地位：**鞘翅目 Coleoptera 瓢虫科 Coccinellidae 素菌瓢虫属 *Illeis*。

**捕食对象：**白粉菌孢子等菌类。

**形态特征：**成虫体长 4.8~5.2mm；体宽 4.2~4.4mm。体卵圆形，轻度拱起，光滑无毛。头部白色，复眼灰色，口器及触角黄色。前胸背板米白色，基部有两个黑斑并排排列。小盾片米白色，鞘翅鲜黄色。腹面黄褐色（见图 306-1）。幼虫体长且扁，每胸节有 1 对横向黑斑，节部颜色乳黄色（见图 306-2）。蛹胸部斜向生出 2 对翅，每翅带有纵向黑浅斑（见图 306-3）。

**生物学特性：**不详。

图 306-1　成虫（李琨渊 摄）　　　　图 306-2　幼虫（李琨渊 摄）　　　　图 306-3　蛹（李琨渊 摄）

**六斑月瓢虫 *Menochilus sexmaculatus*（Fabricius，1781）**

**分类地位：**鞘翅目 Coleoptera 瓢虫科 Coccinellidae 宽柄月瓢虫属 *Menochilus*。

**捕食对象：**蚜虫、粉虱等害虫。

**形态特征：**成虫体长 4.6~6.5mm，体宽 4.0~6.2mm。体近圆形，背稍拱起。复眼黑色，额部黄色，唯雌成虫黄色前缘中央有黑斑或黑色，复眼内侧有黄斑。上唇及口器为黄褐色至黑褐色，前胸背板黑色，唯前缘和前角及侧缘黄色，缘折大部褐色。小盾片及鞘翅黑色，鞘翅共具 4 个或 6 个淡色斑。本种是最常见的瓢虫，斑纹多变，但前胸背板斑纹固定，鉴定时应参照雄性外生殖器（见图 307-1）。

生物学特性：六斑月瓢虫属于全变态昆虫，喜产卵于有猎物聚集的植物叶背及其附近，产下时紧密竖直排列，1 个卵块有几粒至几十粒，并且同一块卵几乎同时孵化（见图 307-2）。幼虫：初孵幼虫停息在卵壳上，6 h 左右开始分散觅食。幼虫蜕皮时不食不动，身体呈弧形，用腹末节突起固着在植物上。爬行较快，常随猎物在植株间扩散，食量随龄期而增大。在饥饿状态下，幼虫能自相残杀（见图 307-3）。预蛹老熟幼虫进入预蛹时，以腹部末节突起固定，虫体呈拱形，静止不动。蛹期静止不动，如受刺激时蛹体可挺立上下弹动（见图 307-4）。化蛹时，虫体以尾端为支点上下摆动直至挣出蛹壳，化蛹部位通常在植株叶背等偏僻处。成虫一生可交配多次，成虫具有较强的耐饥力，在饥饿时会取食自产的卵。

图 307-1 成虫（李琨渊 摄）

图 307-2 卵（李琨渊 摄）

图 307-3 幼虫（李琨渊 摄）

图 307-4 蛹（李琨渊 摄）

### 小红瓢虫 *Rodolia pumila* Weise，1892

**分类地位**：鞘翅目 Coleoptera 瓢虫科 Coccinellidae 红瓢虫属 *Rodolia*。

**捕食对象**：吹绵蚧、银毛吹绵蚧、茶硕蚧等害虫。

**形态特征**：成虫体长 3.0~3.8mm；体宽 2.8~3.6mm。虫体近圆形，呈半球形拱起。头部、前胸背板、小盾片橘红色；前胸背板前缘凹陷较深，后缘弧形，中央平截，最宽处较近基部，肩角钝圆，基角不明显。小盾片正三角形。鞘翅缨红色，无斑纹（见图 308）。

**生物学特性**：小红瓢虫可以老龄幼虫、蛹和少数成虫越冬，越冬期需要较为干燥的环境条件。日均温上升到 15℃ 以上时开始活动、发育。刚羽化的成虫停留于蛹壳内，经 1~2 天后脱壳而出，体色逐渐加深。脱壳后便可进行交配，成虫一生交配多次，交配后雌虫经 3~5 天开始产卵。卵散产，多产于吹绵蚧卵囊上。成虫飞翔和迁移扩散的能力强，喜荫蔽干燥的环境。初孵幼虫活动能力强，孵化后不久即开始寻食，多钻进吹绵蚧卵囊内取食卵粒或在 2~3 龄幼蚧的腹下取食，老龄幼虫行动迟缓。但却从未见有幼虫互相残杀的现象。4 龄幼虫后期，以腹末足突固定于叶背，即为预蛹，继而化蛹。

图 308 小红瓢虫成虫（李琨渊 摄）

小十三星瓢虫 *Harmonia dimidiata*（Fabricius，1781）

分类地位：鞘翅目 Coleoptera 瓢虫科 Coccinellidae 异色瓢虫属 *Harmonia*。

捕食对象：麦长管蚜、禾谷缢管蚜、棉蚜、豆蚜等。

形态特征：成虫体长 6.0~9.5mm。体背橙红色，小盾片黑色或褐黄色。鞘翅基色为红黄色至褐黄色，两鞘翅上共有 13 个黑斑，其中 1 个位于鞘缝靠近小盾片处，每一鞘翅上有 6 个黑斑。腹面大部分黑色，缘折橙黄色，中、后胸侧片黄白色和腹部第 1~5 节侧缘部分黄褐色。足腿节、跗节端部和爪黑色，其余部分橙黄色（见图 309）。

生物学特性：除冬季外，成虫在平地至中海拔山区较常见，擅长捕食蚜虫，少数个体夜晚具趋光性。

图 309　小十三星瓢虫成虫（赵丹阳 摄）

孟氏隐唇瓢虫 *Cryptolaemus montrouzieri* Mulsant，1853

分类地位：鞘翅目 Coleoptera 瓢虫科 Coccinellidae 隐唇瓢虫属 *Cryptolaemus*。

捕食对象：粉蚧、蚜虫、木虱等害虫。

形态特征：体长 4.3~4.6mm；体宽 3.1~3.5mm。虫体长卵形，弧形拱起，体背披灰白色毛。头部除复眼黑色外全为黄色。前胸背板及其缘折红黄色。小盾片黑色。鞘翅黑色而鞘翅末端红黄色。腹面胸部黑色，但前胸腹板黄红色至红褐色，腹部黄褐色。前足栗褐色（雄）或黑褐色（雌），中后足黑褐色。

生物学特性：孟氏隐唇瓢虫是捕食性瓢虫，幼虫孵化数小时后即可捕食，取食时用上颚轻触叶表，以搜寻猎物，用上颚从猎物上方咬破介壳和体壁后吸食体液。成虫取食行为与幼虫相似，不同的是成虫用下颚须探测猎物（见图 310-1、图 310-2）。在广州地区，孟氏隐唇瓢虫室内外每年均可完成 6 代，历期为 26.5~100 天。成虫寿命比较长，暖季 2~3 个月，寒季 6~7 个月。在食料充足及温度合适的条件下，可存活达一年，且雌虫的寿命普遍要比雄虫寿命略长。食料不足时会互残。

图 310-1　成虫捕食木瓜秀粉虱（李琨渊 摄）　　　　图 310-2　成虫捕食竹叶扁蚜（李琨渊 摄）

金斑虎甲 *Cicindela aurulenta* Fabricius，1801

分类地位：鞘翅目 Coleoptera 虎甲科 Cicindelidae 虎甲属 *Cicindela*。

捕食对象：各类小型昆虫。

分布：国外分布于柬埔寨、泰国、缅甸、印度、斯里兰卡、尼泊尔、不丹、新加坡、马来西亚、印度尼西亚等国；国内分布于长江以南地区；广东各地皆有分布。

形态特征：成虫体狭长，中等大小；身体常具金属光泽；头大，复眼突出；唇基较触角基部为宽；触角丝状，11节；鞘翅长，盖于整个腹部；腹部雌虫可见6节，雄虫7节，前足第1~3跗节具毛，可区别于雌虫。本科幼虫体呈"S"形，头胸大，强烈骨化，上颚强大，第5腹节背面有1个具有双钩的突起，足爪长而锐，适于掘土（见图311）。

生物学特性：以幼虫越冬，成虫、幼虫均为捕食性，可捕食蝗虫、油葫芦、多种鳞翅目害虫。

图311　金斑虎甲成虫（李琨渊 摄）

凹头叩甲 *Ceropectus messi*（Candeze，1894）

分类地位：鞘翅目 Coleoptera 叩甲科 Elateridae 尖鞘叩甲属 *Ceropectus*。

捕食对象：天牛等鞘翅目害虫。

形态特征：体长8~31mm，宽10~11mm。长卵圆形，不太凸，黑色，鞘翅黄色，身体被有白色或黄色绒毛，在前胸背板和鞘翅上，形成不规则的毛斑，腹面和足黑色。头中部低凹，有粗刻点，上颚肘状弯曲。雄性触角12节，超过身体一半；雄性触角较短，从第3节开始锯齿状。前胸背板长和基宽相等，向前逐渐变窄。小盾片横形，前缘凹入。鞘翅条纹不明显，后胸腹板突出在两中足基节间，和中胸腹板愈合在一起。后足基节片外方相当狭，内方扩大（见图312）。

生物学特性：不详。

图312　凹头叩甲成虫（李琨渊 摄）

牛霉纹斑叩甲 *Cryptalaus berus*（Candeze，1865）

**别名：** 霉纹斑叩甲。

**分类地位：** 鞘翅目 Coleoptera 叩甲科 Elateridae 斑叩甲属 *Cryptalaus*。

**捕食对象：** 松褐天牛及马尾松角胫象等鞘翅目幼虫。

**形态特征：** 雌成虫体长 21~31mm，宽 5~10mm；雄虫体长 16~26mm，宽 4~7mm。体灰黑色，背部被有浅灰色、灰白色和黑色的鳞片状扁毛，混杂形成了霉纹状小斑。雌雄成虫的触角均为黑色，锯齿状，11 节，每节上分布有数根数量不等的刚毛；第 2 节近方形，明显与第 3 节以后的鞭节各节不同，长度大约为第 3 节的 3/4；第 3 节明显小于第 4 节；第 5~10 节形状基本一致；第 11 节近刀鞘形。额向前呈三角形凹陷。前胸背板长大于宽，两侧缘呈弧形拱出，近基部变狭；中部纵隆，两侧稍低，表面有不均匀的刻点；二后侧角尖而突出，向后外方伸出。小盾片较小，凹陷，自后向前倾斜；表面有刻点、条纹，其间略凸；端部完全。鞘翅表面的黑色鳞片状扁毛在每鞘翅上形成纵长的黑色条形斑纹 18 个左右；鞘翅向腹末变狭、收缩；腹面和足黑色，被有灰色鳞片状扁毛；中、后胸腹板在中足基节间不愈合，有明显的分界缝。雌成虫腹部末节近梯形，末端分布一排很密集的高尔夫球杆状刚毛。雄虫腹部末节近三角形，末端较圆而尖，上面有为数不多的刚毛（见图 313-1）。卵乳白色，长椭圆形，宽为 1.8~2.0mm，长为 2.3~2.6mm；雌虫的怀卵量为 100~120 粒。幼虫体长 2~45mm，初孵幼虫扁平；老熟幼虫近圆柱形，体壁坚韧，红棕色；3 对胸足发达；口器为咀嚼式，前口式，上颚特别发达；蜕裂线呈 "V" 字形；胸部 3 节，每节着生 1 对发达的胸足，各足由 4 节组成，端部有跗爪；腹部 10 节，末节的端部两侧特化形成两个显著的突起，每个突起的前端又分成 2 个小叉，突起的表面生有数个小瘤突；腹部气门二孔式（见图 313-2）。蛹为裸蛹，黄色，末节端部的两个分叉明显。

图 313-1 成虫（李琨渊 摄）

图 313-2 幼虫（李琨渊 摄）

**生物学特性：** 在 4~9 月均可见。捕食松褐天牛幼虫。室内试验表明，天牛霉纹斑叩甲幼虫十分活跃，当捕食完一头松褐天牛后，即爬出放有该猎物的木块，很快钻入另一放有松褐天牛幼虫的木块中继续捕食，也能够在马尾松上松褐天牛的坑道之间转移捕食。1 头天牛霉纹斑叩甲在 130 天的幼虫发育时间中，累计捕食杀死了 20 头左右松褐天牛幼虫，捕食量较大。

眼纹斑叩甲 *Cryptalaus larvatus*（Candeze，1874）

分类地位：鞘翅目 Coleoptera 叩甲科 Elateridae 斑叩甲属 *Cryptalaus*。

捕食对象：天牛等鞘翅目幼虫。

形态特征：体长 27.5mm，宽 8mm。体中型、狭长、近长方形，灰褐色，密被灰白色、黑色、淡黄色的小鳞片扁毛形成各种颜色的斑纹。前胸背板中域，在中线两侧有 2 个褐色眼点；鞘翅中部外侧有 2 个近于长方形的黑褐色斑块，近端部有 2 条不明显的深灰褐色横带，其间可见有 8 条模糊的刻点线。头部和鞘翅肩胛淡黄色。头向下倾斜。额向前方呈三角形低凹。前胸背板中部有中纵脊，侧缘脊锐利。小盾片五边形，长舌状，向前强烈倾斜。鞘翅肩部凹凸不平，表明有条纹。腹面和足棕黄色，覆盖大量黄色鳞片，腿节近端部有 1 黑色鳞片毛斑（见图 314）。

图 314　眼纹斑叩甲成虫（李琨渊 摄）

生物学特性：成虫一般 6~10 月出现，可发现于松树、梨树等树干上，有趋光性。

花绒寄甲 *Dastarcus helophoroides*（Fairmaire，1881）

别名：花绒坚甲、花绒穴甲、木蜂寄甲。

分类地位：鞘翅目 Coleoptera 穴甲科 Bothrideridae。

寄生对象：天牛、吉丁虫等鞘翅目幼虫。

形态特征：成虫体长 5.2~9.8mm，宽 2.1~3.8mm，体鞘坚硬，深褐色。头凹入胸内，复眼黑色，卵圆形。触角短小，11 节，端部膨大呈扁球形，基节膨大。头和前胸密布小刻点。腹板 7 节，基部 2 节愈合。鞘翅上有 1 个椭圆形深褐色斑纹，尾部沿中缝有 1 个粗"十"字斑，每翅表面有纵沟 4 条，沟脊由粗刺组成。足跗节 4 节，有爪 1 对。幼虫：初孵幼虫头、胸、腹明显，胸足 3 对，腹节 10 节，每节两侧都生有 1 根长毛，尾节的 2 根最长。老熟幼虫胸足退化，腹部变得特别肥大，头、胸部很小，呈蛆形。蛹：茧长卵形，刚结茧时为白色，后变成深褐色，丝质。蛹为裸蛹，蛹体黄白色，足、翅折于胸部腹面，羽化前颜色变深。卵：乳白色，近孵化时黄褐色，长 0.8~1mm，宽 0.2mm，中央稍弯曲。

生物学特性：花绒寄甲成虫羽化后先取食茧壳补充营养，再爬出坑道外，成虫善爬行，不喜飞翔，温度较高或光线较强时，成虫常躲在树皮下、树皮缝内或洞穴内，但仍然有取食活动。成虫不互相残杀，食性较杂，可以取食枯朽的树皮、木块、天牛幼虫和其他昆虫的干尸体。每年秋后成虫躲避在寄主虫道或蛹室内、树缝或枯枝落叶等处越冬。成虫的寿命很长，有些长达数年。成虫具有很强的假死性和趋弱红光性（见图 315-1）。卵多产于虫道壁或粪屑中，产在虫道壁上的常几十粒至上百粒排成一片，产在粪屑中的一粒至几粒成一堆，无覆盖物。初孵幼虫依靠发达的胸足迅速爬行寻找寄主，找到寄主后，在寄主幼虫的节间咬食，咬破表皮后将头部插入寄主体内，取食体内物质。如果寄主为蛹、刚羽化的成虫，或是寄主个体大或寄主外皮比较坚硬时，幼虫则会钻入寄主体内取食，残留下外表皮，因此，常被误认为是内寄生性昆虫。幼虫老熟后停止取食，大多数就地吐丝结茧，少数蠕动至虫道外结茧，茧质地坚硬（见图 315-2、图 315-3、图 315-4）。

图 315-1　花绒寄甲成虫（李琨渊 摄）

图 315-2　花绒寄甲幼虫（李琨渊 摄）

图 315-3　花绒寄甲蛹（李琨渊 摄）

图 315-4　花绒寄甲茧（李琨渊 摄）

**管氏肿腿蜂** *Sclerodermus guani* Xiao et Wu，1983

**别名：** 哈氏肿腿蜂 *Sclerodermus hamandi*（Buysson，1903）。

**分类地位：** 膜翅目 Hymenoptera 肿腿蜂科 Bethylidae 硬皮肿腿蜂属 *Sclerodermus*。

**寄生对象：** 以鞘翅目、鳞翅目等多种蛀干害虫（特别是天牛类）的幼虫和蛹为寄主的体外寄生蜂，是天牛等多种蛀干害虫的重要寄生性天敌。

**形态特征：** 雌成蜂体长 3~4mm，分无翅和有翅两型。头、中胸、腹部及腿节膨大部分为黑色，后胸为深黄褐色；触角、胫节末端及跗节为黄褐色；头扁平，长椭圆形，前口式；触角 13 节，基部两节及末节较长；前胸比头部稍长，后胸逐渐收窄；前足腿节膨大呈纺锤形，足胫节末端有 2 个大刺；跗节 5 节，第 5 节较长，末端有 2 爪。有翅型前、中、后胸均为黑色，翅比腹部短 1/3。雄成蜂体长 2~3mm，97.2%的雄蜂为有翅型。体色黑，腹部长椭圆形，腹末钝圆，有翅型的翅与腹末等长或伸出腹末之外。卵乳白色，透明，长卵形，长 0.3mm 左右，宽 0.1mm 左右。幼虫黄白色，体长 3~4mm，头尾部细尖。离蛹，蛹初期为乳白色，羽化前为黑褐色，外结白茧，长 4~4.5mm。

**生物学特性：** 管氏肿腿蜂发育期短，在最适繁蜂温度 26℃、湿度 79%~83% 条件下，繁蜂 1 代约需 33 天（见图 316-1）。在自然界，该蜂爬行迅速，寻找寄主及钻挖能力都很强，当找到寄主后，雌蜂先用蜂毒将寄主麻痹，清理并取食寄主体液，补充营养使卵巢发育（见图 316-2）。卵产于寄主体表并排布规律，幼虫孵化后口器紧贴寄主体表，吸食发育，老熟后离开寄主集中结茧化蛹。雌蜂在产卵后会照看后代，如发现卵或幼虫脱离寄主体，会将其移回寄主体，也会吃掉发育不好的卵或幼虫。雄蜂比雌蜂早羽化，羽化后会先与母蜂交配，母蜂会在受精后离开窝卵处寻找下一寄主。雄蜂会在雌蜂羽化前咬破雌蜂的茧，并钻入茧内对雌蜂进行授精。未交尾的雌蜂能行孤雌生殖，子代均为雄蜂。雌蜂寿命较长，当年各代在找到寄主的条件下，能活 2～3 个月；越冬代相对较长，有的能活半年之久，且低温能够显著延长雌性肿腿蜂寿命。

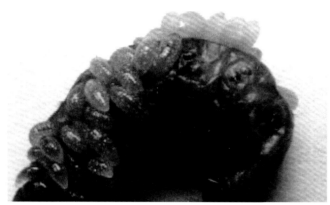

图 316-1 室内繁殖情况（黄焕华 摄）

图 316-2 林间寄生情况（黄焕华 摄）

斑头陡盾茧蜂 *Ontsira palliate*（Cameron，1881）

分类地位：膜翅目 Hymenoptera 茧蜂科 Braconidae 陡盾茧蜂属 *Ontsira*。

寄生对象：粗鞘双条杉天牛等天牛幼虫。

形态特征：雌成蜂体长 6.3~7.0mm，前翅长 5.2~6.0mm，产卵管鞘长 2.3~2.7mm。头部背观亚立方形，侧观呈三角形。土黄色，头顶中央倒三角形长纹、复眼后的大斑、触角下方颜面斑纹及上颚端齿黑色；须黄白色。单眼小，排列呈正三角形。触角细长，长约为前翅的 1.5 倍，37~40 节。触角黑褐色，基部黄褐色。前胸背板侧方具细刻纹。中胸盾片具浅的细刻点，多白毛，盾纵沟在前方明显，中叶和侧叶明显隆起，中叶前方向前胸陡斜（故名"陡盾茧蜂"），与前胸背板不在同一水平线上，中叶后方多网皱。小盾片平坦。后胸侧板具较粗刻点，在近前足基节处有叶状突。并胸腹节基半正中有一中脊。胸部及并胸腹节基本上黑褐色。雄成蜂与雌蜂基本相似但更小（见图 317）。卵香蕉形，平均 0.99mm×0.19mm，微弯，一端较粗，另一端稍细而尖。初期乳白色，后转白色，孵化前呈浅黄色。老熟幼虫浅黄色，平均 6.5mm×1.8mm，体

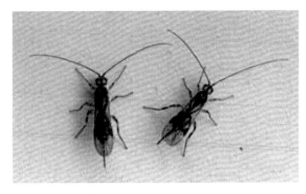

图 317　成虫（张连芹 摄）

曲呈弧形，中部肥大，腹节 1~5 节，每节呈脊状凸起。离蛹，平均 6.2mm×1.0mm，蛹初期除复眼黄色外皆白色。后期颜色逐渐加深，产卵管转腹背。茧呈银灰色或淡褐色。

生物学特性：斑头陡盾茧蜂在华南南部地区，于 12 月下旬或 1 月上旬在杉木皮层及边材之间的天牛虫道内结茧化蛹越冬，翌年 2 月中旬左右羽化为成蜂。完成 1 代一般 20~25 天。雌蜂寿命 21.3 天（17~25 天）、雄蜂寿命 15.2 天（11~20 天）。羽化时先将茧的一端咬一小孔，出茧后再把杉皮咬一圆形孔钻出杉木。成蜂有向上飞行或爬行习性。成蜂有趋光性，但怕强光，遇到强光时便转移至树干的避光面或枝条的下面栖息。一般进行交配进行两性生殖，未交配的雌蜂也能进行孤雌生殖，但子代蜂均为雄蜂。产卵时雌蜂先用触角搜索寄主，当探明树皮下天牛幼虫所在部位时，便将产卵管插进杉树皮直至天牛幼虫虫体内，向虫体注射蜂毒，注射过毒液的地方往往出现黑色斑点或斑块。天牛从此麻痹不食不动，也不腐烂，小蜂开始产卵，卵多数集中或分散产于天牛幼虫的腹背及两侧体表。老熟幼虫停食后，吐丝做一个长椭圆形的白色茧化蛹。在茧中经过 4 天左右的预蛹期。当茧尾黑色、透过茧囊隐约可见蜂体时，表明蜂即将羽化。

荒漠长喙茧蜂 *Cremnops desertor*（Linnaeus，1785）

分类地位：膜翅目 Hymenoptera 茧蜂科 Braconidae 长喙茧蜂属 *Cremnops*。

寄生对象：鳞翅目螟蛾科的柚木野螟、卷蛾科等幼虫。

形态特征：雌成体长 5.6~7.4mm，前翅长 5.0~6.8mm。触角 38~42 节。头狭长，明显喙状，具稀疏的小刻点；额具深的凹陷，光滑；头顶和上颊光亮，具稀疏的小刻点。前胸背板侧背凹深，侧方光滑。前翅第 2 亚缘室四边形；SR1 脉稍弯曲。后足腿节具强烈刚毛，前、中足跗节细长。腹部闪亮，光滑；第 1 背板近后部明显加宽；产卵管鞘长是前翅长的 0.5~0.6 倍。体色为棕黄色，腹部末端有时色深；触角深棕色；足棕黄色，后足胫节端部和跗节棕色；翅深棕色，具透明翅斑；翅痣基半部黄色至棕色；产卵管鞘深棕色。雄虫少数标本翅几乎完全深棕色，其他特征与雌虫相似（见图 318）。

生物学特性：不详。

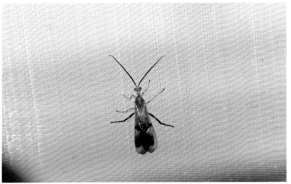

图 318　成虫（左李琨渊 摄，右赵丹阳 摄）

两色刺足茧蜂 *Zombrus bicolor*（Enderlein，1912）

分类地位：膜翅目 Hymenoptera 茧蜂科 Braconidae 刺足茧蜂属 *Zombrus*。

寄生对象：粗鞘双条杉天牛、杉棕天牛等。

形态特征：雌成蜂体长 9.5~16mm，连产卵管长 19~21mm。头、胸部为酱红色，腹部则呈黑色或酱红色。眼、触角、口器深黑色，翅为浅黑色或烟黑色，翅脉和翅痣深黑色。全体密被纤毛。触角 50 节。前胸较窄，中胸发达，中胸盾片有一盾纵沟，并胸腹节表面布满圆形凹刻，中央有一纵脊。足一般为黑色，有时前足腿节和基节上半部呈酱红色。后足较前、中足显著粗壮而长。后足基节外侧中央有两个刺突，上刺突向下弯曲，约长于下刺突的 4 倍。腹部第 2~5 节有纵列脊纹。产卵管约与腹等长。雄成蜂体长 8~11mm，腹部略扁圆，腹末节黑色或整个腹部黑色（见图 319）。卵长 2.1~2.3mm，宽约 0.3mm。一端粗，另端细，略弯。卵面光滑。初孵化时淡黄褐色，口器褐色。触角明显，体长 2mm，圆筒形。离蛹，乳白色，产卵管弯向腹背。茧灰褐

图 319　两色刺足茧蜂成虫
（盛茂领 摄）

色或灰白色，长 16~26mm，宽 4~7mm，高 2.5~3.5mm，上下平，形似长椭圆形盒子。

生物学特性：以老熟幼虫在天牛虫道内结茧越冬，偶能发现蛹或成虫越冬。翌年 5 月温度达 18℃左右成虫羽化出木活动，羽化孔圆形。两性生殖，也能孤雌生殖，子代蜂均为雄蜂。每天上午待气温升高，茧蜂便飞向寄主的栖息地——杉树、柳杉、柏树或有杉树皮的小生境。当产卵器接触到寄主时，正在取食的天牛幼虫便停止活动并扭动虫体，几乎是在同时，茧蜂一个突刺动作，刻槽中的幼虫向上猛一冲动，便静止不动了。随之，一粒带黏性的卵便产在寄主的体表。卵产下后，产卵器继续搅刺约 10min，其作用可能是使寄主进一步麻痹。抽出产卵器休息几分钟后，又寻找新的寄主。初产卵时乳白色，后转淡黄色，孵化前为红褐色，透过卵壳隐约可见其内部的幼虫。幼虫孵化从粗的一端破壳，慢慢向外蠕动。在寄主体表爬行 5~10 min 后，以口器反复刮动寄主体壁，然后吸食其体液。取食约 20h 后，虫体体腔膨大，触角和足退化；26h 后，体腔中出现小的白色液泡。随着体躯增大，液泡也增多增大。幼虫体色因寄主体液而异，常见的有乳白色、灰白色和乳红色。幼虫老熟后在寄主尸旁吐丝结茧，其过程是先在隧道四周结一长椭圆形的薄茧，然后，依所在部位大小而把茧作不同程度的厚。茧初为白色，后为淡褐色或灰褐色，茧质有如牛皮纸。结茧完毕后，静止在茧中的幼虫发生剧烈的变化，首先是腹部消瘦、液泡转为细白点，肠道中的废物排出堆积在茧的一端。此时，虫体呈淡黄色，逐渐变为蛹。

蟓蛉悬茧姬蜂 *Charops bicolor*（Szépligeti，1906）

分类地位：膜翅目 Hymenoptera 姬蜂科 Ichneumonidae 悬茧姬蜂属 *Charops*。

寄生对象：马尾松毛虫、油桐尺蛾等鳞翅目幼虫。

形态特征：雌成蜂体长 7~10mm。头、胸与腹部第 2 背板基半部的倒箭纹和后缘黑色，腹部其余与后足赤褐色，腹部腹面、触角第 1、2 节下面、前中足及翅基片黄色。前翅短，无小翅室。腹柄占柄节的 3/4，后腹柄盘状并弯向上方。第 2 腹节以后显著侧扁，背板平滑有光泽。产卵器稍突出，短于腹部末 2

节背板长度之和。茧长 6mm，直径 3mm，质厚，圆筒形、两端略钝圆，灰色，上下有并列的黑色斑点、略似灯笼状。茧 7~23mm 的长丝，系于植株上（见图 320）。幼虫口侧骨与上颚上关节突 V 字形，口后骨腹枝较长，它的长度由口后骨腹缘量至腹枝末端约为基部宽度的 2 倍，约为口后骨长度的 1/3，上颚长度约为基部最宽处 2 倍。

生物学特性：每年 7~9 月发生较多，主要寄生在 3~4 龄鳞翅目幼虫体内，单寄生。老型幼虫自寄主前胸处钻出先吐丝固定在寄主叶背面，后引丝下垂，茧空悬，化蛹其中。

图 320　螟蛉悬茧姬蜂成虫（盛茂领 摄）

**大螟钝唇姬蜂** *Eriborus terebrans*（Gravenhorst，1829）

**分类地位：**膜翅目 Hymenoptera 姬蜂科 Ichneumonidae 钝唇姬蜂属 *Eriborus*。

**寄生对象：**松小梢斑螟、微红梢斑螟等幼虫。

**形态特征：**成虫体长 7~9mm，体黑色，复眼具金绿色光泽。翅基片黄色、翅痣黄褐色、翅脉暗褐色。足赤褐色，前足基节和转节、中足转节及全部距黄色；中足基节（除端部黄）、后足基节和胫节末端、各跗节末端和端跗节、各足的爪均黑色。腹部第 2 背板的窗疤及近后缘带赤褐色。头稍宽于胸。复眼内侧在触角窝处稍凹陷；颜面与唇基完全愈合。唇基端缘平截、钝形，故名"钝唇姬蜂"；触角比体短。中胸盾片刻点的距离多半小于其直径，无盾纵沟，并胸腹节基区三角形，中区五角形，长稍大于宽，与端区间有横脊，气门近圆形。无小翅室；后小脉不截断，后盘脉不达后小脉。后足跗节第 3 节稍长于第 5 节，爪从基部至端部附近有若干栉齿。腹部第 3、4 节多少侧扁，末端稍呈棒状膨大；第 1 节柄部方柱形，有基侧凹，气门在后端 1/3 处；第 2 背板的窗疤近圆形，至前缘距离约等于其直径。产卵管鞘长约为后足胫节的 1.5 倍（见图 321）。茧圆筒形，长 9~11mm，径 2.5~3.5mm。两端几乎平截，外表较光滑；灰黄褐色。

生物学特性：寄生于寄主幼虫体内，单寄生。幼虫老型后从寄主体壁钻出体外，在其附近结茧。在寄主幼虫体内越冬，翌年春末夏初作茧羽化外出。

图 321　大螟钝唇姬蜂成虫（盛茂领 摄）

**横带驼姬蜂** *Goryphus basilaris* Holmgren，1868

**分类地位：**膜翅目 Hymenoptera 姬蜂科 Ichneumonidae 驼姬蜂属 *Goryphus*。

**寄生对象：**重阳木锦斑蛾、马尾松毛虫、松梢斑螟、竹织叶和桃蛀野螟等。

**形态特征：**成虫体长 8~10mm，体黑色；鞭节第 7~9 节（有时连第 6 节后半）上面白色；小盾片、中胸侧板（小盾片前缘的切线以后）、后胸侧板、并胸腹节及第 1 腹节（除后缘）橙红色；腹部第 1、2 背板后缘及第 7、8 背板中央白色。翅透明，翅痣及翅脉黑褐色，翅痣下方有一条褐色大斑几乎伸达后缘成一横带，故名"横带驼姬蜂"。前足基节、转节、腿节黑色，胫节、跗节及爪黑褐色，胫节内缘、有时第三跗节污黄色；中后足基节、转节、腿节（后腿节端部暗褐）橙红色，胫节、跗节及爪黑褐色，有时中足第 3 跗节、后足第 3 或第 3、4 跗节黄色或白色（见图 322）。

**生物学特性：**在寄主蛹内或茧内羽化，单寄生。

图 322　横带驼姬蜂成虫（盛茂领 摄）

**广黑点瘤姬蜂** *Xanthopimpla punctata*（Fabricius，1781）

**分类地位：**膜翅目 Hymenoptera 姬蜂科 Ichneumonidae 黑点瘤姬蜂属 *Xanthopimpla*。

**寄生对象：**椰子织蛾、马尾松毛虫等鳞翅目幼虫。

**形态特征：**成虫体长 10~14mm；前翅长 9.0~12mm。本种外观近似松毛虫黑点瘤姬蜂，但本种中后足跗爪最大鬃的近端不扩大；后足胫节端前鬃 4~8 个。腹部第 1 节无侧纵脊；第 2 节背板光滑，刻点稀少。产卵管鞘长为后足胫节的 1.8 倍，下弯。体黄色。中胸盾片前方为一黑横带；并胸腹节为一黑带；腹部第 1、3、7 节背板各有一对黑点斑，第 4、6、8 节背板无黑斑（见图 323）。

**生物学特性：**单寄生，通常寄生于鳞翅目昆虫的 4~5 龄幼虫至蛹期，2~10 月均可见。

图 323　广黑点瘤姬蜂成虫（盛茂领 摄）

花角蚜小蜂 *Coccobius azumai* Tachikawa，1988

分类地位：膜翅目 Hymenoptera 蚜小蜂科 Aphelinidae 花角蚜小蜂属 *Coccobius*。

寄生对象：松突圆蚧、矢尖蚧等。

形态特征：成虫体长 0.7~0.9mm，宽 0.3~0.4mm。中胸盾片后缘有 2 根长刚毛。小盾片很大，其上有刚毛 6 根。前后翅均着生细密短毛，无光秃的斜带。足胫节末端的距较粗大，跗节 5 节。雄蜂触角 8 节，上面密生短毛，柄节长过于头，梗节短小，圆形；索节第 1 节最长，第 5 节最短。中胸盾片和小盾片上密生灰白色短绒毛。翅无色透明，翅面近基部处，着生很多短毛。前翅亚缘脉着生 5 根粗大的刚毛，缘脉着生 12 根刚毛。足浅褐色，布满短毛，胫节末端有一大距，跗节 5 节（见图 324-1、图 324-2）。卵长茄形，乳白色，长约 0.2mm，宽约 0.1mm（见图 324-3）。幼虫米黄色，长约 1.35mm，宽约 0.39mm。头比前胸节略窄，胸部较宽大，其中后胸更大些。腹节可见 8 节，第 1 腹节最宽大，随后渐次缩小，至末端成钝锥形。蛹体长约 1.2mm，宽 0.5mm。全身黑色，背面观前胸背板中央前突，两侧向后弯曲，中胸背板和小盾片明显可见，腹部可见 8 节。

生物学特性：松突圆蚧花角蚜小蜂雌雄虫的寄主不同。雌虫为内寄生蜂，以松突圆蚧的雌性成蚧作为寄主（见图 324-4）。雄虫则是营体外寄生的重寄生蜂，以松突圆蚧雌性僵蚧体内的同种或他种寄生蜂的老熟幼虫、预蛹和蛹作为寄主。寄主专化性强。在广东省的惠东地区 1 年 9~10 代，阳江地区 1 年 10 代。在林间主要以蛹态越冬，但其他各个虫态亦均可发现。羽化孔为圆形，边缘不太整齐（图 324-5）。羽化不久即能交配，雄蜂一生能进行多次交配，但雌蜂通常只交配 1 次。交配过的雌蜂可产雌性（受精）和雄性（未受精）2 种卵。但未交配的雌蜂仅产雄性（未受精）卵。该蜂具有很强的搜索寄主的能力，不但能寄生暴露的雌蚧，而且对隐藏在松针叶鞘内的雌蚧亦能寄生。除寄生外，雌蜂还取食雌蚧，从而增强

图 324-1　雄蜂（梁承丰 摄）

图 324-2　雌蜂（梁承丰 摄）

图 324-3　产卵（陈瑞屏 摄）

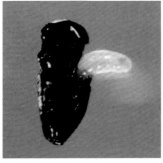
图 324-4　寄生情况
（陈瑞屏 摄）

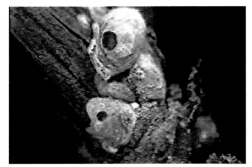
图 324-5　羽化孔（陈瑞屏 摄）

了该蜂对松突圆蚧的歼灭能力。该蜂对已寄生过的寄主具有明显的识别能力，从而保证了该蜂最大寄生效能的发挥。

惠东黄蚜小蜂 *Aphytis huidongensis* Huang，1994

分类地位：膜翅目 Hymenoptera 蚜小蜂科 Aphelinidae 黄蚜小蜂属 *Aphytis*。

寄生对象：松突圆蚧。

形态特征：雌成蜂体长 0.8~0.9mm，体黄色或橙黄色，小盾片后缘中部具暗色窄短条纹。胸部腹板略暗色，前胸腹板中间突浅暗色，中胸腹板叉状内突的纵干细浅暗色。前缘脉和痣脉的下方及斜毛区基部为弱灰色，翅后缘无毛斜带的外侧具有一暗色条纹。足淡黄色，胫节和跗节略暗色，伴有透明状。雄蜂个体比雌性个体体色稍浅，前翅更透明，触角棒节感觉器数目少。雄性外生殖器具发达的指突，阳具侧突缺（见图 325）。卵乳白色，半透明，由卵体、卵柄和卵柄后端收缩部分组成。卵体呈渐尖形，卵柄末端收缩成细柄状。幼虫蛆型，乳白色，体略透明。老龄幼虫 834~985μm × 313~405μm。蛹为离蛹，刚化蛹时乳白色，之后颜色逐渐加深，复眼逐渐变成深红色，近羽化时体色与成虫相近。雌蛹 1369~1621μm × 331~372μm，雄蛹 897~1184μm × 282~312μm。

图 325　成蜂（陈瑞屏 摄）

生物学特性：成蜂搜寻松突圆蚧时，在松针上呈"Z"形路线快速爬行搜寻。找到寄主后调整虫体方向，腹末弯曲使其与介壳表面垂直，伸出产卵器刺穿介壳，将卵产入寄主体内。羽化主要在白天进行，羽化的高峰期是14：00~16：00。喜好取食蜜水，偶有啃咬介壳现象。林间雌蜂明显多于雄蜂，可能存在产雌孤雌生殖现象。林间种群数量都存在季节性消长，惠东黄蚜小蜂发生的高峰期在 4~6 月，松突圆蚧越冬后的第 1、2 代高峰期也是 4~6 月，为了保证惠东黄蚜小蜂引种或定殖后人工助迁时有足够的蚧虫寄主寄生，4~6 月是引种和林间人工助迁放蜂的最佳时期。

友恩蚜小蜂 *Encarsia amicula* Viggiani et Ren，1986

分类地位：膜翅目 Hymenoptera 蚜小蜂科 Aphelinidae 恩蚜小蜂属 *Encarsia*。

寄生对象：松突圆蚧。

形态特征：雌成蜂体长 0.6~0.7mm。头部橙黄色，唇基、颚眼距、后头区条纹褐色至暗褐色。胸部背板橙黄色，前胸背板、中胸盾中叶大部分、中胸盾侧叶前部斑块、三角片、中胸侧板及并胸腹节褐色至暗褐色。腹柄节褐色。腹部背板褐色至暗褐色，第 7 背板末端浅色；第 3 产卵瓣褐色至暗褐色。触角浅褐色。前翅透明，缘脉下方弱烟色。足黄色，后足基节褐色。小盾片上盘状感觉器明显分开，前一对小盾片毛间距约等于后一对毛间距。前翅长约为宽的 2.5 倍，缘毛为翅宽的 0.33 倍。产卵器长于中足胫节和基跗节之和，第 3 产卵瓣长为第 2 负瓣片的 0.52 倍。雄成虫与雌成蜂型相似，但中胸盾中叶、后足基节和腿节大部分褐色至暗褐色，前翅缘脉下方较透明。雄蜂性外生殖器为中足胫节长的 1.2 倍（见图 326–1）。

生物学特性：友恩蚜小蜂短时间的低温（5℃）对小蜂的活动影响不大，小蜂能恢复正常活动，低温持续24h小蜂就会死亡。在11：00~13：00及15：00~17：00有两个出蜂高峰。松突圆蚧蚧壳大小与虫体大小的关系并不紧密，有的蚧虫蚧壳大，虫体并不大。蚧壳大小与友恩蚜小蜂羽化孔大小也没有相关性。雌蜂在松针上爬行搜索寄主时，两只触角前伸并不停地抖动。当遇到寄主时，两只触角立即弯曲成膝状，不停地敲打蚧壳。如果寄主合适，小蜂将产卵管插入反复试探和产卵。在产卵时遇到其他小蜂会立即中止产卵，拔出产卵器离开。在探测寄主时遇到其他小蜂也会马上跳开且不会立即返回。友恩蚜小蜂可在自己、同种或异种小蜂产过卵的松突圆蚧上产卵，嗜好在孕卵期的雌蚧上产卵（见图326-2）。小蜂不寄生雄蚧，只寄生2龄以上雌蚧。友恩蚜小蜂自然性比约为40：1；可孤雌生殖，其子代均为雌性。林间蜜源植物丰富的，可以较大地提高小蜂的孕卵量、产卵量和产卵率，对放蜂非常有利。

图326-1  成蜂（陈瑞屏 摄）

图326-2  产卵及羽化孔（陈瑞屏 摄）

### 广大腿小蜂 *Brachymeria lasus*（Walker，1841）

分类地位：膜翅目 Hymenoptera 蚜小蜂科 Aphelinidae 大腿小蜂属 *Brachymeria*。

寄生对象：鳞翅目、双翅目和膜翅目等害虫。

形态特征：雌成蜂体长 5.0~7.0mm。黑色，翅基片淡黄色或黄白色，但基部暗红褐色。各足基节至腿节黑色，但腿节端部黄色；中、后足胫节黄色，腹面中部的黑斑有或缺，但后足胫节基部黑或红黑色。体长绒毛银白色。头与胸等宽，表面具明显的刻点。触角12节。胸部背面具粗大圆刻点，盾侧片上的稍小，中胸盾片宽为长的9/8。小盾片侧面观较厚，末端稍呈两叶状。前翅长常超过宽的7/2~5/2，缘脉为前缘脉长的1/2；后缘脉长为缘脉的1/3和肘脉的2倍。后足基节强大，端部前内侧具一突起；腿节长为宽的7/4倍，腹缘具7~12个齿，第2齿有时很小。腹部短，卵圆形，稍窄和短于胸，产卵器略突出。雄成蜂体长3.3~5.5mm，索节腹面具毛状感觉器，后足基节腹面不具突起（见图327）。

图327  广大腿小蜂成虫（李琨渊 摄）

生物学特性：广大腿小蜂是一种多食性的蛹寄生蜂，也是一种单寄生蜂。其求偶行为和种群聚集行为与其释放的外激素有关。与寄主有关的化学信息能够帮助广大腿小蜂识别不同处理下的寄主如冷冻、超声波、麻醉处理等，并优先选择未被寄生过的寄主进行产卵寄生。广大腿小蜂寄生过程有学习效应，具有寄生经历的广大腿小蜂显著偏好寄生体型较大的菜粉蝶蛹；但寄生经历对广大腿小蜂的寄主识别期没有显著影响，由此说明，寄主识别期不受寄生经历的影响。

大华丽蜾蠃 *Delta pyriforme*（Fabricius，1775）

分类地位：膜翅目 Hymenoptera 蜾蠃科 Eumenidae 锥华丽蜾蠃属 *Delta*。

捕食对象：鳞翅目幼虫等。

形态特征：雌性体长 24~27mm。头黄色，正面观近似三角形，高略大于宽，宽略窄于胸部。额部自触角窝以上至颅顶有毛及浅刻点，额沟明显。单眼于两复眼顶部之间呈倒三角形排列，前单眼略大于后单眼，两复眼顶部之间为黑色横带状斑。颊窄，前部黄色，后部呈黑色。触角橙色，端部色渐深而近褐色。唇基略隆起，光滑无刻点，近似倒梨形，唇基端缘略凹，基本呈截状，额唇基沟中部略向下凹陷，上唇黄褐色。上颚长楔状、暗褐色。胸部上面观近似椭圆形。前胸背板基部平截状，基角不明显，黄色，上具黑色斑纹，密布较浅刻点，覆有短黄毛。中胸背板近似椭圆形，前半部黄色，中间有一细的黑色纵脊状突，后半部黑色。小盾片近似矩形，前部 3/4 呈暗褐色，后部 1/4 为黑色，布有刻点及短毛。后小盾片较宽而短，后缘呈弧形，前缘为黑色，极窄。并胸腹节由基部向端部明显向下倾斜，中间有一逐渐向端部加深的沟；端部两侧角状突起明显，两侧缘为圆形隆起，节呈暗褐色，中间有一黑色带，两侧光滑，仅背面有刻点并覆有短毛。中胸侧板相邻处为黑色。前足仅基节基部及转节呈黑色，余均呈褐色；后足基节、转节、股节内侧和胫节基部为黑色，余均呈褐色。翅呈淡褐色。腹部第 1 节由基部向端部逐渐膨大，呈柄状，两侧瘤明显，节呈暗褐色，但基部背面呈黑色，近端部背面有一中间凹陷的黑色斑；第 2 节背板大，基半部黑色，中间为一深棕色带，后半部黄色，腹板深棕色，中间有一黑斑，近端部两侧常各有一黑斑，背、腹板均光滑无刻点；第 3 腹板深棕色，两侧常各有一圆形黑斑，端部边缘黄褐色；第 4 节腹板呈棕色，边缘呈黄色；第 5 节腹板中间凹陷呈黄色；第 6 节腹板末端尖呈黄色（见图 328）。

生物学特性：其成虫平时无巢，营自由生活，仅于雌蜂产卵时，才衔泥建巢，并外出捕捉鳞翅目幼虫等，经蜇刺麻醉后贮于巢室内，以供其幼虫孵化后食用，封口后，成虫即它飞。

图 328　成虫（李琨渊 摄）

黄猄蚁 *Oecophylla smaragdina*（Fabricius，1775）

别名：黄柑蚁、红树蚁。

分类地位：膜翅目 Hymenoptera 蚁科 Formicidae 织叶蚁属 *Oecophylla*。

捕食对象：我国早在公元前 304 年就用黄猄蚁防治柑橘害虫。捕食大绿蝽、吉丁虫、橘红潜叶甲、天牛、铜绿丽金龟、叶甲、绿鳞象、叶蜂等昆虫（见图 329-1）。

形态特征：黄猄蚁大型工蚁体长 9.5~11.0mm。体锈红色，有时为橙红色。全身有十分细微的柔毛。立毛很少，仅限于后腹末端。体具弱的光泽。小型工蚁体长 7.0~8.0mm。与大型工蚁相似，但上颚不如大型工蚁那样强大，唇基更凸，前胸背板侧面观更凸。蚁后体长 15.0~18.0mm。当蚁后处于新后阶段时，体色为绿色或浅黄色，随着年龄的不断增长与蚁群数量的增加，蚁后的颜色会发生改变，变为橙色或接近于红色，但在酒精中浸泡过久后则呈土黄色。上颚较宽；头有 3 个突出的单眼；触角柄节较工蚁短、粗。并腹胸粗；中胸盾片和小盾片平；并胸腹节具短的基面和较长的斜面。结节宽厚，楔形，向上逐渐变薄，顶端中央深凹。后腹大，宽卵形。足较短、粗。其余似工蚁。雄蚁体长 6.0~7.0mm。体棕黑色。具丰富的红褐色柔毛被。头部较小；上颚窄，咀嚼边齿不明显；触角 13 节。

　　**生物学特性：**该蚁属热带蚂蚁。树栖。其种群数量依植被类型而不同。在其适宜建巢处且树叶多的地方，种群数量较多。每个种群只有 1 个蚁后，种群之间常有敌意，但很少发生争斗。黄猄蚁的蚁巢建在树上，由树叶缀织而成。1 株树上常有大小蚁巢五六个，一般近长方形。巢主要以幼虫吐出的分泌物和植物叶子等黏结而成，幼虫是筑巢过程的重要工具。幼虫在营巢活动中被小型工蚁的上颚叼着穿梭于植物叶子间，从而使植物叶片被幼虫吐出的丝黏结在一起，形成一紧密的巢（见图 329-2）。老熟幼虫不参与建巢活动。工蚁日夜守护在巢外，一旦受惊，大量工蚁会涌出巢外，张开上颚，竖起腹部，从肛门射出一种液体——蚁酸（甲酸），以御敌。工蚁外出觅食，但黑夜时很少活动。

图 329-1　黄猄蚁捕食竹绿虎天牛（李琨渊 摄）　　图 329-2　蚁巢（李琨渊 摄）

**蠋蝽 *Arma chinensis* Fallou，1881**

　　**分类地位：**半翅目 Hemi 蝽科 Pentatomidae 蠋蝽属 *Arma*。

　　**捕食对象：**鳞翅目、鞘翅目、半翅目、膜翅目等害虫。

　　**形态特征：**成虫体色斑驳，盾形，体较宽，臭腺沟缘有黑斑，腹基无突起，抱器略呈三角形。头部侧叶长于中叶，但在其前方不会合；前胸背板侧角伸出不远。雌成虫体长 12.6~14.0mm，腹宽 6.7~7.3mm；雄虫体长 11.0~11.7mm，腹宽 5.9~6.1mm，体黄褐或黑褐色，腹面白色或淡黄色，触角 5 节，第 3、4 节为黑色或部分黑色。头的中叶与侧叶末端平齐，喙第一节粗壮，只在基部被小颊包围，一般不紧贴于头部腹面，可活动；第 2 节长度几乎等于第 3、4 节的总长，前胸背板侧缘前端色淡，不呈黑带状，侧角略短，不尖锐，也不上翘。卵圆筒状，鼓形，高 1~1.2mm，宽 0.8~0.9mm。侧面中央稍鼓起。上部 1/3 处及卵盖上有长短不等的深色突起组成网状斑纹。初产卵为乳白色，渐变淡黄色，直至橘红色。初孵若虫为淡黄色，复眼红色，孵化约 10min 后头部、前胸背板和足的颜色由白变黑，腹部背面黄色，中央有 4 个大小不等的黑斑，侧接缘的节缝具赭色斑点，4 龄后可明显看到 1 对黑色翅芽。若虫龄期共 5 龄（见图 330-1）。

生物学特性：每年可发生4代，该蝽以成虫于树叶枯草下、石缝或树皮裂缝中越冬。越冬成虫在次年5月初开始活动，5月底开始产卵。若虫6月中旬孵化。7月初第1代成虫开始羽化，7月末开始产卵第2代若虫在8月初开始孵化，成虫8月底开始羽化。10月初至次年4月成虫处于越冬状态。成虫将卵多数产在叶片上，几十粒或十几粒为一个卵块。蠋蝽取食时能进行口外消化，可以取食比自己大的猎物（见图330-2）。

图330-1 若虫（李琨渊 摄）

图330-2 捕食樟叶蜂（赵丹阳 摄）

**叉角厉蝽** *Eocanthecona furcellata*（Wolff，1811）

**分类地位**：半翅目Hemiptera蝽科Pentatomidae厉蝽属*Eocanthecona*。

**捕食对象**：鳞翅目幼虫、蛹等。

**形态特征**：雌成虫体长14.7~6.0mm，体宽6.3~6.5mm；雄成虫体长11.5~13.2mm，体宽4.9~5.7mm。体色黄褐与黑褐混杂，密布刻点。头黑色，中线黄褐色，触角第1节短，不超过头的前端，第2~5节基部浅黄色；喙粗壮，共4节，浅黄，端部黑；前胸背板前端两侧角黑色，分2支，前支长、尖锐、略弯向上前方，后支极短、圆钝、略弯向后方；小盾片大，三角形，长超过前翅爪片，端部钝圆，基部黑褐，基角各有一大黄斑；前翅革质片后部有一黑色斑，膜翅纵脉多，中央有一灰黑纵带；雌虫腹部卵圆形，雄虫腹部近三角形；前足胫节外侧叶状扩展，宽与胫节相等，胫节端部黑，基部白，跗足3节。卵圆筒形，灰黑色，有金属光泽。高1.1mm，宽0.9mm，假卵盖圆形，直径约为卵宽75%，边缘有10~12（多11）根刺状精孔突。末龄若虫卵圆形，黄色表皮与黑褐色革质片相间，头部中叶与侧叶分界明显，中叶前端弧形，略长于侧叶，前胸背板侧角弯向后方，黑色；小盾片明显，三角形，部分革质化；翅芽明显，革质化，长达第3腹节；腹背中线有4对对称黑斑，背侧也有对应的4块黑斑，以第2、3对黑斑为大；前足胫节外侧叶状扩展。

**生物学特性**：初羽化成虫少活动，以捕食为主，兼有植食。成虫捕食范围广泛，一般鳞翅目幼虫均可捕食，亦取食部分虫种的蛹。林间卵产于叶背面。卵块状，单层形状不规则。野外林间卵块多在45粒左右。雌虫一生可多次产卵，间隔时间不定。以成虫越冬，越冬前可交尾、产卵。若虫5龄。1龄若虫仅刺吸嫩枝梢、嫩叶汁液，2~5龄捕食，但亦观察到植食现象。1~4龄若虫一般群集活动，2~4龄虫捕取食物时，常表现为先是少数几头进攻猎物，待被猎昆虫少反抗时群集围食，取食时口器自猎物体壁软处刺入，5龄若虫多单独行动，并能以口器悬吸食物昆虫，受惊时携食物昆虫移动。若虫脱皮前0.5~1天及脱皮后0.5天静伏不取食。高龄若虫在食物缺少时会相互残杀、捕食低龄个体（见图331）。

图 331　叉角厉蝽捕食棉古毒蛾（李琨渊 摄）

**球孢白僵菌** *Beauveria bassiana*（Bals.–Criv.Vuill.，1912）

**分类地位**：丛梗孢目 Moniliales 丛梗孢科 Moniliaceae 白僵菌属 *Beauveria*。

**寄生对象**：鞘翅目、半翅目、鳞翅目、同翅目、双翅目、直翅目、缨翅目、脉翅目、纺足目、革翅目、等翅目、膜翅目等（见图 332）。

**形态特征**：球孢白僵菌菌落粉状、绒状至丛卷毛状，呈白色，后期逐渐变为淡黄色或者淡红色。菌丝具有隔膜，直径一般 1.5~2.0μm，气生菌丝透明、光滑、疏松、壁薄。球孢白僵菌的分生孢子梗着生于营养菌丝，直径 1.0~2.0μm，同一菌株的分生孢子梗形状多种多样，在分生孢子梗或膨大的泡囊上会形成产孢轴。分生孢子单孢、球形、透明、壁薄，生于自瓶状细胞延伸而成的小枝梗顶端。

**生物学特性**：球孢白僵菌在适宜温度和湿度条件下，分生孢子吸水膨胀后，即可萌发。萌发以后的孢子或菌丝体在一定外部条件下可形成梨形、圆筒形、椭圆形等芽生孢子或椭圆形的节孢子，节孢子常由一个或数个细胞组成。内生孢子产生于菌丝体的壁内，是一种简化了的孢囊孢子生殖类型，内生孢子或单个或成串发生，可与节孢子一同发生。因此，球孢白僵菌可通过分生孢子、芽生孢子、节孢子、内生孢子、厚垣孢子及菌丝体断裂等多种方式进行无性繁殖。

图 332　白僵菌侵染昆虫幼虫（李琨渊 摄）

金龟子绿僵菌 *Metarhizium anisopliae*（Metchnicoff Sorokin，1883）

分类地位：丝孢目 Hyphomycetales 丝孢科 Hyphomycetaceae 绿僵菌属 *Metarhizium*。

寄生对象：鞘翅目、鳞翅目等害虫（见图 333-1、图 333-2）。

形态特征：在感病死亡的虫体上孢子梗通常单生，瓶梗柱状单生、对生或轮生于分生孢子梗的末端，着生离散或彼此靠拢呈栅栏状排列。分生孢子单孢，柱形至卵圆形，通常中部稍细，在瓶梗上向基性排列成孢子长链，成团时颜色绿色。分生孢子链上只具有一型孢子柱状或卵圆形，菌落为泛各种色调的绿色、淡墨色或古铜色分生孢子柱状，多为 5~8μm×3~4μm，菌落绿色。

生物学特性：金龟子绿僵菌在寄主或人工培养基上能产生绿色柱形至卵圆形的孢子，菌落绒毛状至絮状，起初为白色，产孢后逐渐成为泛绿色，菌丝透明、有隔。其孢子不仅能四处分散于环境中，而且还能感染昆虫寄主。同生长的菌丝相比，孢子具有很高的新陈代谢活性，并且它还能处于休眠状态维持低的新陈代谢。

图 333-1　侵染甲虫（杨华 摄）　　　　　　图 333-2　侵染蛾类幼虫（杨华 摄）

# 主要参考文献

柏自琴. 中国柑橘黄龙病发生动态及其病原菌亚洲种群分化研究［D］. 重庆：西南大学，2012.

包强，陈晓琴，徐华林，等. 八点广翅蜡蝉在深圳福田红树林发生规律研究［J］. 广东农业科学，2013，40（12）：90-92.

蔡红. 云南省植原体株系及其相关病害的多样性研究［D］. 昆明：云南农业大学，2007.

蔡三山，陈京元. 苗木猝倒病及研究进展［J］. 湖北林业科技，2008，154：38-41.

曹光明. 两色绿刺蛾生物学特性及发生规律［J］. 华东昆虫学报，2005（01）：14-16.

曹宏伟. 柳圆叶甲形态及生物学特性观察［J］. 植物保护，2005，31（3）：92-93.

曹润欣，范琳琳，许再福. 报喜斑粉蝶华南亚种的形态特征和生物学特性研究［J］. 环境昆虫学报，2010，32（4）：520-524.

岑炳沾，邓玉森. 雷林1号桉33枯梢病的病原鉴定［J］. 广东林业科技，1996，12（2）：18-21.

晁龙军，单学敏，车少臣，等. 草坪褐斑病病原菌鉴定，流行规律及其综合控制技术的研究［J］. 中国草地，2000，4：42-47.

车海彦. 海南省植原体病害多样性调查及槟榔黄化病植原体的分子检测技术研究［D］. 咸阳：西北农林科技大学，2010.

陈彩贤. 三斑广翅蜡蝉生活习性观察［J］. 南方农业学报，1998（3）：139-141.

陈超，夏勤雯，权永兵，等. 南昌地区柳圆叶甲生活史的研究［J］. 生物灾害科学，2010，33（4）：148-151.

陈聪，黄焕华，李奕震，等. 桉树新害虫——曲线纷夜蛾的生物学和生态特性研究［J］. 环境昆虫学报，2016，38（6）：1282-1287.

陈德兰. 樟树新害虫——窃达刺蛾的研究［J］. 华东昆虫学报，1998（2）：48-50.

陈海波. 草坪草褐斑病病原鉴定及化学防治研究［D］. 兰州：甘肃农业大学，2001.

陈汉林. 缀叶丛螟的发生规律与防治研究［J］. 植物保护，1995（4）：24-26.

陈汉章，陈惠敏，刘志中，等. 肉桂粉实病的综合防治措施的研究［J］. 哈尔滨师范大学自然科学学报，2013（2）：72-76.

陈汉章，苏素霞. 肉桂粉实病的研究初报［J］. 闽西职业大学学报，2001，3：68-71.

陈佩珍，顾茂彬，郑日红，等. 桉小卷蛾发生规律与防治的研究［J］. 林业科学研究，1997（1）：100-103.

陈世兰，徐世多. 英德跳螨生物学特性和防治研究［J］. 林业科学研究，1994（2）：187-192.

陈树椿，何允恒. 英德跳螨——广东林木害虫一新种（竹节虫目：枝螨科）［J］. 林业科学研究，1992（2）：207-209.

陈兴振，赵洋民，魏士省，等. 日本龟蜡蚧生物学特性及防治技术研究［J］. 山东林业科技，2005（5）：31-32.

陈一心. 中国农区地老虎［M］. 北京：农业出版社，1986.

陈英. 桉树焦枯病的研究［D］. 福州：福建农林大学，2004.

陈振耀. 黑竹缘蝽的生物学研究［J］. 应用昆虫学报，1989（4）：226-228.

陈珠琳，王雪峰. 檀香咖啡豹蠹蛾虫害的树干区域分类研究［J］. 北京林业大学学报，2018，40（1）：74-82.

谌振，高平，林忠，等. 海南鸡蛋花锈病的发生规律及其防治技术［J］. 安徽农学通报，2016，22（16）：53-54.

程瑚瑞，林茂松，黎伟强，等. 南京黑松上发生的萎蔫线虫病［J］. 中国森林病虫，1983（4）：1-5.

池杏珍，陈连根，徐颖，等. 樟个木虱形态特征及生物学特性［J］. 应用昆虫学报，2005，42（2）：158-162.

崔宁宁，廖绍波，王胜坤，等．林木青枯病研究进展［J］．植物保护，2009，36（6）：22-29．

丁炳扬，胡仁勇．温州外来入侵植物及其研究［M］．杭州：浙江科学技术出版社，2011．

段惠芬，王自然，杨恩聪，等．柠檬红锈藻病为害与药剂防治［J］．江西农业学报，2014，26（2）：78-80．

方剑锋，云昌均，金扬，等．椰心叶甲生物学特性及其防治研究进展［J］．植物保护，2004，30（6）：19-23．

方志刚，王义平，周凯，等．桑褐刺蛾的生物学特性及防治［J］．浙江林学院学报，2001（2）：65-68．

冯莉，田兴山，岳茂峰，等．15种除草剂对不同生长时期豚草的防效评价［J］．中国农学通报，2011，27（25）：117-120．

冯荣扬，郭良珍，梁恩义，等．黄皮新害虫——咖啡豹蠹蛾［J］．昆虫知识，2000（4）：232-234．

冯荣扬，郭良珍，梁恩义，等．咖啡豹蠹蛾生物学特性及其防治［J］．植物保护，2000（4）：12-14．

冯志新．植物线虫学［M］．北京：中国农业出版社．2000．

付浪，贾彩娟，温健，等．杜鹃三节叶蜂生物学特性及其发生规律研究［J］．环境昆虫学报，2015，37（5）：1043-1048．

高存劳，王小纪，张军灵，等．草履蚧生物学特性与发生规律研究［J］．西北农林科技大学学报（自然科学版），2002，30（6）：147-150．

高冠玉．缀叶丛螟为害黄栌的初步研究［J］．昆虫知识，1986（3）：122-123．

古德祥，张古忍，张文庆．侵入性害虫——蔗扁蛾［J］．昆虫知识，2001（5）：398-399．

顾焕先，张国辉，侣胜利．桂花病害的种类调查和病原鉴定［J］．浙江农业科学，2016，57（6）：888-890．

顾建锋，王江岭等．伞滑刃属线虫形态和分子鉴定［M］．厦门：厦门大学出版社，2011．

顾茂彬，刘元福．麻楝梢斑螟的初步研究［J］．昆虫知识，1984（3）：118-120．

顾渝娟，齐国君．警惕一种新的外来入侵生物——木瓜粉蚧Paracoccus marginatus［J］．生物安全学报，2015（1）：39-44．

郭本森．麻楝梢斑螟的初步研究［J］．动物学研究，1985（1）：139-144．

郭林，李夷波．油盘孢属和泽田外担菌的研究［J］．真菌学报，1991，10（1）：31-35．

国家林业和草原局．2019年第4号公告［EB/OL］．（2019-01-23）［2019-02-01］．http://www.forestry.gov.cn/main/3457/20190424/162731641935736.html.

韩运发．中国经济昆虫志［M］．北京：科学出版社，1997．

何翠娟，张家驯，王依明，等．紫薇白粉病发生规律与防治技术［J］．上海交通大学学报（农业科学版），2005，23（4）：406-409．

何维俊．香港的竹节虫：香港昆虫志第二册［M］．香港：香港昆虫学会，2013．

何学友．木麻黄虫害研究概述［J］．防护林科技，2007（3）：48-51．

何学友．我国林木青枯病研究概况［J］．森林病虫通讯，1997，1：43-46．

何衍彪，詹儒林．荔枝异形小卷蛾的发生及防治［J］．广西农业科学，2006（3）：280-281．

胡淼．越桔两种蛀干害虫的发生与防治［J］．昆虫知识，2001（3）：221-222．

胡庆玲．中国蓟马科系统分类研究（缨翅目：锯尾亚目）［D］．咸阳：西北农林科技大学，2013．

胡武新，潘华，杜永均．嘴壶夜蛾的形态、生活史及昼夜节律［J］．昆虫学报，2013，56（12）：1440-1451．

黄邦侃．福建昆虫志［M］．福州：福建科学技术出版社，1999．

黄成林，聂珍臻，贺彬．桉树青枯病的研究进展［J］．黑龙江科学，2014，5（11）：40-41．

黄光斗，于旭东，谢永灼，等．灰白蚕蛾生物学特性及其防治［J］．昆虫知识，2002（2）：123-126．

黄宏英．荔枝瘿螨的发生及防治研究［J］．广西农业科学，1995，4：172-174．

黄焕华，黄咏槐，范军祥，等．广东地区桉树病虫害调查初报［J］．桉树科技，2007，24（2）：34-36．

黄焕华，张磊，郑莲生，等．昆虫生长调节剂防治黄脊竹蝗初报［J］．昆虫天敌，1996，18（2）：86-90．

黄焕华，郑莲生，黄贤光，等．黄脊竹蝗孵化期预测研究［J］．广东林业科技，1998，14（2）：23-26．

黄金水，黄远辉，何益良，等．木麻黄多纹豹蠹蛾的研究［J］．福建林业科技，1987（2）：1-15．

黄咏槐，张宁南，何普林，等．不同桉树品系对桉树枝瘿姬小蜂抗性研究［J］．中国生物防治学报，2014，30（3）：316-322．

黄源. 柑橘黄龙病发病规律及防控关键技术要点 [J]. 南方农业，2018（15）：39.

黄志平，庞正轰，刘有莲，等. 油茶林相思拟木蠹蛾的危害特性及防治研究 [J]. 中国森林病虫，2014，33（2）：17-20.

霍汝政，曾健，王建义，等. 桑白盾蚧的生物学特性及天敌防治研究 [J]. 宁夏农林科技，2011，52（7）：36-36.

江宝福. 红树林考氏白盾蚧生物学特性和种群动态研究 [D]. 福州：福建农林大学，2009.

巨云为，季孔庶，严敖金. 马挂木上的1种新害虫——咖啡豹蠹蛾 [J]. 植保技术与推广，2002（5）：44.

康文通. 相思拟木蠹蛾生物学特性及防治研究 [J]. 华东昆虫学报，1998（2）：44-47.

雷玉兰，林仲桂. 夹竹桃天蛾的生物学特性 [J]. 昆虫知识，2010，47（5）：918-922.

李传道，朱熙樵，韩政敏，等. 松针褐斑病调查和病原鉴定 [J]. 南京林业大学学报，1986，10（2）：11-18.

李德伟，吴耀军，黄华艳，等. 桉树芽木虱生物学特性及防治研究 [J]. 中国森林病虫，2011（6）：21-24.

李东文，陈志云，王玲，等. 灰同缘小叶蝉的生物学特性研究 [J]. 仲恺农业工程学院学报，2012，25（1）：24-28.

李发春. 紫薇白粉病的发生规律与防治技术 [J]. 安徽林业科技，2007，12：54.

李法圣. 中国木虱志 [M]. 北京：科学出版社，2011.

李焕宇，张荣，孙广宇. 外寄生菌——煤污病菌研究进展 [J]. 菌物学报，2016，35（12）：1441-1455.

李丽. 辰山植物园月季黑斑病发生规律及防治技术研究 [D]. 上海：上海交通大学，2012.

李苗苗，舒金平，王井田，等. 油茶织蛾生物学特性研究 [J]. 林业科学研究，2015，28（6）：900-905.

李平. 微红梢斑螟的生物学特性及其防治 [J]. 华东昆虫学报，1999（2）：61-64.

李箐. 微红梢斑螟生物学特性及防治研究 [J]. 林业实用技术，2003（9）：29-30.

李世广，林华峰，李利华，等. 重阳木帆锦斑蛾的生物学特性及防治 [J]. 昆虫知识，2006（6）：777-780.

李婉舒. 冰冻干扰对大明山常绿阔叶林林冠状况及幼苗动态的影响 [D]. 南宁：广西大学，2016.

李文景，董易之，姚琼，等. 荔枝蒂蛀虫研究进展 [J]. 昆虫学报，2018，61（6）：721-732.

李祥康，黄焕华，黄咏槐，等. 松材线虫病发病过程特征变化的研究 [J]. 广东林业科技，2010，26（1）：92-96.

李小川. 林业系统突发公共事件应急管理 [M]. 北京：中国林业出版社，2008.

李晓娜，曾小红，谢龙莲，等. 世界芒果炭疽病防治技术研究概况 [J]. 热带农业科学，2017，37（11）：69-75.

李兴天. 木麻黄主要虫害及其防治 [J]. 安徽农学通报，2013，19（4）：122-123.

李奕震，陈志云，关健超，等. 桉树同安钮夜蛾生物学特性及防治的研究 [J]. 华东昆虫学报，2007（4）：24-25.

李意德. 低温雨雪冰冻灾害后的南岭山脉自然保护区. 林业科学 [J]. 2008，44（4）：2-4.

李元文，梁铅飞，熊泽瑞. 埃及吹绵蚧的发生及防治初报 [J]. 广东园林，2005，27（6）：36-37.

理永霞，张星耀. 松材线虫病致病机理研究进展 [J]. 环境昆虫学报，2018，40（2）：231-241.

梁承丰. 中国南方主要林木病虫害测报与防治 [M]. 北京：中国林业出版社，2003.

梁海周，赖萍，刘高新，等. 黑蚱蝉的生物学特性及防治 [J]. 安徽农学通报，2006，12（10）：150-151.

梁军，张星耀. 森林有害生物生态控制 [J]. 林业科学，2005，41（4）：168-176.

梁秋霞，潘锋英，李端兴. 马尾松赤枯病发生规律及其防治技术 [J]. 浙江林业科技，2002，22（4）：64-65.

梁子超，祁惠芳. 马尾松梢枯病的研究 [J]. 植物病理学报，1980，10（2）：119-124.

廖仿炎，赵丹阳，秦长生，等. 油茶枝干病虫害研究现状及防治对策 [J]. 广东林业科技，2015，31（02）：114-124.

廖旺姣，邹东霞，黄乃秀，等. 广西桉树梢枯病病原菌鉴定 [J]. 安徽农业科学，2012，40（31）：15239-15242.

林昌礼，舒金平. 楠木黄胫侎缘蝽生物学特性和为害情况初报 [J]. 中国植保导刊，2018，38（1）：48-51.

林石明，廖富荣，陈红运，等. 台湾褐根病发生情况及研究进展 [J]. 植物检疫，2012，26（6）：54-60.

林伟，蒋露，徐浪. 红树害虫斑点广翅蜡蝉研究进展 [J]. 中国森林病虫，2017，36（6）：29-32.

林伟，徐浪，郭强，等. 一种罗汉松害虫——橙带蓝尺蛾 [J]. 植物检疫，2017，31（04）：67-69.

林雪坚，吴光金，徐静辉. 水竹丛枝病的研究——Ⅰ. 症状和病原 [J]. 中南林学院学报，1987，7（2）：132-135.

林育红，秦长生，赵丹阳，等. 樟巢螟的生物学特性及触杀性药剂筛选 [J]. 林业与环境科学，2018，34（5）：42-47.

刘光华，陆永跃，甘咏红，等．曲纹紫灰蝶的生物学特性和发生动态研究［J］．昆虫知识，2003（5）：426-428.

刘俊延，何秋隆，魏航，等．朱红毛斑蛾生物学特性研究［J］．植物保护，2015，41（3）：188-192.

刘立春，陈惠祥，顾国华，等．竹小斑蛾的研究［J］．昆虫知识，1990（1）：34-35.

刘联仁．桉树大毛虫的生物学特性及防治［J］．昆虫知识，1991（4）：231-233.

刘联仁．咖啡豹蠹蛾生物学特性的初步观察［J］．四川果树，1995（3）：12-13.

刘文波，邬国良．橡胶树褐根病病原菌生物学特性研究［J］．热带作物学报，2009，30（12）：1835-1839.

刘怡，曹春雷，马涛，等．黑肾卷裙夜蛾形态及生物学特性初步观察［J］．应用昆虫学报，2015，52（2）：461-469.

刘友樵，白九维．杉梢小卷蛾新种记述（鳞翅目：卷蛾科）［J］．昆虫学报，1977（2）：217-220.

刘友樵，武春生．中国动物志［M］．北京：科学出版社，2006.

刘有莲，庞正轰，苏付保，等．西南桦林相思拟木蠹蛾危害调查［J］．中国森林病虫，2012，31（3）：26-28.

刘有莲，庞正轰，苏付保，等．相思拟木蠹蛾为害西南桦的调查研究［J］．植物保护，2012，38（4）：156-158.

刘元福．海南岛林业害虫记录（四）——蓝绿象成虫取食树种试验［J］．热带林业科技，1981（2）：1-5.

刘志斌，童清，胡光辉．思茅松梢斑螟形态特征及生物学特性研究［J］．西部林业科学，2012，41（4）：103-107.

刘志红，沈阳，高亿波，等．外来危险性入侵害虫木瓜秀粉蚧的危害与防控［J］．安徽农业科学，2015（31）：91-93.

龙正权．黑竹缘蝽在贵州的发生及生物学特性［J］．应用昆虫学报，2009，46（1）：133-135.

楼君芳，胡国良，俞彩珠，等．笋用竹丛枝病的防治方法［J］．浙江林学院学报，2001，18（2）：177-179.

卢川川．桉小卷蛾的生物学和防治［J］．林业科学，1985（1）：97-101.

卢葳，李亚金，张宏瑞，等．云南省针蓟马种类及新纪录种记述［J］．云南农业大学学报（自然科学），2017，32（1）：11-16.

鹿金秋．桃蛀野螟 Conogethes punctiferalis 的发生规律及生物学特性的研究［D］．泰安：山东农业大学，2008.

吕朝军，钟宝珠，覃伟权，等．入侵害虫蔗扁蛾研究进展［J］．亚热带农业研究，2009，5（2）：116-119.

吕向阳，陈尽，张智英，等．剪枝象有效学名的厘清及常见种的鉴别［J］．环境昆虫学报，2015，37（4）：735-741.

罗大全，车海彦，刘先宝，等．海南苦楝丛枝病植原体的分子鉴定［J］．热带作物学报，2008，29（4）：522-524.

罗佳，葛有茂．考氏白盾蚧生物学与天敌初步研究［J］．福建农林大学学报（自然版），1997（2）：194-199.

罗佳，梁进新．灰白蚕蛾生物学特性的研究［J］．华东昆虫学报，1997（1）：33-36.

骆有庆．对南方雨雪冰冻灾区次生性林木病虫害防控的几点思考［J］．林业科学，2008，44（4）：4-5.

马骏，李丁权，刘海军，等．斜纹拟木蠹蛾在广州发生的生物学特征［J］．环境昆虫学报，2020，42（2）：493-498.

马涛，刘志韬，孙朝辉，等．团花绢丝螟形态特征及生物学特性初步观察［J］．中国森林病虫，2015，34（1）：5-8.

毛双燕．冰雪灾害后九连山常绿阔叶林凋落物量及分解动态［D］．北京：北京林业大学．2011.

孟召娜，边磊，罗宗秀，等．茶园小贯小绿叶蝉各虫龄形态特征［J］．中国茶叶，2018，40（12）：32-34.

牛心．荔枝瘤瘿螨对荔枝叶片的危害性研究［D］．海口：海南大学，2014.

潘爱芳，何学友，曾丽琼，等．危害枫香的6种刺蛾（鳞翅目刺蛾科）记述［J］．福建林业，2017（2）：22-26.

潘云辉，王恩平，朱亮．荔枝瘿螨防治要点［J］．中国南方果树，2004，33（2）：35-35.

裴文军，卢万鸿．桉树焦枯病和青枯病的分离鉴定与防治方法［J］．桉树科技，2011，28（1）：57-60.

彭凌飞，王应伦．中国络蛾蜡蝉属 Lawana 分类与二新纪录种［J］．昆虫分类学报，2006，28（4）：269.

彭石冰，江祖森，李锦权，等．肉桂双瓣卷蛾生物学特性及防治研究［J］．林业科学研究，1992（1）：82-88.

彭石冰，江祖森，李锦权，等．肉桂新钻梢虫——肉桂双瓣卷蛾的生物学特性及防治研究［J］．广东农业科学，1991（3）：30-34.

齐国君，黄德超，高燕，等．广东省豚草及两种天敌昆虫的发生与分布［J］．应用昆虫学报，2011，48（1）：197-201.

乔格侠，张广学，钟铁森．中国动物志［M］．北京：科学出版社，2005.

乔海莉，陆鹏飞，陈君，等．黄野螟生物学特性及发生规律研究［J］．应用昆虫学报，2013，50（5）：1244-1252.

邱德勋，谭松波，吴纪才．马尾松赤枯病的初步研究［J］．林业科学，1980，16（3）：203-207.

曲爱军，朱承美，路丛山，等. 硕蟓生物学特性初步研究 [J]. 植物保护，1998，24（1）：33-35.

沙林华. 荔枝瘤瘿螨的生物学及生态学研究 [D]. 海口：华南热带农业大学，2004.

商晗武，祝增荣，赵琳，等. 外来害虫蔗扁蛾的寄主范围 [J]. 昆虫知识，2003（1）：55-59.

沈伯葵，褚祥如，张明海，等. 松梢枯病的发生规律 [J]. 林业科学研究，1993，6（2）：157.

沈伯葵，魏初奖，朱克恭，等. 杉木缩顶病病原菌孢子萌发和菌丝生长的研究 [J]. 南京林业大学学报，1992，16（4）：30-34.

史先慧，杨森，张瑜，等. 杜鹃三节叶蜂羽化与生殖行为节律观察 [J]. 中国森林病虫，2018，37（6）：24-27.

宋盛英，王勇，欧政权. 贵州新纪录种浙江黑松叶蜂生物学特性研究 [J]. 中国森林病虫，2008，27（3）：22-23，41.

宋世涵，张连芹，黄焕华，等. 松墨天牛生物学的初步研究 [J]. 林业科技通讯，1991，6：9-13.

苏星，仪向东，邓常发，等. 松茸毒蛾发生规律及其防治的初步研究 [J]. 华南农学院学报，1981（2）：58-69.

孙江华，虞佩玉，张彦周，等. 海南省新发现的林业外来入侵害虫——水椰八角铁甲 [J]. 昆虫知识，2003（3）：286-287.

孙思，伍慧雄，王军. 木麻黄青枯病研究概述 [J]. 中国森林病虫，2013，32（5）：29-34.

孙志强，张星耀，肖文发，等. 景观病理学：森林保护学领域的新视角 [J]. 林业科学，2010，46（3）：139-145.

谈家金，叶建仁. 松材线虫病致病机理的研究进展 [J]. 华中农业大学学报，2003，22（6）：613-617.

覃金萍，张增强，杨振德，等. 鸭脚树星室木虱的形态特征及其发生为害观察研究 [J]. 中国植保导刊，2010，30（9）.

谭世喜，钟英，李新，等. 褐缘蛾蜡蝉的发生及防治措施 [J]. 蚕桑茶叶通讯，2007（5）：39.

汤祊德. 中国粉蚧科 [M]. 北京：中国农业科技出版社，1992.

汤祊德. 中国园林主要蚧虫（第二卷）[M]. 太原：山西农业大学，1984.

唐超，王小君，万方浩，等. 桉树枝瘿姬小蜂入侵海南省 [J]. 昆虫知识. 2008，45（6）：967-971.

唐美君，王志博，郭华伟，等. 介绍一种茶树新害虫——黄胫侏缘蝽 [J]. 中国茶叶，2017（11）：11-12.

田恒德，严敖金. 微红梢斑螟的研究 [J]. 南京林业大学学报（自然科学版），1989（1）：54-63.

童立堂. 吹绵蚧发生规律与综合防治 [J]. 安徽林业科技，2007（3）：40.

童文钢. 竹笋禾夜蛾生物学特性及其防治 [J]. 华东昆虫学报，1998（2）：56-60.

万贤崇，沈伯葵. 松梢枯病防治新技术及其机理研究 [J]. 南京林业大学学报，1998，22（1）：13-16.

汪全兵. 苗木猝倒病发生与防治 [J]. 现代农业科技，2010，2：198.

王朝红. 中国针蓟马亚科分类研究（缨翅目：蓟马科）[D]. 广州：华南农业大学，2016.

王穿才. 丝棉木金星尺蛾生物学特性及防治 [J]. 中国森林病虫，2009，28（4）：17-19.

王大洲，彭进军，张润娟. 柳圆叶甲生物学特性和防治方法 [J]. 河北林业科技，1999.

王光远，黄建，黄邦侃. 龙眼鸡 Fulgora candelaria（L.）生物学持性的初步研究 [J]. 生物安全学报，2000（1）：61-65.

王华清，陈岭伟，李馥纯，等. 广东省毛竹丛枝病研究初报 [J]. 森林病虫通讯，1999，3：22-25.

王缉健，杨秀好，罗基同，等. 桉蝙蛾生物学研究 [J]. 中国森林病虫，2015，34（1）：9-13.

王江岭，顾建锋，高菲菲，等. 日本苗木中山茶根结线虫的鉴定 [J]. 植物检疫，2013，27（3）：70-74.

王进强，许丽月，贺熙勇，等. 紫络蛾蜡蝉——危害澳洲坚果树的重要害虫 [J]. 中国森林病虫，2017，36（4）：8-10.

王伟，陈柯芳，丘新秀. 龙眼白蛾蜡蝉的生活习性及其防治措施 [J]. 安徽农学通报，2011，17（8）：137-138.

王先炜，谢玉，侯传祥，等. 大造桥虫对火炬树的危害及其发生特点 [J]. 昆虫知识，1999（3）：146-148.

王晓庆，彭萍，杨柳霞，等. 茶黑毒蛾的发生规律与预测预报 [J]. 环境昆虫学报，2014，36（4）：555-560.

王新荣. 马占相思苗根结线虫病初报 [J]. 森林病虫通讯，1998，2：16-17.

王旭. 冰雪灾害对南岭常绿阔叶林结构的影响研究 [D]. 北京：中国林业科学研究院，2012.

王应伦，车艳丽，袁向群. 中国碧蛾蜡蝉属的分类研究（半翅目：蛾蜡蝉科）[J]. 昆虫分类学报，2005，27（4）：257-262.

王云尊. 咖啡豹蠹蛾生物学特性及其防治 [J]. 山东林业科技，1991（2）：50-52.

王子清. 中国动物志［M］. 北京：科学出版社，2001.

韦继光，黄晓娜，柳凤. 广西桉树焦枯病的流行规律研究［J］. 中国森林病虫，2014，33（6）：30-34.

韦启元. 油茶宽盾蝽的初步研究［J］. 应用昆虫学报，1985.

韦远华，覃伟权，黄山春，等. 水椰八角铁甲在海南的风险性分析［J］. 热带农业科学，2017（8）：46-49.

魏初奖，沈伯葵，朱克恭，等. 杉木缩顶病发病规律的研究［J］. 森林病虫通讯，1993，3：4-5.

魏久锋. 中国圆盾蚧亚科分类研究（半翅目：盾蚧科）［D］. 咸阳：西北农林科技大学，2011.

魏忠民，武春生. 中国扁刺蛾属分类研究（鳞翅目，刺蛾科）［J］. 动物分类学报，2008（2）：385-390.

文新，宋力. 肉桂枝枯原因研究［J］. 热带作物学报，1995，16（2）：98-102.

文新，张毓如，吴泽文，等. 肉桂枝枯病病原研究［J］. 微生物学报，1995，35（3）：181-185.

吴保锋，刘学彦. 信阳茶区茶黄毒蛾生物学特性研究［J］. 安徽农业科学，2009，37（12）：5559-5560.

吴道念，龙波，施福军，等. 广西桉树梢枯病发病规律初步调查［J］. 中国森林病虫，2017，36（3）：13-18.

吴耀军，蒋学建，李德伟，等. 我国发现1种重要的林业外来入侵害虫——桉树枝瘿姬小蜂（膜翅目：姬小蜂科）［J］. 林业科学. 2009，45（7）：161-163.

吴耀军. 桉树叶部病害紫斑病和轮斑病——防治病虫害系列科普文章之七［J］. 广西林业，2015（12）：48.

吴志远. 线茸毒蛾的生物学和防治［J］. 昆虫知识，1990（2）：107-110.

伍筱影，钟义海，李洪，等. 椰心叶甲生物学研究及室内毒力测定［J］. 植物检疫，2004，18（3）：137-140.

伍有声，高泽正. 豹尺蛾生活习性初报［J］. 中国森林病虫，2004（5）：25-26.

伍有声，高泽正. 一点拟灯蛾生活习性的初步观察［J］. 昆虫知识，2005（2）：166-168.

武春生，方承莱. 中国动物志［M］. 北京：科学出版社，2003.

武春生. 中国动物志［M］. 北京：科学出版社，2010.

武海卫，贾薪玉，黄焕华，等. 五种桉树对桉树枝瘿姬小蜂的抗性研究［J］. 环境昆虫学报. 2009，31（2）：132-136.

奚福生，罗基同，李贵玉，等. 中国桉树病虫害及害虫天敌［M］. 南宁：广西科学技术出版社，2007.

奚福生，吴耀军，项东云. 速生桉生理性梢枯病严重发生原因及应急防治［J］. 广西林业科学，2005，34（2）：73-75.

冼旭勋. 肉桂双瓣卷蛾生物学及防治［J］. 昆虫知识，1995（4）：220-223.

萧采瑜. 我国竹缘蝽族种类简记（半翅目：缘蝽科）［J］. 昆虫学报，1963（4）：124-128.

萧刚柔. 中国森林昆虫［M］. 北京：中国林业出版社，1992.

肖强. 中国茶园小绿叶蝉的种名是小贯小绿叶蝉［J］. 茶叶科学，2015（6）：604-604.

肖育贵，陈守常，谭松波，等. 马尾松赤枯病流行规律的研究［J］. 四川林业科技，1998，19（3）：4-8.

熊瑜. 木麻黄多纹豹蠹蛾的发生与防治［J］. 防护林科技，2011（1）：68-69.

徐红梅，陈京元，肖德林. 林木炭疽病研究进展［J］. 湖北林业科技，2004，4：40-42.

徐家雄，陈泽藩，杨肇兴，等. 湿地松种子园球果害虫——微红梢斑螟的研究［J］. 广东林业科技，1992（1）：34-40.

徐家雄，林广旋，邱焕秀，等. 广东木榄＋桐花树群落上的白缘蛀果斑螟和荔枝异形小卷蛾研究［J］. 广东林业科技，2008，24（5）：1-7.

徐梅，黄蓬英，安榆林，等. 检疫性有害生物——南洋臀纹粉蚧［J］. 植物检疫，2008，22（2）：100-102.

徐有为. 桉树林南大蓑蛾防控措施的初步探讨［J］. 农业与技术，2014，34（9）：52-53.

许潜，周刚，沈金辉，等. 松实小卷蛾的研究进展［J］. 湖南林业科技，2013，40（3）：74-76.

宣家发，万东，何俊旭，等. 松实小卷蛾生物学特性及防治研究［J］. 安徽林业科技，1996（1）：34-37.

薛振南，文凤芝，全桂生，等. 毛竹丛枝病发生流行规律研究［J］. 广西农业生物科学，2005，24（2）：130-135.

严进，吴品珊，施宗伟，等. 中国鞘锈菌属一新纪录种［J］. 菌物学报，2006，25（2）：327-328.

阎伟，陶静，刘丽，等. 需引起警惕的棕榈科植物入侵害虫——椰子织蛾［J］. 植物保护，2015，41（4）：212-217.

杨德良，杨艳霞，杨弘，等. 大理市相思拟木蠹蛾为害核桃和小叶榕的调查［J］. 中国植保导刊，2018，38（11）：42-44.

杨集昆，李法圣．我国星室木虱属初记（同翅目：木虱科）［J］．武夷科学，1983：124–126.

杨平澜．中国蚧虫分类概要［M］．上海：上海科学技术出版社，1982.

杨萍，茅裕婷，王上上，等．利用无人机近距离观察园林树木上的寄生植物［J］．园林植物研究与应用，2016（5）：84–87.

杨秀好，于永辉，曹书阁，等．桉树蛀干新害虫——桉蝙蛾形态与生物学研究［J］．林业科学研究，2013，26（1）：34–40.

杨永刚，吴小芹．竹丛枝病病原研究进展［J］．浙江农林大学学报，2011，28（1）：144–148.

杨永利，陈庆东，陈倩颖，等．四川樱桃细菌性穿孔病发生危害特点与防控对策［J］．四川农业科技，2018，11：26–27.

杨子林．滇西南蔗区新有害生物——阔叶丰花草［J］．中国糖料，2009，4：41–43.

姚振威，刘秀琼．为害荔枝和龙眼的两种细蛾科昆虫［J］．昆虫学报，1990（2）：207–212.

叶建仁，李传道．我国湿地松抗松针褐斑病研究进展［J］．林业科学研究，1996，9（2）：189.

叶建仁．松材线虫病诊断与防治技术［M］．北京：中国林业出版，2010.

叶正凡，毛治国，谢桂香，等．茶红锈藻病发生规律与防治［J］．植物病理学报，1990，20（4）：271–275.

易观路，余正国，罗建华，等．施矿物质对桉树红叶梢枯病防治试验［J］．广西林业科学，2005，34（2）：96–97.

殷树萍．玉溪市银毛吹绵蚧的生物学特性及防治研究［J］．江西农业，2018（8）：88–89.

尹安亮，张家胜，赵俊林，等．樟蚕生物学特性及防治方法［J］．中国森林病虫，2008（1）：18–20.

于玮台，陈文龙．碧蛾蜡蝉行为习性研究［J］．山地农业生物学报，2013，32（2）：123–127.

余道坚，刘绍基，张润志．红树重要害虫——斑点广翅蜡蝉［J］．应用昆虫学报，2015（5）：1130.

余培旺．樟叶蜂生物学特性研究［J］．福建林业科技，1998，25（2）：15–19.

喻爱林．油茶八点广翅蜡蝉的生物学特性及防治［J］．江西林业科技，2007（3）：34–35.

曾建新．浙江黑松叶蜂危害特征及风险分析［J］．生物灾害科学，2014（3）：244–246.

张潮巨，陈顺立，李友恭，等．松茸毒蛾生物学特性的研究［J］．华东昆虫学报，1995（1）：25–30.

张潮巨．思茅松毛虫生物学特性与防治研究［J］．华东昆虫学报，2002（2）：74–78.

张翠疃，李大乱，苏海峰，等．茶翅蝽和黄斑蝽生物学特性研究［J］．林业科学研究，1993（3）：271–275.

张国庆．咖啡豹蠹蛾生物学特性的初步研究［J］．安徽农学通报（上半月刊），2009，15（1）：145–149.

张继祖，徐金汉．中国南方地下害虫及其天敌［M］．北京：中国农业出版社，1996.

张江涛，武三安．中国大陆一新入侵种——木瓜秀粉蚧［J］．环境昆虫学报，2015（2）：441–447.

张金发．杉梢小卷蛾生物学特性及其防治［J］．华东昆虫学报，2000（1）：57–60.

张金平，张峰，钟永志，等．茶翅蝽及其生物防治研究进展［J］．中国生物防治学报，2015，31（2）：166–175.

张连芹，黄焕华，宋世涵，等．松材线虫病传播媒介——松墨天牛种群扩散距离的研究［J］．林业科技通讯，1992，12：26–27.

张世平．茶假眼小绿叶蝉的生物学特性及综合防治研究［J］．农学学报，2010（9）：69–72.

张文萍，蒋露，郭强．埃及吹绵蚧寄主种类和危害程度的初步调查［J］．安徽农学通报，2011，17（3）：115–116.

张文英，邓艳，吴耀军，等．红树林植物无瓣海桑主要害虫迹斑绿刺蛾生物学特性研究［J］．植物保护，2012，38（4）：68–71.

张星耀，骆有庆．中国森林重大生物灾害［M］．北京：中国林业出版社，2003.

张志祥，程东美，江定心，等．椰心叶甲的传播、危害及防治方法［J］．应用昆虫学报，2004，41（6）：522–526.

章士美，郑乐怡，任树芝，等．中国经济昆虫志［M］．北京：科学出版社，1985.

赵超，陈红星，童晓立．广东省榕树虫瘿蓟马种类及营瘿蓟马寄主专一性调查［J］．环境昆虫学报，2015，37（6）：1127–1132.

赵丹阳，廖仿炎，秦长生．广东省油茶病虫害发生规律［J］．广东农业科学，2013，12（37）：86–89.

赵霞，沈孝清，黄世能，等．冰雪灾害对杨东山十二度水自然保护区木本植物机械损伤的初步调查［J］．林业科学，2008，44

（11）：164–167.

赵宇翔，吴坚，骆有庆，等. 中国外来林业有害生物入侵风险源识别与防控对策研究［J］. 植物检疫，2015，29（1）：42–47.

赵仲苓. 中国动物志［M］. 北京：科学出版社，2003.

郑宝荣，叶建仁，王记祥，等. 肉桂藻斑病的初步研究［J］. 中国森林病虫，2004，23（2）：8–10.

郑乐怡. 中国动物志［M］. 北京：科学出版社，2004.

郑美珠. 桉树焦枯病发病规律的研究［J］. 福建林学院学报，2006，26（4）：339–343.

周娟，梁承丰，习平根，等. 广东桉树梢枯病病原鉴定［J］. 华南农业大学学报，2012，33（2）：163–166.

周舜，徐晓丽，陈波，等. 微红梢斑螟对马尾松种子园的危害及生物学特性［J］. 西部林业科学，2016，45（6）：95–98，103.

周彤燊. 桉树紫斑病病原菌探讨［J］. 西南林学院学报，1990，10（2）：180–183.

周伟，徐瑞晶，赵倩，等. 广州市花都区豚草种群监测调查［J］. 杂草科学，2010（3）：9–13.

周尧，雷仲仁，李莉，等. 中国蝉科志［M］. 北京：中国农业科技出版社，1993.

周尧，路进生，黄桔，等. 中国经济昆虫志［M］. 北京：科学出版社，1985.

周尧. 中国蝴蝶志［M］. 郑州：河南科学技术出版社，1994.

朱爱萍，刘振宇，周晓明，等. 紫薇白粉病的研究［J］. 山东林业科技，2001，5：28–29.

朱鹤鸣. 松实小卷蛾的初步观察［J］. 安徽农学通报，2008（7）：186–189.

朱雪姣，张晴雪，刘志韬，等. 灰同缘小叶蝉危害特征与识别［J］. 河北林业科技，2014（3）：5–6.

朱英芝，廖旺姣，邹东霞，等. 广西油茶炭疽病病原菌鉴定及生物学特性［J］. 植物保护学报，2015，42（3）：382–389.

朱勇，邱晓东. 绿竹新害虫篁盲蝽的形态及其为害症状［J］. 世界竹藤通讯，2011，09（2）：41–42.

Alan L Y，Daniel B，岑伊静. 澳大利亚木虱在中国发生［J］. Zoological Systematics，2013，38（2）：436–439.

Howard F W，Hamon A，Mclaughlin M，et al. Aulacaspis yasumatsui（Hemiptera：Sternorrhyncha：Diaspididae），a Scale Insect Pest of Cycads Recently Introduced into Florida［J］. Florida Entomologist，1999，82（1）：14–27.

Luo X，Cai W，Qiao G. The psyllid genus Pseudophacopteron（Hemiptera：Psylloidea）from China［J］. Journal of Natural History，2018，52：9–10.

Mendel Z，Protasov A，Fisher N，et al. Taxonomy and biology of Leptocybe invasagen. & sp. n.（Hymenoptera：Eu–lophidae），an invasive gall inducer on Eucalyptus.［J］. Australian Journal of Entomology，2004，43：101–113.

# 中文名索引

# 拉丁名索引